环境景观设计

系统设计文件与专类设计案例

白杨 ◉ 主编

中国农业出版社

北 京

内容简介

《环境景观设计》的最大特色是由设计师同时也是高校教师编写，分两册三个部分对环境景观设计所需要的知识与技能进行了系统的阐述。摒弃了以往只重视文化知识学习、忽略技能培养的做法，重点强调学生对设计的感悟与设计能力的提高。

基本设计原理分册以“传道”为核心，理论结合实践，系统传授环境景观设计的基本原理与设计技术。

系统设计文件与专类设计案例分册强调各种设计文件在实际设计中的运用。系统设计文件部分全面讲解了专业设计表达所需要的各种文件形式与制作方法，其中有些内容填补了目前此类设计教育的空白；专类设计案例部分结合实际设计案例，讲述了环境景观主要类型场所的设计方法。

教材适于环境艺术设计、景观设计、风景园林、建筑学与城乡规划学等相关专业教学使用；同时也可能让苦苦寻求设计方法的设计师们拨云见日、茅塞顿开。

主　编　白　杨
编　者　白　杨　李英杰　李　政

前　言 FOREWORD

伴随我国经济近几十年的大力发展，我国环境景观建设的规模之大可谓史无前例，城乡面貌都在迅速地发生着变化。虽然我国有着悠久的环境建设与改造的传统，但是面对当下大规模的国土建设以及因此带来的各种新问题，传统的技术方法难免显得捉襟见肘，跟不上时代。环境与景观的大规模工程建设为设计工作提供了巨大的市场，社会对这方面专业人才的需求更是如饥似渴。不可否认，专业学科建设与招生规模也是受此影响，投身于环境景观设计洪流的人士也来自于很多的专业，有环境设计专业、景观设计专业，还有园林和风景园林专业，建筑设计与城市规划专业的学生也有很多在进行环境景观设计，甚至还有美术和其他设计专业。环境景观设计在我国则是相当年轻的学科，其理论与技术体系尚不成熟，有待进一步构建与完善。

社会普遍把环境设计、园林设计等看成是一项美化环境的工作，这个认识在一定程度上确实也没有错。如果说这里存在某些问题，那问题就是人们在对“美”的认识和对实现“美”的技术方法上出现了偏差，这一问题本质就是探讨专业工作的价值观和方法论，它直接影响环境改造与建设工作的结果。所谓“美化”环境的工作，这就好比一个气色不好的病人来找大夫看病，结果大夫拿出化妆品给此人画了两个红脸蛋，说：“这样气色不就好了吗。”——在现实中，很多把环境景观建设工作理解为绿化美化的设计者就是以这样的方式去工作的。这种“环境化妆师”的工作定位导致其在工作方法上往往只知道用绿化与景观的方式去装饰环境，将园林绿地孤立于社会大环境之外，将“美”的实现教条地理解为套用“一池三山”“壶中天地”“曲径通幽”“模纹花坛”等中西方的园林模式，或者照搬、拼凑时下流行的景观形式。有些设计师迷恋于世外桃源的审美追求，使得其工作回避现实环境中的各种问题，这些问题也无法通过设计的方式得到有效解决。

如果将“环境化妆师”的角色转换为“环境医生”，那么，在进行环境景观设计工作时，环境中的地形、建筑、硬化铺装、绿色植物、水景、雕塑、小品等环境要素就是我们可以去利用的每一味“药”，我们的专业价值就是要通过开好这个“药方”最终使良好的环境得以呈现。树立一个正确、科学的专业价值观，掌握一套行之有效的技术方法，是做出良好环境景观设计的前提条件。韩愈在《师说》中讲："师者，所以传道受业解惑也。"对于环境景观设计这个工作，我们所学的"道"，应该理解为专业或者职业的价值观与方法论。

《易经》讲："形而上者谓之道，形而下者谓之器。"《庄子　养生主》中庖丁游刃有余地解牛就曾让文惠君惊叹不已，庖丁说的话很有深意，他说："臣之所好者，道也，进乎技矣。"可见，如果把良好的专业技术上升到方法论的高度也可以称其为"道"。对于环境景观设计，形而上者即我们的专业价值标准与工作方法。与之配套的上册书籍《环境景观设计：基本设计原理》提出专业工作的核心就是要学会发现环境问题，然后用专业的技术手段去解决环境问题。要想发现环境问题，以什么样一个标准去审视环境就显得非常关键，此书提出环境景观是关系的存在，是系统的存在，应该将环境各个因素之间关系和谐、系统健康完整作为良好环境的景观形象。书中提出了环境生态、满足功能、景观审美、场所至上、财富积累、文化传承的六大专业原则，再结合国家与地方的法律法规、各种环境建设的相关规范及标准，还有项目经费、材料与工程技术条件等，这些构成了我们开展工作的上位限制；对于如何能实现专业工作的目标，这是"术业有专攻"的技术问题，即专业的方法论，对于环境的设计，书中提出的核心思想是：环境景观的设计之道即是"天道"而非"人道"，正确的设计创作应该是在天道的旨意下水到渠成的造化，而不是设计者费尽心机的主观造作。

良好的环境景观需要什么乃是客观的存在，它对设计者的要求并不会因为他学哪个专业而有所改变，其实叫环境设计也好，风景园林也罢，这些名称只不过是人为的划分而已。如果一个设计师被束缚在自己所学专业的名称下去工作，则环境景观中存在的客观问题就不能得到很好的解决，这样片面设计的景观自然也不能称为好的景观。

吴冠中在看了丁绍光的绘画后曾经感慨地说中国美术史需要重写，他之所以有此感慨是因为我国的美术史一向是以文人绘画、宫廷绘画为主线进行编写的，长期忽略了广大民间美术的存在，而在丁绍光的绘画中就能看到民间美术对其创作的滋养，呈现出鲜活的画面。中国园林史又何尝不是如此，一向把商周时期的"囿"认为是我国园林的雏形，将甲骨文中"园""圃""囿"等字的形态作为我国园林景观模式的萌芽，结果使"造园"成了我们关于环境营建的正统思想，以至于今天我们的行业发展都很难挣脱那字体外框所表示的藩篱与墙垣的束缚。跳出这道"围墙"就可以看到我国古人关于环境营建更多的智慧与成就，现在还有很多从古延续至今的、体现人与自然环境关系友善的、富有生命力的美丽乡村与和谐小镇，诸如云南元阳梯田、河南陕州地坑院、山西平遥古城、湖南凤凰古城、西江千户苗寨等，这些都是过去编纂中国园林史与园林设计实践中所忽略的地方。由此说来，中国园林史也应该重写，或者现在再写一部没有围墙束缚的中国环境景观史。

我国当今社会对环境景观建设的要求已经不仅限于造园，造园的套路也无法满足各种环境建设的现实对我们设计专业所提出的要求。作为从实践设计中摸爬滚打过来的人，我对环境景观的各种关系问题与系统问题有了深刻的认识，在面对设计对象时绝不会囿于自己所学的专业去处理问题，因此跨界设计对于我来说没有任何的心理障碍。我设计过公园、广场、居住区和旅游度假区的景观，也参与过城市道路的绿化设计，还做过城市绿地系统的规划，这些对于一个学习园林出身的人来说是基本的专业工作；但是我还设计过整条街道的景观，更有大量的室内与建筑立面装修设计作品，如果认定自己所学的专业需与绿化有关，则搞这些设计就有越俎代庖之嫌了，因为在这些环境设计当中，有的时候连一棵树也没有；我还设计过很多的标志、广告招贴、壁画以及雕塑，还有家具和建筑等。以上所说的设计内容往往都是环境构成中不可或缺的要素，比如我在做城市街道景观整体的改造设计时，建筑外观、环境家具、广告招贴、标志灯箱、道路绿化等都需要进行通盘的系统考虑，最终才能做出使所有因素都成为一个有机体的完整设计。如果把设计者与环境景观的关系再引申一步，思考一下设计者是做环境景观需要他做的事，还是设计者把自己能做的事赋予环境这一问题，本套教材所主张的正确做法应该是前者——这便是“天道”设计的思想。其实做景观设计更需要通才与杂家，要想搞好这个专业，则应尽量成为能文能武的全才。

有感于行业新人缺乏实际动手能力这一问题，本套书籍不想只停留在泛泛的理论教条之上，更多地想结合大量的实践设计作品让读者去认识设计，去感悟设计，也更加强调设计学习的核心问题是掌握设计的技能。学习这个词其实就包含了“学”与“习”两层意思，“学而时习之”方能领会，学而不习只能是徒劳。学习设计不能只是一字一句地记笔记，去背诵教条不是学习设计技能的有效方式；设计的门道只有在大量的画图过程中才能够有所体会，也只有通过刻苦的训练才能够打下扎实的专业基本功。

为了实现设计技能培养的目标，本套书籍从基本设计原理、系统设计文件与专类设计案例三方面组织内容，这个内容体系与景观设计师的创作过程正好契合：完善专业素养—明确设计之道—挖掘设计基因—研究创作方法—创造艺术形式。本书共分两册，基本设计原理分册解决了形而上的原则与理念问题，也包括道路、地形、绿植、建筑、小品、环境设施等景观要素的处理问题。本册由系统设计文件与专类设计案例两部分构成，系统设计文件的概念由本人于2010年在《艺术教育》第2期的一篇文章中首先提出，它是环境设计类专业在设计想法传达方面的全部文件形式的一个统称，具体包括了设计方案的草图、效果图、图文结合的系统展示文件、系统施工图、环境艺术品设计的文件表达以及设计方案说明、施工图上的说明和规划设计说明等内容。专类设计案例部分结合实践设计案例的介绍，让读者了解各种环境景观项目设计的程序与内容，了解各种环境场所的基础问题，同时去体会具体问题具体分析的灵活的工作方法。在案例部分还有意识地强调了各种设计文件的实际使用情况与制作要求，注意通过施工前后场所景观的变化对比去讲解设计，从而使学生对设计要做些什么工作有一个较为清晰的认识。

本册教材编写人员具体分工如下：第一章至第七章、第八章和第九章的第二节、第十章、第十一章的部分内容、第十三章、第十四章由白杨编写；第八章和第九章的第一节由李英杰编写；第十一章第一节的部分内容、第十二章由李政编写。

在此特别感谢北京大学俞孔坚老师的大力支持，也对北京大学景观设计学研究院、北京土人景观与建筑规划设计研究院给本书提供设计案例表示感谢。在本套书籍的编写过程中还得到了韩涛、贾会敏、吕秀芳、薛志强等人的帮助，在此深表感谢。

环境景观设计在中国是一个正在发展的专业，涉及众多的周边学科，由于学识与设计经历有限，书中观点难免存在偏颇，内容也不免会挂一漏万。书中谬误，期盼同行大家予以斧正，更希望收到读者的建议与反馈。

2021年10月于有方堂

目　　录 CONTENTS

上篇 环境景观设计系统设计文件

第一章
CHAPTER 1
环境景观设计系统设计文件概述

第一节　系统设计文件的提出背景

从20世纪70年代我国改革开放到现在，经济腾飞给我国带来的大规模的环境建设可谓史无前例。社会的广泛需求催生了环境工程建设相关学科的迅猛发展，然而，在环境工程建设相关学科的专业教育上，这些年来却一直存在着专业名称和教学内容的争论，甚至囿于名称的表述而无视社会建设的需求，学校的教学并没有很好地满足社会的需要。叫"风景园林"也好，"景观设计"也罢，或者是"环境艺术"，社会建设对人才的需求，其实才应该是学校教育的最终归宿。看看学习这方面专业的学生毕业后去了哪里就明白了——国内现在与环境建设有关的企业有：绿化公司、园林公司、景观公司、室内外装饰（装修）公司和各种设计院等。在激烈的市场竞争中生存的这些企业绝大部分是以利益最大化为目标，恨不得做与环境工程建设有关的一切工作，事实上他们就是依照这种模式生存的。当然，造成这个局面不完全是市场的责任，还有行业管理等诸多方面的问题。

从专业学习的角度来看，当学生来到这些环境工程建设的企业时，企业要求他们具备从方案投标到施工图绘制一系列解决各类设计问题的能力。针对这些设计基本功的培养，在传统"设计制图"等课程的基础上，本教材提出了"系统设计文件"的概念，旨在让学生认识到，一个设计从方案构想到施工完成，设计师需要全方位地掌握哪些设计表达的方法，和制作哪些设计文件。

第二节　系统设计文件的内容

系统设计文件是指为满足设计实践需要，从设计创意到施工（竣工）图绘制一系列的设计表达文件。这是设计师必须掌握并且要有能力完成的基本功课。这一系列的设计表达文件在设计实践中大致包括以下几项内容：

①设计方案的创意草图。

②设计方案的效果图。

③图文结合的系统展示文件。

④系统施工图。

⑤环境艺术品设计与施工图。

⑥设计方案说明与施工图上的说明。

在“系统设计文件”概念中提及的各项内容并非每个设计实践都会涉及，其实所有的设计师在方案阶段都想以最少的工作取得业主的认可，如果不用画正式图纸就能够把设计项目拿下，何乐不为？一些设计大师在某些情况下可以做到这点（图1-2-1至图1-2-4）。然而很多综合性的大项目设计需要应对投标、论证、变更方案等很多环节，为了在竞争中取胜，各家企业在前期的方案制作上可谓不惜血本，做足功课。一旦设计方案中标，前期的各种设计文件并不能够指导施工，这时又要重新绘制完善的施工图纸。

图1-2-1　贝聿铭在绘制设计草图

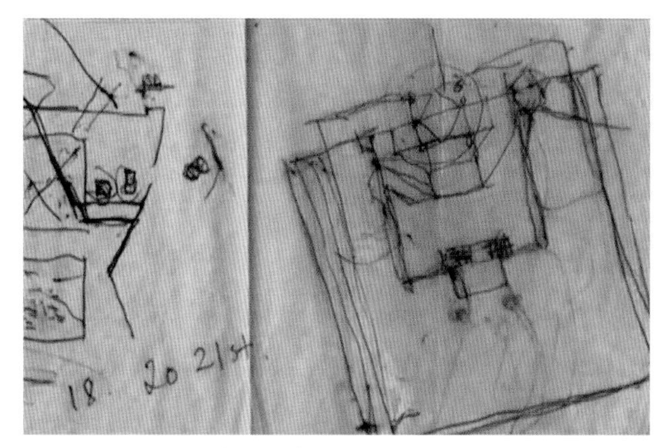

图1-2-2　贝聿铭设计的伊斯兰艺术博物馆的草图

图1-2-3　贝聿铭设计团队工作场景

图1-2-4　伊斯兰艺术博物馆

第二章

CHAPTER 2

设计方案图稿

绘制草图与效果图是表达设计方案时最常用的方法，也是设计师必须掌握的基本技能。过去对这方面的学习，强调徒手绘图技能与各种绘画工具的使用技术；在如今的计算机时代，作为合格的景观设计师不仅需要具备熟练的手绘技能，更重要的是具有一个能够进行空间立体思考与知道如何表达的头脑。

使用什么工具去绘画已经不是我们在这里学习的重点，我们的重点是对不同绘画表现的形式分类学习，当设计师系统地掌握了这些表现类型，无论是运用计算机还是徒手绘画，可以任凭设计师去自由发挥。

第一节　设计方案的创意草图

徒手草图是一种鲜活灵动的绘画，可以最为快速地表达出方案的构思，并且帮助设计师去推导方案，还可以作为设计师与“其他人”交流沟通的媒介，这里讲的“其他人”包括甲方人员和施工人员。从实践经验来看，最终完成施工的工人对设计方案的正确理解也非常关键，对于一线工人来讲，有时候设计师与他们现场交流的草图比起施工图更能让他们明白设计构思（图2-1-1至图2-1-4）。

景观设计的构思有时候并不能完全用几何化的定量形式去表现，有些自然的不规则的地形、造型和现场的制作，都需要用手绘图纸的形式来表达（图2-1-5至图2-1-7）。

各个学校在基础美术课教学环节培养了学生徒手绘图方面的能力，到设计课阶段主要是提高学生对设计创意的快速徒手表现技法，另外要培养学生利用草图推导设计方案的能力。在如今学生更多地依赖计算机的形势下，手绘能力的培养就显得更为必要——手绘的方式可以充分发挥“人脑设计”的想象力与创造力；而“电脑设计”之便与商业利益的驱使，导致如今的许多设计是计算机素材的堆砌，缺少了设计应有的原创精神。

本章所有的插图均为白杨的设计或美术作品。

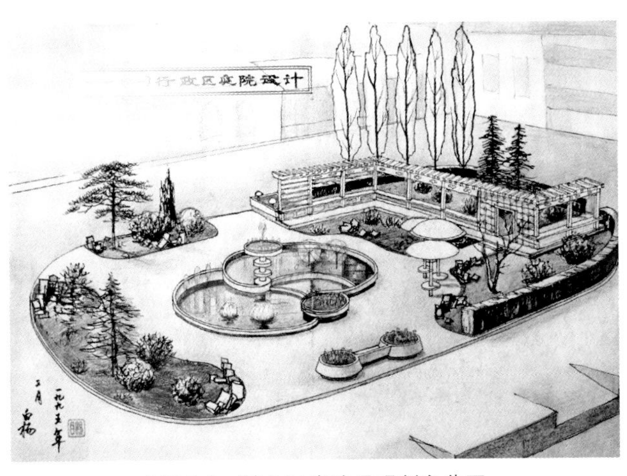

图2-1-1　某公司庭院景观创意草图

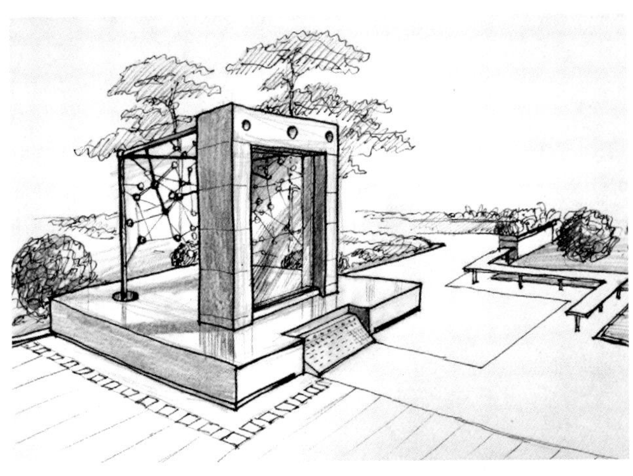

图2-1-2　某小品景观创意草图

图2-1-3　庭院温室创意草图

图2-1-4　风景旅游景区景点创意草图

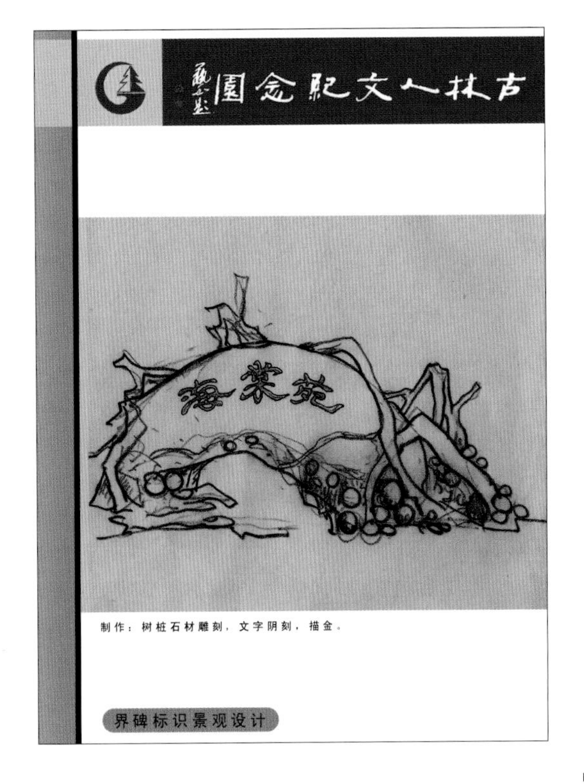

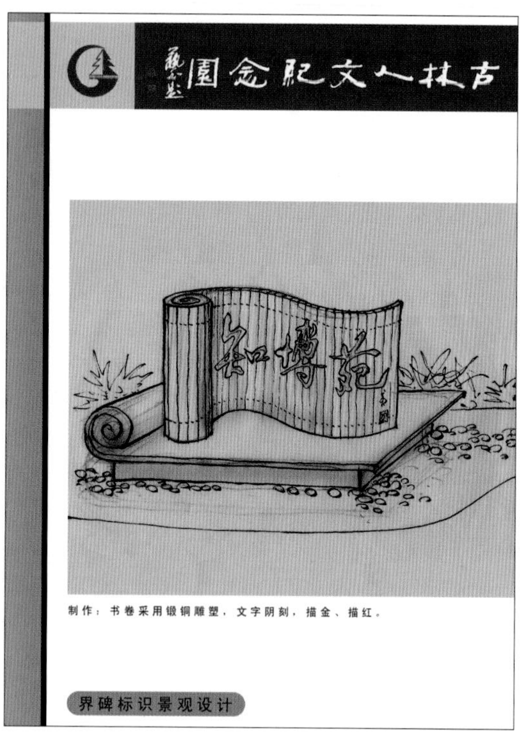

图2-1-5　某陵园分区标志设计

图2-1-6　不适合用计算机表现的景点设计

图2-1-7　不适合用计算机表现的小品设计

第二节　设计草图的画法类型

设计草图常常是使用硬笔绘制的快速徒手绘画，从大的分类看，应该属于素描的一种，一般是单色画，这类速写不但是造型艺术的基础，也是一种独立的艺术形式。而速写被确立为绘画的独立形式，是欧洲18世纪以后的事情，在这以前，速写只是画家创作的准备阶段和记录手段。

对设计师来讲，设计草图的绘制可以采用具有中国特色的白描画法，也可以采用表现明暗、块面的素描排线形式，还可以是结合多种技法的点、线、面的快捷表现。

一、绘画工具

设计草图的绘制往往采用硬笔工具，其中钢笔的使用较为广泛，目前常见的钢笔按笔尖形态的不同可以分为直笔尖钢笔和弯笔尖钢笔两类。普通的直笔尖钢笔画出的线条粗细变化不大，适合表现流畅的线型，遇到需要绘制特意加粗的线条则避免不了重复用笔。使用直笔尖钢笔可以徒手绘画，也可以依靠尺子画出规整的线条，在连排画线或制造肌理时可以表现出面的效果。弯笔尖钢笔的优点是可以画出粗细变化明显的线型，具有近似毛笔的表现力，更能够体现徒手绘画的韵味，进行大片的涂黑也非常方便，因此被很多的画家和设计师所青睐。两者绘图效果的对比如表2-2-1所示。

表2-2-1　直笔尖钢笔与弯笔尖钢笔使用效果对比

	直笔尖的普通钢笔	弯笔尖的美工钢笔
笔尖对比		
画线对比	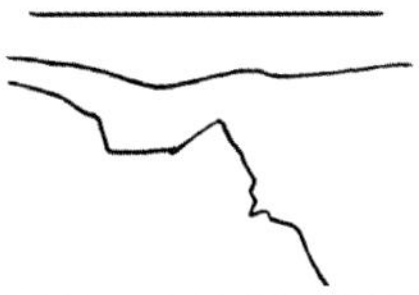	
排线对比		
画作对比	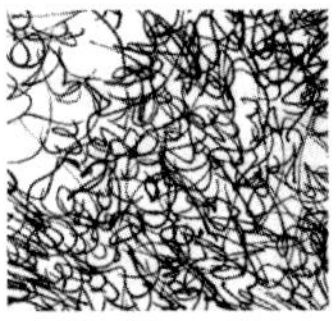	
书写对比	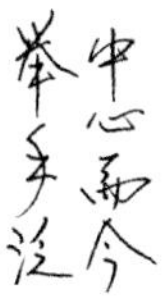	

二、白描画法

白描是用干净明快的线条来表现形体的一种画法，比较适合用硬笔工具来画。它要求绘画者找到表现物体的关键结构线，并用流畅完整的线条将其准确地表现出来。但是，不是所有的造型都具有明确的结构线，这就需要绘画者具有分析概括的能力。往往轮廓线和轮廓之内的主要肌理线是表现的重点，这两种线有时并不十分清晰，遇到这种情况，可能就需要绘画者概括提炼出一种适合于这种绘画方式的线条来进行表现，这是白描的更高境界。如果能够再加上线条的粗细变化与抑扬顿挫，将会取得更好的效果（图2-2-1、图2-2-2）。

图2-2-1　白描画法

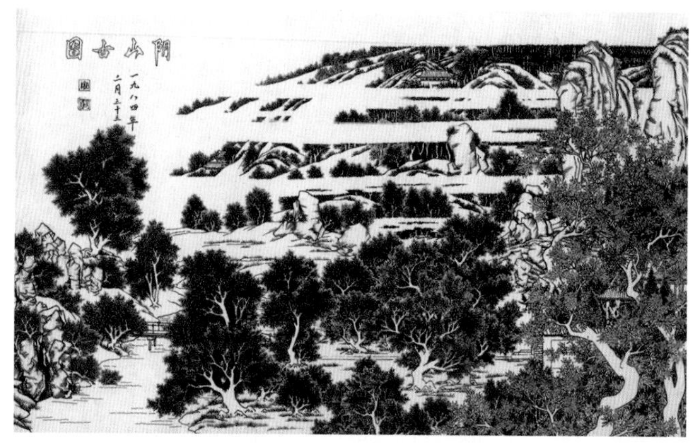

图2-2-2　白描与点绘画法

绘制此幅画用时比较长，每棵树的叶子全是用钢笔一点一点所画，画面看起来井然有序。作为基础练习或是美术创作，这种绘画方式有利于磨炼画者的意志与培养画者的耐心。

三、素描画法

与白描不同，素描是源于西方的一种表现明暗的画法，这种绘画方式强调用不同深浅的块面来表现物体在光影环境下的结构与造型。轮廓线并不被刻意地强调，相反轮廓之内的明暗关系与轮廓之外的阴影都需要准确地表现。如果采用钢笔进行素描绘画，有时需要用钢笔排线的画法来表现块面的明暗关系。虽然表现面不是钢笔的长项，但是用钢笔画出的素描也别有一种韵味（图2-2-3、图2-2-4）。

图2-2-3　素描画法图1

图2-2-4　素描画法图2

四、装饰性画法

装饰性画法是将所画的景物以符号化的形式加以提炼与表现。符号化的表现往往追求唯美的几何化形式，通过用笔排线，采用或是平涂，或是打点，抑或画圈等肌理表达的方式来进行秩序感明显的绘画（图2-2-5、图2-2-6）。

图2-2-5 装饰性画法之一

图2-2-6 装饰性画法之二

五、速写画法

流畅奔放的速写画法，与以上的各种画法相比绘画速度更快，但是这种画法必须是在造型基本功比较扎实以后才能去尝试，否则，将会画得杂乱无章。对于学生，学习这种画法，并在绘画中体会概括与取舍是非常重要的（图2-2-7、图2-2-8）。

图2-2-7 速写画法图1

图2-2-8 速写画法图2

第三节 效果图的立体感表现

立体感与空间表现是研究如何在二维的画面上表现三维空间中的造型和场景的绘画方法。要想画好效果图首先就需要面对这个问题，立体感与空间表现不等同于数学推导性的狭义透视。其实，每一种透视都存在其局限性，在解决各种实际设计问题时，普通的透视方法有时候并不能将场景表现得很到位，为了达到更好的效果，还需要有所创新。总结设计中遇到的各种立体感表现场景，得到十多种绘画方法，掌握这些立体感表现的方法，一方面可以使设计师自由地传达设计思想，另一方面可以在设计方案定稿后，帮助设计师从效果图上科学地推导设计尺寸。

我们目前所看到或使用的各种透视方法表现的画面，不论看起来是否科学，甚至是三维立体渲染图或是照片，都只是在某一方面或者某种程度上，不完全地起到了用二维的画面表现三维空间的作用，也就是说，所有的立体感表现方法都是有残缺和不足的。举个明显的例子：空间中真实的直线，到了照片中却经常会变成曲线，其中的根本原因就是二维不可能等于三维。所以，表现各种不同的三维场景，我们就需要拿出不同的恰当的方法。

一、一点透视

一点透视是呈现为一个主要灭点的数学线性透视。这种透视多用来表现与主视线方向存在平行关系的一系列造型的环境空间，其数学模型与绘图理论较为系统和严谨。其优点是操作简便（图2-3-1、图2-3-2），缺点是画面呆板。

学习一点透视必须了解这种绘图理论的数学模型，它的模型形式是在一个视点上透过一个画面去看空间形体，当这个形体有很多重要结构线与垂直于画面的主视线平行时，各条视线在画面上所呈现的影像（焦点投影）就是一点透视的效果（图2-3-3）。

二、两点透视

两点透视是呈现为两个主要灭点的数学线性透视。这种透视主要用来表现与主视线方向存在一定角度的、两组呈垂直关系的平行线所构成的环境空间造型（图2-3-4、图2-3-5）。一点透视其实是两点透视的一个特例——当两点透视相互垂直的两组平行线旋

图2-3-1　用一点透视表现的空间环境设计

图2-3-2　用一点透视表现的某文学馆外部环境景观设计

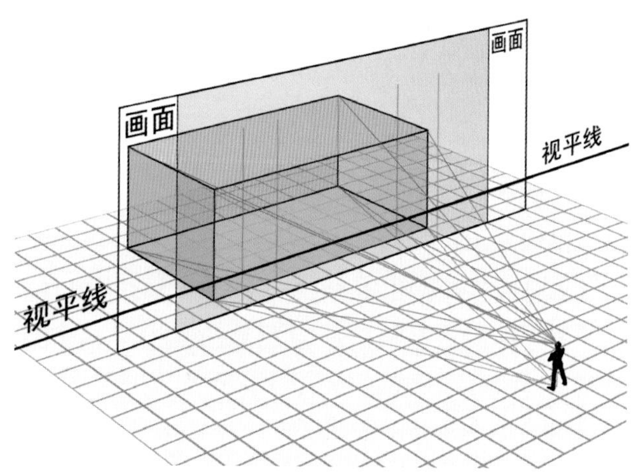

图2-3-3　一点透视制图的数学模型

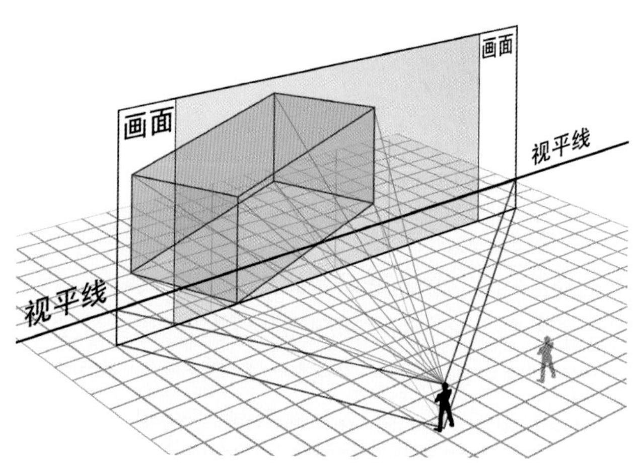

图2-3-4　两点透视制图的数学模型

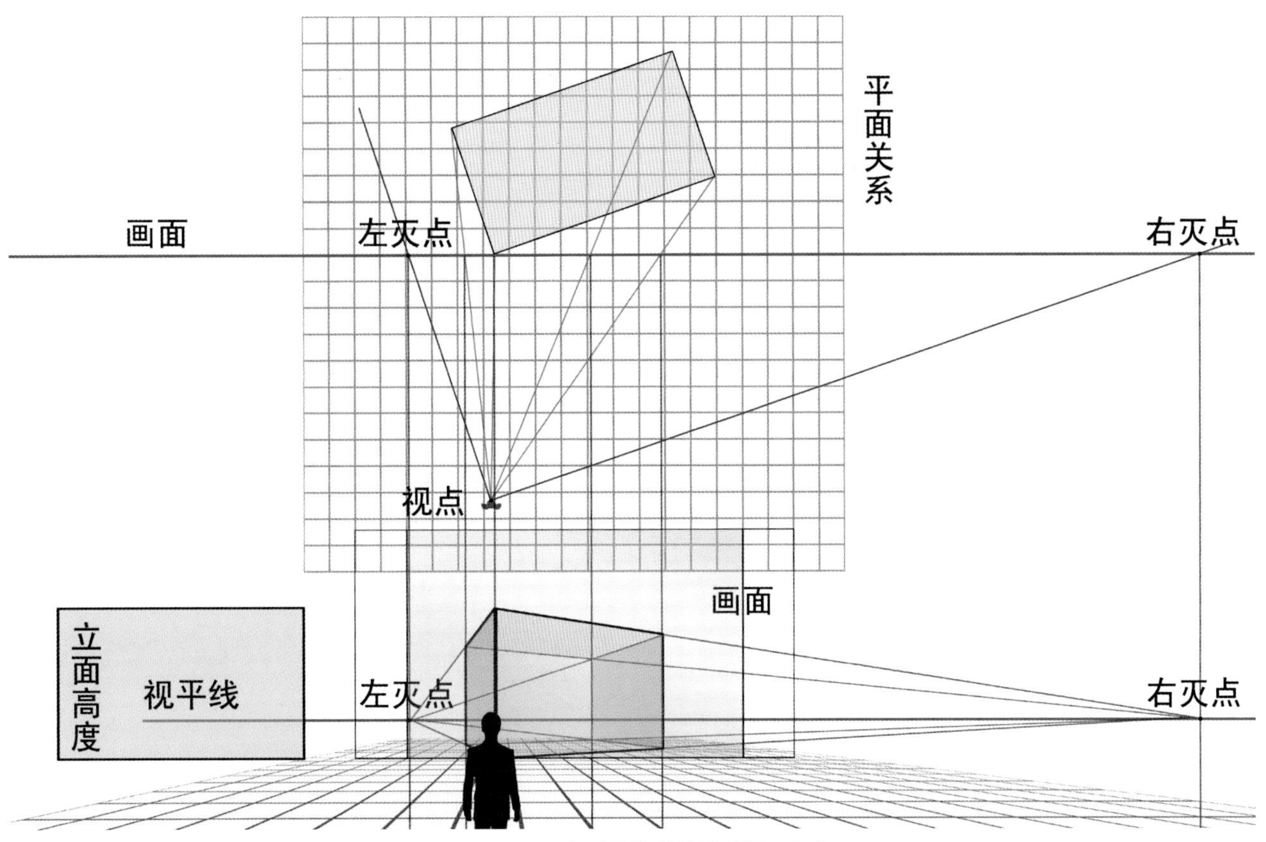

图2-3-5　两点透视的数学模型制图方法

转为一组平行线与画面平行时，另一组平行线则与主视线平行，这时两点透视的两个灭点，一个进入画面，另一个则消失，进入画面的这个灭点就变成了一点透视图中的灭点。这两种制图方法都有一些硬性的规定，例如铅垂方向的线全都不能够倾斜，与视平线平行的所有线条必须保持水平等。一点与两点透视是最为基础和流行的透视方法，学习好这两种透视的数学制图原理是采用其他方法准确进行立体感表现的科学基础，伴随着自身绘画功力的不断提升，结合透视学的基本原理，绘图者自由运用更多的立体感表现方法将会成为可能。两点透视的优点是绘图严谨，画面生动（图2-3-6、图2-3-7）；缺点是表现范围存在局限，当视角增大时，靠边的画面会产生明显的不真实的变形。需要说明的是：一点透视和两点透视其实在数学模型本质上是一样的，都是物像与视点连线在画面上的投影，只是为了作图的方便将它们进行了区分，有的时候这两种透视会同时出现在一个画面之上（图2-3-8）。相比其他非数学模型的立体感表现方法，这两种透视的绘图方法更为科学和容易操作，画图者不需要有什么美术功底，只要严格地按照作图规则进行制图，就能够完成这类透视的绘图。

图2-3-6　用两点透视表现某广场景观设计效果图

图2-3-5是一个比较随意的两点透视制图的数学模型，该物体的立体图并非最佳的效果，因为视点、画面及空间物体三者并没有处于最佳位置，那么应如何合理地安排这三者之间的关系呢？首先视点到空间物体的距离不能太近，太近容易使物体两侧产生较严重的变形；其次需要将画面垂直设置在视点与空间物体

图2-3-7　用两点透视表现某室内环境设计效果图

图2-3-8　某餐厅室内环境设计
大环境空间是两点透视，桌椅则是一点透视。

中心点的连线上；最后要确定空间物体的最佳观看方位，这个位置需要绘画者凭借绘画经验或者多画几个角度进行反复比较来确定。

反映近大远小效果的透视，其绘画本质就是“平行线交于一点”，只要牢记这一基本准则，对各种透视方法的学习就能够融会贯通、举一反三。

在空间中只要是与视线不垂直的平行线组，每一组的平行线在画面上都会表现为相交于一点的趋势，将这些线延长就会相交于一个灭点，所以在一幅透视图中，有多少个这样的平行线组就会有多少个灭点；在实际空间中，本来相等的平行线段落到画面上就表现为近大远小的效果。如图2-3-9所示，矩形*ABCD*的边长*AD*=*BC*，可是从视点*S*看去，*BC*在画面上的投影却是*B′C′*，比贴近画面的*AD*变短了。射线*AB′*与射线*DC′*相交于点*E*，点*E*就是平行线*AB*与*DC*在画面上相交的灭点。从图中可以看出，*SE*正好与*AB*和*DC*平行，由此可见，透视图可以通过数学的方法准确地画出来（图2-3-9）。

三、三点透视

三点透视是呈现为三个主要灭点的数学线性透视。这种透视是在两点透视的基础上，打破了竖直方向的线条须一律铅垂平行的硬性规定，使它们在远离视点的方向也具有相交于一点的趋势。这种透视的数学模型其实是在两点透视模型的基础上将画面进行了朝向视点方向的旋转，应该说是更加科学的透视方法，可以表现高大深远或较为夸张的场景；其缺点是操作起来太过烦琐。所以在实际设计时很少使用（图2-3-10）。

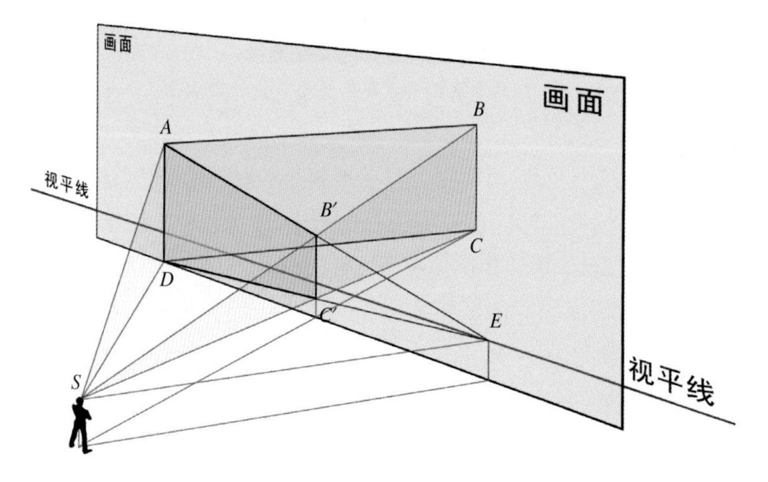

图2-3-9　透视图中平行线交于一点的数学原理

图2-3-10　三点透视招贴水粉画

四、斜形透视

斜形透视是两点透视的扩大化表现。一般两点透视的两个灭点都在图面之外，而当其中的一个灭点跑到画面之内后，整个图面就表现为斜形透视了。其优点之一是表现宏大开阔的空间有气势（图2-3-11），优点之二是方便表现多层的空间（图2-3-12）；其缺点是局部画面中存在着明显的与真实情况不符合的变形。

图2-3-11　用斜形透视表现宏大空间的设计图

图2-3-12　用斜形透视表现套间效果的设计图

五、十字透视

十字透视是呈现为四个主要灭点的数学线性透视。这种透视是将一点透视模式下的上下左右四个界面各找出一个灭点，这四个点的连线呈现为“十”字形，之所以这样处理，是因为一点透视在绘制狭长或是细高的空间环境时，效果非常不理想，各个界面不是被拉长变形，就是被拥挤压缩。十字透视其实是选取了四个角度去观察同一个空间环境，从而得到四个灭点，然后将不同角度看到的画面组合到一幅图画之中。看这种透视图时，随着观者目光的移动，画面中的每一个界面都可以呈现出准确的一点透视的空间规律。其优点是在表现扁长或细条状的空间环境时，可以充分地展现每个空间界面（图2-3-13、图2-3-14）；缺点是其内部存在先天的结构问题，有时候需要进行适当的调整。

图2-3-13　用十字透视表现的某大厅设计效果图

图2-3-14　用十字透视表现的某中厅设计效果图

十字透视的作图方法：如图2-3-15所示的室内空间，房顶平面$A'D'DA$的灭点是“十”字的下端点O，$A'A$与$D'D$的延长线相交于点O；地板平面$B'C'CB$的灭点是“十”字的上端点M，$B'B$与$C'C$的延长线相交于点M；左边墙面$A'B'BA$的灭点是“十”字的左端点N，$A'A$与$B'B$的延长线相交于点N；右边墙面$D'C'CD$的灭点是“十”字的右端点P，$D'D$与$C'C$的延长线相交于点P。连接MO和NP便构成了一个“十”字形的灭点集合，这个灭点集合只是为了在空间内表现出物体形象，绘图时还需要根据具体物体进行适当的调整（这是十字透视天生的问题），当然，使用最多的还是“十”字的四个端点。

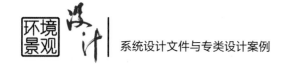

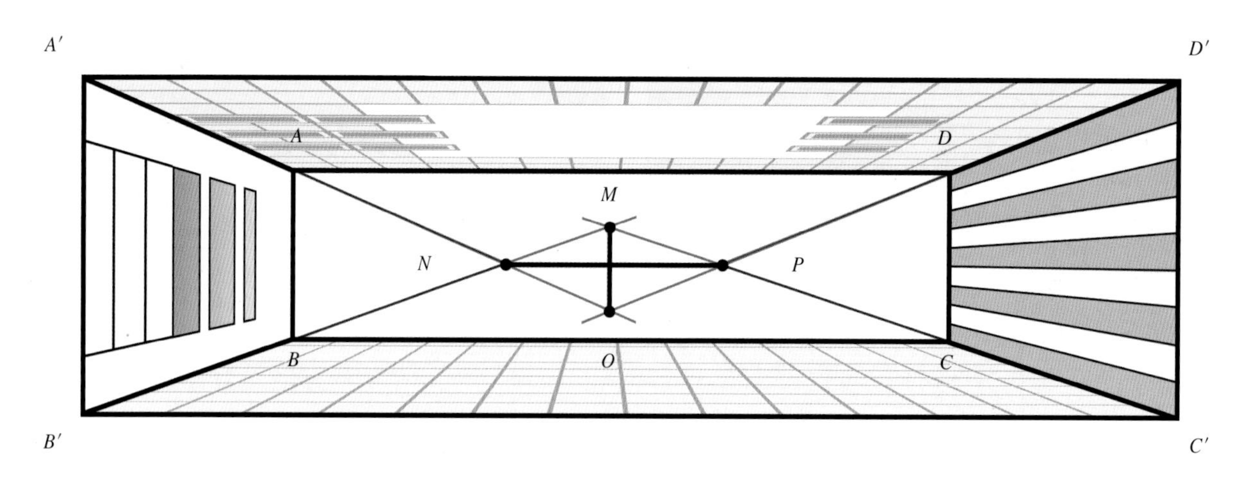

图2-3-15　十字透视的作图方法

至于“十”字交叉线段如何确定，这种透视法没有严格规定，其大小与形状要根据所表现的空间尺度由画者凭经验和感觉进行把握。因为用这种透视法表现出的空间的高度与长度比例在前后界面上不同，离观者近的界面的高度与长度比没有远处的悬殊，这样会产生挤缩界面被放大的效果，这个效果看起来是有所夸张的，所以在确定四个灭点的位置时，需要让所产生的误差控制在人眼能够接受的范围之内。

六、散点透视

散点透视是多灭点、多视角、近大远小的立体空间表现方式，有时也像现代的轴测图，无灭点、无明显近大远小的效果。散点透视是我国古代绘画中不自觉采用的一种立体空间表达方式，缺少科学的造型与空间处理，也没有完善成体系的操作规范。这种透视并不像近代从西方传入的焦点透视那样，有着较为严谨的数学作图法则，正是由于没有固定的焦点限制，所以散点透视适合表现如《清明上河图》那样连绵不绝的画面场景，这也是其他透视无法做到的。另外，这种透视法也会使画面更具有美术上的审美趣味（图2-3-16、图2-3-17）。

图2-3-16　白杨的美术作品长卷《山魂》局部

图2-3-17　白杨的美术作品

七、轴测图

轴测图是无灭点的数学线性立体表现方式，分为正轴测图和斜轴测图。绘图特点表现为三维空间中平行的线在二维画面上依然平行，是物象在画面上的平行投影，也可以理解为无穷远处物象在画面上的投影。由于轴测图违反了“近大远小”的生活经验，所以这种立体图有时看起来总叫人觉得不太对劲。但是在轴测图上可以标注尺寸，所以轴测图经常被用作辅助性的施工图（图2-3-18、图2-3-19）。

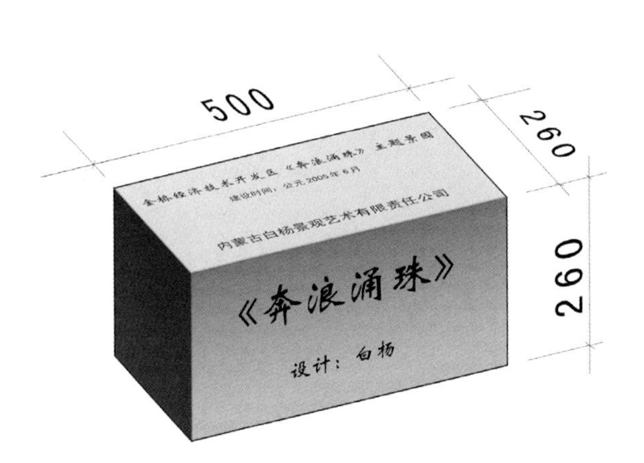

图2-3-18　为某主题景观名称嵌石所作的轴测图

图2-3-19　景观建成后的实景照片

八、平面加阴影的表现

平面加阴影的表现是无灭点的数学线性立体表现方式。这种表现是在平面图或是立面图上利用色彩、阴影等要素进行渲染来体现立体效果，其优点是操作方法简便易学，可以和施工图较好地结合（图2-3-20、图2-3-21）；缺点是立体感表现有限，无法反映侧面造型的内容。

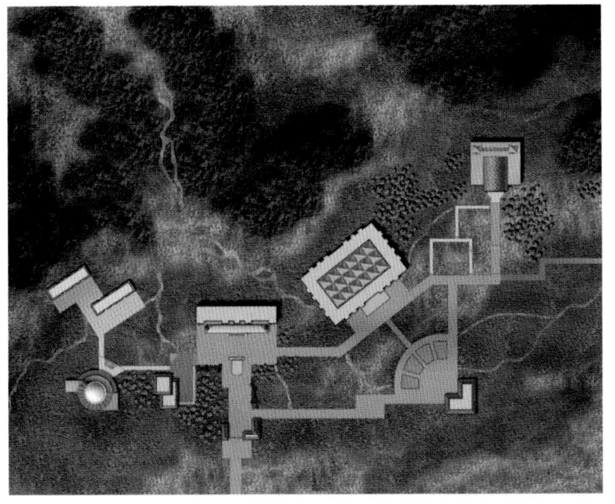

图2-3-20　某园区规划平面设计效果图

图2-3-21　某商业门面设计效果图

九、综合立体感表现

综合立体感表现是灭点、视角有调整的，以深厚美术功力为基础的立体感表现。这种立体感表现应该是所有表现方法里最难的一种，要想在这种表现上有所建树，一种方法是绘画者熟练掌握科学严谨的透视学知识，并且知道各种透视方法之间的灵活变通的规律；此外，长期的美术训练也能够在潜移默化中提高绘画者对立体感表现的直觉，因此，绘画者依靠深厚的美术修养也能够掌握立体感表现方法（图2-3-22）。综合立体感表现有时需要打破严谨的透视，根据画面表现的重点内容进行有目的的调整（图2-3-23）。

图2-3-22　白杨的水彩画作品《秋水》

图2-3-23　某酒店门前景观设计效果图

为了更加充分地表现入口处设计，效果图将主体造型的透视有意识地进行了夸张，而将背景环境空间的透视进行了渐变的调整。

十、空气透视法

空气透视法是达·芬奇创造的一种立体感与空间表现的方法。此画法依据空气对视觉产生的阻隔作用，表现为物体距离越远，形象就描绘得越模糊，在色彩上，距离远的物体偏蓝色，色彩也偏淡，空间距离越远，偏色也就越严重。空气透视画法的突出特点是产生空间的虚实变化、色调的深浅变化、形的繁简变化等艺术效果，其本质其实是物理现象的视觉经验表现，中国画论中所谓“远人无目，远水无波”也是类似的道理（图2-3-24、图2-3-25）。

图2-3-24　用空气透视法绘制的景观设计效果图

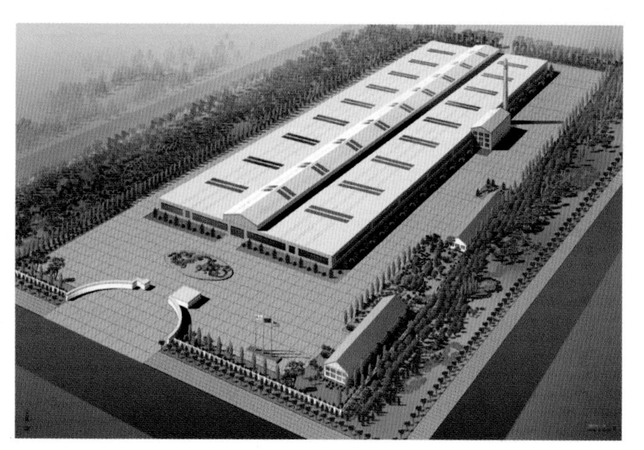

图2-3-25　Photoshop绘制的某厂区景观设计效果图

十一、美术绘图

美术绘图是强调美术情趣的传统手工绘图。这种立体感表现方法可以不受透视理论的约束，而注重长年绘画所培养的直觉和经验，并借此直觉经验去完成效果图创作（图2-3-26、图2-3-27）。

图2-3-26 某校园景观设计效果图

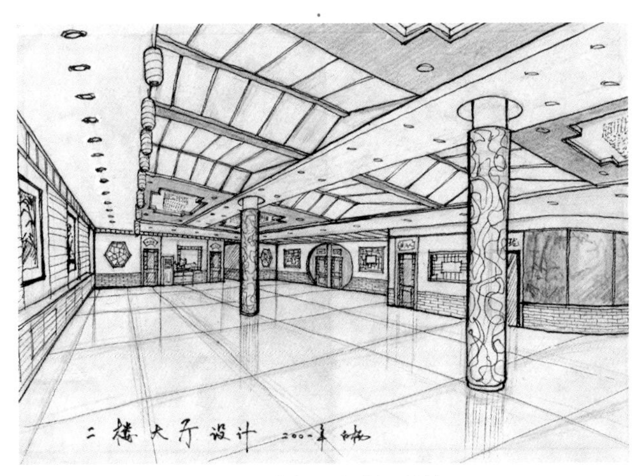

图2-3-27 某餐厅室内设计效果图

十二、计算机二维软件表现

计算机二维软件表现是以各种立体表现的知识与技能为基础，抛弃纸笔和颜料等传统的绘画工具，借助计算机二维软件进行绘画的一种立体感表现方法。这种电脑绘画的背后还是人脑绘画，在立体感的创造上电脑帮不了忙，本质上与传统手工画图无异。进行这样的效果图创作需要绘画者熟练掌握各种立体感表现的技术，只熟悉软件操作是无济于事的（图2-3-28、图2-3-29）。

图2-3-28 用Photoshop绘制的某广场景观设计夜景效果图

图2-3-29 用Photoshop绘制的某营业厅室内设计效果图

十三、计算机三维软件表现

计算机三维软件表现是用三维软件去创建立体模型（3D模型），然后渲染效果图的一种立体感表现方法。由于立体感的表现得到了计算机的帮助，所以这种方法对绘画者的透视能力要求并不高，但是绘画者仍然需要具有清晰的立体思维才能完成立体模型的制作。这种效果图有些时候还需要在二维软件里进行后期处理，需要添加一些设计内容，比如植物、人物、汽车等，因此绘画者仍然有必要掌握一定的透视学知识（图2-3-30、图2-3-31）。在二维软件里添加景物时必须注意所加的景物透视角度与三维立体图的空间透视要统一，否则画面看起来会很别扭。

图2-3-30　用3d Max绘制的某广场景观设计效果图

图2-3-31　用3d Max绘制的某环境设施与小品设计效果图

十四、计算机处理手工绘图

计算机处理手工绘图是将手工墨线图稿扫描或拍照后在计算机里进行渲染着色的一种表现方式。这种表现方式可以将传统手工效果图绘制从又脏又乱的颜料和画笔中解放出来，转而将上色、渲染等工作拿到计算机里去完成。计算机绘图可以帮助绘画者均匀快速地上色，还可以表现出一定的笔墨趣味，又可以随时进行修改，作为效果图创作的一种方式有着种种的好处。但究其根本依然是手工绘画，其立体感的强弱，完全由线稿底图所决定（图2-3-32、图2-3-33）。

图2-3-32　用Photoshop渲染的某景观设计效果图

图2-3-33　用Photoshop渲染的某绿化设计效果图

第四节　效果图的色彩渲染

过去的美术或表现技法的课程教学，通常将效果图渲染的技法按照不同绘图工具进行分类，诸如马克笔表现、彩色铅笔表现、喷笔表现、水粉表现、水彩表现、透明水色表现等，这种分类方式过分强调了工具的作用，而忽视了各种渲染表现本质特征的区别，以及绘画者思想上对各种渲染特征的认知和手法上的技术处理。还有一种更为错误的分类，是按照表现内容进行分类，例如园林树木的表现、山石的表现、建筑的表现、水景的表现、小品的表现等。

在如今的计算机时代，色彩渲染的学习应该按照各种渲染图的根本表现特征进行分类，重点应该放在对各种环境表现要素的认识和理解上，以及对这些表现要素的绘画处理方面。从这个角度进行分类，效果图的渲染可分为快速表现和全因素表现两大类。快速表现又可以分为同一色调的表现、固有色的表现和符号化的表现三个典型的类型。为什么要这样分类呢？一方面，因为计算机在设计工作中已经被广泛使用，设计师对各种表现要素的认识和理解会决定他们计算机作图的水平；另一方面，如果使用传统绘图工具，不论选用什么纸笔和颜料，这种分类也能够让绘图者对最终的表现特征和所采用的绘画技术有一个清晰的判断。

虽然三维软件制作的效果图在渲染技术上日臻完善，但在色彩与光影的计算上还不能够完全仿真，即使做到了完全仿真，在理想化效果的设置上最终还需要人脑的鉴别与选择。通过下面的三个小绿球就能够体现出人类对色彩认知的次第——第一个小绿球是单一固有色的表现效果，仅仅是在明度上有了色阶的深浅，在色相上基本没有变化，这种简单的认识甚至不知道暗部会有反光出现，曾经三维立体渲染的技术仅此而已（图2-4-1）；第二个小绿球看起来就要好一些，因为在同一色调上有了色相的变化，而暗部和投影还只是以明度变化为主（图2-4-2）；第三个小绿球的光色表现反映出自印象派以后，人类对光影、色彩的最高认识，我们看到了丰富的色彩变化，素描五大调子中的投影也不再是简单的黑色，漂亮的反光也可以呈现为补色的效果（图2-4-3）。第三个小绿球所表现出的丰富的色彩变化目前还没有哪个软件能够直接实现，即使使用Lumion渲染3d Max或者SketchUp的三维模型，要想达到这样的效果也需要进行各种打灯处理。如果绘图者不懂得真实光影环境下的色彩变化，那么他（她）就不知道良好的画面效果最终应该是什么样子的，没有目标的胡乱操作自然不能制作出最佳的效果图。

图2-4-1 只有简单的明度变化

图2-4-2 色相上有了变化

图2-4-3 色彩因素丰富

一、渲染着色的全因素表现

全因素表现是通过表现丰富周全的场景因素，来绘制理想的写实效果图的方法。这就要求了解五大调子（亮部、灰亮、明暗交界线、暗部、反光）与高光和投影在各种环境条件下的种种变化，以及认识固有色受各种环境条件的影响情况。学会对各种环境表现因素进行科学的分析非常重要，这样才可以锻炼并提高场景创造的表现能力。不论是手工绘画还是计算机画图，我们头脑的认识程度最终决定了图面效果的优劣（图2-4-4至图2-4-8）。

图2-4-4 用于全因素表现的手绘线稿

图2-4-5 用Photoshop上色的效果图

图2-4-6　简单的三维立体渲染效果图（无全因素表现的意识）

图2-4-7　经过Photoshop处理后的设计效果图

图2-4-8　用3d Max渲染的效果图

本效果图渲染仅使用了3d Max的各种灯光，没有另外辅助其他渲染软件。环境中固有色的丰富变化全是设置各种灯色与照度的结果，甚至圆弧面上的明暗交界线也是特意设置灯光所形成的效果。

即使不会分析环境中光色的相互影响，用现在流行的三维软件已经可以比较真实地表现出设计的效果。或许伴随着计算机运算能力的大幅度提高，未来更先进的三维软件可以自动渲染形成完全仿真的设计场景。因为环境要素之间的光色影响是科学的，是科学我们就应该以科学的头脑去认识；是科学也就可以用科学的手段来实现。所以，从发展趋势来看，复杂的全因素表现将来会交给计算机去完成，设计者更多的精力将会放在快速表现的各种技巧与规律的研究和学习之上。

二、渲染着色的快速表现

所谓快速表现则一定要比全因素表现快才可以。与全因素表现相比，快速表现可以理解为是对全因素表现各种信息的省略与概括。然而若想用不多的色彩渲染依然能够传达出、甚至是艺术地表现出设计的意图，就有必要去学习快速表现的各种技法，对其原理的深刻认识则更为重要。

快速表现大体上可以分为同一色调的表现、固有色的表现和符号化的表现三个典型的类型。需要特别注意的是：全因素表现能力是绘制所有快速表现图的基础，全因素表现适用于表现任何场景，而快速表现则存在一定的限制，不是任何一类快速表现都可以适合所有的场景效果，不同的设计内容应该选择恰当的快速表现方法，如果快速表现方法选择不当，很有可能导致效果图绘制失败。

1. 同一色调的表现　同一色调的表现首先可以使用彩色卡纸，如果是在电脑里上色，可以先给出一个画面的底色，在进一步渲染时，需要使画面始终保持这一基本色调，不要有太多其他颜色的变化，这样就可以很快地给画面着色。这个画法的关键主要是在色彩的明度变化上做文章，所有色彩都被限制在同一色调里，即使引入对比色，也需要减少其面积和强度。这种画法一般用来表现不太强调色彩设计的环境，效果图更多的是表现场景的空间形式（图2-4-9至图2-4-12）。

图2-4-10　用同一色调法绘制的某会所室内环境设计效果图

图2-4-9　用少量引入对比色的同一色调法绘制的效果图

图2-4-11　用同一色调法绘制的某居住区楼间景观设计效果图

图2-4-12　用3d Max分层渲染，重点突出的同一色调效果图

2.固有色的表现　固有色的表现可以说既省心又省力，环境中复杂光色的相互影响在这里一概被忽略，其画面颜色基本上是固有色的平涂，明暗阴影有时也可以省略，这种画法对美术功底较弱的“外行”来说似乎是个捷径。但是，有个关键问题一定要注意，那就是要保持画面上色彩的轻重明暗平衡。如果画面上所有固有色的明度和色相接近，用这个方法就不容易表现效果，除非再引入阴影等因素。所以，这种画法一般用来表现环境中固有色存在较大反差的场景（图2-4-13、图2-4-14）。

图2-4-13　用固有色法表现的某中厅设计效果图

图2-4-14　用固有色法表现的某门面设计效果图

3.符号化的表现　符号化的表现看起来非常简单，但是想掌握却并不容易，原因在于画面上的物体的色彩并不一定与固有色相同，很多情况下有设计师自由发挥的成分，这就要求绘画者具有一定的创造力。这个画法的要领在于明确色彩渲染的目的是引导观看者产生一个美好的心理假象，画面上的色彩需要进行艺术性的设计。

符号化的表现还可以带有明显的笔触，笔触其实就是一种符号，它并不是客观对象上真实的存在形式，而是绘画者的一种图示语言，笔触可以让效果图更具有手绘图的味道，也给色彩的自由表现创造出了更大的空间。

这种表现貌似无拘无束、自由奔放，其实仍然要遵循全因素表现的基本规律，画面上主体的光影效果不能出错，画面的色彩也需要讲求平衡，该有的细节必须表现到位（图2-4-15、图2-4-16）。

图2-4-15　用符号法表现的景观设计效果图

图2-4-16 用符号法表现的室内设计效果图

此效果图的上色几乎完全脱离了被表现对象的固有色，非常自由与随性，比如墙面上有黄、紫、橙、绿等很多色彩，从这些色彩中很难看出墙面是什么颜色，但是它们组合起来便符合人们对墙面为白色的一个经验认识，这个结果其实是由观看者的联想而产生的；再比如画面中间的电脑桌一侧为淡绿色，一侧为粉红色，其实效果图并没有明确表现出其是什么颜色，这种脱离固有色的束缚恰恰是符号化的表现的最大特点和优势。

不能教条地理解为快速表现只有三个类型，结合全因素表现的思想基础，将三个快速表现的典型技法相互渗透，就可以演变出非常多的快速表现形式。事实上，针对不同的场景，在表现方法的选择上，优秀的设计师绝不会千篇一律，他们会根据表现内容的不同，去灵活地使用各种表现技法。

第五节 效果图表现的内容与配景

设计效果图的绘制需要详尽地展现各种设计内容，其根本目的是尽可能直观地表现设计建成后的效果。因此，效果图应该以平面图中设计的空间结构作为绘画的基本依据，准确地表现出它的空间透视和环境内容。

立体表现形式与观看角度对效果图的成图效果影响很大，如果透视（立体感）角度选择不当，最终完成的画面构图很有可能不能尽显设计的风采，这将直接影响业主对设计的认可度。所以，在开始绘制效果图之前，应该根据表现的场景确定最佳的表现角度，并且需要在各种立体感表现方式中选择出最合适的表现形式。

效果图的绘制是一个综合判断各种表现要素的创作过程，需做到真实全面，又不能面面俱到。如果完全忠实于设计的内容，反而可能无法理想地体现设计的效果——因为在前后景物之间肯定会有所遮挡，那样将会使很多环境空间的设计内容无法得到展现。为了在一幅图中比较理想地反映出各种设计内容，首先应该将环境的空间结构作为表现的重点。其次应该展现所有的硬质景观；植物的配置可以不完全忠实于平面图的设计，以体现最佳的效果为目的，允许有更多的艺术化的处理；其他的景物因素，如人物、汽车等需要根据画面的气氛要求来选择，更重要的是这些景物的大小比例可以表现环境的空间尺度；对于那些非景观设计内容的巨大建筑，根据画面构图情况，有些则可以进行透明的弱化处理（图2-5-1）。

我们应该明确，效果图的绘制如同摄影一样，需要研究选景，与摄影不同的是，效果图可以有更大的自由表现和艺术加工的余地。如何更好地表现设计内容？怎样给效果图配景？还需要通过一定量的练习才能够逐渐掌握其中的技巧。

图2-5-1 某居住小区景观设计鸟瞰图

第六节 用Photoshop绘制效果图的方法

Photoshop是Adobe公司推出的一款功能十分强大、使用范围十分广泛的二维平面图像处理软件。自从1990年问世以来，Photoshop以其强大的功能、简单快捷的操作、友好的人机交互界面而成为图像工作者们必备的专业软件。Photoshop在平面设计、影视制作、广告设计、包装、印刷等领域获得了广泛的应用。虽然Photoshop是二维图像处理软件，但是它在环境艺术设计方面也发挥出巨大的作用。应该明白，用Photoshop绘图只是将传统在纸上的手工绘图移入了计算机中绘图，制作出的效果图的好坏根本上取决于设计师对各种立体感表现方式的掌握水平和对色彩渲染的理解程度。

在立体感表现方面，Photoshop提供了一些透视变形的功能；在色彩渲染方面，电脑环境将设计师从脏乱的传统绘图工具中解放出来，设计师可以在Photoshop中自由地上色和修改，还可以使用各种画笔工具表现出手工绘画的笔触效果。Photoshop不能像三维建模软件那样，弥补设计师透视能力的欠缺，但是在直观性方面，却具有三维建模软件无法相比的优点。如果设计师掌握了必要的方法，那么Photoshop将是一款非常好用的软件。

一、由平面设计图转换为立体效果图

大空间环境的景观设计首先需要研究场地的构图，推导平面图是一开始就需要进行的工作。如果使用Photoshop绘制彩色平面图，考虑到平面图确定后，还需要画效果图，那么，平面图的绘制最好准备几个必要的图层。前后遮盖的图层是Photoshop表现平面层次的法宝，使用得当，对下一步立体图制作也很有帮助。图层的多少与顺序是有一定学问的，在进行景观设计时，从下至上设定的图层可以是：总平面底图层、绿地（草地）图层、绿地内的小游步道图层、游步道或小型硬化区图层、大的道路或硬化区图层、园林景观小品图层（有时多层），最上面是建筑图层。植物设计分为地被植物图层、灌木图层、乔木图层，它们的位置有时穿插在硬质景观图层之中。

有了这样的一个平面图，就可以在Photoshop里绘制大场景的鸟瞰图或效果图了。需要说明的是，将来效果图中景色范围一定要小于平面图——也就是说，用来制作效果图的平面图的范围需要大一些，以便给透视变形留有余地（图2-6-1）。

在开始画效果图之前需要将所有图层链接，然后使用编辑变换的扭曲功能，将所有图层一起进行透视效果的调整，在此时选择一个合适的表现角度非常关键，设计师头脑中一定要有一个透视的模式，即将画面确定为一点透视、两点透视或是斜形透视等，之后在将景物立起来的时候，依然需要坚持这个透视模式（图2-6-2）。

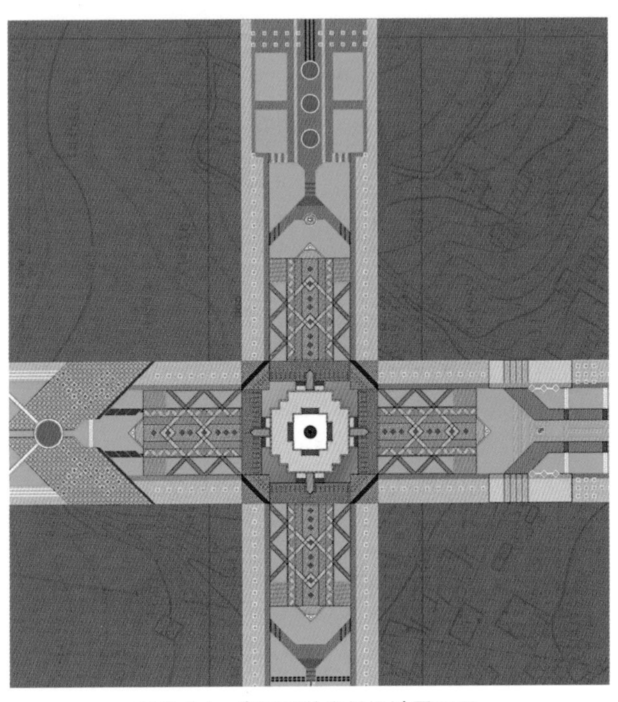

图2-6-1　有图层的广场设计平面图

图2-6-2　透视变形后的广场平面图

第二阶段是将各种景物立起来，这时就需要使用已经透视变形后的各个图层。往往先表现硬质景观，将它们立起来有时只需在建立选区后，进行向上的重复拷贝即可。例如画建筑，在建筑图层的原位再拷贝粘贴一个图层，将底下图层变成纯黑色，用来制作阴影，一般将此图层的透明度设为50%就会表现出不错的效果。上面的图层用来拔高，拔高的过程可以分成几步来解决透视的问题，有的也可以一步到位，到最上面可以再拷贝粘贴一个图层，以便表现建筑不同块面的色彩（图2-6-3）。

第三阶段需要使用材质库，将符合透视角度的植物、人物、车辆等调入画面。植物的放置位置可以依据植物设计的平面图层确定（如果存在遮挡，可适当减少植物数量），等到立体植物都就位后，平面图上植物设计的图层就可以删除了。在这个阶段需要注意及时将图层归类合并，此时保持设计头脑的清晰非常重要，否则容易出现误删等情况。立体感表现完成后，还需要进行远近感、虚实感、冷暖调的渲染，渲染还需要使用到不同的图层（图2-6-4）。

图2-6-3　平面景物立起来后的效果图

图2-6-4　全部完成后的广场设计效果图

二、在电脑屏幕上直接画立体效果图

利用Photoshop也可以在电脑屏幕上直接画透视图，透视空间界面的表现依然需要使用图层，图层的前后遮挡可以帮助设计师表现立体关系。物体的块面可以用选区建立，这样就没必要出现轮廓线条，制作出的效果图也更为真实，能够接近三维立体图的效果，比三维立体软件更方便的是，在利用Photoshop作图的过程中，设计师对画面效果始终是一目了然的。在开始学习这种方法时，如果空间透视控制不好，可以借助一个透明的透视底稿图层，或者建立一个有主要透视线条的图层，待表现内容全部画完后，这个图层就可以删除了（图2-6-5至图2-6-10）。

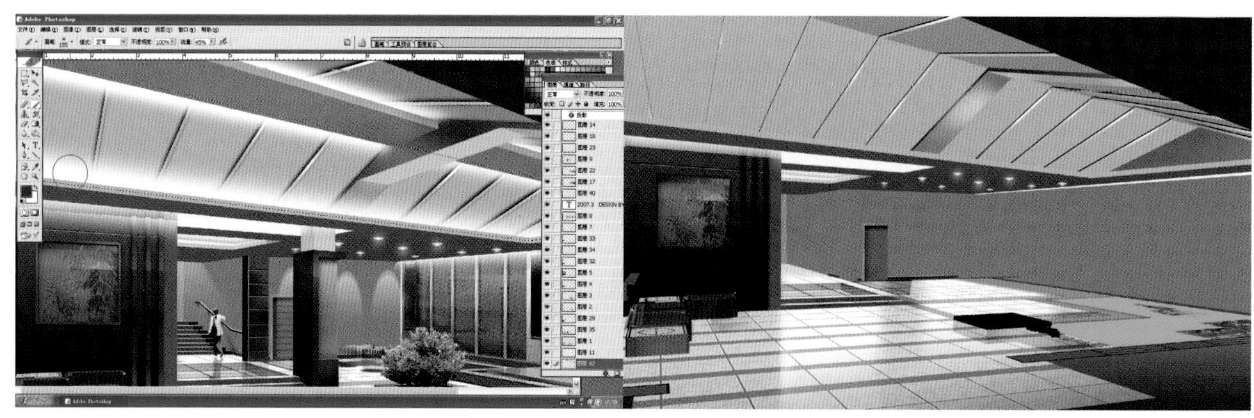

图2-6-5 用Photoshop在电脑屏幕上直接画效果图
在透视准确的前提下，需要注意图层建立的秩序。

图2-6-6 在电脑屏幕上直接建立立体场景

图2-6-7 在电脑屏幕上完善空间形态

图2-6-8 完善空间形态并渲染各个界面

图2-6-9 添加景物素材，进行最后调整，完成画图

图2-6-10　全部用Photoshop绘制的某工业园区景观设计效果图

三、使用手工绘制的线条底图进行计算机上色

手工绘制的立体线条底图，经过扫描或数码拍照后导入计算机，然后用Photoshop进行处理制作效果图。首先需要在原始图层上再提出一个黑色线条的图层，其方法之一是：拷贝一个原始图层，在图像调整中选择阈值命令，使画面变成干净的黑白两色，然后删除白色的部分，只留下黑色的线条，保持这个黑色线条图层始终处于最上层。注意不要在此图层上绘画，如果需要，可以拷贝新建一个图层进行绘制。最早的那个原始图层有时具有一些天然的肌理，可以单独保留在黑色线条图层的底下，也可以用来进行效果的渲染。

这种方法可以实现手工绘画与计算机技术的完美结合，能够表现比较真实的场景，也可以追求效果图的手工绘画味道。从实践经验来看，用这种方法进行快速表现，比其他方法都更为快捷，用此方法进行全因素的表现效果也非常良好（图2-6-11、图2-6-12）。

图2-6-11　用计算机上色的室内效果图

图2-6-12　用计算机上色的道路景观设计效果图

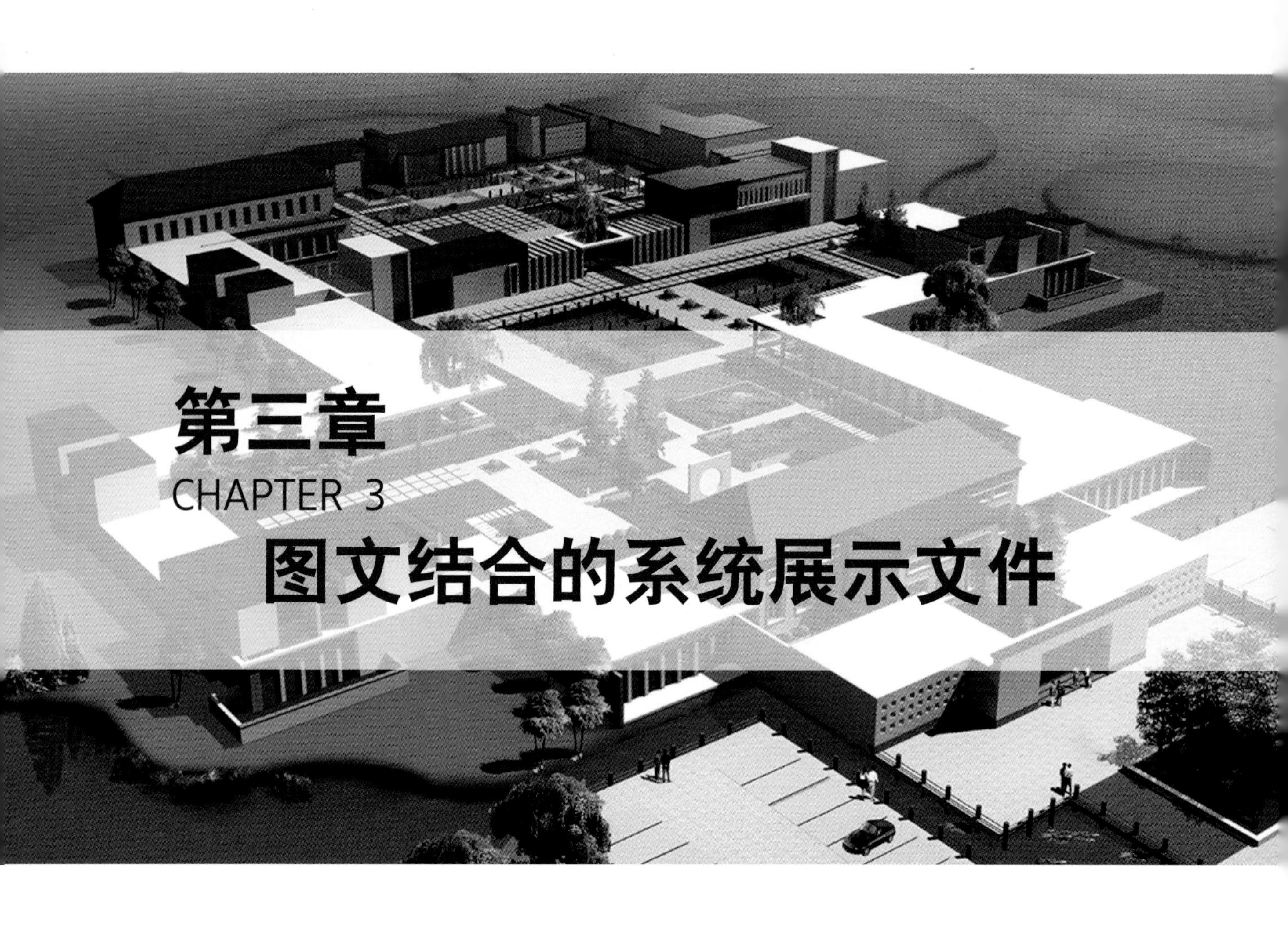

第三章
CHAPTER 3
图文结合的系统展示文件

图文结合的系统展示文件主要包括设计方案的文本图册和设计方案多媒体展示文件等。

设计方案的文本图册是在正式绘制施工图之前，以介绍方案为目的的设计文件。除此之外，介绍设计方案还经常采用制作展板、模型、演示文稿、场景动画等其他方式。随着计算机数字技术的普及，为了更加生动直观地介绍设计方案，现在有些设计项目已经采用多媒体动画技术，结合配音等手段来全方位展示设计方案，虚拟现实VR（virtual reality）技术、3D打印技术在景观设计方案的展示上也开始发挥出巨大的优势。这些新技术的表现形式很受业主欢迎，将来或许会成为传达设计思想的重要技术手段。

第一节　景观设计方案与规划的文本图册概述

很多综合性的大型设计项目只通过效果图是无法全面细致地表达设计思想的，所以在设计实践中经常会用到设计的文本图册。设计公司为了在招标竞争中胜出，所准备的文本图册可谓图文并茂，制作非常精美，内容也尽可能的充实。根据设计对象、业主要求以及不同阶段对设计理解和表达深度的不同，这些文本图册的制作内容与装帧形式也各不相同，经常用到的文本图册形式有：建议书、报告书、规划书、策划书等。

某些规划设计的成果最后是以文本图册的形式呈现的，如绿地系统规划的成果就是由《基础资料汇编》《图则》《文则》《说明》和《附件》等所组成的文本图册形式呈现的（图3-1-1）。除了绿地系统规划外，环境景观的规划还有很多，例如：特色小镇、农业综合体、风景区等大尺度的景观规划以及城市形象、大地生态（生态基础设施EI）等景观规划。这些规划都不是探讨性的方案设计，而是在具体景观设计前的上位规划，是在综合所有环境因素的基础上，对环境所做的具有前瞻性、可操作的总体控制性的设计。

图3-1-1　城市绿地系统规划的文本图册

景观设计方案的文本图册并不是直接就反映项目最终施工建设的内容，而更多的是设计前期的调查、建议、论证和探讨阶段的内容，此阶段的工作主要有以下目的：①调查项目本身的基本情况，同时尽可能周全地去了解与项目有关的其他事项，站在专业的角度罗列出项目各个方面需要考虑并解决的设计问题，从而提出规划或设计的建议；②通过对相关资料、素材的编排整理，阐释并论证设计的主张；③以文字与图片的形式与业主进行深入的沟通，进而明确设计方向；④从初步设计开始，听取各方面的建议，在坚持专业原则的基础上进行修改与调整，直到完成最终的设计方案（图3-1-2至图3-1-9）。

图3-1-2　文本图册的装帧形式可以根据内容的不同而各式各样

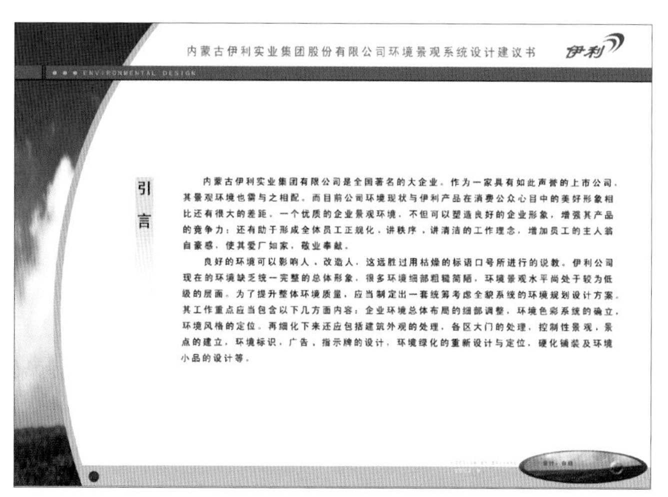

图3-1-3　某企业环境景观设计建议书中对改造建设提出的总体意见

图3-1-4　建议书中针对具体某一方面指出环境景观上所存在的问题并给出了解决思路

图3-1-5 某街道景观改造建议书中提出设计工作的各项内容

图3-1-6 某街道景观改造建议书中指出现状环境所存在的问题

图3-1-7　某街道景观改造建议书通过介绍同类项目来提出设计的想法

学府花园景观改造与规划设计报告书

现有工程存在的环境建设问题和需要改造与重新设计的方面

一．存在的问题

1. 没有整体大环境空间意识，环境建设无系统可言，景观设计缺少对空间性质的研究与有针对性的营造和处理。
2. 绿化形式呆板，树木种植成行、成列，缺少艺术变化。
3. 道路的路径设计没有对景的意识，有些安排存在常识性的错误。
4. 地坪、地形缺少高低起伏的变化，道路形式单一，没有开合、收放的处理，道路铺装图案设计不足。
5. 缺少人性化空间与环境家具，无法满足居民对环境景观高层次的需求。
6. 基于"学府花园"名称下的环境建设却没有文化、学问上的景观、景点，名不副实。

二．需要解决的方面

1. 树立整体环境空间意识，将楼体、围墙、楼宇中空间、道路、植物、环境标牌等景观要素通盘考虑，导入环境空间视觉识别系统的设计理念（VI设计）。
2. 在环境空间设计上，做好区域处理，有开有合，流畅自如，增加空间层次。
3. 绿地环境应重新设计，做好乔木、灌木、地被植物及草坪的平面布置和纵向设计，分析环境空间性质，创作出孤植、列植、丛植等景色多样的绿化种植形式。
4. 丰富道路与场地的竖向变化，巧妙设计铺装图案，做好衔接与过渡的细部设计。
5. 处理好道路的对景与景观路线的引导，实现步移景异。
6. 增加人性化的空间和环境家具，为居民户外游憩提供更多的活动场地。
7. 注入各种适宜的文化要素，提升环境建设品位。
8. 做好细节处理，让环境建设少留遗憾。

问题与解决

DESIGNED BY BAIYANG 

图3-1-8　某小区景观设计报告书指出环境存在的问题并相应地提出各项设计工作的思路

图3-1-9 某小区景观设计报告书有针对性地指出现状环境存在的问题

让设计专业的学生练习制作文本图册，可以很好地发挥他们的主动性和创造性，帮助他们养成有逻辑地去推导设计方案的工作习惯，同时可培养他们综合表达设计思想的能力。

第二节 设计方案文本图册的内容

设计方案的文本图册所涉及的内容不限于项目本身，还包含了广泛的其他材料，有时就是借助文本图册中相关设计项目的介绍，才使业主开阔了视野，这也为以后甲乙双方能够站在较高的专业层面和审美水平上进行交流打好了基础（图3-2-1）。但是，文本图册中所有的内容都应该围绕设计者对项目的判断与设想进行有条理的组织，如果杂乱堆砌是不会达到好的效果的。

图3-2-1 某居住区景观设计报告书对内容的组织

通过整理各种景观风格的图片，使甲方理解环境风格、明确项目设计的风格定位。

文本图册的编写与绘制，根据设计所处的不同阶段或状态，其目的是不一样的：当设计方案已经成竹在胸，文本图册的内容主要是通过组织更多的材料来证明设计方案的合理性；而当设计思路还没有明确的时候，文本图册中各种内容的收集与整理更多的是为了帮助推导设计方案。

当设计方案基本成型后，在同一个设计里有时候包含了很多项设计内容，为了全面地介绍方案的各项内容，在文本图册会将总平面图里所包含的各项设计概念分解开来，以分析图的形式逐一进行讲解（图3-2-2至图3-2-5）。

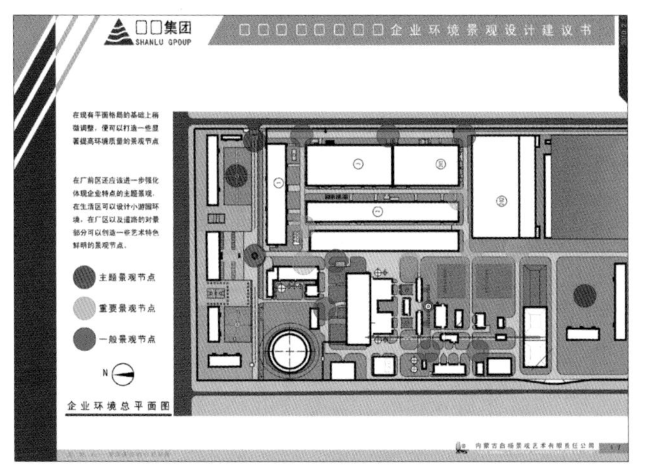

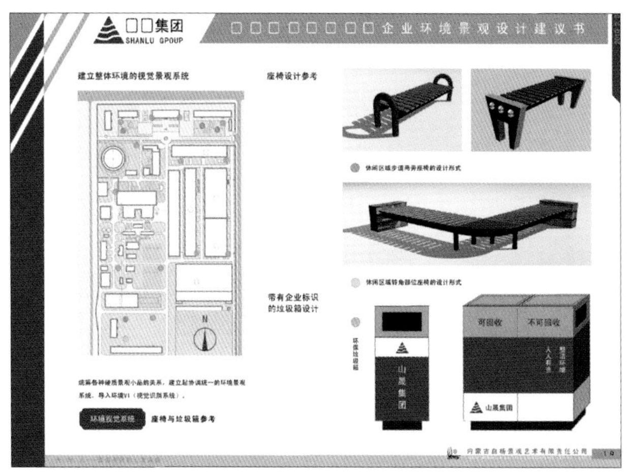

图3-2-2　某工业园建议书中就景观节点与环境设施进行分项说明

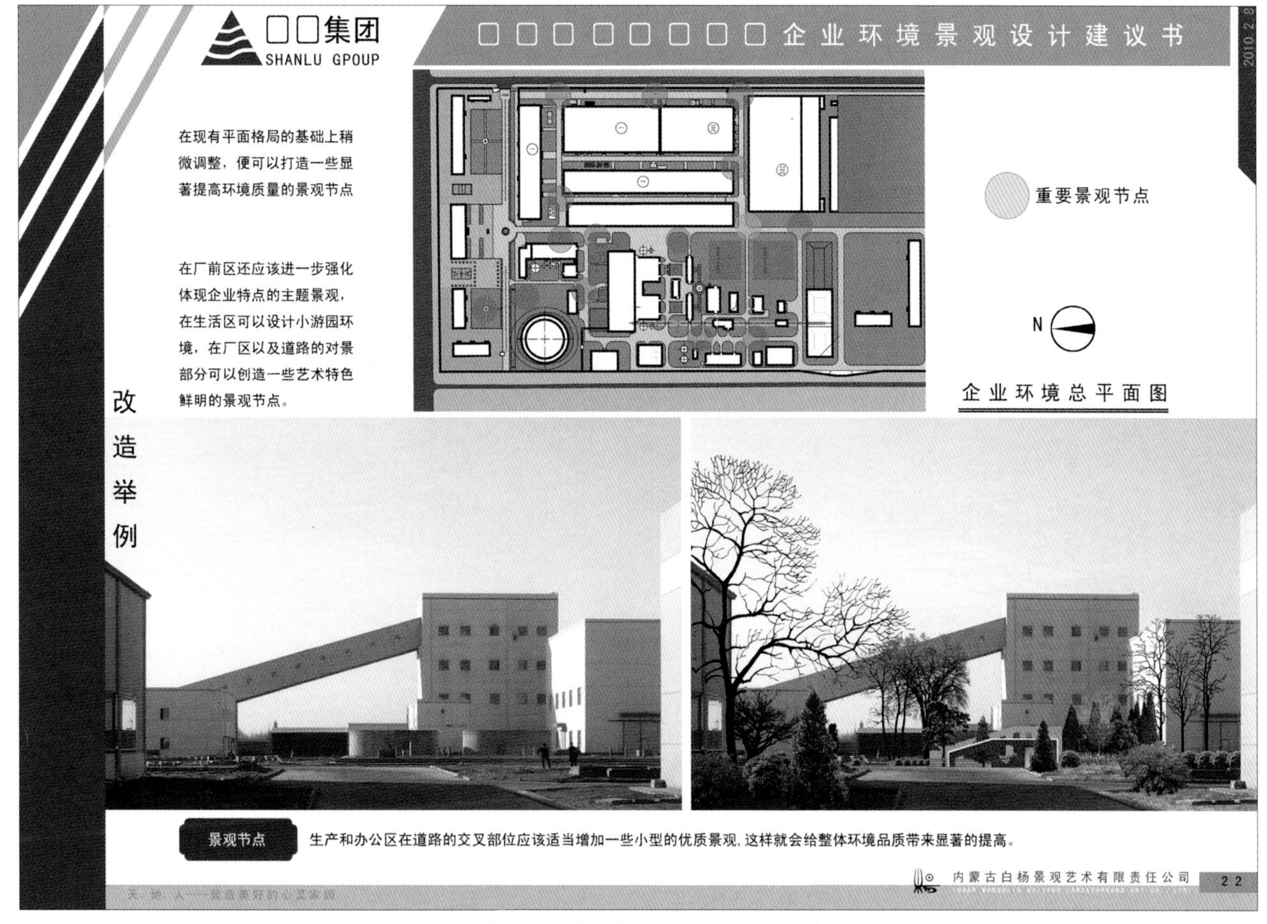

图3-2-3　某工业园建议书中对重要景观节点提出建议

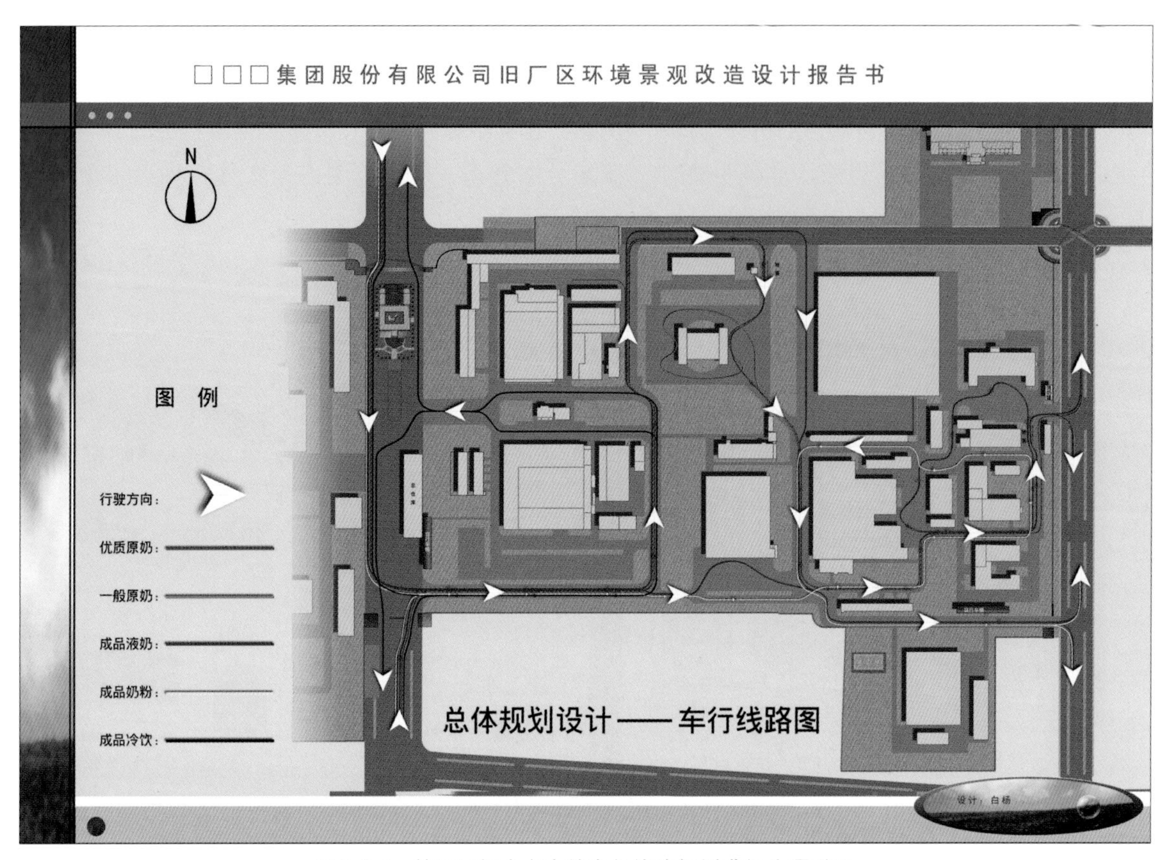

图3-2-4 某厂区报告书中就车行线路规划进行分项说明

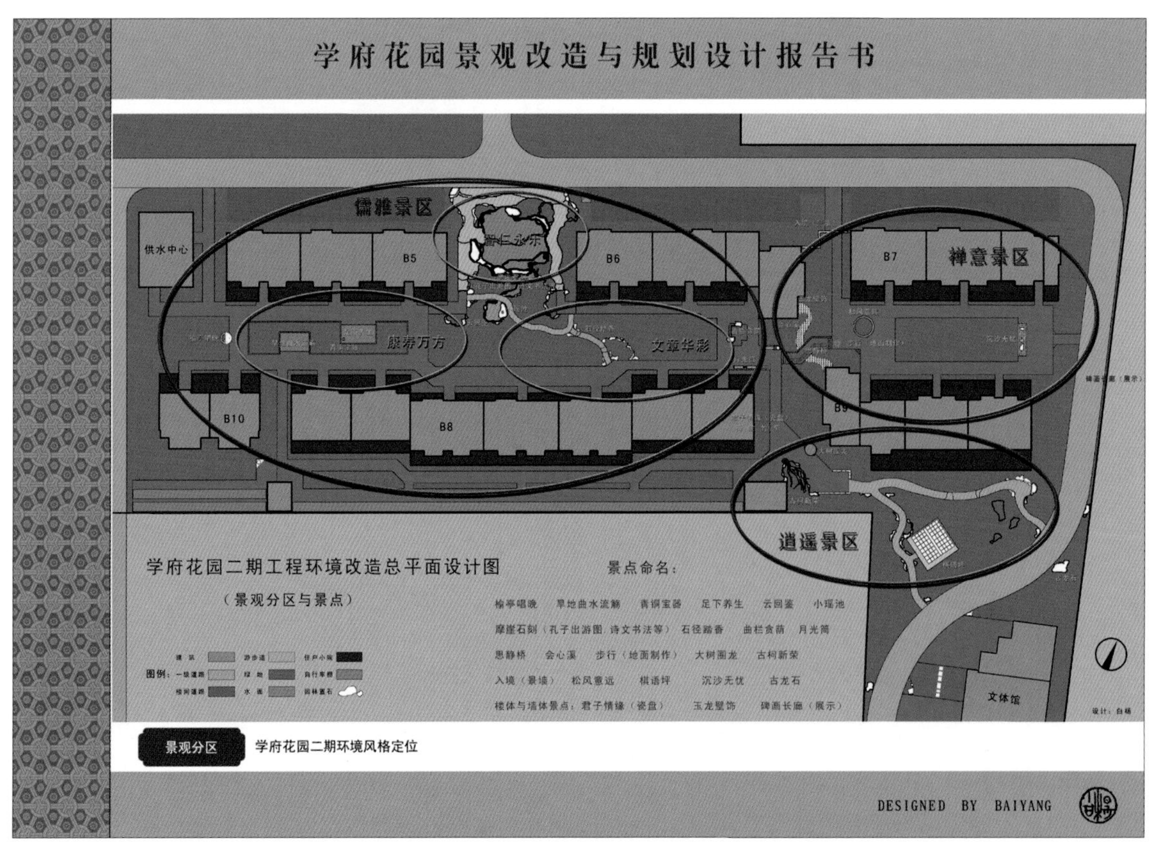

图3-2-5 某居住区景观设计报告书中就文化概念分区进行讲解

一般在环境景观的总平面图上可以分项绘制以下图纸：场地环境的历史与现状分析图，环境功能或设计概念分区图，各个景点或项目内容设置图，景观结构与视线分析图，交通系统（可以包括消防救护通道）分析图等。根据需要，还可以选择对日照情况、环境基底、界面肌理、竖向地形、硬化铺装、绿化设计、水系设计、环境设施、夜间照明、生物多样性等专项内容分别进行介绍。

针对不同的设计项目，设计单位提出的设计主张与关注点不应该千篇一律；即使是针对同一个设计项目，不同的设计单位也会由于理解的不同，而得出各不相同的设计概念。通过这些设计概念就可以判断出设计方案是否考虑全面，设计方向是否正确。

不论这些设计概念的表现形式如何新颖多样，其中有些基本问题是必须要关注的，例如在方案阶段要完成的工作有：

①了解业主的设计要求，明确设计范围。

②查寻有关项目的行政法规、技术规范或标准。

③调查并学习与项目有关的历史和文化知识。

④进行环境景观方面的项目可行性分析。

⑤调查场地的地质、地形、气候、动植物以及周边环境状况。

⑥调查并分析其他同类建设项目。

⑦了解项目在政治、经济、文化方面的情况。

⑧分析与研究环境场地各种功能需求。

⑨确定总的设计指导思想和原则。

⑩选定设计的风格和手法。

⑪提出规划或设计的建议和主张，明确设计的概念或主题。

⑫通过文字、图纸、表格等形式推导并论证设计方案。

⑬绘制总平面图和各种设计概念（内容）分项图。

⑭明确设计方向，完成全部景观内容的方案性设计（扩初设计）。

⑮制作景观施工所需的铺装、绿化、照明等主要材料说明表。

⑯总体工程造价概算。

⑰编写景观建设完工后的管理与维护说明。

⑱设计单位有代表性的业绩简介。

以上罗列的各项内容只是笼统地介绍方案设计时需要考虑和完成的工作，在具体设计过程中，还需要根据实际情况灵活运用。以上①～⑬项的工作，都可视为是建议书包含的范畴，如果将⑭～⑱项工作也全部完成了，该文本图册就可以称为报告书了（图3-2-6至图3-2-8）。

在设计方案文本图册编制的过程中应该特别注意的是：有些设计背后限定性或是依据性的要求只需要知道并予以注意就好，没有必要在文本图册上占用过多的篇幅来介绍，那些大段抄录教科书文字的做法会引起人们反感，尤其是投标时用来汇报的图册，更应该强调重点，好的设计首先应该发现问题，接下来必须去解决问题，提出好的具有创造性的设计方案才是核心所在。

图3-2-6　某街道景观改造报告书是在建议书的基础上提出了明确的设计方案

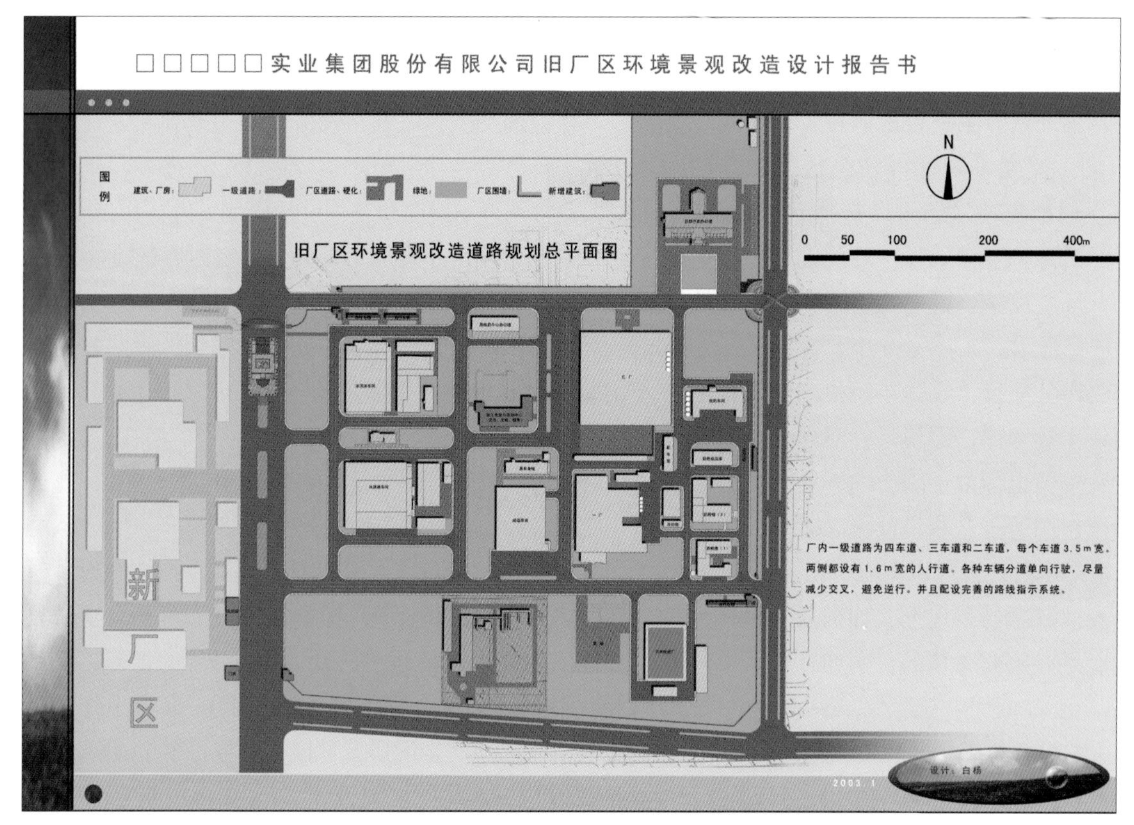

图3-2-7 某厂区报告书中总平面设计图

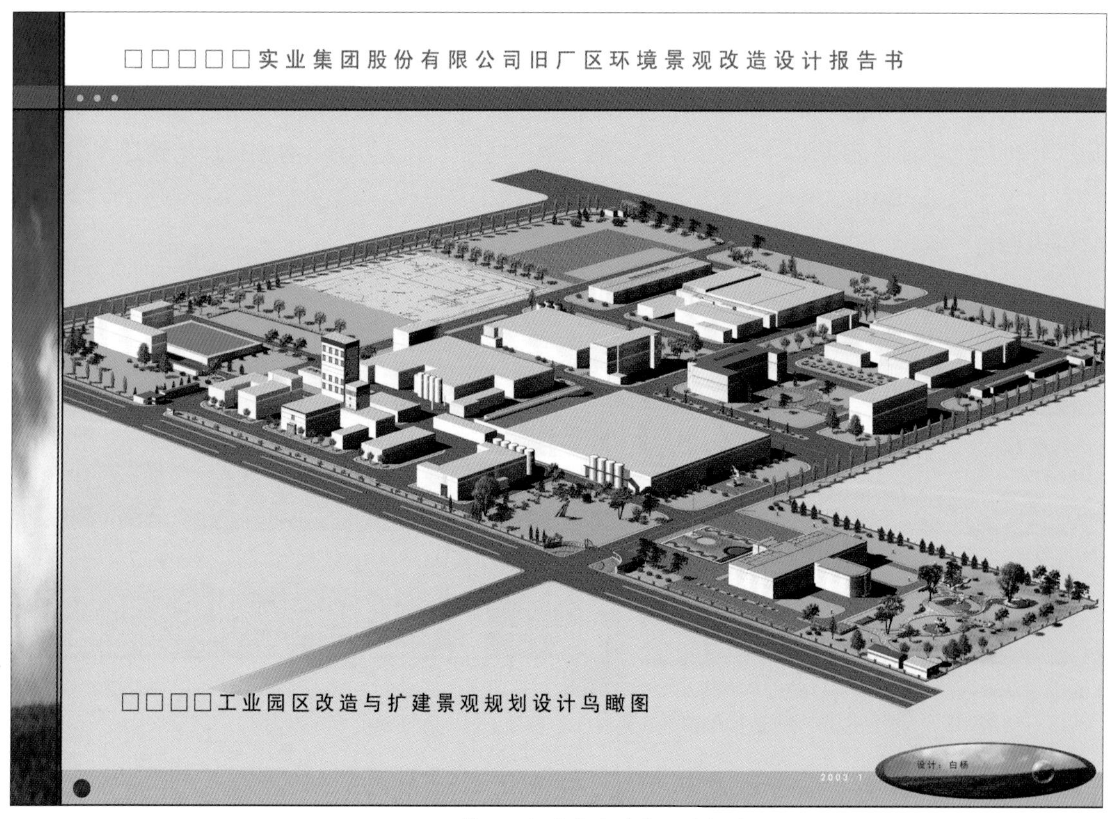

图3-2-8 某厂区报告书中总体设计鸟瞰图

第三节　设计方案文本图册实例

一、设计案例：浙江黄岩永宁公园生态设计

主要设计人：俞孔坚、刘玉杰、刘东云、宁维晶、凌世红、李鸿、金园园、张蓓、阙镇清、蔡红梅、葛旻昱、张磊、刘军、林柏。

设计单位：北京土人景观规划设计研究所，北京大学景观设计学研究院。

项目建设地点：浙江省台州市黄岩区。

设计时间：2002年3月—2004年1月。

竣工时间：2004年3月。

（一）概述

永宁公园位于永宁江右岸，总用地面积约为21.3hm^2。永宁江孕育了黄岩的自然与人文特色，该地区山灵水秀，自古以来为道教圣地，鱼米丰饶，盛产黄岩蜜橘；现代则有"小狗经济"之源、模具之乡等美誉。然而，近几十年来，人们并没有善待这条母亲河，人为的干扰特别是河道的硬化和渠化工程，导致河水流动过程的改变和生态环境的恶化，河水污染严重，河流形态改变，两岸植被和生物栖息地被破坏，休闲价值损毁。永宁公园的建设对黄岩的自然、社会和文化发展有很大的意义。如何延续其自然和人文进程，让生态保护功能与历史文化信息继续随河水流淌，是设计的主要目标。

（二）设计战略

为实现以上目标，永宁公园设计方案提出以下6大景观战略。

1.保护和恢复河流的自然形态，停止河道渠化工程　设计开展之初，永宁江河道正在实施裁弯取直和水泥护堤工程，高、直、生硬的防洪堤及水泥河道已吞噬了场地1/3的滨江岸线。实现设计目标的关键是立即停止正在进行的河道渠化工程。考察完场地后，设计组当即向当地水利部门提出了停止渠化工程的建议，并向有关人员系统地介绍了生态防洪和生物护堤等做法，列出河道渠化的种种害处。最终当地水利部门认同了生态设计的理念，并通过行政命令的途径停止了此项"水利工程"。

接着，设计组对流域的洪水过程进行了分析，得出洪水发生过程的景观安全格局，提出通过建立流域湿地系统来实现与洪水为友的目标，将洪水作为资源而不是敌人。在此前提下，采用以下3种方式改造已经被硬化的防洪堤：

①保留原有水泥防洪堤基础，在保证河道过水量不变的前提下，使防洪堤顶路面向远离河水的方向退后，将原来垂直的堤岸护坡改造成退台式种植池，并在堤脚一侧铺设亲水木板形成亲水平台。

②保留原有水泥防洪堤基础，在保证河道过水量不变的前提下，使防洪堤顶路面向远离河水的方向退后，在原来垂直的堤岸护坡上堆土，使其坡度变缓，上面栽植植被形成种植区，并在堤脚铺设卵石，形成亲水界面。

③保留原有水泥防洪堤基础，在保证河道过水量不变的前提下，使防洪堤顶路面向远离河水的方向退后，将渠化后的硬质堤岸全部恢复为土堤，并在其上进行绿化种植。

这3种软化江堤的方式由东向西分别依次被采用，与人的使用强度和城市化强度的渐变趋势相一致。

剩余的西部江堤设计是在没有经过渠化的江堤上进行的，方式如下：根据新的防洪过水量要求，保留江岸的沙洲和芦苇丛作为防风浪的障碍物，并保留和恢复滨水带的湿地；全部用土来堆堤，将堤岸坡度放缓至1 ：3以下；部分地段扩大浅水滩地，形成滞流区、人工湿地或浅滩，为鱼类等多种水生生物提供栖息地、繁育环境和洪水期间的庇护所；对河床进行处理，营造深槽和浅滩，在形成的鱼礁坡上种植乡土物种，形成亲水界面。

江堤的设计改变了通常单一标高和横断面的做法，而是结合起伏多变的地形，形成亦堤亦丘的多种标高和横断面的设计，丰富人们的景观感受。

2.一个内河湿地，形成生态化的旱涝调节系统和乡土生境　本公园设计的第二大特点，是在防洪堤的内侧营建了一块带状的内河湿地。它平行于江面，而水位标高高于江面，旱季则开启公园东端的西江闸，补充来自西江的清水，雨季可关闭西江闸，使内河湿地成为滞洪区。尽管公园的内河湿地的面积只有2hm^{2}左右，对于整个永宁江流域的防洪、滞洪需求来说，无异于杯水车薪，但如果能沿江形成连续的湿地系统，其必将成为一个区域性、生态化的旱涝调节系统。

这样的一个内河湿地系统也可以为乡土物种提供一个栖息地，同时创造了丰富的生物景观，为休闲活动提供场所。

3.一个由大量乡土物种构成的景观基底 应用乡土物种形成绿化基底，整个绿地系统沿着平行于永宁江的方向分布有如下几种植被类型：

①河漫滩湿地植物群，在一年一遇的水位线以下，由丰富多样的乡土水生和湿生植物构成，包括芦苇、菖蒲、千屈菜等。

②河滨观赏草种群，在一年一遇的水位线与五年一遇的水位线之间，用当地的九节芒（斑茅 *Saccharum arundinaceum*）构成单优势种群，该植物是巩固土堤的优良草本，场地内原有的大量九节芒分布杂乱无章，可进入性较差。经设计后的观赏草种群疏密有致，形成安全而又充满野趣的空间。

③江堤疏林草地，在五年一遇的水位线和二十年一遇的水位线之间，用当地的狗牙根作为地被草坪植物，上面点缀乌桕等乡土乔木，形成一个可供游人观景和驻足休憩的边界场所，在其间设置一些座椅和平台广场。

④堤顶行道树，结合堤顶道路，种植行道树形成此带。

⑤堤内密林，结合地形，由毛竹、乌桕、无患子、桂花等乡土树种构成密林，分割出堤内和堤外两个体验空间：堤外空间面向永宁江，是个外向开放型空间；堤内空间围绕内河湿地形成一个内敛式的半封闭空间。

⑥内河湿地植物群，该植被种群由观赏性较好的乡土水生、湿生植物构成，如睡莲、荷花、菖蒲、千屈菜等。

⑦滨河疏林草地，该区沿内河两侧分布，给使用者提供了一个观赏内河湿地和驻足休憩的边界场所。

⑧公园边界林带，位于公园的西边界和北边界，繁忙的公路交通给公园环境带来了不利的影响，为减少交通干扰，在此处设计了一条由香樟等树种构成的浓密的边界林带，为公园营造一个安静的环境。

4.水杉方阵——平凡的纪念 水杉是一种非常普通因而不被当地人关注的树种，它们或孤独地伫立在水稻田埂之上，或成行排列在泥泞不堪的乡间机耕路旁，或成片分布于沼泽湿地和污水横流的垃圾粪坑边。本设计通过呈方格网状分布的树阵，在一个自然的乡土植被景观背景之上，将这种平凡的树种按5m×5m的尺寸种植在一个方台上，赋予它们一个纪念性的内涵，突显其高贵典雅。树阵或漂浮于水面上、或落入繁茂的湿生植物之中、或嵌入自然起伏的草地上，不论身处何地，水杉独特的个性都会显露无遗。

5.景观盒——最少量的设计 在自然化的地形和茂密的林地以及由乡土植物所构成的基底之上，分布有8个5m见方的景观盒。它们构成公园绿色背景上的方格点阵体系，融合在自然之中，形成了“自然中的城市”肌理。同时，野生的芦苇等自然元素也渗透进入盒子，使代表人文和城市的盒子与自然达到一种交融的状态。这些盒子由墙、网或柱构成，以最简单的方式，给人以三维空间的体验。

相对于中国古典园林中的亭子，景观盒同样具有借景、观景、点景等功能，但亭子的符号意义是外向的，而盒子的符号意义是内敛的。因此，通过景观盒，游人体验的是“大中见小”和“粗中见细”的意境，区别于中国传统园林中的“小中见大”的艺术处理手法。现代城市公园和自然地的大尺度和粗犷性，要求景观设计用对比的手法来营造小空间和精致感，这就是本设计采用景观盒的主要理由。

空间本身是带有含义的，盒子的尺度、色彩和材料，以及盒子中的微景观设计，都能够传达这种含义。它在两个层面上被赋予含义，第一个层面是直觉的、是建立在人类生物基因上的、是先天的，是通过空间和构成空间的物理因素的刺激所传达的；第二个层面是文化的，可以通过文字和文化的符号传达。这两层含义都是本公园的设计者想通过盒子来传达的。

在第一个层面上，盒子给人一种穿越感并在自然背景中对“人”进行定义和定位。面对盒子，挑战和危险同时存在，由此产生美感：远望盒子时，它具有吸引人前往的诱惑力，因为里面潜藏着一个未知的世界，即所谓的可探索性或神秘性。盒子的另一个特点是可解性，当人在靠近盒子的过程中，可探索性和神秘性会急剧增强，并伴随着产生危险感，唤起人们紧张和不安的情绪；而当人一旦跨入与外界只有一墙之隔的盒子内部的时候，就由一个外在者变成了内在

者，由探索者变成了盒子的拥有者和捍卫者，盒子变成其“领地”。这种“神秘—危险—安宁”的感受变化，是盒子的穿越美感的本源。当然，作为公共场所，“危险”感的创造是以实际上的安全保障为基础的。所以，盒子选址在主要人流交通道路边或由道路穿越。

在第二个层面上，作为一种尝试，设计者希望通过盒子来传达地域特色和文化精神。因此，8个盒子被赋予8个主题，它们分别被称为：山水间、石之容、稻之孚、橘之方、渔之纲、道之羽、武之林、金之坊。实际上，这种文化含义是否能被理解并不重要，重要的是各个盒子因此而有不同的形式和产生不同的体验，并显示了设计和文化的存在。从这个意义上说，盒子就像黄岩盛产的模具，人一旦穿越了一个盒子，就接受了某种塑造人的信息或符号，它将永远地附着在人脑中，成为塑造其未来状态的一种元素。

6. 延续城市的道路肌理，最便捷地实现公园的服务功能　公园是为市民提供生态服务的场所，因此，公园不应该是封闭式的，而应该为居民提供最便捷的进入方式。为此，公园的路网设计是城市路网的延伸，当然公园的边界以内机动车是不允许进入的。直线式的便捷通道穿过密林成为甬道，越过湖面湿地成为栈桥，穿越水杉树阵成为虚门，穿越盒子成为实门，并一直延伸到永宁江边，无论是游玩者还是行路者，都可以获得穿越空间的畅快感和丰富的景观体验。

（三）结语

永宁公园于2004年5月正式建成开园，由于大量应用乡土植物，在短短的一年多时间内，公园就呈现出生机勃勃的景象。设计之初的设想和目标已基本实现，2004年夏天还遭遇了25年来最严重的台风破坏，也很快得到了恢复。作为生态基础设施的一个重要节点和示范地，永宁公园的生态服务功能在以下几个方面得到了充分的体现。

1. 自然过程的保护和恢复　长达2km的永宁江水岸恢复了自然形态，沿岸湿地系统得到了恢复和完善，形成了一个内河湿地系统，对流域的防洪、滞洪起到积极的作用。

2. 生物过程的保护和促进　保留滨水带的芦苇、菖蒲等种群，大量应用乡土物种对河堤进行防护，在滨江地带形成了多样化的生境系统。整个公园的绿地面积达到75%，初步形成了物种丰富多样的生物群落。

3. 人文过程的孕育和传承　公园为广大市民提供了一个富有特色的休闲环境。无论是在江滨的观赏草丛中，还是在横跨于内河湿地的栈桥之上，或是在野草掩映的景观盒中，我们都可以看到男女老幼在快乐地享受着公园的美景和自然的服务。黄岩的历史和故事不经意间在公园中被传诵着、解释着，不曾被注意的乡土野草突然间显示出无比的魅力，一种关于自然和环境的新的伦理犹如润物无声的春风细雨在参观者的心中孕育：爱护脚下的每一种野草，它们是美的。借着共同的自然和乡土的事与物，更有利于人和人之间的交流。

永宁公园通过对生态基础设施关键地段的设计，完善和增强了自然系统的生态服务功能，同时让城市居民能充分享受到这些服务。

二、文本图册（图3-3-1）

台州市黄岩区滨江公园二期规划设计

台州市黄岩区滨江公园二期规划设计

委托方：台州市黄岩区滨江世纪工程建设指挥部
设计方：北京土人景观规划设计研究所
设计时间：二〇〇二年六月

首席设计师：俞孔坚
项目负责人：刘玉杰
设计人员：阙镇清　葛旻昱　张　磊
蔡红梅　刘　军　林　柏

目录

北京土人景观规划设计研究所　目录

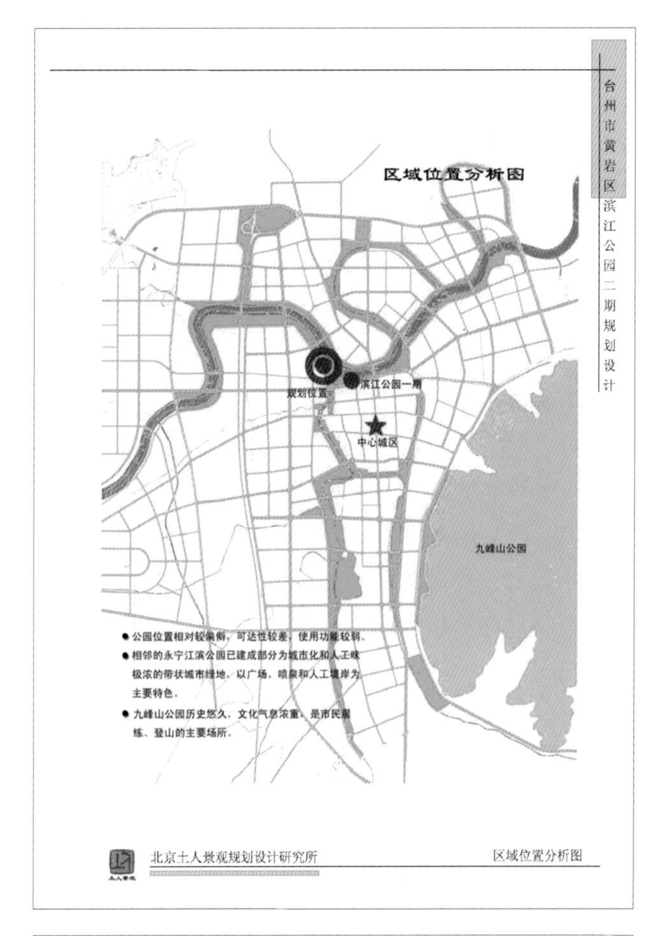
台州市黄岩区滨江公园二期规划设计
区域位置分析图
规划位置
滨江公园一期
中心城区
九峰山公园
● 公园位置相对较偏僻，可达性较差，使用功能较弱。
● 相邻的永宁江滨公园已建成部分为城市化和人工味极浓的带状城市绿地，以广场、喷泉和人工堤岸为主要特色。
● 九峰山公园历史悠久，文化气息浓重，是市民晨练、登山的主要场所。
北京土人景观规划设计研究所
区域位置分析图

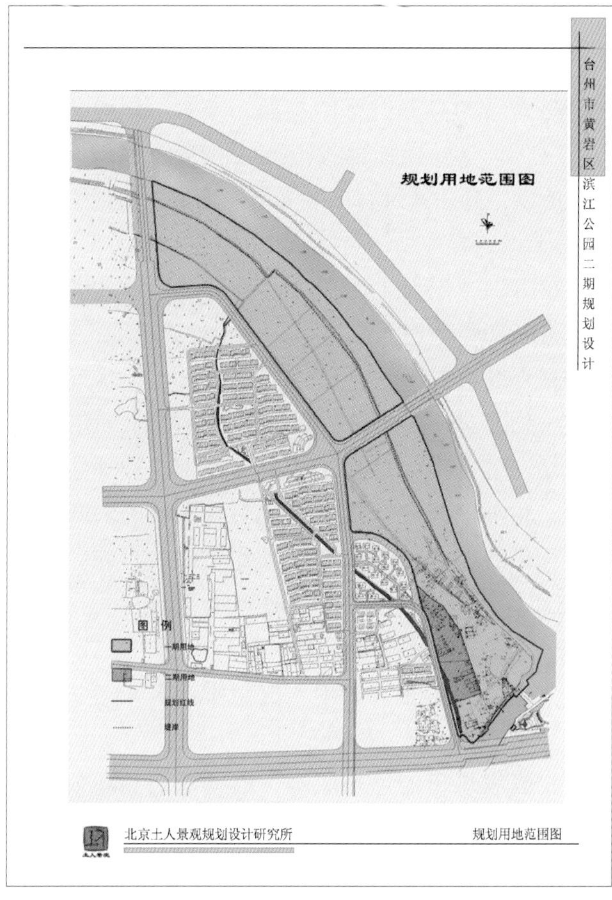
台州市黄岩区滨江公园二期规划设计
规划用地范围图
图 例
一期用地
二期用地
规划红线
堤岸
北京土人景观规划设计研究所
规划用地范围图

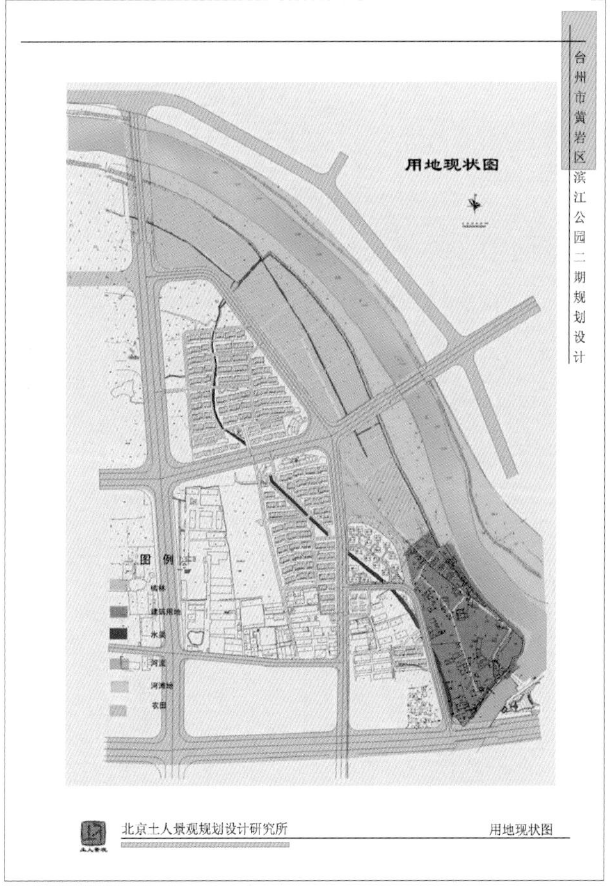
台州市黄岩区滨江公园二期规划设计
用地现状图
图 例
建筑用地
水渠
河道
河滩地
农田
北京土人景观规划设计研究所
用地现状图

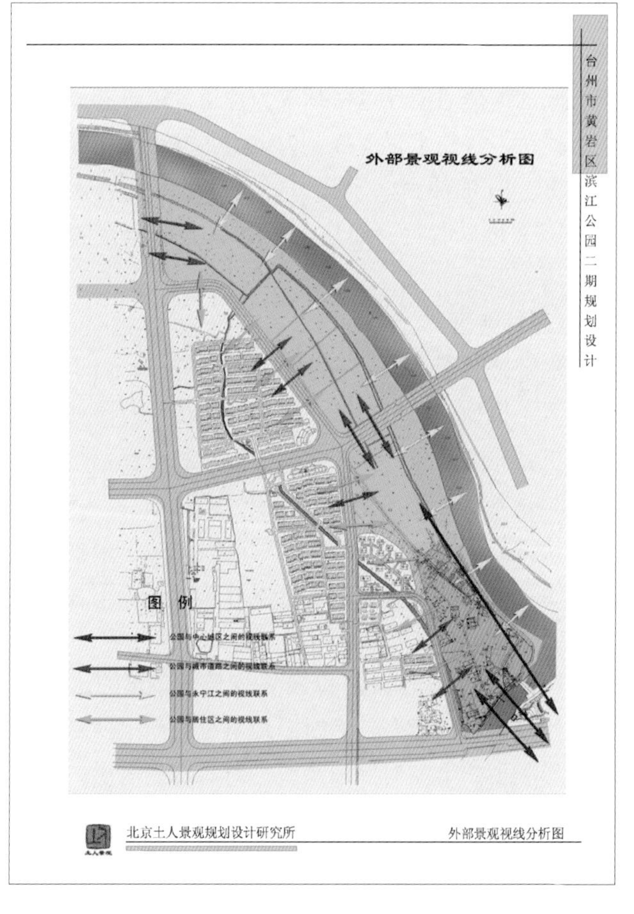
台州市黄岩区滨江公园二期规划设计
外部景观视线分析图
图 例
公园与中心城区之间的视线联系
公园与城市道路之间的视线联系
公园与永宁江之间的视线联系
公园与居住区之间的视线联系
北京土人景观规划设计研究所
外部景观视线分析图

设计
环境
景观

台州市黄岩区滨江公园二期规划设计
外部交通人流分析图
图例
城市道路
主要人流来向
主入口
次要人流来向
次入口
水域
辅助入口
北京土人景观规划设计研究所
外部交通人流分析图

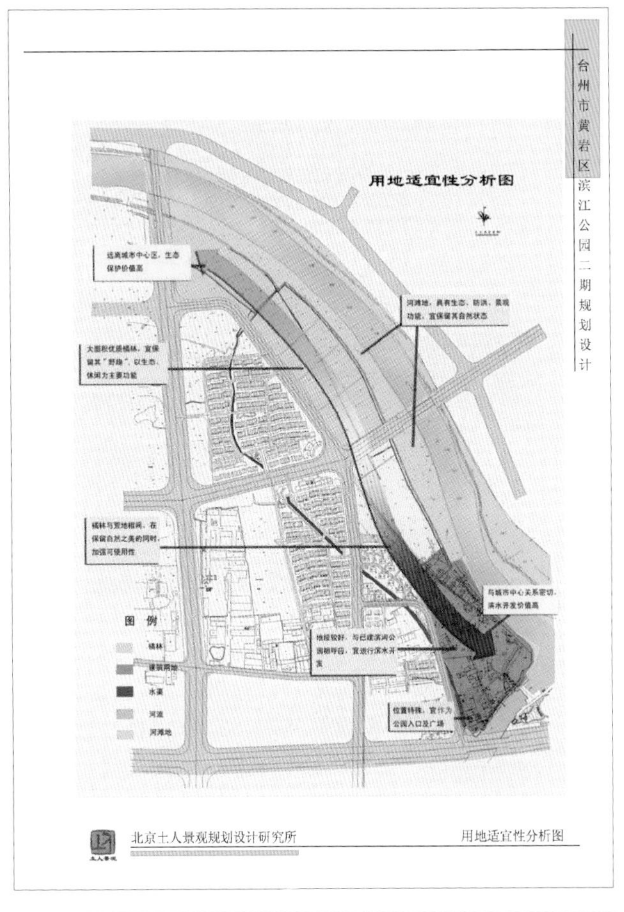
台州市黄岩区滨江公园二期规划设计
用地适宜性分析图
远离城市中心区，生态保护价值高
河滩地，具有生态、防洪、景观功能，宜保留其自然状态
大面积优质橘林，宜保留其“野趣”，以生态、休闲为主要功能
橘林与荒地相间，在保留自然之美的同时，加强可使用性
与城市中心关系密切，滨水开发价值高
地段较好，与已建滨河公园相呼应，宜进行滨水开发
位置特殊，宜作为公园入口及广场
图例
橘林
建筑用地
水渠
河流
河滩地
北京土人景观规划设计研究所
用地适宜性分析图

台州市黄岩区滨江公园二期规划设计
橘林
农田
湿地
湿地
橘林
江碑
儿童纪念碑
分析：场地地形平坦，地势较低洼，植物品种丰富，地下水位较高。场地中有纪念意义的构筑物应该予以保留。
北京土人景观规划设计研究所
现状照片：用地及其他

台州市黄岩区滨江公园二期规划设计
西江堤
永宁江混凝土堤岸
西江、永宁江交汇处堤岸
混凝土堤岸
自然堤岸
自然堤岸
自然堤岸
分析：西江水位相对较高，亲水性好。永宁江新建的混凝土堤岸亲水性最差，而原有防洪堤（土堤）上的自然植被生长状况良好。
北京土人景观规划设计研究所
现状照片：河堤

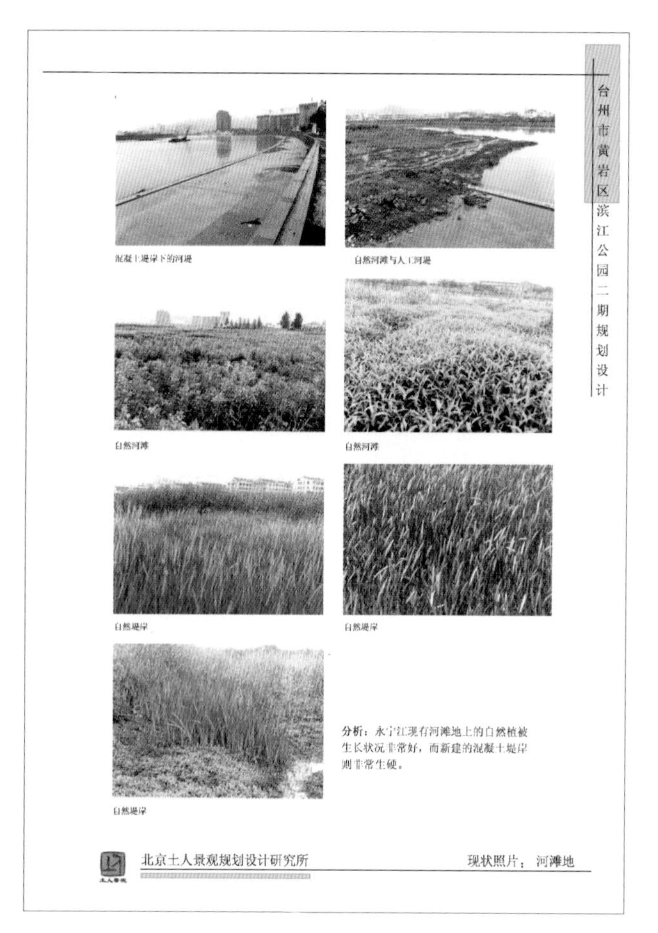
台州市黄岩区滨江公园二期规划设计
混凝土堤岸下的河堤
自然河滩与人工河堤
自然河滩
自然河滩
自然堤岸
自然堤岸
自然堤岸
分析：永宁江现有河滩地上的自然植被生长状况非常好，而新建的混凝土堤岸则非常生硬。
北京土人景观规划设计研究所
现状照片：河滩地

台州市黄岩区滨江公园二期规划设计
场地东南部的城市远景
场地东南部中心城区近景
场地东南部中心城区远景
场地南部的西江桥
场地西部的居住建筑
场地西北部的永宁江桥
永宁江北部的居住区
分析：永宁江和西江沿岸的视野较为开阔，沿永宁江向西北方向前进，外部景观质量下降。
北京土人景观规划设计研究所
现状照片：周边环境

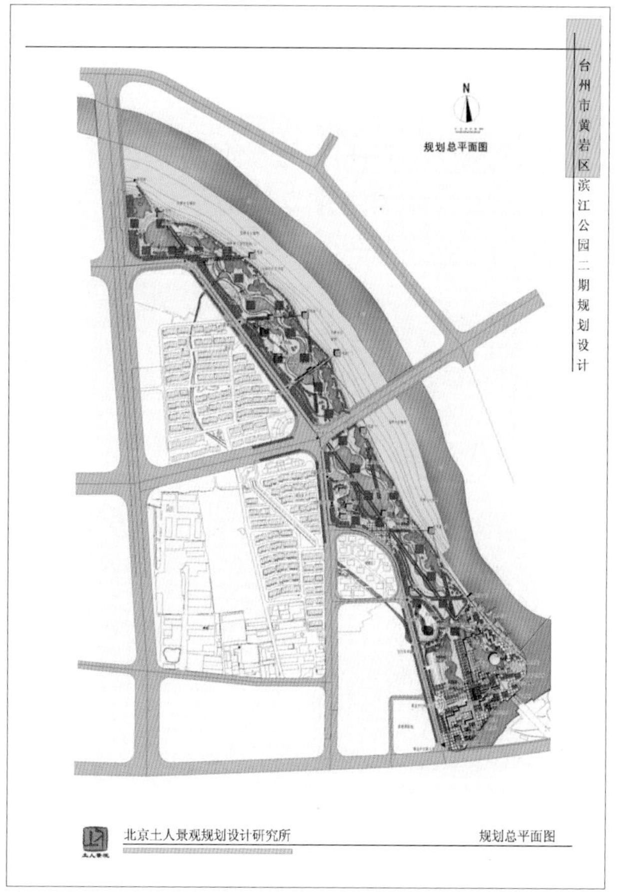
台州市黄岩区滨江公园二期规划设计
N
规划总平面图
北京土人景观规划设计研究所
规划总平面图

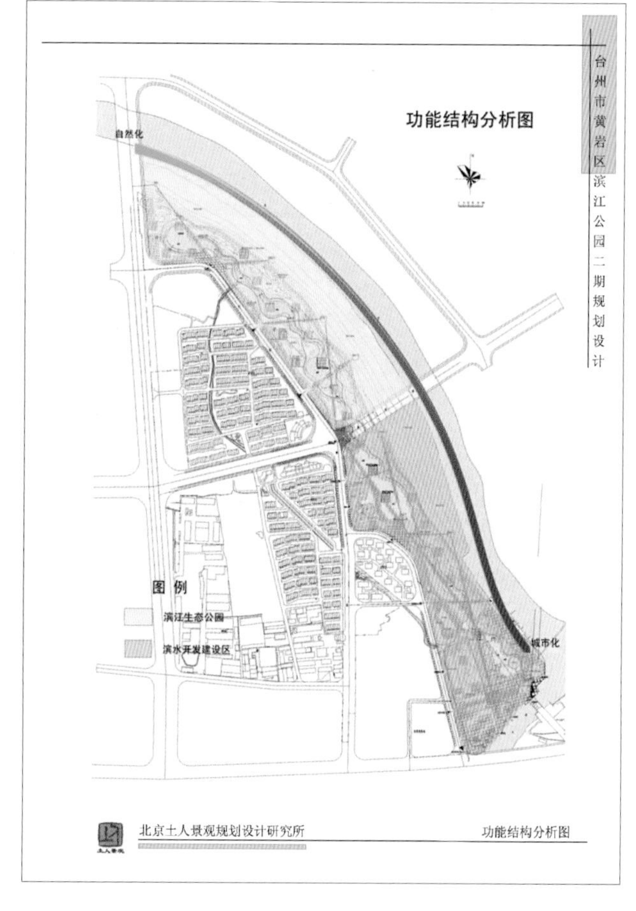
台州市黄岩区滨江公园二期规划设计
功能结构分析图
自然化
城市化
图例
滨江生态公园
滨水开发建设区
北京土人景观规划设计研究所
功能结构分析图

道路系统规划图
台州市黄岩区滨江公园二期规划设计
图例
公园主路
公园次路
小径
滨水步道
入口广场
其他广场
滨水广场
停车场
北京土人景观规划设计研究所
道路系统规划图

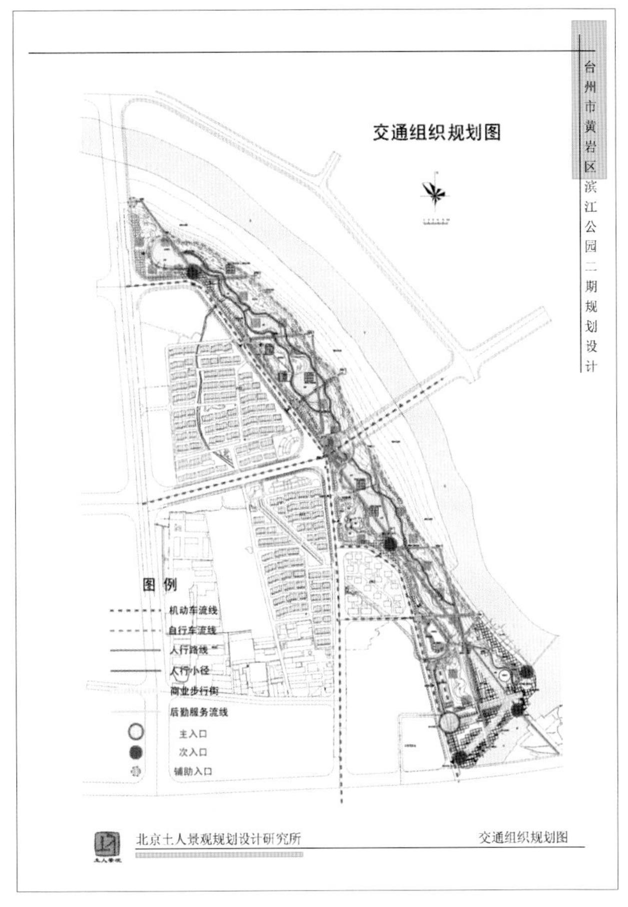
交通组织规划图
台州市黄岩区滨江公园二期规划设计
图例
机动车流线
自行车流线
人行路线
人行小径
商业步行街
后勤服务流线
主入口
次入口
辅助入口
北京土人景观规划设计研究所
交通组织规划图

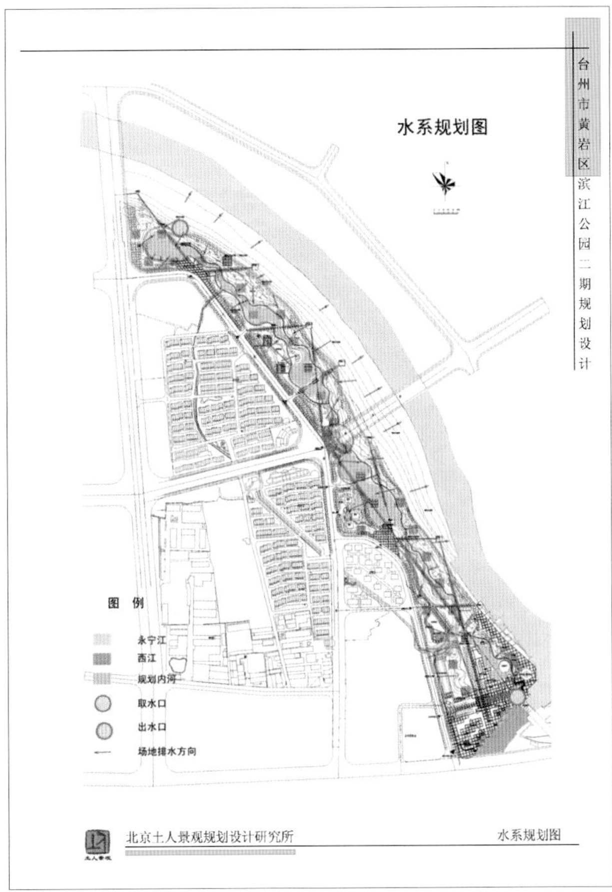
水系规划图
台州市黄岩区滨江公园二期规划设计
图例
永宁江
西江
规划内河
取水口
出水口
场地排水方向
北京土人景观规划设计研究所
水系规划图

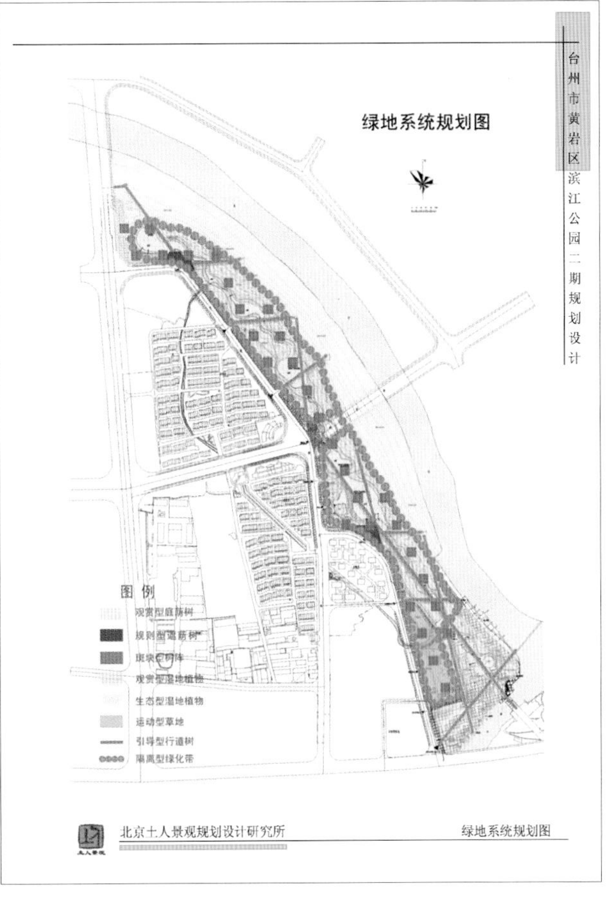
绿地系统规划图
台州市黄岩区滨江公园二期规划设计
图例
生态型湿地植物
运动型草地
引导型行道树
隔离型绿化带
北京土人景观规划设计研究所
绿地系统规划图

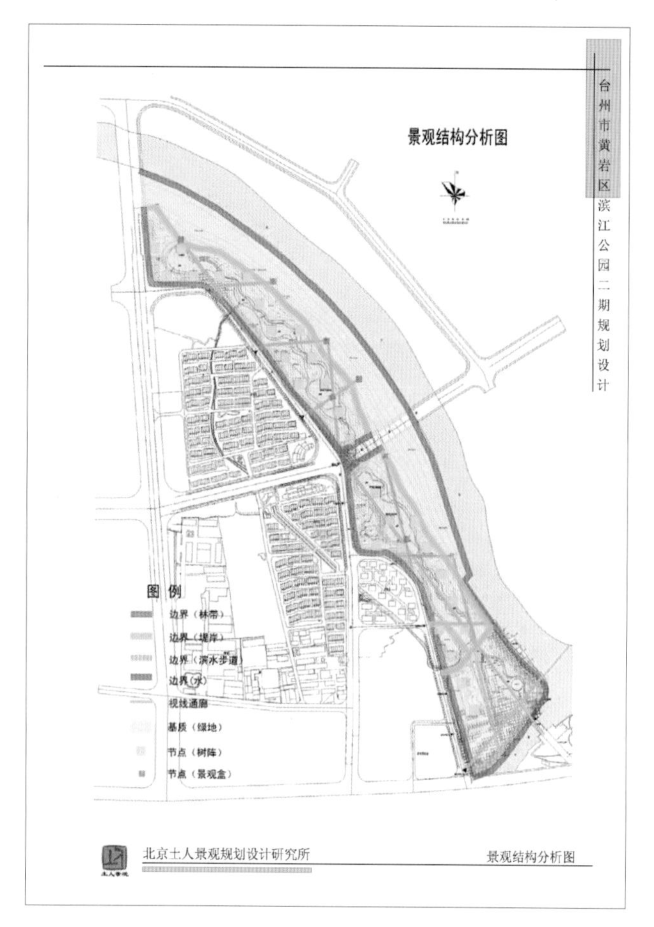
台州市黄岩区滨江公园二期规划设计
景观结构分析图
图例
边界（林带）
边界（堤岸）
边界（滨水步道）
边界（水）
视线通廊
基质（绿地）
节点（树阵）
节点（景观盒）
北京土人景观规划设计研究所
景观结构分析图

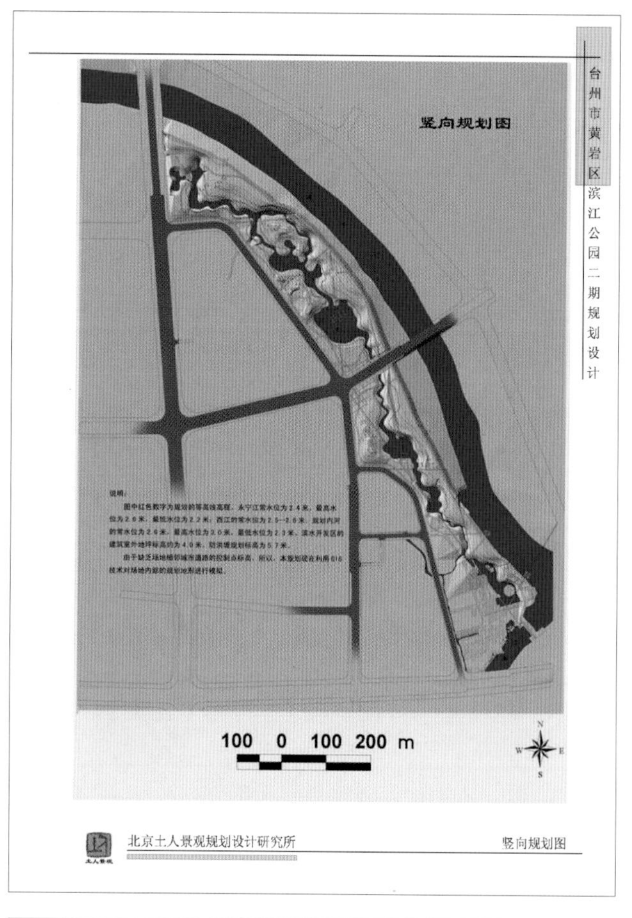
台州市黄岩区滨江公园二期规划设计
竖向规划图
100 0 100 200 m
N
S
W
E
北京土人景观规划设计研究所
竖向规划图

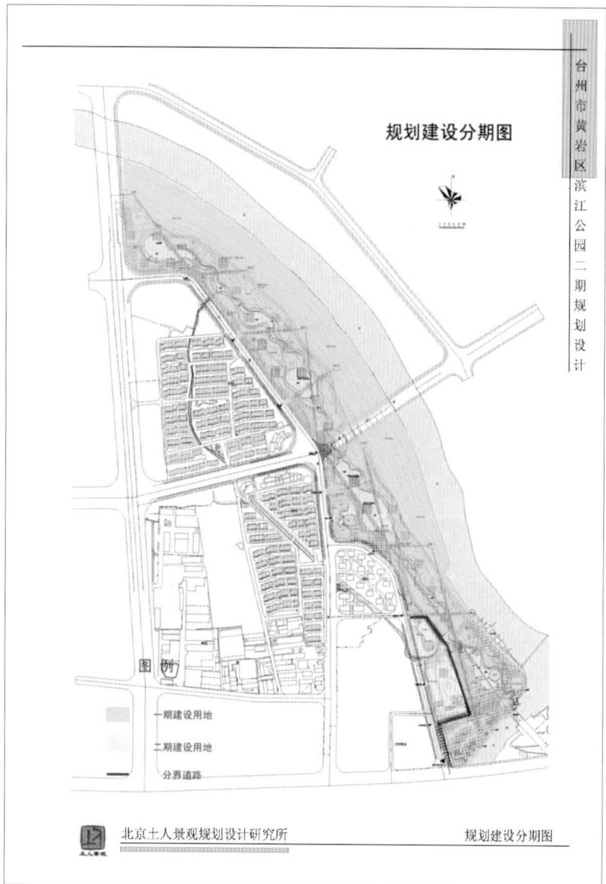
台州市黄岩区滨江公园二期规划设计
规划建设分期图
图例
一期建设用地
二期建设用地
分界道路
北京土人景观规划设计研究所
规划建设分期图

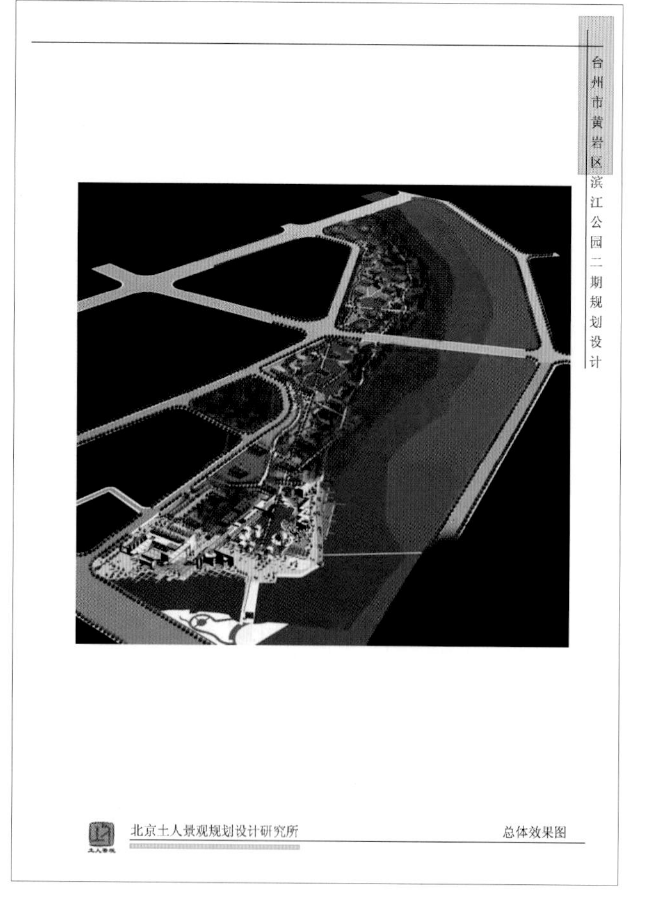
台州市黄岩区滨江公园二期规划设计
北京土人景观规划设计研究所
总体效果图

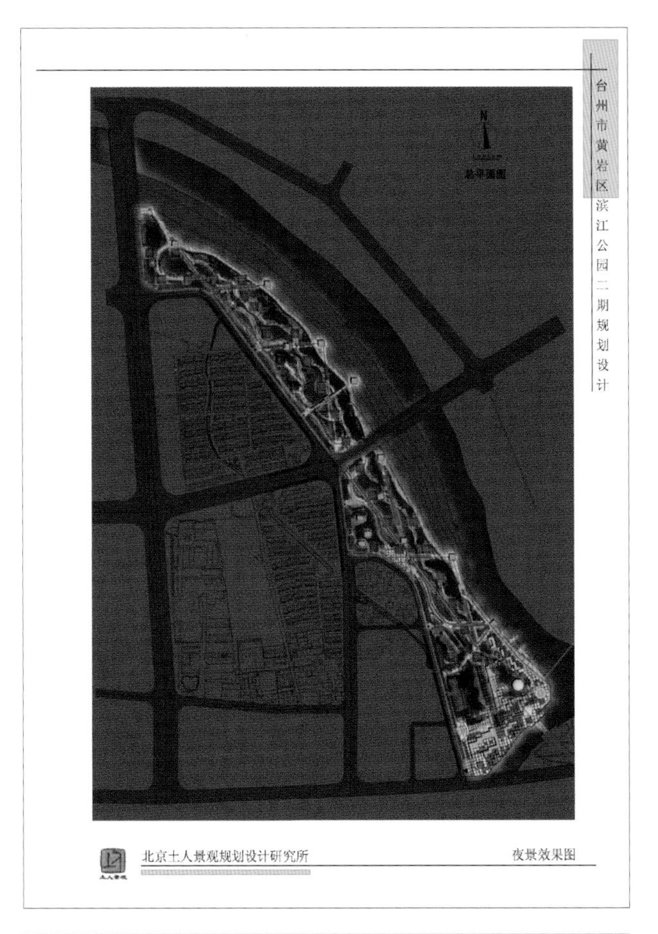
台州市黄岩区滨江公园二期规划设计
总平面图
北京土人景观规划设计研究所
夜景效果图

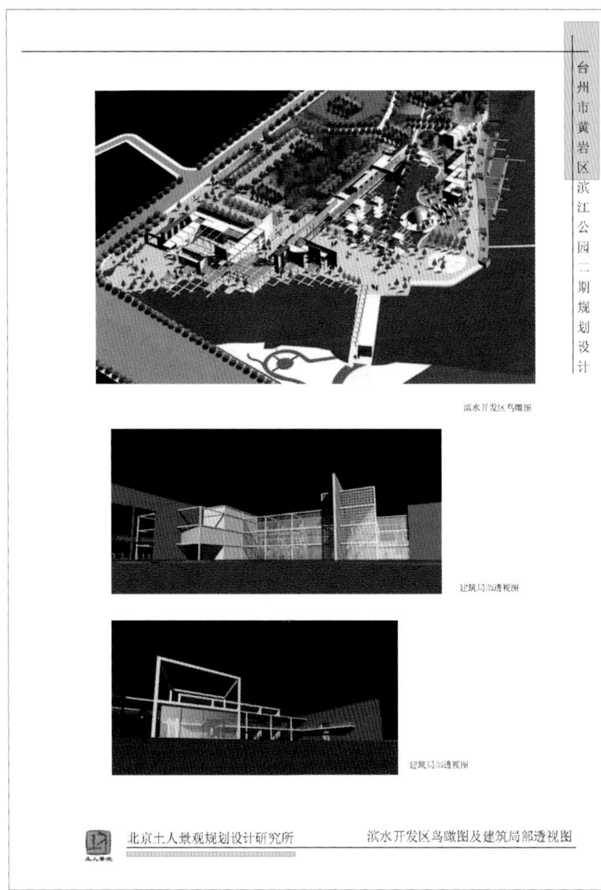
台州市黄岩区滨江公园二期规划设计
滨水开发区鸟瞰图
建筑局部透视图
建筑局部透视图
北京土人景观规划设计研究所
滨水开发区鸟瞰图及建筑局部透视图

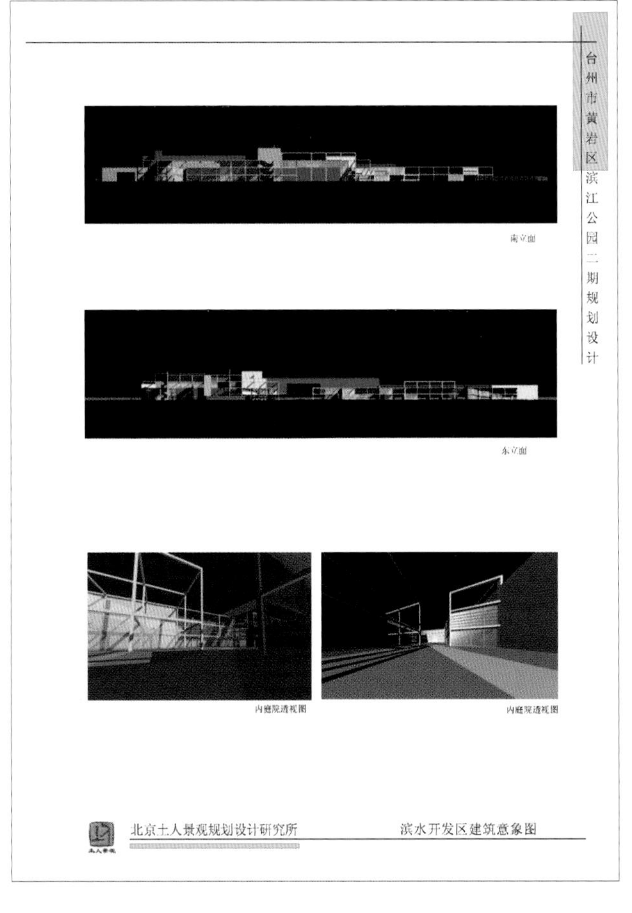
台州市黄岩区滨江公园二期规划设计
南立面
东立面
内庭院透视图
内庭院透视图
北京土人景观规划设计研究所
滨水开发区建筑意象图

台州市黄岩区滨江公园二期规划设计
渔人码头效果图一
渔人码头效果图二
北京土人景观规划设计研究所
节点效果图

台州市黄岩区滨江公园二期规划设计
水之盒效果图
光之盒效果图
北京土人景观规划设计研究所
节点效果图

台州市黄岩区滨江公园二期规划设计
栈桥湿地效果图
树之盒效果图一
北京土人景观规划设计研究所
节点效果图

台州市黄岩区滨江公园二期规划设计
树之盒效果图二
树之盒效果图三
北京土人景观规划设计研究所
节点效果图

台州市黄岩区滨江公园二期规划设计
内河中的景观盒
永宁江边的景观盒
北京土人景观规划设计研究所
景观盒效果图

设计
环境景观

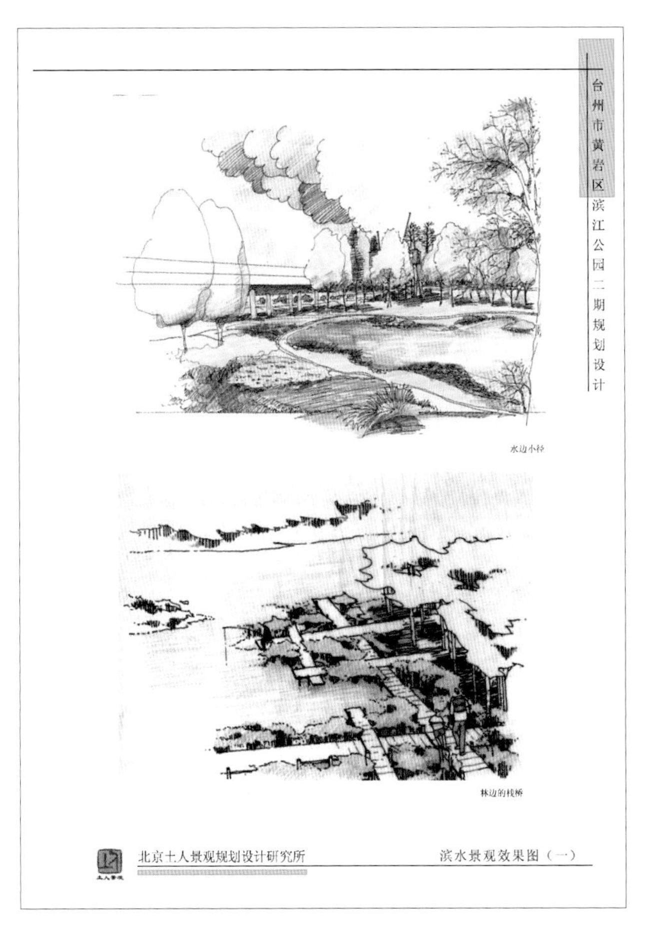
台州市黄岩区滨江公园二期规划设计
水边小径
林边的栈桥
北京土人景观规划设计研究所
滨水景观效果图（一）

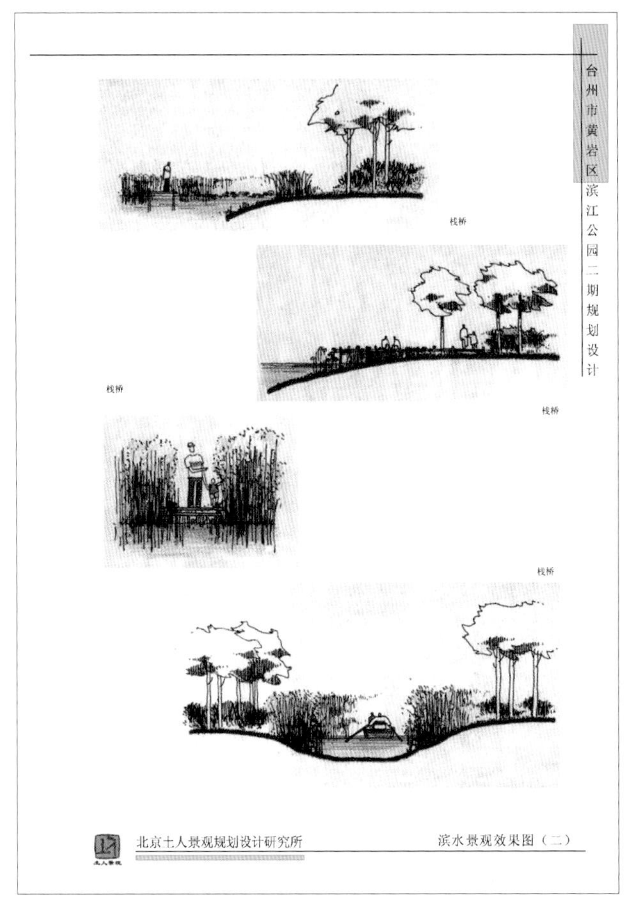
台州市黄岩区滨江公园二期规划设计
栈桥
栈桥
栈桥
栈桥
北京土人景观规划设计研究所
滨水景观效果图（二）

台州市黄岩区滨江公园二期规划设计
栈桥
栈桥
北京土人景观规划设计研究所
滨水景观效果图（三）

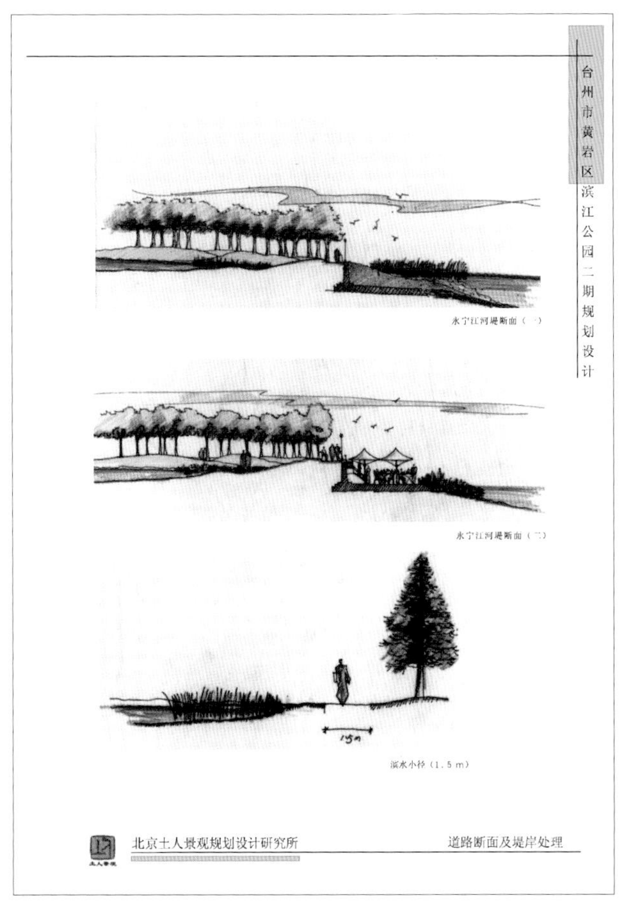
台州市黄岩区滨江公园二期规划设计
永宁江河堤断面（一）
永宁江河堤断面（二）
滨水小径（1.5m）
北京土人景观规划设计研究所
道路断面及堤岸处理

台州市黄岩区滨江公园二期规划设计
渔人码头效果图
林下儿童活动场
北京土人景观规划设计研究所
节点效果图

台州市黄岩区滨江公园二期规划设计
水杉树阵效果图
滨河自行车道效果图
北京土人景观规划设计研究所
节点效果图

台州市黄岩区滨江公园二期规划设计
临桥标志性景观盒效果图
疏林草地效果图
北京土人景观规划设计研究所
节点效果图

图 3-3-1　设计文本图册

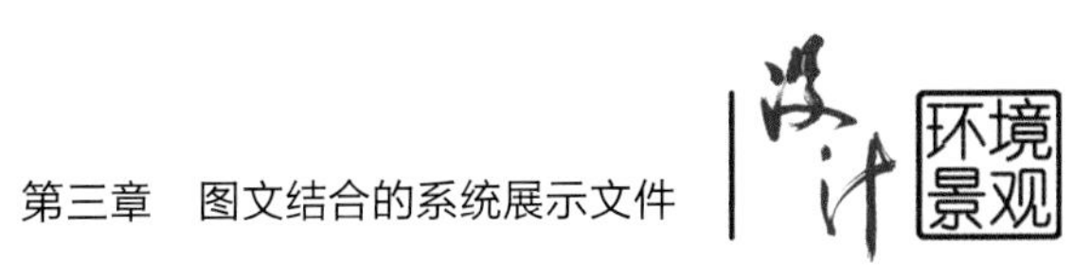

三、完工后照片（图3-3-2）

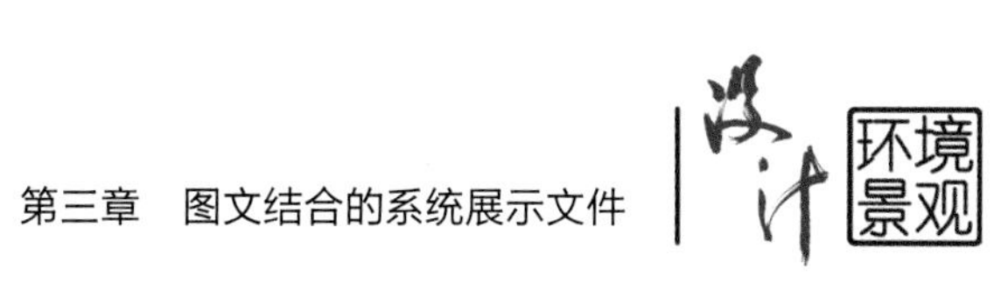

图3-3-2　项目完工后照片

第四节　设计方案的演示文稿与文本图册制作的异同

在制作设计方案的文本图册时，应该力求使每页的图文组织既概括又详尽，可以使用比较多的文字进行说明，以便他人通过阅读图册就能够完全了解设计师的想法与设计内容。设计方案的演示文稿（PPT）文件主要是针对评审与论证会制作的，为了使所有参会人员都能够看清楚，每个版面的文字与图片都需要非常醒目与概括，一个版面不宜出现太多的图片与文字，往往只书写提纲挈领的标题性文字就可以。

PPT文件与设计方案文本图册之间最大的区别就是文字的数量，文本图册的文字较多，而PPT文件是需要设计师进行讲解才能够全面阐释设计想法的，所以版面上不需要把设计师要说的话全部放上去。如果放的文字太多就会挤占版面空间，图片因此而变小，图片上细节的地方就不容易看清楚；另外，如果设计师对方案的讲解与PPT上的文字重复太多，就会使人感觉他（她）在诵读PPT上的文字，这样的讲解效果非常不好。如果是多家参与投标竞争的项目，由于评审时间有限，评委在听取方案汇报时，对烦琐冗长的PPT文件往往缺乏耐心，相比之下，他们更愿意将注意力放在一目了然的图片上。因此，与文本图册相比，设计方案的PPT文件在制作时更要精练。

PPT文件还可以通过前后的翻页，使同一场景设计前后的变化对比明显，还可以借助软件的一些动画与音效使方案演示生动有趣，这些都是文本图册所不具有的功能（图3-4-1）。

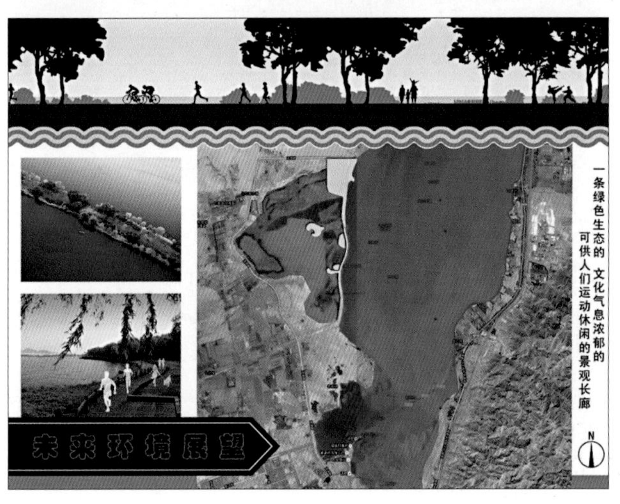

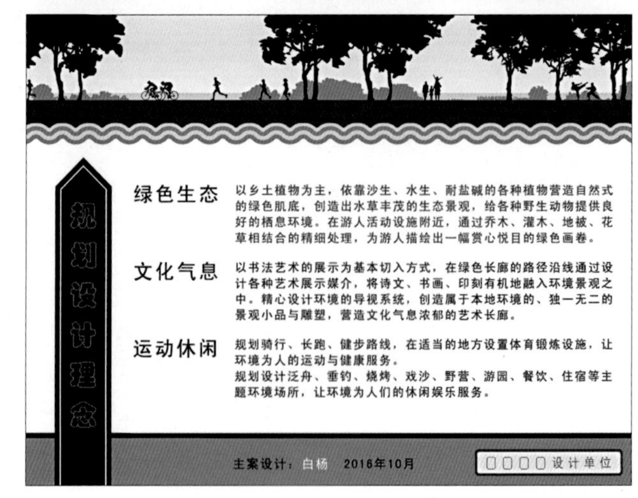

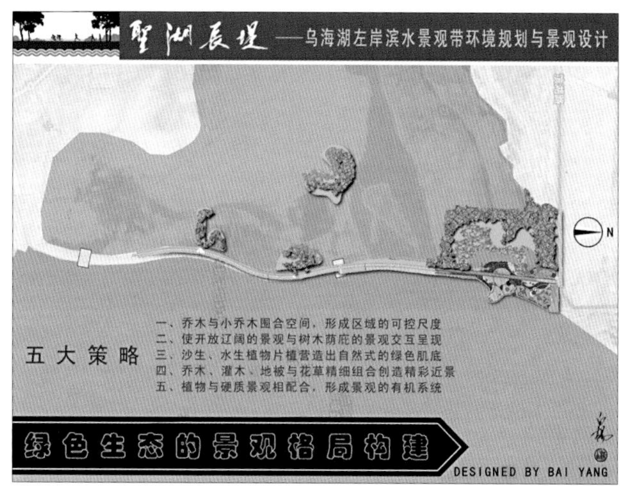
圣湖长堤
——乌海湖左岸滨水景观带环境规划与景观设计
五大策略
一、乔木与小乔木围合空间，形成区域的可控尺度
二、使开放辽阔的景观与树木荫庇的景观交互呈现
三、沙生、水生植物片植营造出自然式的绿色肌底
四、乔木、灌木、地被与花草精细组合创造精彩近景
五、植物与硬质景观相配合，形成景观的有机系统
绿色生态的景观格局构建
DESIGNED BY BAI YANG

圣湖长堤
——乌海湖左岸滨水景观带环境规划与景观设计
用大树围合空间
PAINTED BY BAI YANG
概念示意

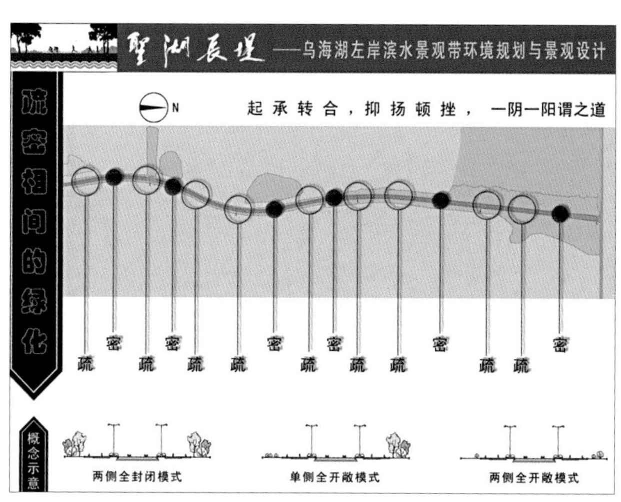
圣湖长堤
——乌海湖左岸滨水景观带环境规划与景观设计
疏密相间的绿化
起承转合，抑扬顿挫，一阴一阳谓之道
疏
密
概念示意
两侧全封闭模式
单侧全开敞模式
两侧全开敞模式

圣湖长堤
——乌海湖左岸滨水景观带环境规划与景观设计
疏密相间的绿化
有收有放
概念示意

圣湖长堤
——乌海湖左岸滨水景观带环境规划与景观设计
创造精彩的近景
PAINTED BY BAI YANG
概念示意

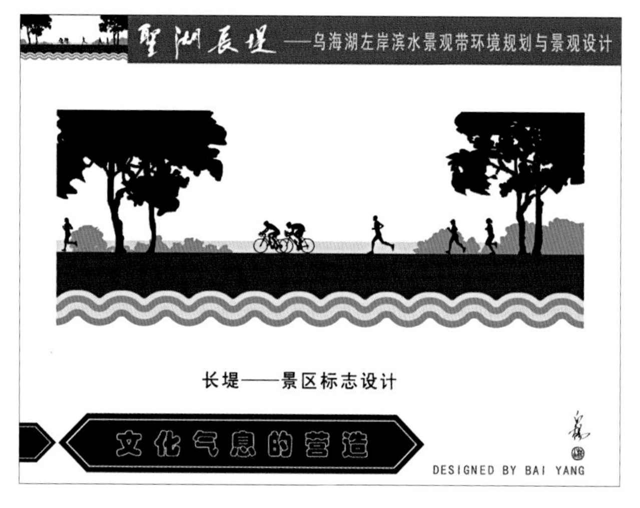
圣湖长堤
——乌海湖左岸滨水景观带环境规划与景观设计
长堤——景区标志设计
文化气息的营造
DESIGNED BY BAI YANG

聖湖長堤
—乌海湖左岸滨水景观带环境规划与景观设计
青花瓷设想
文化气息
DESIGNED BY BAI YANG

聖湖長堤
—乌海湖左岸滨水景观带环境规划与景观设计
《岩画广场》
DESIGNED BY BAI YANG

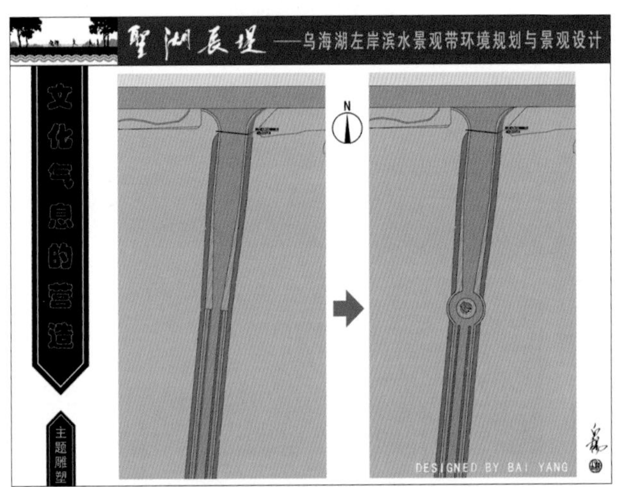
聖湖長堤
—乌海湖左岸滨水景观带环境规划与景观设计
文化气息的营造
主题雕塑
N
DESIGNED BY BAI YANG

聖湖長堤
—乌海湖左岸滨水景观带环境规划与景观设计
《鱼跃龙门》
DESIGNED BY BAI YANG

聖湖長堤
—乌海湖左岸滨水景观带环境规划与景观设计
N
圣湖长堤形象景区
主题功能区的规划与设计
DESIGNED BY BAI YANG

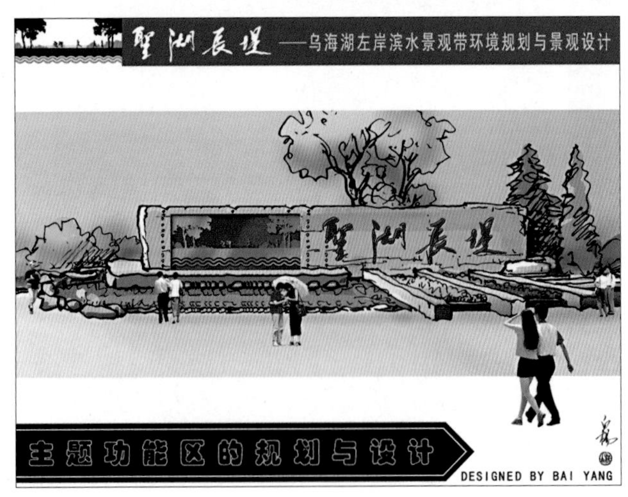
聖湖長堤
—乌海湖左岸滨水景观带环境规划与景观设计
聖湖長堤
主题功能区的规划与设计
DESIGNED BY BAI YANG

设计
环境
景观

聖湖長堤
——乌海湖左岸滨水景观带环境规划与景观设计
八百里麾寨景区
主题功能区的规划与设计
DESIGNED BY BAI YANG

聖湖長堤
——乌海湖左岸滨水景观带环境规划与景观设计
《八百里麾寨》景观意向图

聖湖長堤
——乌海湖左岸滨水景观带环境规划与景观设计
琼岛塔影
植物与硬质景观相配合，形成景观的有机系统
DESIGNED BY BAI YANG

聖湖長堤
——乌海湖左岸滨水景观带环境规划与景观设计
国际度假酒店构想
琼岛景区（新提出的规划）
给未来留下再次开发利用的各种可能
概念示意
DESIGNED BY BAI YANG

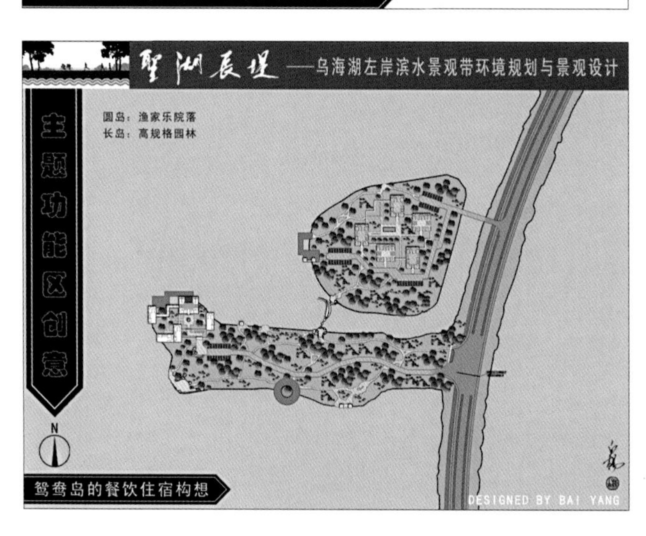
聖湖長堤
——乌海湖左岸滨水景观带环境规划与景观设计
主题功能区创意
圆岛：渔家乐院落
长岛：高规格园林
鸳鸯岛的餐饮住宿构想
DESIGNED BY BAI YANG

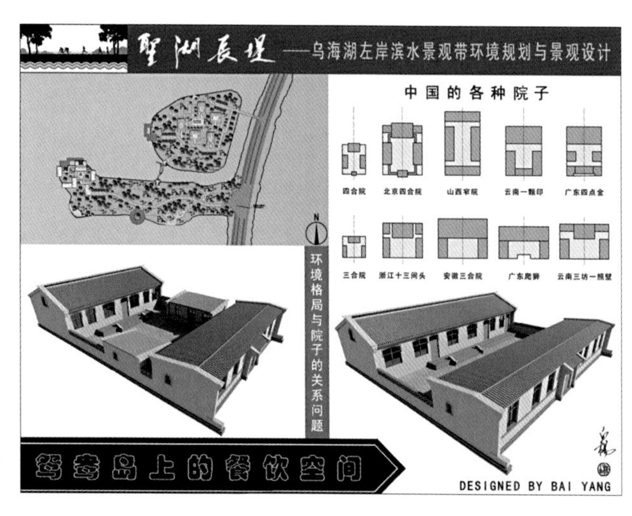
聖湖長堤
——乌海湖左岸滨水景观带环境规划与景观设计
中国的各种院子
环境格局与院子的关系问题
鸳鸯岛上的餐饮空间
DESIGNED BY BAI YANG

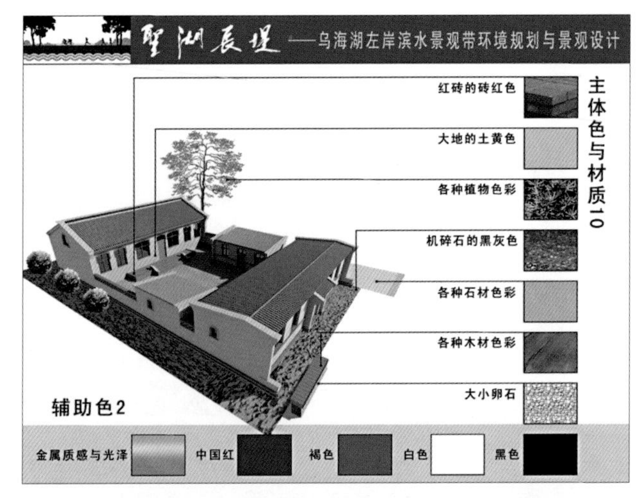

图3-4-1　某景观项目规划与设计方案的演示文稿（设计：白杨）

第五节　设计方案的场景动画制作要点

环境景观设计方案的场景动画制作一般需要经过三维软件建模，然后到渲染软件里进行配景和动画渲染，最后在视频编辑软件里完成制作的过程。

在这个系列过程中，三维软件建模是最基础的工作，需要注意的是：不论是为了渲染效果图，还是为了制作动画，把设计范围之外的景物多建一些都有利于创造出更为真实的场景效果。

在渲染软件里进行植物、人物、动物、交通工具等配景时应该以体现设计意图为重，切不可喧宾夺主；在渲染软件里进行水、大气及大的背景环境设置时要以良好的画面感为目标，有时需要反复设置参数进行比较，才能够确定出最佳的方案。视频动画的时间长短需要与景观内容的展现相匹配，一般在渲染前就应大致确定，虽然之后在视频编辑软件里还可以进行微调，但是画面播放需要与背景音乐互相合拍，因此视频动画的长短往往在渲染时与背景音乐的时间进行统筹考虑。视频动画就是靠一幅幅连续的画面讲述设计方案，每幅画面都应该是一张优质的效果图，要将视频中各幅画面导演好，需要注意镜头的走位、用光等问题，即使是漫游式的动画，各幅画面也不能平铺直叙地展开，要有主有次、抑扬顿挫地精心安排镜头的游走路线，需要注意宏观与细节的交代与表现。

在视频编辑软件里可以完成配音、配乐、添加字幕及插图等制作工作。配上恰当的音乐可以给动画增色不少，一个专业的设计师也是意境的创造者，他（她）知道什么样的音乐与其作品最为贴切，但是在动画完成后再去找符合心意的音乐往往非常困难。一种方法是坚守自己作品的“感觉”到音乐的海洋里去广泛寻找，往往或许需要几天时间才能找到心满意足的配乐（图3-5-1）；还有一种方式，就是先找好音乐，然后跟着音乐的感觉做设计，这样最后音画相互配合就很容易达到相得益彰的效果（图3-5-2）。

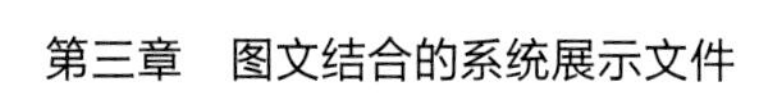

3-5-1　某智能温室内外环境景观设计方案的动画组图（设计：白杨）

动画时长4min15s，建模软件为SketchUp，渲染软件为Lumion8.0，视频编辑软件为Adobe Premiere，配乐为歌曲《春光美》的纯音乐。

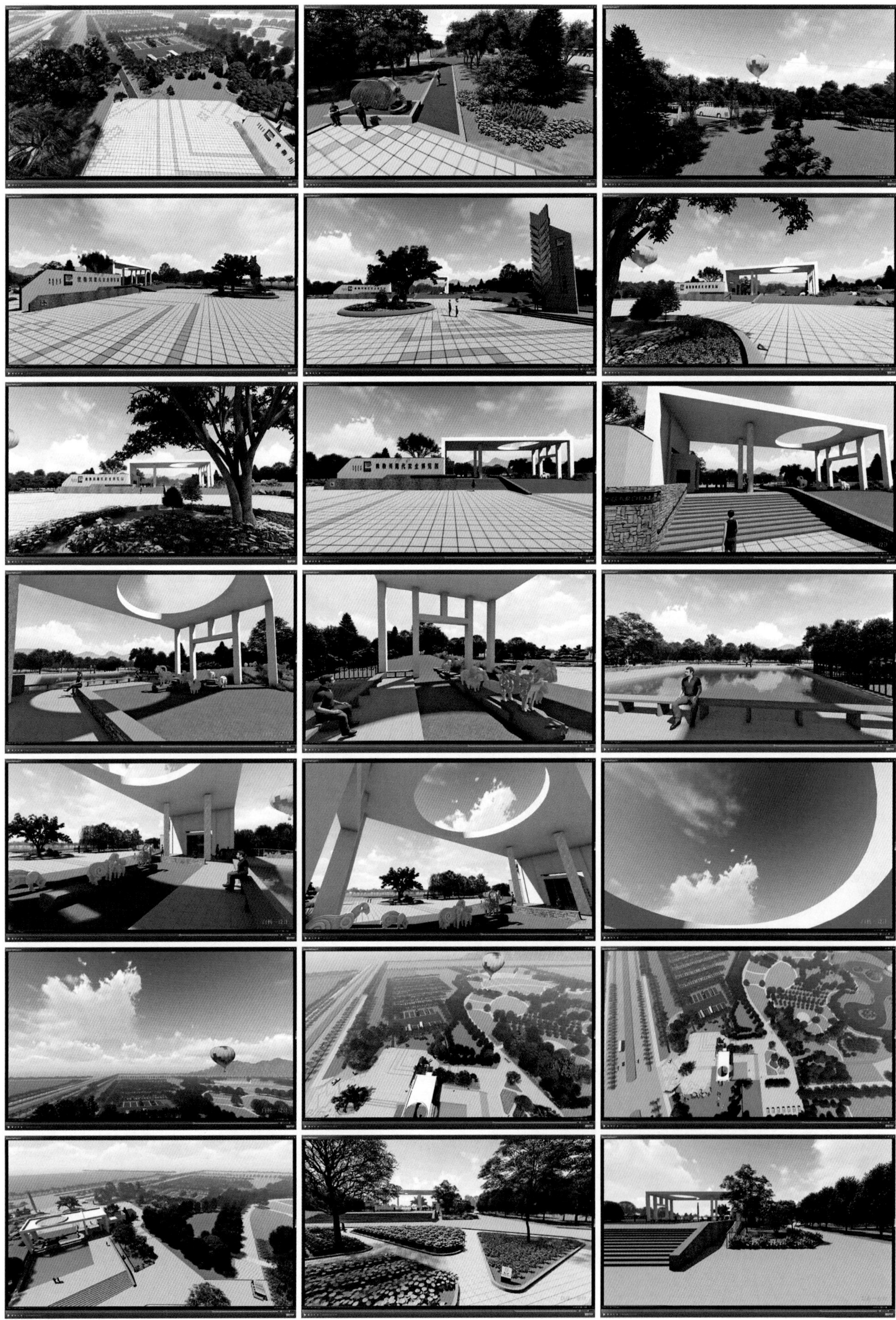

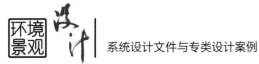

3-5-2　某农业博览园大门及前后景区设计方案的动画组图（设计：白杨）

动画时长3min43s，建模软件为SketchUp，渲染软件为Lumion8.0，视频编辑软件为Adobe Premiere，配乐为于毅演唱的《牧歌》。

根据博览园名称，在设计园区大门方案时，北朝民歌《敕勒歌》自然就是设计灵感的主要来源，内蒙古民歌《牧歌》的旋律也瞬间浮现于脑海，方案设计就是在那悠扬的歌声里完成的。

视频动画各个镜头的走位与《牧歌》歌曲高度配合——音乐前奏响起，镜头从一辆旅游大巴内开始，很快地冲出车窗，望向园区的麦穗路标塔，看清了博览园的名称与标志；然后镜头转向大门东侧的《云羊群雕》，环绕的画面让人看到了具有创意的雕塑设计全貌；接着镜头掠过大门前广场，俯瞰西侧的大型停车场，在一个《金种子》的雕塑前稍微停留；接下来镜头才正式来到大门前广场的前端，从大型树池花坛处正面向前推进，看清楚了广场与大门正面形象的全貌；跟着一个游人的脚步，镜头走上台阶，环绕观看大门雨棚下的四面景色；镜头转而向上，穿过房顶的圆洞飞入空中，看到朵朵白云，宏观鸟瞰大门景区的全貌，此时歌词"蓝蓝的天空，飘着那白云，白云的下面，盖着雪白的羊群，羊群好像是斑斑的白银，洒在草原上，多么爱煞人"的意境与景观设计的画面完美融合；然后镜头降下，观看大门后广场的景色，交代了花境、无障碍坡道及水池等景观的设计；然后镜头从大门西侧的偏门飞出，回看大门西墙上的标志与字体设计；最后镜头停留在博览园标志的正前方，让人看到了标志材料设计的细节。

智能温室场景动画

使用手机扫码，随时随地看视频

农业博览园场景动画

第四章
CHAPTER 4
环境景观设计制图规范

环境景观设计的施工图绘制不像效果图那样允许自由发挥，必须严格执行相关的标准，环境景观的规划设计制图也有一些基本的要求。我国国家标准的代号为“GB”，它由“国标”两字汉语拼音的第一个字母组成，以“GB”开头的标准是强制性标准，以“GB/T”开头的标准是推荐性标准。图样在国际上也有统一的标准，即ISO标准，ISO是国际标准化组织（International Organization for Standardization）的缩写，这个标准是由国际标准化组织制定的。国际上已经普遍采用的景观设计制图标准有《建筑制图·景观设计制图实用规程》（Construction Drawings - Landscape Drawing Practice，ISO11091：1999），另外还有以专著形式出版的标准，如美国的《景观建筑绘图标准》（Landscape Architectural Graphic Standards）。以上两部文献也是国内设计企业制图的主要参照文献。

本章所介绍的规范画法依据的标准有：《总图制图标准》（GB/T 50103—2010）、《建筑制图标准》（GB 50104—2010），这些标准自2011年3月1日起开始实施；《房屋建筑制图统一标准》（GB/T 50001—2017），本标准自2018年5月1日起开始实施；《城市规划制图标准》（CJJ/T 97—2003，国家行业标准），本标准自2003年12月1日起开始实施；《风景园林制图标准》（CJJ/T 67—2015，国家行业标准），本标准于2015年9月1日起开始实施。

这些规范适用于以手工或计算机制图方式绘制的各种图样，适用于环境景观设计的规划类或设计类项目的施工图和竣工图的制图，在方案阶段或扩初阶段的制图也不得与这些规范相抵触。

传统的制图标准形成于手工制图时期，后来出现的利用计算机各种绘图软件进行制图所依据的规范依然承袭了以往的标准。从传统制图的一些标准中能够明显地看出其方便手工制图的迹象，这些迹象主要可以总结为两大特征——“地球人法则”和“右撇子法则”。“地球人法则”是指图纸阅读的方向符合地球人长期受重力影响所形成的方位习惯；“右撇子法则”是指图纸绘制规定更适合右撇子人群的操作习惯。了解

这两个法则，对我们去理解和学习制图标准很有帮助。

设计的系统制图有两方面的工作，一方面是绘制设计的图样，另一方面是通过对图样编制索引、进行标注等一系列的方式去讲解设计的全部信息。当这两方面的制图工作同时出现在图样上的时候，一定要注意遵循两个原则：首先是“避让”的原则，就是说所有的制图线条、色块不可以相互影响；其次是不能够产生“歧义”，这要求不能因为索引和标注等与图样叠加而让人产生非设计意图的错误理解。

随着计算机各种绘图软件在制图上的广泛使用，设计师在绘图过程中又面临一些新的问题，例如色彩的问题、比例的问题等。在使用计算机制图时需注意：如果有标准对相关内容进行了规定，必须依照标准执行；当遇到没有具体标准规定的情况，可以在不违反各种制图标准原则的基础上，去发挥计算机绘图最佳的表现力。

第一节 制图的基本知识

一、图幅规格

环境景观设计制图采用国际通用的A系列幅面规格的图纸。例如：A0幅面的图纸称为0号图纸，A1幅面的图纸称为1号图纸等。图纸可分为横式图幅和立式图幅两种（图4-1-1、图4-1-2）。相邻幅面的图纸的对应边之比符合$\sqrt{2}$ ：1的关系，在标准宽度不变的情况下，当图的长度超过图幅长度时，图纸可以加长，加长量应为原标准图长的1/8及其倍数。图幅及图框尺寸规格应符合表4-1-1的规定。

表4-1-1 图幅及图框尺寸规格（mm）

图幅代码	常规尺寸 ($b \times l$)	c	a	长边及长边加长后尺寸（l）
A0	841×1 189	10	25	1 189 1 338 1 486 1 635 1 784 1 932 2 081 2 230 2 378
A1	594×841			841 1 051 1 261 1 472 1 682 1 892 2 102
A2	420×594			594 743 892 1 041 1 189 1 338 1 487 1 635 1 784 1 932 2 081
A3	297×420	5		420 631 841 1 051 1 261 1 472 1 682 1 892
A4	210×297			

注：①有特殊需要的图纸，可采用$b \times l$为841×891、1189×1261等的幅面；

②b为图幅短边的尺寸；l为图幅长边的尺寸；c为图幅线与图框边线的宽度；a为图幅线与装订边的宽度。

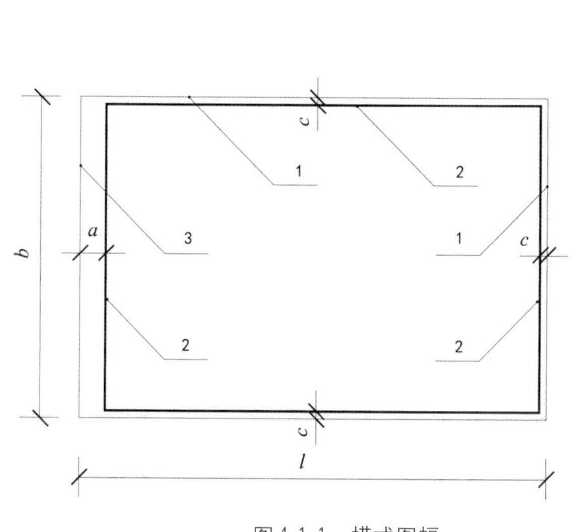

图4-1-1 横式图幅

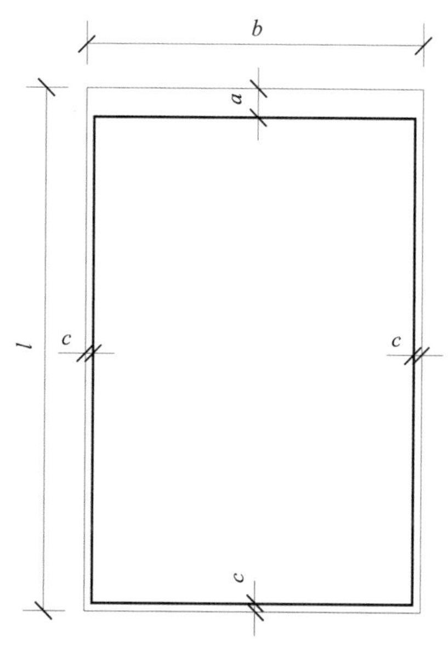

图4-1-2 立式图幅

b.图幅短边的尺寸 l.图幅长边的尺寸 c.图幅线与图框边线的宽度 a.图幅线与装订边的宽度 1.图幅线 2.图框边线 3.装订边

二、风景园林制图基本规定

（1）风景园林规划制图应为彩图；方案设计制图可为彩图；初步设计和施工图设计制图应为墨线图。

（2）标准图纸宜采用横幅，图纸图幅及图框尺寸应符合表4-1-1的规定。

（3）当图纸图界与比例的要求超出标准图幅最大规格时，可将标准图幅分幅拼接或加长图幅，加长的图幅应有一对边长与标准图幅的短边边长一致。

（4）制图应以专业地形图作为底图，底图比例应与制图比例一致。制图后底图信息应弱化，突出规划设计信息。

（5）图纸基本要素应包括：图题、指北针和风玫瑰图、比例和比例尺、图例、文字说明、规划编制单位名称及资质等级、编制日期等。

（6）制图可用图线、标注、图示、文字说明等形式表达规划设计信息，图纸信息排列应整齐，表达完整、准确、清晰、美观。

（7）制图中的计量单位应使用国家法定计量单位；符号代码应使用国家规定的数字和字母；年份应使用公元年表示。

（8）制图中所用的字体应统一，同一图纸中文字字体种类不宜超过两种。应使用中文标准简化汉字。需加注外文的项目，可在中文下方加注外文，外文应使用印刷体或书写体等。中文、外文均不宜使用美术体。数字应使用阿拉伯数字的标准体或书写体。

三、图纸布局及内容

1. **风景园林规划图纸版式要求** 风景园林规划图纸版式应符合下列规定（图4-1-3）：

（1）应在图纸固定位置标注图题并绘制图标栏和图签栏，图标栏和图签栏可统一设置，也可分别设置。

（2）图题宜横写，位置宜选在图纸的上方，图题不应遮盖图中现状或规划的实质内容。图题内容应包括：项目名称（主标题）、图纸名称（副标题）、图纸编号或项目编号。

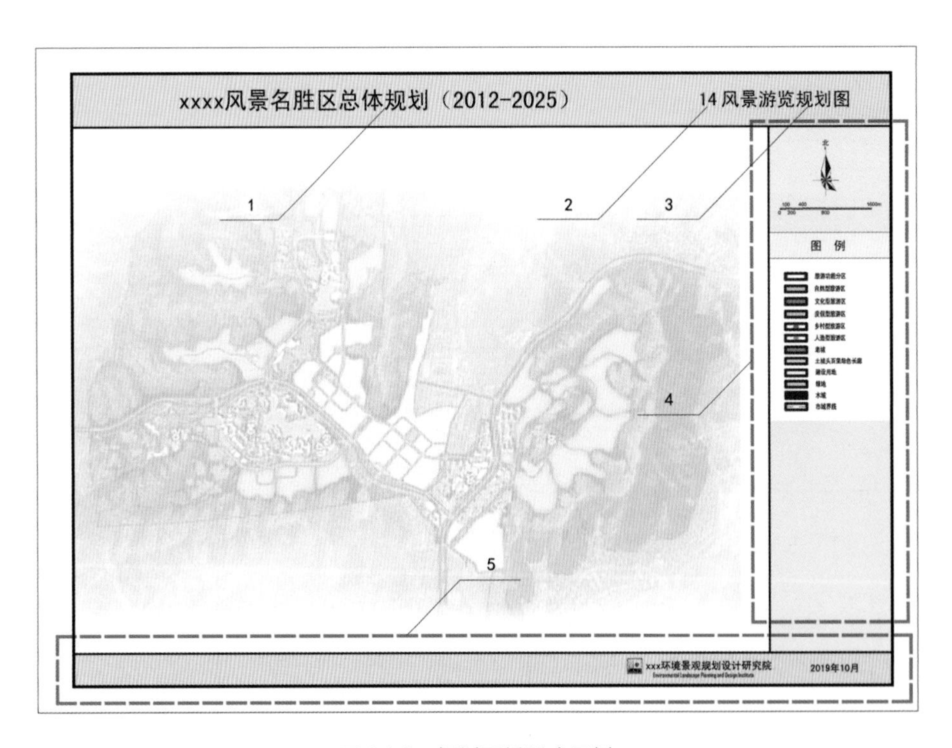

图4-1-3 规划图纸版式示例

1.项目名称（主标题） 2.图纸编号 3.图纸名称（副标题） 4.图标栏 5.图签栏

（3）除示意图、效果图外，每张图纸的图标栏内均应在固定位置绘制和标注指北针和风玫瑰图、比例和比例尺、图例、文字说明等内容。

（4）图签栏的内容应包括规划编制单位名称及资质等级、编绘日期等。规划编制单位名称应采用正式全称，并可加绘其标识徽记。

（5）用于讲解、宣传、展示的图纸可不设图标栏或图签栏，可在图纸的固定位置署名。

2.风景园林规划图纸编排顺序　风景园林规划图纸编排顺序宜为：现状图纸、规划图纸，图纸顺序应与规划文本的相关内容顺序一致。

3.风景园林规划制图的图界

（1）图界应涵盖规划用地范围、相邻用地范围和其他与规划内容相关的范围。

（2）当用一张图幅不能完整地标出图界的全部内容时，可将原图中超出图框边以外的内容标明连接符号后，移至图框边以内的适当位置上，但其内容、方位、比例应与原图保持一致，并不得压占原图中的主要内容。

（3）当图纸按分区分别绘制时，应在每张分区图纸中绘制一张规划用地关系索引图，标明本区在总图或规划区中的位置和范围。

4.规划及方案阶段图纸内容　总体规划图应有图题、图界、指北针、风玫瑰图、比例、比例尺、规划期限、图例、署名、编制日期、图标等。

风景园林方案设计图纸的基本版式和编排应符合风景园林规划图纸版式与编排的规定。一般方案阶段图纸布局灵活，文件包括封面、目录、设计说明、设计图纸4部分，其中封面、目录无具体规定，可视工程需要确定（表4-1-2）。

表4-1-2　规划及方案阶段图纸内容

代号	图纸基本信息	具体内容	说明
0	一般性信息	基本信息	包括项目名称、设计单位名称、图纸目录、页码、编绘日期等。其格式灵活，表达清晰明确即可
		设计说明	包括设计依据及基础资料、场地概述、总平面设计说明、功能分区说明、道路系统设计说明、绿化设计说明、竖向设计说明、水系的改造利用说明、市政工程规划设计说明、技术经济指标等
		图例	①图例应按照本章第5节规定的图例标准绘制 ②使用其他专业标准规定的图例或自行增加的图例时，在同一项目中应当统一
		比例尺	除与尺度无关的图以外，景观设计图中都应标绘比例尺。放大图或细部大样图可直接标注比例数值
		指北针和风玫瑰图	①平面图（规划设计图、现状图）一般都应标指北针 ②指北针可与风玫瑰图一起标绘，表达方向的“N”字母应位于箭头上方 ③表达两类风向的风玫瑰图可使用空心图例，仅表达一类风向的风玫瑰图可使用间隔填充图例
1	图	总平面图	包括功能分区图、道路系统分析图、绿化景观分析图、水系规划图、竖向规划图、市政设施管线规划图
		分析图	
		放大图（放大的平面、立面、剖面图。非大样图）	
		三维图（效果图或意向图）	

5.初步设计及施工图阶段图纸布局和内容　初步设计及施工图纸一般分为以下4个区：制图区、索引图区、标题栏区（含会签栏）、图章区。初步设计和施工图设计的图纸需要完整呈现以上4个区的内容。

传统的施工图纸常用布局一般为横式（图4-1-4）。

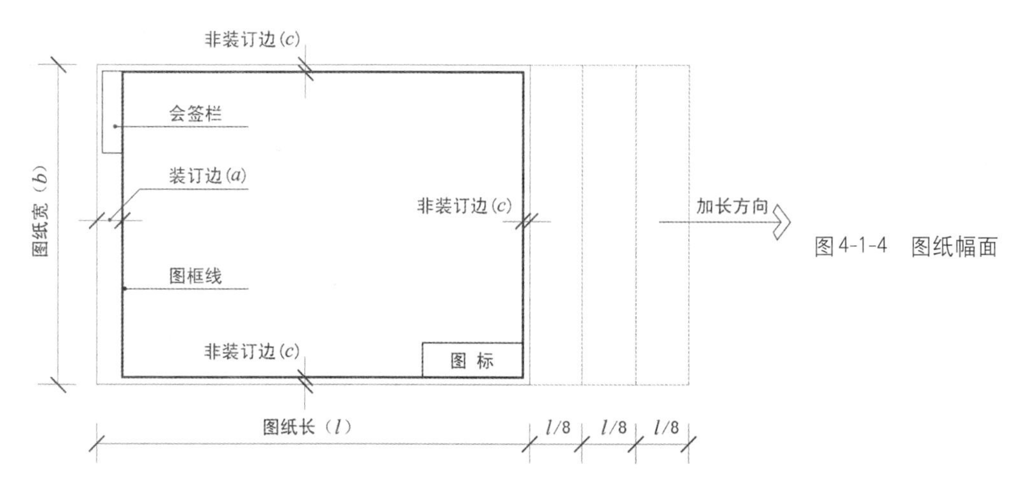

图4-1-4　图纸幅面

在市场经济下很多图纸的基本形式具有设计单位的个性特征，注重对设计单位的形象展示。长条的图标形式比较流行，有位于图纸下方的，也有位于图纸右侧的，标题栏的内容也更加详细了（图4-1-5至图4-1-7、表4-1-3、表4-1-4）。

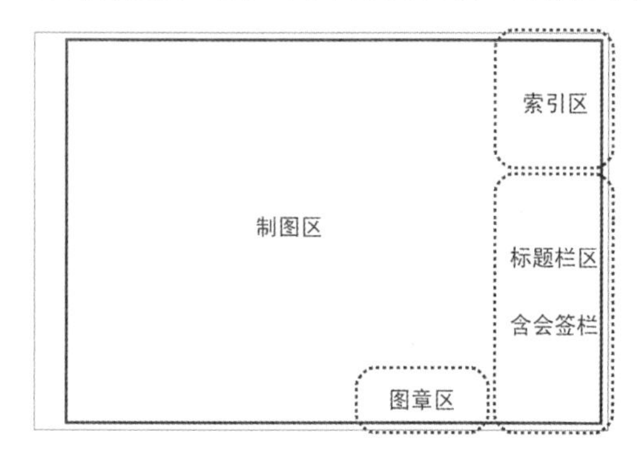

图4-1-5　会签栏与标题栏在一起

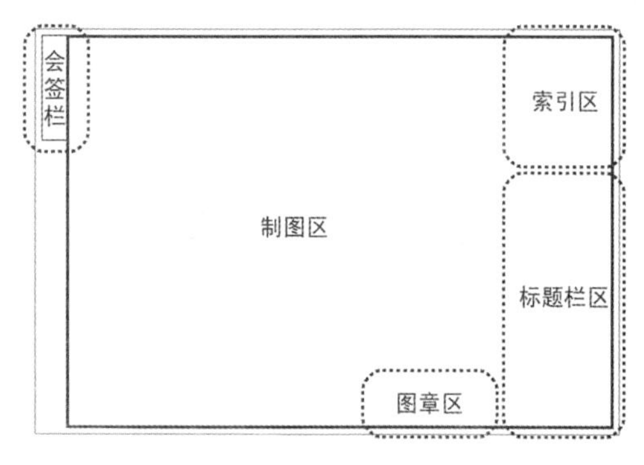

图4-1-6　会签栏也可与标题栏分开

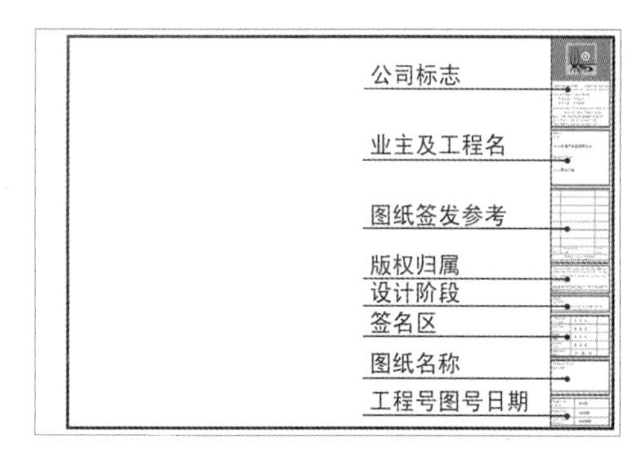

图4-1-7　设计公司图纸形式

表4-1-3　标题栏常用条目示例

（设计单位名称）		
（备注）		
（项目名称）		
（图名）		
（建设单位名称）		
审　定	（打印体）	（签名）
审定人		
审核人		
项目负责人		
专业负责人		
校　对		
设　计		
制　图		
工程编号		
图　别		
图纸编号		

表4-1-4　会签栏常用条目示例

（专业）	（实名）	（签名）	（日期）

风景园林制图行业标准规定：初步设计和施工图设计的图纸应绘制图签栏，图签栏的内容应包括设计单位正式全称及资质等级、项目名称、项目编号、工作阶段、图纸名称、图纸编号、制图比例、技术责任、修改记录、编绘日期等。初步设计和施工图设计图纸的图签栏宜采用右侧图签栏或下侧图签栏（图4-1-8）。

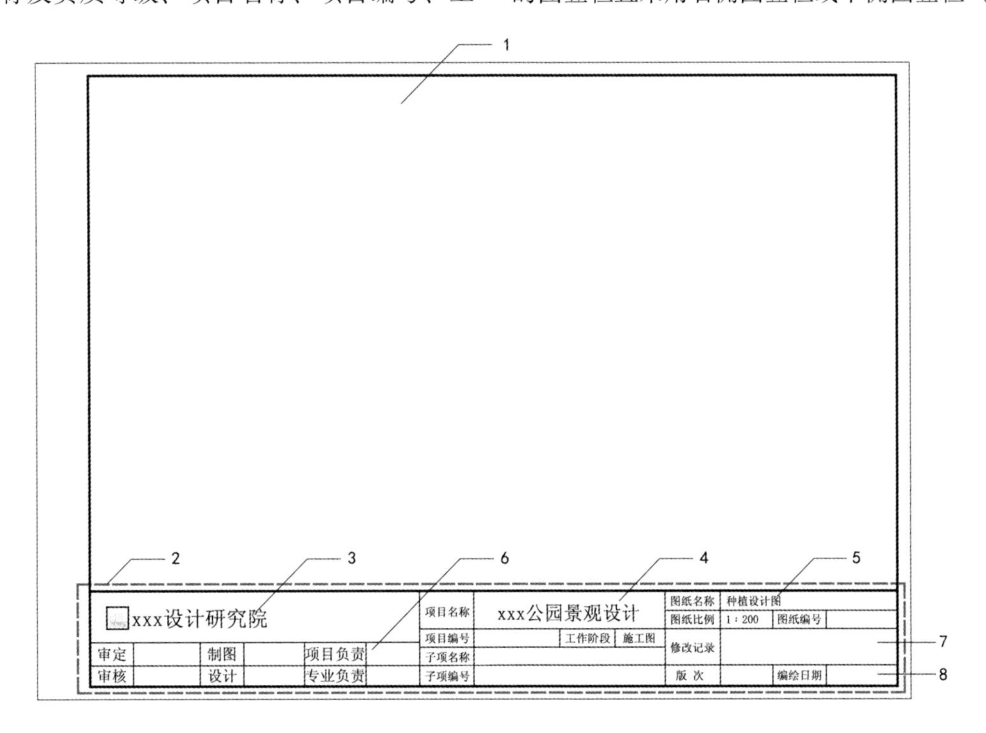

图4-1-8 下侧图签栏形式

1.绘图区 2.图签区 3.设计单位正式全称及资质等级 4.项目名称、项目编号、工作阶段 5.图纸名称、图纸编号、制图比例 6.技术负责 7.修改记录 8.编绘日期

初步设计和施工图设计制图中，当按照规定的图纸比例一张图幅放不下时，应增绘分区（分幅）图，并应在其分图右上角绘制索引标示。

初步设计和施工图设计的图纸编排顺序应为封面、目录、设计说明和设计图纸。初步设计和施工图设计的图纸内容如表4-1-5所示。

表4-1-5 初步设计与施工图阶段图纸内容

代号	图纸基本信息	具体内容	说明
0	一般性信息	封面、目录、设计说明	①封面包括项目名称、编制单位名称、项目设计编号、设计阶段、编制单位法定代表人、技术总负责人、项目总负责人姓名及签字或授权盖章、编制年月 ②目录包括序号、图号、图纸名称、图幅、备注 ③设计说明包括设计总说明、各专业设计说明
		图例	①图例应按照本章第五节规定的图例标准绘制 ②使用其他专业标准规定的图例或自行增加的图例时，在同一项目中应当统一
		标注与符号	指剖切符号、标高符号、标注引线等
		比例尺	除与尺度无关的图以外，景观设计图中都应标绘比例尺。放大图或细部大样图可直接标注比例数值
		指北针和风玫瑰图	①平面图（规划设计图、现状图）一般都应标指北针 ②指北针可与风玫瑰图一起标绘，表达方向的“N”字母应位于箭头上方 ③表达两类风向的风玫瑰图可使用空心图例，仅表达一类风向的风玫瑰图可使用间隔填充图例
		索引图	指所绘图纸的区位图或地位图

（续）

代号	图纸基本信息	具体内容	说明
1	图	平面图	指表达规划设计意图的图纸，是单张图纸的主要部分
		立面图	
		剖面图	
		放大图（放大的平面、立面、剖面图。非大样图） 细部大样图	
		分析或示意图等	
		三维图（效果图或意向图）	
2	标题栏	项目名称	
		设计单位名称	
		图纸名称	①指如“总平面图”“××剖面图”等名称 ②具体规定见本节第七部分的图纸命名
		图纸序号	具体规定见本节第七部分的图纸命名
		编绘日期	①编绘日期是指全套成果图完成的日期。复制的规划设计图，应注明原成果图完成的日期 ②通过修改图纸成为新的成果图的，应注明修改完成的日期，同时可以在图上注明不同版别的日期 ③有的图纸在图标内标注编绘日期，没有标题栏的图纸，在图纸下方署名位置的右侧标注编绘日期 ④日期应完整，采用“年-月-日”顺序格式，“年”“月”“日”数值采用阿拉伯数字
		比例	
	会签栏	专业	
		实名	
		签名	
		日期	指签字日期

四、图线的规定

1. 规划设计边界 风景名胜区、郊野公园、森林公园等大范围的规划界限统称为规划边界；城市公园、文化保护地段等园林设计边界统称为用地红线。常用边界规定如表4-1-6所示。

表4-1-6 规划设计边界一般规定

序号	名称	图例	说明
1	国界	4号界碑 5.0 3.6 0.8 1.0	①规划研究范围内的行政边界采用《城市规划制图标准》（CJJ/T 97—2003）中表3.2.2行政区界前五项 ②红色或橙色 ③图中数字所标注的代表界桩、界碑、界牌等的图例尺寸单位为毫米（mm）

（续）

序号	名称	图例	说明
2	省界	5.0 0.6 4.0	①规划研究范围内的行政边界采用《城市规划制图标准》（CJJ/T 97—2003）中表3.2.2行政区界前五项 ②红色或橙色 ③图中数字所标注的代表界桩、界碑、界牌等的图例尺寸单位为毫米（mm）
3	地区界	5.0 0.4 3.0 2.0	
4	县界	5.0 0.3 3.0	
5	镇界	5.0 0.2 3.0 3.0	
6	城市绿线		①中实线 ②建议绿色
7	规划边界和用地红线 （规划边界是指风景名胜区、郊野公园、森林公园等大范围规划界限，用地红线是指城市公园、文化保护地段等设计边界）		① AutoCAD线型：ACAD_ISO02W100 ②双点画线 ③建议红色
8	景区、功能区界		① AutoCAD线型：ACAD_ISO10W100 ②点画线
9	核心景区界		① AutoCAD线型：DASH ②虚线

2. 风景园林规划图纸图线 风景园林规划图纸图线的线型、线宽、颜色及主要用途如表4-1-7所示。

表4-1-7 风景园林规划图纸图线的线型、线宽、颜色及主要用途

名称	线型	线宽	颜色	用途
实线		0.10*b*	C＝67，Y＝100	城市绿线
		0.30～0.40*b*	C＝22，M＝78，Y＝57，K＝6	宽度小于8m的风景名胜区车行道路
		0.20～0.30*b*	C＝27，M＝46，Y＝89	风景名胜区步行道路
		0.10*b*	K＝80	各类用地边界
双实线		0.10*b*	C＝31，M＝93，Y＝100，K＝42	宽度大于8m的风景名胜区道路

（续）

名称	线型	线宽	颜色	用途
点画线	或	0.40 ～ 0.60b	C = 3，M = 98，Y = 100或K = 80	风景名胜区核心景区界
	或	0.60b	C = 3，M = 98，Y = 100或K = 80	规划边界和用地红线
双点画线	或	b	C = 3，M = 98，Y = 100或K = 80	风景名胜区界
虚线	或	0.40b	C = 3，M = 98，Y = 100或K = 80	外围控制区（地带）界
		0.20 ～ 0.30b	K = 80	风景名胜区景区界、功能区界、保护分区界
		0.10b	K = 80	地下构筑物或特殊地质区域界

注：① b为图线宽度，视图幅以及规划区域的大小而定。

②风景名胜区界、风景名胜区核心景区界、外围控制区（地带）界、规划边界和用地红线应用红色，当使用红色边界不利于突出图纸内容时，可用灰色。

③图形颜色由C（青色）、M（洋红色）、Y（黄色）、K（黑色）4种印刷油墨的色彩浓度确定；图形颜色中字母对应的数值为色彩浓度百分值，表中缺省的油墨类型的色彩浓度百分值一律为0。

3. 风景园林设计图纸图线　风景园林设计图纸图线的线型、线宽及主要用途应符合表4-1-8的规定。图线线宽为基本要求，可根据图面所表达的内容进行调整以突出重点。

表4-1-8　设计图纸图线的线型、线宽及主要用途

名称		线型	线宽	主要用途
实线	极粗		2b	地面剖断线
	粗		b	①总平面图中建筑外轮廓线、水体驳岸顶线 ②剖断线
	中粗		0.50b	①构筑物、道路、边坡、围墙、挡土墙的可见轮廓线 ②立面图轮廓线 ③剖面图未剖切到的可见轮廓线 ④道路铺装、水池、挡墙、花池、台阶、山石等高差变化较大的线 ⑤尺寸起止符号

（续）

名称		线型	线宽	主要用途
实线	细	————————	0.25*b*	①道路铺装、挡墙、花池等高差变化较小的线 ②放线网格线、图例线、尺寸线、尺寸界线、引出线、索引符号等 ③说明文字、标注文字等
	极细	————————	0.15*b*	①现状地形等高线 ②平面、剖面图中的纹样填充线 ③同一平面不同铺装的分界线
虚线	粗	■ ■ ■ ■ ■ ■ ■ ■ ■	*b*	新建建筑物和构筑物的地下轮廓线，建筑物和构筑物的不可见轮廓线
	中粗	- - - - - - - - - - - -	0.50*b*	①局部详图外引范围线 ②计划预留扩建的建筑物、构筑物、铁路、道路、运输设施、管线的预留用地线 ③分幅线
	细	------------------------	0.25*b*	①设计等高线 ②各专业制图标准中规定的线型
单点画线	粗	▬▬ · ▬▬ · ▬▬ · ▬▬	*b*	①露天矿开采界线 ②见各有关专业制图标准
	中	——·——·——·——	0.50*b*	①土方填挖区零线 ②各专业制图标准中规定的线型
	细	—·—·—·—·—·—	0.25*b*	①分水线、中心线、对称线、定位轴线 ②各专业制图标准中规定的线型
双点画线	粗	▬▬ ·· ▬▬ ·· ▬▬ ·· ▬▬	*b*	规划边界和用地红线
	中	——··——··——··——	0.50*b*	地下开采区塌落界线
	细	—··—··—··—··—	0.25*b*	建筑红线

注：*b*为图线宽度，视图幅的大小而定，多用1mm。

4. 总图制图线型规定　总图制图中线型的规定如　表4-1-9所示。

表4-1-9　总图制图规定的线型选用

名称		线型	线宽	主要用途
实线	粗	▬▬▬▬▬▬▬▬	*b*	①新建建筑物±0.00高度的可见轮廓线 ②新建铁路、管线

（续）

名称		线型	线宽	主要用途
实线	中		0.7b 0.5b	①新建构筑物、道路、桥涵、边坡、围墙、运输设施的可见轮廓线 ②原有标准轨距铁路
	细		0.2b	①新建建筑物 ±0.00 高度以上的可见建筑物、构筑物轮廓线 ②原有建筑物、构筑物、原有窄轨、铁路、道路、桥涵、围墙的可见轮廓线 ③新建人行道、排水沟、坐标线、尺寸线、等高线
虚线	粗		b	新建建筑物、构筑物地下轮廓线
	中		0.5b	计划预留扩建的建筑物、构筑物、铁路、道路、运输设施、管线、建筑红线及预留用地线
	细		0.25b	原有建筑物、构筑物、管线的地下轮廓线
单点长画线	粗		b	露天矿开采界线
	中		0.5b	土方填挖区的零点线
	细		0.25b	分水线、中心线、对称线、定位轴线
双点长画线	粗		b	用地红线
	中		0.7b	地下开采区塌落界线
	细		0.5b	建筑红线
折断线			0.5b	断线
不规则曲线			0.5b	新建人工水体轮廓线

注：根据各类图纸所表示的不同重点确定使用不同粗细的线型。

5. 建筑制图线型规定 建筑制图中线型的规定如 表4-1-10所示。

表4-1-10　建筑制图规定的线型选用

名称		线型	线宽	用途
实线	粗		b	①平面、剖面图中被剖切的主要建筑构造（包括构配件）的轮廓线 ②建筑立面图或室内立面图的外轮廓线 ③建筑构造详图中被剖切的主要部分的轮廓线 ④建筑构配件详图中的外轮廓线 ⑤平面、立面、剖面图中的剖切符号
	中粗		$0.7b$	①平面、剖面图中被剖切的次要建筑构造（包括构配件）的轮廓线 ②建筑平面、立面、剖面图中建筑构配件的轮廓线 ③建筑构造详图及建筑构配件详图中的一般轮廓线
	中		$0.5b$	小于$0.7b$的图形线、尺寸线、尺寸界线、索引符号、标高符号、详图材料做法引出线、粉刷线、保温层线、地面与墙面的高差分界线等
	细		$0.25b$	图例填充线、家具线、纹样线等
虚线	中粗		$0.7b$	①建筑构造详图及建筑构配件不可见的轮廓线 ②平面图中的梁式起重机（吊车）轮廓线 ③拟建、扩建建筑物轮廓线
	中		$0.5b$	投影线、小于$0.5b$的不可见轮廓线
	细		$0.25b$	图例填充线、家具线等
单点画线	粗		b	起重机（吊车）轨道线
单点长画线	细		$0.25b$	中心线、对称线、定位轴线
折断线	细		$0.25b$	部分省略表示时的断开界线
波浪线	细		$0.25b$	①部分省略表示时的断开界线，曲线形构件断开界线 ②构造层次的断开界线

注：地坪线宽可用$1.4b$。

五、图纸比例

根据规划设计地块的形状可选用横式或立式两种图幅类型，文字、数字标注可根据图幅横立朝下或朝右。总平面图一般应按上北下南方向绘制，有时根据地块形状或布局可向左、右偏转，但偏转角度不宜超过45°。景观设计制图选用的比例，应符合表4-1-11、表4-1-12中的规定。

表4-1-11　方案设计图纸常用比例

图纸类型	绿地规模／hm^2		
	≤50	＞50	异形超大
总图类（用地范围、现状分析、总平面、竖向设计、建筑布局、园林交通设计、种植设计、综合管网设施等）	1 ∶ 500、1 ∶ 1 000	1 ∶ 1 000、1 ∶ 2 000	以整比例表达清楚或标注比例尺
重点景区的平面图	1 ∶ 200、1 ∶ 500	1 ∶ 200、1 ∶ 500	1 ∶ 200、1 ∶ 500

表4-1-12　初步设计和施工图设计图纸常用比例

图纸类型	初步设计图纸常用比例	施工图设计图纸常用比例
总平面图（索引图）	1 ∶ 500、1 ∶ 1 000、1 ∶ 2 000	1 ∶ 200、1 ∶ 500、1 ∶ 1 000
分区（分幅）图	—	可无比例
放线图、竖向设计图	1 ∶ 500、1 ∶ 1 000	1 ∶ 200、1 ∶ 500
种植设计图	1 ∶ 500、1 ∶ 1 000	1 ∶ 200、1 ∶ 500
园路铺装及部分详图索引平面图	1 ∶ 200、1 ∶ 500	1 ∶ 100、1 ∶ 200
园林设备、电气平面图	1 ∶ 500、1 ∶ 1 000	1 ∶ 200、1 ∶ 500
建筑、建筑物、山石、园林小品设计图	1 ∶ 50、1 ∶ 100	1 ∶ 50、1 ∶ 100
做法详图	1 ∶ 5、1 ∶ 10、1 ∶ 20	1 ∶ 5、1 ∶ 10、1 ∶ 20

环境景观设计图原则上都应该有用阿拉伯数字表示的比例。如果是用计算机绘制的概念性的图纸，考虑到打印效果，可能对图纸进行放大或缩小而失去标准的比例，则应提前画好可与图面一同缩放的形象比例尺（图4-1-9），在出图时还应该注意将数字表示的比例删除。

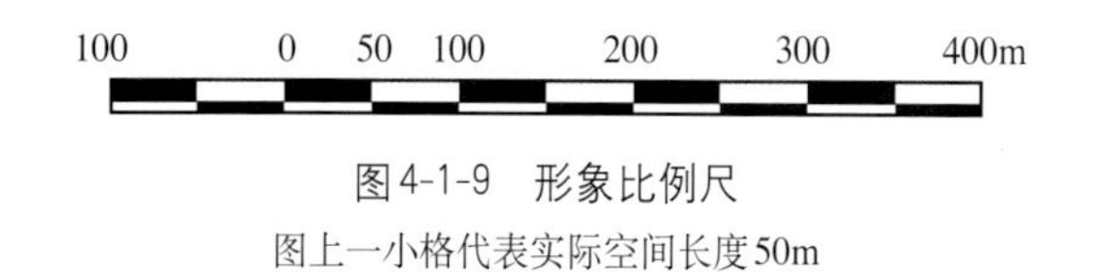

图4-1-9　形象比例尺
图上一小格代表实际空间长度50m

六、文字与说明

景观设计图上的文字、数字，主要应用于以下位置：图名、比例、图例、图标栏、图签栏、署名、日期、规划参数、规划设计说明以及制图区中的地名、路名、水系名称、设施名称等。

图上文字使用中文标准简化汉字，涉外的项目可在中文下方加注外文。数字应使用阿拉伯数字，计量单位应使用国家法定计量单位，符号代码应使用规定的数字和字母，年份应用公元年表示。

文字高度应从以下尺寸系列中选择：3.5mm、5.0mm、7.0mm、10mm、14mm、20mm。如需书写更大的字，其高度应按$\sqrt{2}$的倍数递增。

图样及说明中的汉字，宜采用长仿宋体，高度与宽度的关系应符合表4-1-13的规定。大标题、图册封面、地形图中等的汉字也可书写成其他字体，但应易于辨认。

表4-1-13　长仿宋体字高度与宽度的关系（mm）

字高	20	14	10	7	5	3.5
字宽	14	10	7	5	3.5	2.5

七、图样画法

1. 投影法　景观与建筑的视图，应按正投影法并用第一角画法绘制。自前方A 投影称为正立面图，自上方B 投影称为平面图，自左方C 投影称为左侧立面图，自右方D投影称为右侧立面图，自下方E 投影称为底面图，自后方F 投影称为背立面图（图4-1-10)。当视图用第一角画法绘制不易表达时，可用镜像投影法绘制，但应在图名后注写“镜像”二字，或按图4-1-11画出镜像投影识别符号。

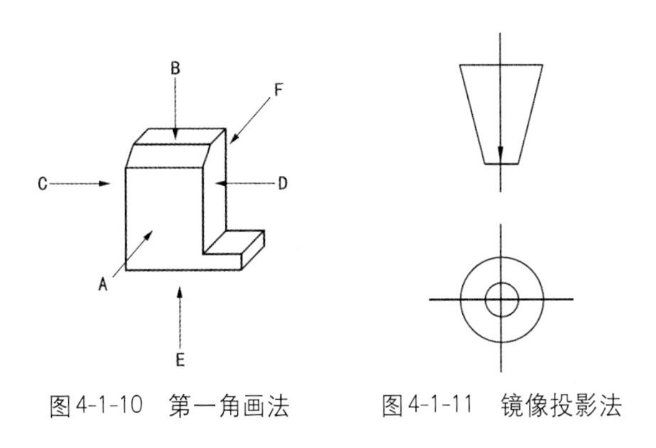

图4-1-10　第一角画法　　图4-1-11　镜像投影法

2. 视图布置　如在同一张图纸上绘制若干个视图时，各视图的位置宜按图4-1-12的顺序进行布置。每个视图一般均应标注图名，各视图的命名主要包括：平面图、立面图、剖面图或断面图、详图。同一个视图多张图的图名前应加编号以示区分。如在建筑设计中，平面图应以楼层编号，包括地下二层平面图、地下一层平面图、首层平面图、二层平面图等；立面图应以其两端头的轴线号编号；剖面图或断面图以剖切号编号；详图以索引号编号。图名宜标注在视图的下方或一侧，并在图名下用粗实线绘一条横线，其长度应以图名所占长度为准（图4-1-12)。使用详图符号作图名时，符号下不再画线。

分区绘制的建筑平面图，应绘制组合示意图，指出该区在建筑平面图中的位置，并注明关键部位的轴号。各分区视图的分区部位及编号均应一致，并应与组合示意图一致（图4-1-13)。

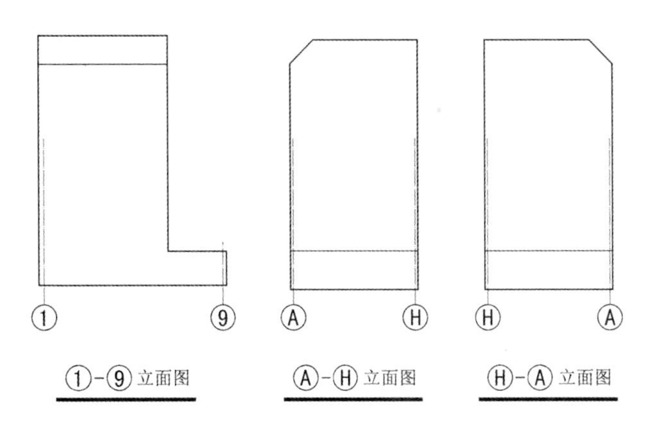

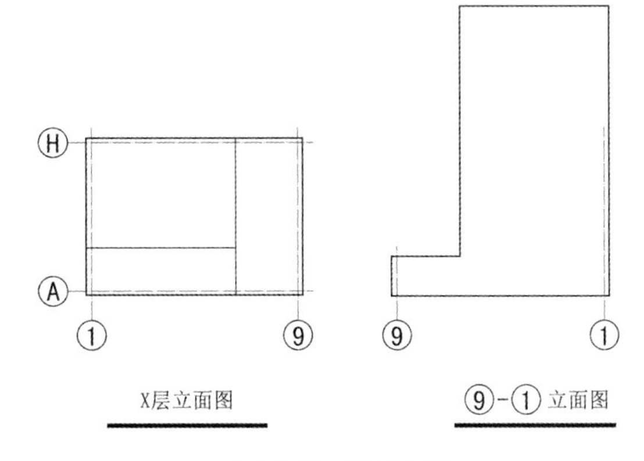

图4-1-12　视图布置

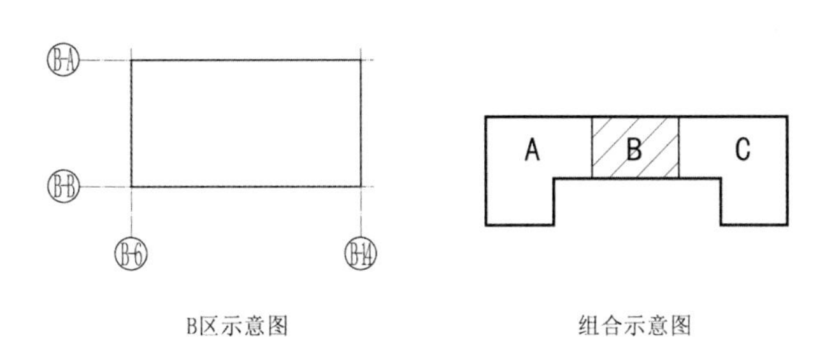

图4-1-13　分区绘制建筑平面图

总平面图应反映建筑物在室外地坪上的墙基外包线，不应画成屋顶平面投影图。同一工程不同专业的总平面图，在图纸上的布图方向均应一致；单体建（构）筑物平面图在图纸上的布图方向，必要时可与其在总平面图上的布图方向不一致，但必须标明方位；不同专业的单体建（构）筑物平面图，在图纸上的布图方向均应一致。

建（构）筑物的某些部分，如与投影面不平行，在画立面图时，可将该部分展至与投影面平行，再以正投影法绘制，并应在图名后注写“展开”字样。

建筑吊顶（顶棚）灯具、风口等设计绘制布置图，应是反映在地面上的镜面图，不是仰视图。

八、图纸命名规则

本节中图纸命名规则是在初步设计和施工图设计中，针对CAD计算机辅助制图中的电子图纸名称命名和成套文本的图纸目录命名所做的规定。

图纸命名一般由学科领域、工作类型、图纸类型、图纸类型的自定义描述四个部分依次构成。图纸名称宜用汉字、英文字母、数字和连字符“-”组合，但汉字与英文字母不宜混用。

1. **学科领域** 应按国际惯例以大写英文字母代码表示学科领域，如表4-1-14所示。

表4-1-14 常见学科领域及代码

学科领域名称	学科领域代码
一般	G
有害材料	H
民用	C
景观	L
结构	S
建筑	A
室内	I
设备	Q
消防	F
管线	P
机械	M
电力	E
通信	T
资源	R
其他工程	X
承包商/厂方图纸	Z

2. **工作类型** 工作类型位于学科领域之后，图纸类型之前。工作类型宜用相应的大写英文字母代码表示，也可根据实际情况用中文名称表示。常用工作类型名称及代码如表4-1-15所示。

表4-1-15 常用工作类型名称及代码

工作类型名称		工作类型代码
竖向		T
种植		P
建筑		A
硬质景观		S
结构	建筑结构	SA
	硬质结构	SS
给排水		I
电气	强电	EE
	弱电	ET
标准图		J
其他		X

3. **图纸类型** 图纸类型位于工作类型之后，图纸类型的自定义描述之前。图纸类型宜用相应的数字代码表示，也可根据实际情况用中文名称表示。常用图纸类型及数字代码如表4-1-16所示。

表4-1-16 常用图纸类型及数字代码

图纸类型名称	图纸类型代码
一般（封面、目录、设计说明）	0
总平面图	1
分区平面图	2
立面图（剖面图）	3
细部详图	4
设计人员自定义（含时间表、三维透视、示意照片等）	5、6、7……

工作类型与图纸类型的表示形式应统一，即都用中文名称或都用代码表示，各部分应以“-”间隔。

4. **图纸类型的自定义描述** 图纸类型的自定义描述位于图纸类型之后，为设计人员根据实际情况自行定义的图纸类型的描述方式。若采用序号形式描述图纸类型，序号应用两位数表示，同类型图纸未满10张时，其十位数可记为0。

5. 计算机制图图纸命名　计算机制图图纸中文命名的规则如图4-1-14所示；英文命名的规则如图4-1-15所示；成套文本图纸目录名称如表4-1-17所示。

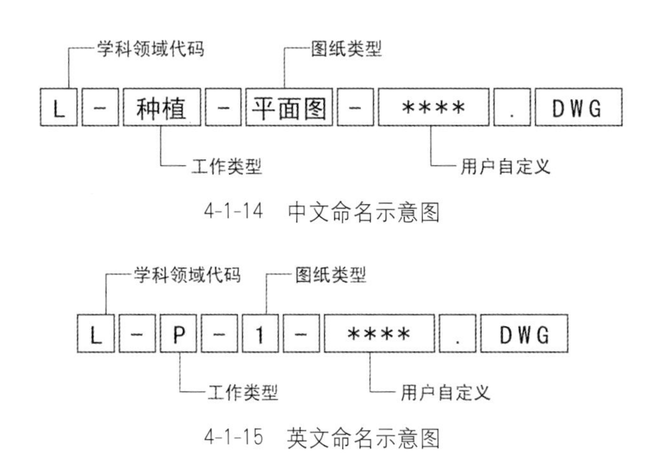

4-1-14　中文命名示意图

4-1-15　英文命名示意图

表4-1-17　成套文本图纸目录名称表

图纸命名代码表示	图纸命名中文名称表示	图纸内容
L-0-01	L-封面	封面
L-0-02	L-图纸目录	图纸目录
L-1-01	L-总平面图	总平面图
L-P-1-01	L-种植-总平面图-01	绿化种植总平面图
L-P-2-01	L-种植-分区平面图-01	绿化种植分区平面图
L-S-4-01	L-硬质景观-细部详图-01	硬质景观细部详图
L-I-1-01	L-给排水-总平面图-01	给排水系统总平面图

注：此处均采用序号形式描述图纸类型。

在计算机制图中，除了图纸命名的规定外，关于计算机制图文件夹的组织、管理和检索，计算机制图文件的使用与管理，协同设计时计算机制图的文件组织规定，计算机制图文件的图层命名规定，以及计算机制图的其他有关规则可以参见《房屋建筑制图统一标准》（GB/T 50001—2017）中第12节“计算机制图文件”的相关规定。

第二节　地形与形体的标注

一、地形定位

我国城市规划中单点应采用北京坐标系或西安坐标系定位（图4-2-1、图4-2-2），不宜采用城市独立坐标系定位。在个别地方使用坐标定位有困难时，可采用与固定点的相对位置进行定位（矢量定位等）。竖向定位应采用黄海高程系海拔数值定位。

图4-2-1　陕西省泾阳县永乐镇石际寺村中国大地原点主体建筑

图4-2-2　中华人民共和国大地原点（坐标为：东经108° 55′、北纬34° 32′）

二、地形图的使用

大尺度的景观规划设计使用的地形图，应采用测绘行政主管部门最新公布的地形图纸。地形图上应能看出原有地形、地貌、地物等地形要素。使用有地形底纹的图纸绘制景观规划设计图时，地形底纹的颜色要浅、淡，绘制不同的规划图时可根据需要对地形图中的地形要素进行必要的删减。

三、地形线

地形的平面表示主要采用等高线图示和标注相结合的方法。等高线法是地形最基本的图示表示方法；标注法主要用来标注地形上某些特殊点的高程。一般的地形图中只有两种等高线，一种是基本等高线，称为首曲线，常用细实线表示；另一种是每隔4根首曲线加粗的并标注上高程的等高线，称为计曲线（图4-2-3）。除了这两种方法外，地形的平面表示方法还有坡级法和分布法。

规划设计地形线采用虚线（AutoCAD 中ISO DASH线型）。如果在图纸上需要同时表达原地形和设计地形，原地形等高线用细实线表示，设计地形等高线用虚线表示（表4-2-1）。

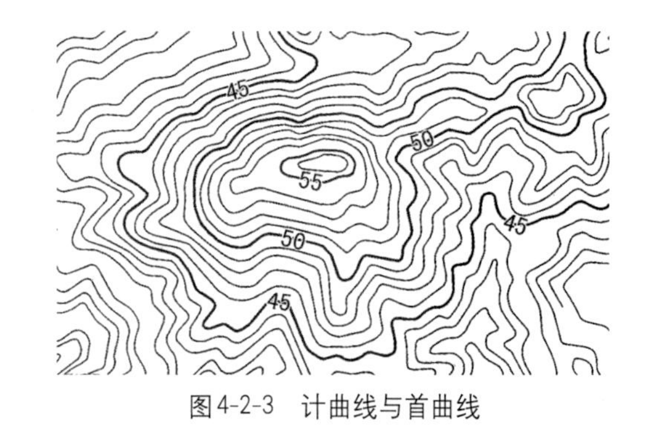

图4-2-3　计曲线与首曲线

表4-2-1　原地形与设计地形等高线

内容	图例	应用示例
原有地形等高线		6.00 5.50 5.00 4.50
设计地形等高线		
地形改变区域界线		

标注地形图中某些特殊点的高程，可用“十”字或者圆点标记该特殊点，并在标记旁注上该点到参照面的高程，高程常注写到小数点后第二位。

四、标高

1. 标高符号　标高符号应以等腰直角三角形表示，按图4-2-4（a）所示形式用细实线绘制，如标注位置不够，也可按图4-2-4（b）所示形式绘制。标高符号的具体画法如图4-2-4（c）、（d）所示。标注水位标高如图4-2-3（e）所示。

在《房屋建筑制图统一标准》（GB/T 50001—2017）里规定总平面图室外地坪标高符号宜用涂黑的三角形表示，具体画法如图4-2-5所示，在总平面图上标高符号与数字结合的形式有两种，如图4-2-6所示。风景园林设计总图的设计高程点为涂黑的圆加“十”字，现状高程点为涂黑圆点（图4-2-7）。

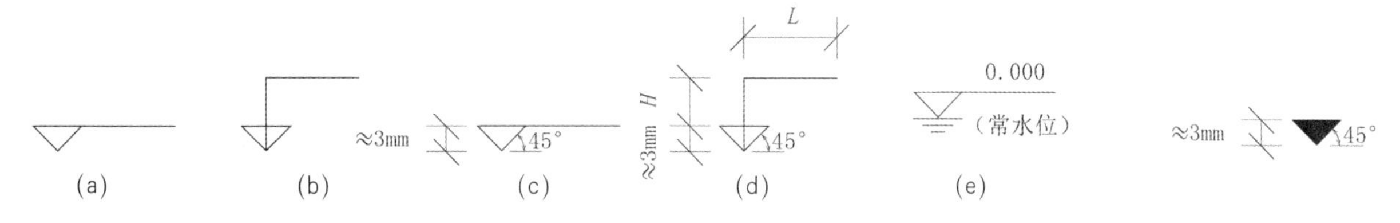

图4-2-4　标高符号
L取适当长度注写标高数字；H根据需要取适当高度

图4-2-5　总平面图室外地坪标高符号

图4-2-6　总平面图室外地坪标高表示方法

✚6.30　（设计高程点）

● 6.25　（现状高程点）

图4-2-7　风景园林设计高程与现状高程的标注

在立面图上，标高符号的尖端应指至被注高度的位置。尖端宜向下，也可向上。标高数字应注写在标高符号的上侧或下侧（图4-2-8）。

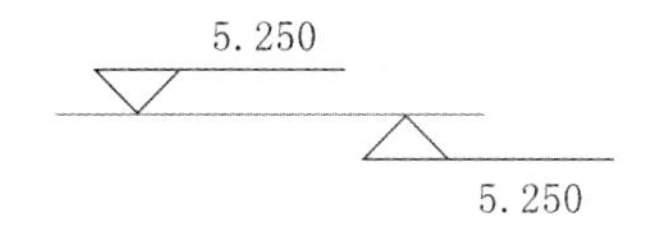

图4-2-8　标高的指向

2. 标高数字　标高数字应以米（m）为单位，注写到小数点以后第三位。在总平面图中，可注写到小数点以后第二位。

零点标高应注写成“±0.000”，正数标高不注“+”，负数标高应注“－”，例如3.000、－0.600。

在立面图上，图样的同一位置需注写几个不同标高时，标高数字可按图4-2-9所示的形式注写。

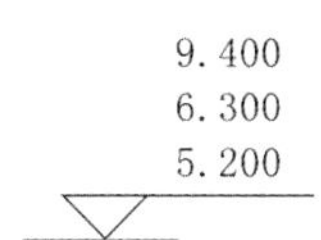

图4-2-9　同一位置注写多个标高数字

3. 标高用法的规定

（1）应以含有±0.00标高的平面作为总平面图平面。

（2）总平面图中标注的标高应为绝对标高，如标注相对标高，则应注明相对标高与绝对标高的换算关系。

（3）建筑物、构筑物、铁路、道路、管沟等应按以下规定标注有关部位的标高。

①在一栋建筑物内宜标注一个±0.000的标高，当有不同地坪标高时，以相对±0.000的数值分别标注［图4-2-10（a）］。

②对建筑物室外散水，标注建筑物四周转角或两对角的散水坡脚处的标高。

③构筑物标注其有代表性的标高，并用文字注明标高所指的位置［图4-2-10（b）］。

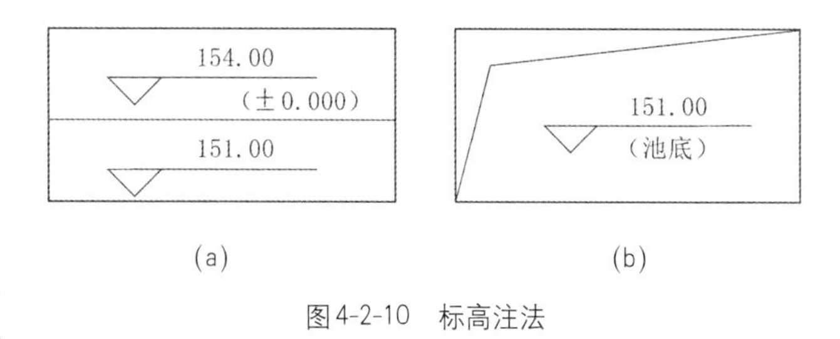

图4-2-10　标高注法

④铁路标注轨顶标高。

⑤道路标注路面中心线交点及变坡点的标高。

⑥挡土墙标注墙顶和墙趾标高，路堤、边坡标注坡顶和坡脚标高，排水沟标注沟顶和沟底标高。

⑦场地平整标注其控制位置标高，铺砌场地标注其铺砌面标高。

五、坐标注法

（1）坐标网格应以细实线表示。测量坐标网应画成交叉“十”字线，坐标代号宜用“X、Y”表示；建筑坐标网应画成网格通线，坐标代号宜用“A、B”表示（图4-2-11）。

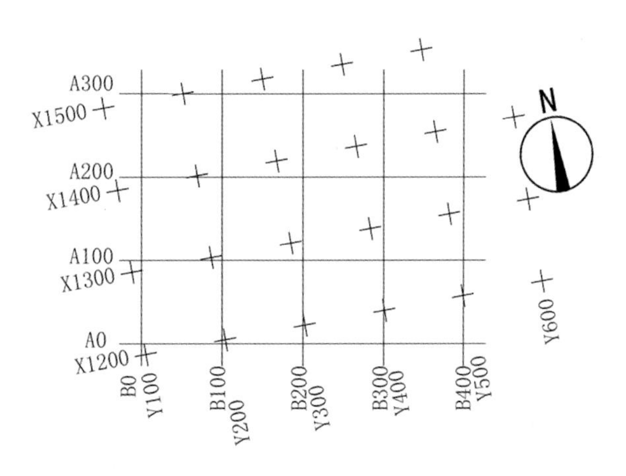

图4-2-11　坐标网格

图中X为南北方向轴线，X的增量在X轴线上；Y为东西方向轴线，Y的增量在Y轴线上。A轴相当于测量坐标网中的X轴，B轴相当于测量坐标网中的Y轴。

（2）总平面图上有测量和建筑两种坐标系统时，应在附注中注明两种坐标系统的换算公式。

（3）表示建筑物、构筑物位置，宜标注其三个角的坐标，如建筑物、构筑物与坐标轴线平行，可注其对角坐标。

（4）在一张图上，主要建筑物、构筑物用坐标定位时，较小的建筑物、构筑物也可用相对尺寸定位。

（5）建筑物、构筑物、铁路、道路、管线等应标注下列部位的坐标或定位尺寸：

①建筑物、构筑物的定位轴线（或外墙面）或其交点。

②圆形建筑物、构筑物的中心。

③皮带走廊的中线或其交点。

④铁路道岔的理论中心，铁路、道路的中线或转折点。

⑤管线（包括管沟、管架或管桥）的中线交叉点或转折点。

⑥挡土墙起始点、墙顶外边缘线或转折点。

（6）坐标宜直接标注在图上，如图面无足够位置，也可列表标注。

（7）在一张图上，如果坐标数字的位数太多时，可将前面相同的位数省略，其省略位数应在附注中加以说明。

六、建筑的定位轴线

（1）定位轴线应用0.25*b*线宽的单点长画线绘制。

（2）定位轴线应编号，编号应注写在轴线端部的圆内。圆应用0.25*b*线宽的实线绘制，直径为8～10mm。定位轴线圆的圆心应在定位轴线的延长线上或延长线的折线上。

（3）除较复杂的平面需采用分区编号或平面为圆形、折线形外，一般平面图上定位轴线的编号，宜标注在图样的下方或左侧，或在图样的四面标注。横向编号应用阿拉伯数字，按从左至右顺序编写；竖向编号应用大写拉丁字母，按从下至上顺序编写（图4-2-12）。

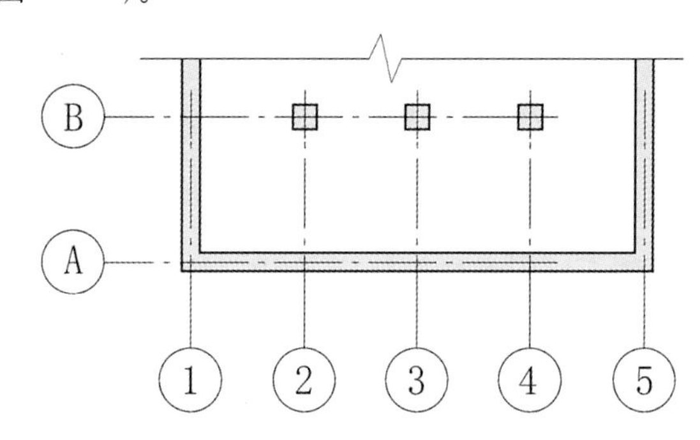

图4-2-12　定位轴线的编号顺序

（4）拉丁字母作为轴线号时，应全部采用大写字母，不应用同一个字母的大小写来区分轴线号。拉丁字母的I、O、Z不得用作轴线编号。当字母数量不够使用时，可增用双字母或单字母加数字注脚。

（5）组合较复杂的平面图中定位轴线也可采用分区编号（图4-2-13）。编号的注写形式应为“分区号－该分区定位轴线编号”，分区号与该分区定位轴线编号采用阿拉伯数字或大写拉丁字母表示。

（6）附加定位轴线的编号应以分数形式表示，并应符合下列规定：

①两根轴线的附加轴线，应以分母表示前一轴线的编号，分子表示附加轴线的编号。编号宜用阿拉伯数字顺序编写。

②1号轴线或A号轴线之前的附加轴线的分母应以01或0A表示。

（7）一个详图适用于几根轴线时，应同时注明各有关轴线的编号。适用于2根轴线时如图4-2-14（a）所示，适用于3根或3根以上轴线时如图4-2-14（b）所示，适用于3根以上连续编号的轴线时如图4-2-14(c）所示。

（8）通用详图中的定位轴线，应只画圆，不注写轴线编号。

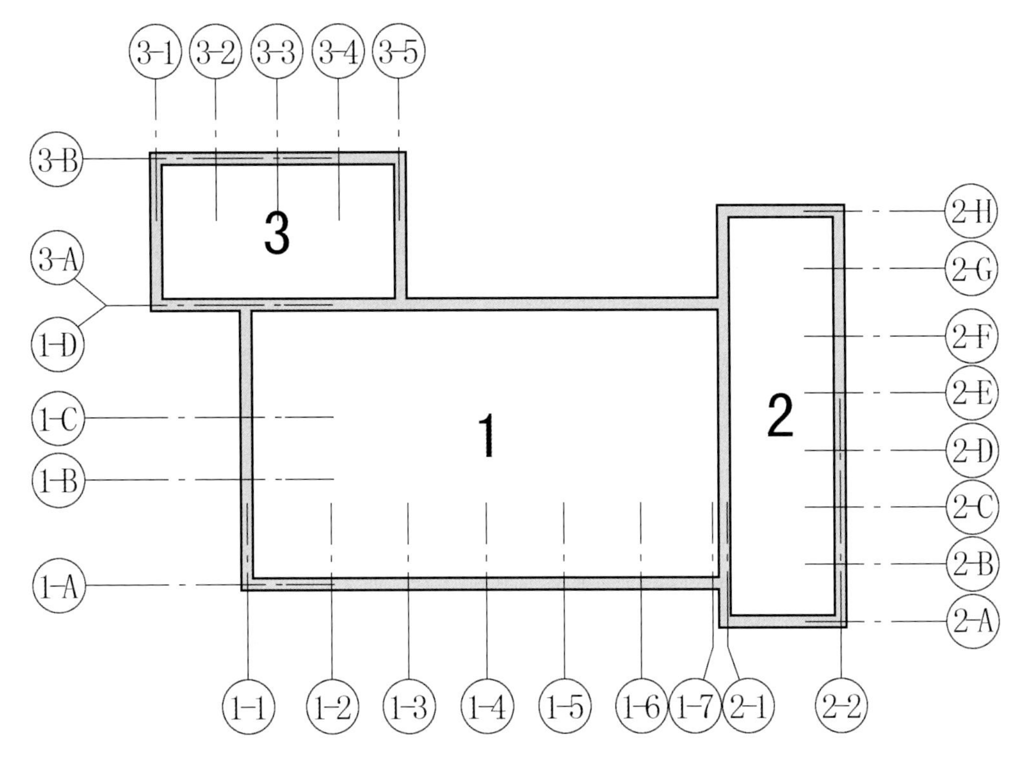

图4-2-13　定位轴线的分区编号

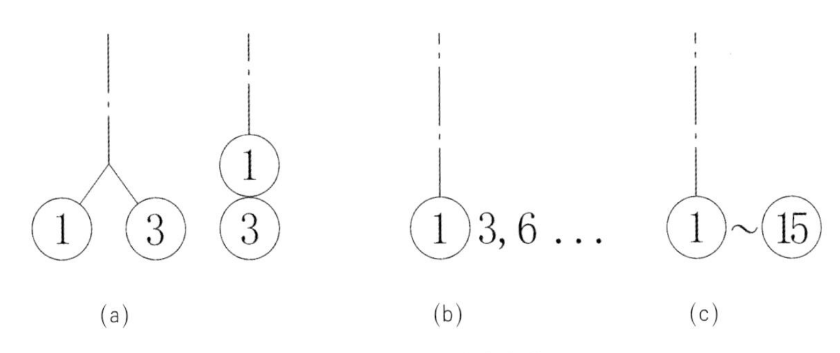

图4-2-14　详图的轴线编号

(9) 圆形与弧形平面图中的定位轴线，其径向轴线应以角度进行定位，其编号宜用阿拉伯数字表示，从左下角或－90°（若径向轴线很密，角度间隔很小）开始，按逆时针顺序编写；其环向轴线宜用大写拉丁字母表示，从外向内顺序编写（图4-2-15、图4-2-16）。

(10) 折线形平面图中定位轴线的编号可按图4-2-17的形式编写。

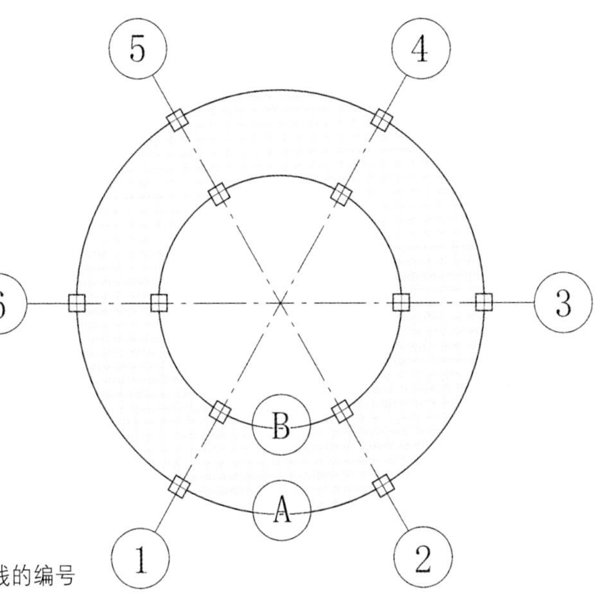

图4-2-15　圆形平面定位轴线的编号

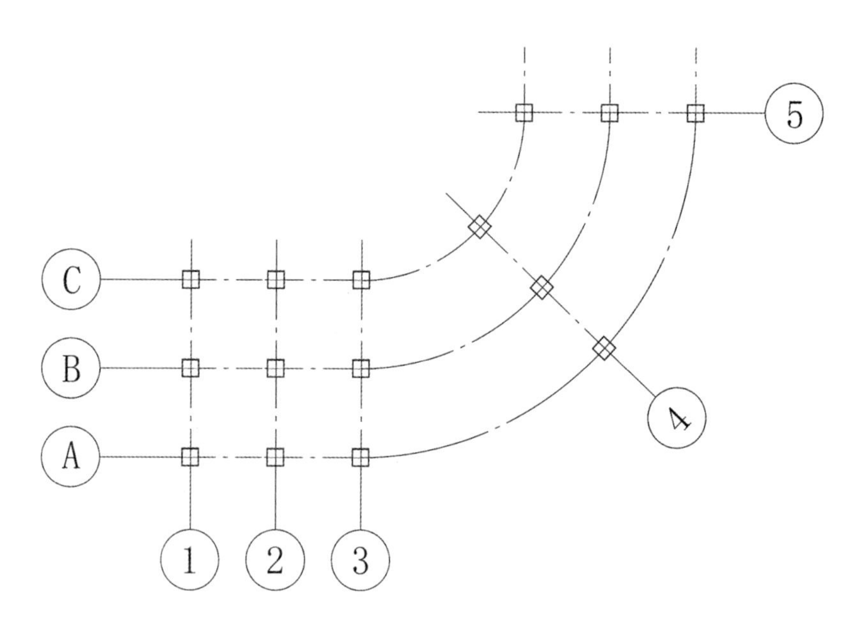

图4-2-16 弧形平面定位轴线的编号

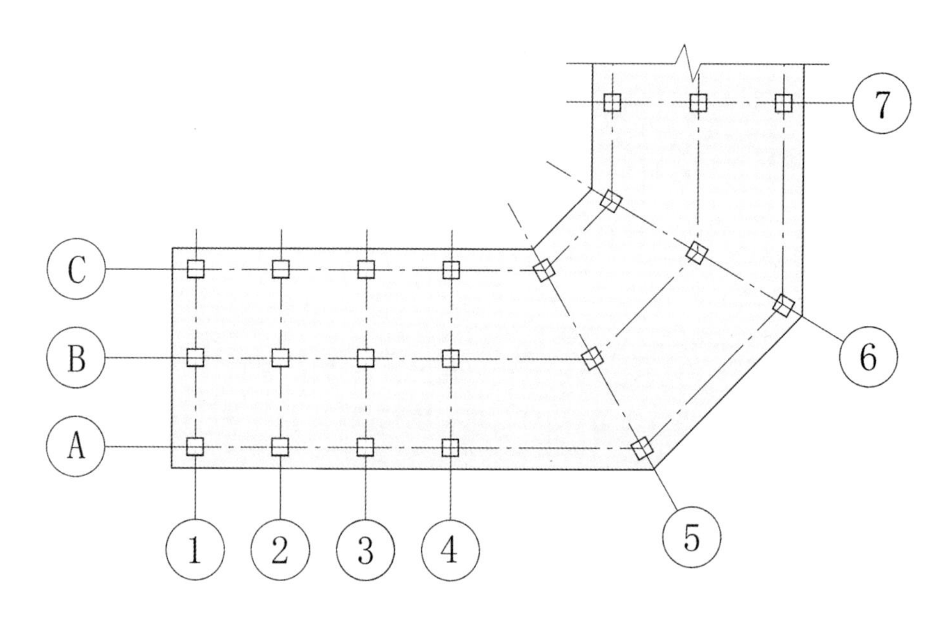

图4-2-17 折线形平面定位轴线的编号

七、尺寸标注

尺寸标注的形式在不同规范中不尽相同，在《房屋建筑制图统一标准》(GB/T 50001—2017）里对尺寸的标注做了以下规定：

1. 尺寸界线、尺寸线及尺寸起止符号

(1）图样上的尺寸，应包括尺寸界线、尺寸线、尺寸起止符号和尺寸数字（图4-2-18)。

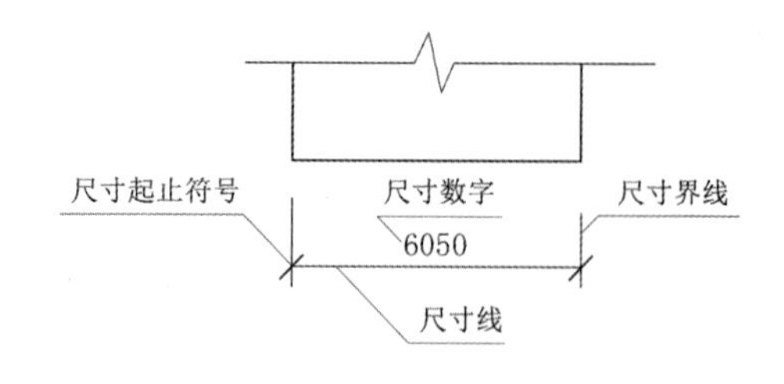

图4-2-18 尺寸的组成

（2）尺寸界线应用细实线绘制，一般应与被注长度垂直，其一端离开图样轮廓线不应小于2mm，另一端宜超出尺寸线2～3mm。图样轮廓线可用作尺寸界线（图4-2-19）。

（3）尺寸线应用细实线绘制，应与被注长度平行，两端宜以尺寸界线为边界，也可超出尺寸界线2～3mm。图样本身的任何图线均不得用作尺寸线。

（4）尺寸起止符号一般用中粗斜短线绘制，其倾斜方向应与尺寸界线成顺时针45°角，长度宜为2～3mm。半径、直径、角度与弧长的尺寸起止符号，宜用箭头表示（图4-2-20）。

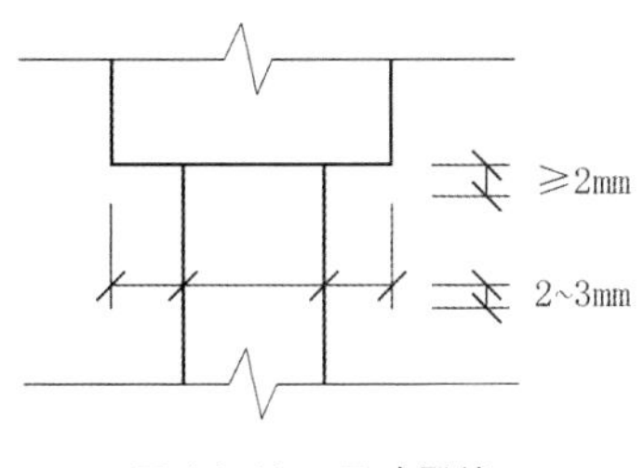

图4-2-19　尺寸界线

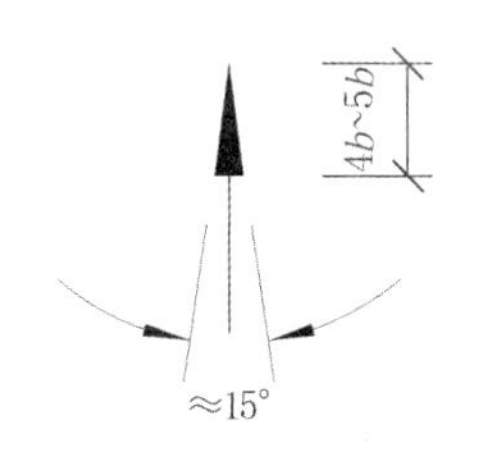

图4-2-20　箭头尺寸起止符号

2. 尺寸数字

（1）图样上的尺寸应以尺寸数字为准，不得从图上直接量取。

（2）图样上的尺寸单位，除标高及总平面中的尺寸以米（m）为单位外，其他必须以毫米（mm）为单位。

（3）尺寸数字的方向，应按图4-2-21（a）所示的规定注写。若尺寸数字在30°斜线区内，也可按图4-2-21（b）所示的形式注写。

（4）尺寸数字一般应依据其方向注写在靠近尺寸线的上方中部。如没有足够的注写位置，最外边的尺寸数字可注写在尺寸界线的外侧，中间相邻的尺寸数字可上下错开注写，可用引出线表示标注尺寸的位置（图4-2-22）。

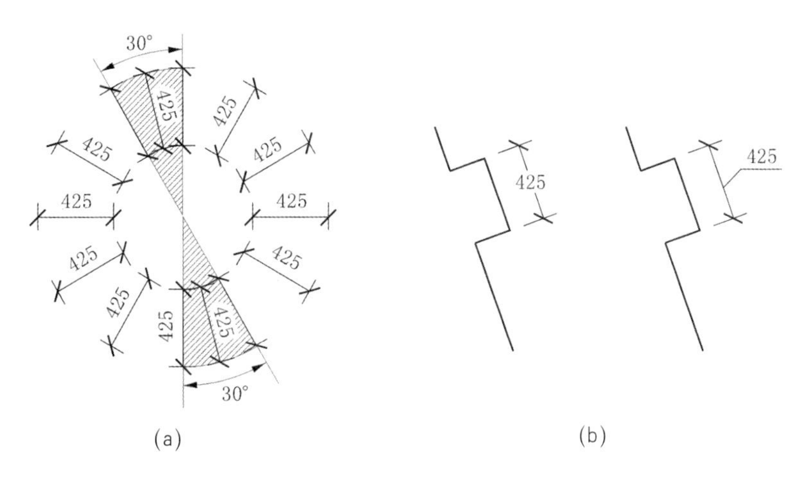

图4-2-21　尺寸数字的注写方向

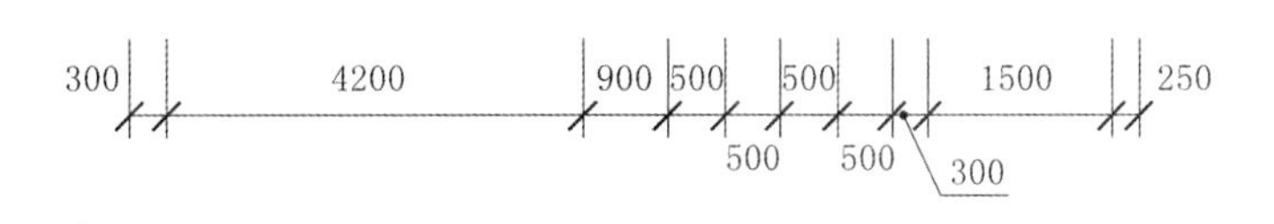

图4-2-22　尺寸数字的注写位置

3. 尺寸的排列与布置

（1）尺寸宜标注在图样轮廓以外，不宜与图线、文字及符号等相交（图4-2-23）。

（2）互相平行的尺寸线，应从被注写的图样轮廓线由近向远整齐排列，较小尺寸应离轮廓线较近，较大尺寸应离轮廓线较远（图4-2-24）。

（3）图样轮廓线以外的尺寸界线，距图样最外轮廓之间的距离不宜小于10mm。平行排列的尺寸线的间距宜为7 ~ 10mm，并应保持一致（图4-2-23）。

（4）总尺寸的尺寸界线应靠近所指部位，中间的分尺寸的尺寸界线可稍短，但其长度应相等（图4-2-23）。

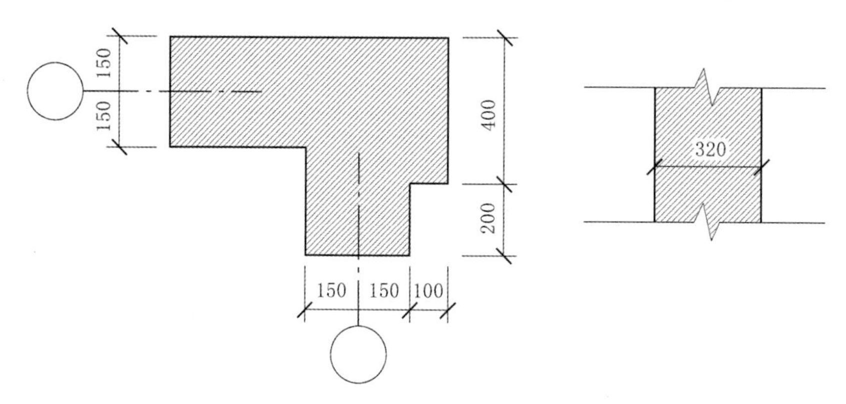

图4-2-23　尺寸数字的注写

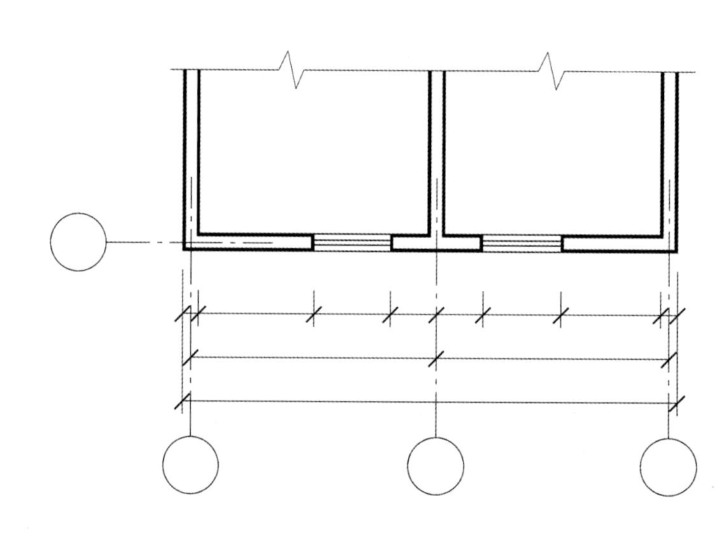

图4-2-24　尺寸的排列

4. 半径、直径、球的尺寸标注

（1）半径的尺寸线应一端从圆心开始，另一端画箭头指向圆弧。半径数字前应加注半径符号"*R*"（图4-2-25）。

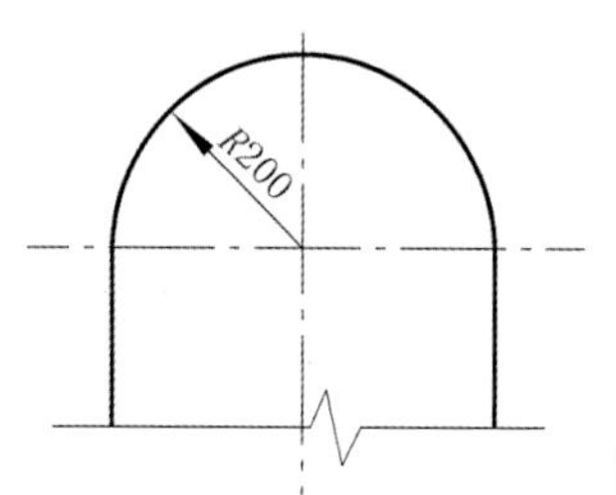

图4-2-25　半径标注方法

（2）较小圆弧的半径，可按图4-2-26所示的形式标注。

（3）较大圆弧的半径，可按图4-2-27所示的形式标注。

（4）标注圆的直径尺寸时，直径数字前应加直径符号"*Φ*"（也有用"*D*"表示直径）。在圆内标注的尺寸线应通过圆心，两端画箭头指至圆弧（图4-2-28）。

（5）较小圆的直径尺寸，可标注在圆外（图4-2-29）。

（6）标注球的半径尺寸时，应在尺寸数字前加注符号"*SR*"；标注球的直径尺寸时，应在尺寸数字前

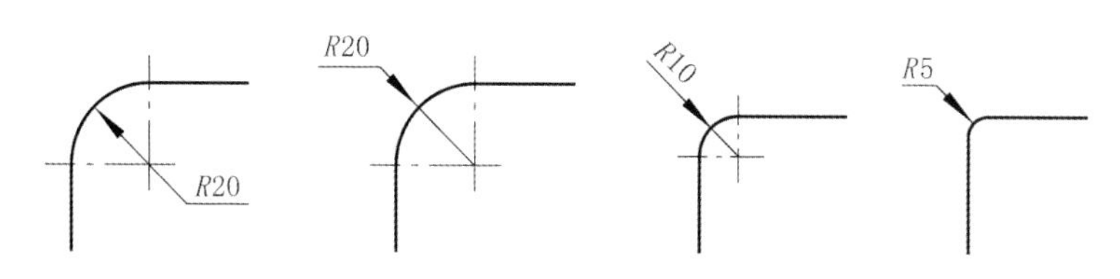

图4-2-26　小圆弧半径的标注方法

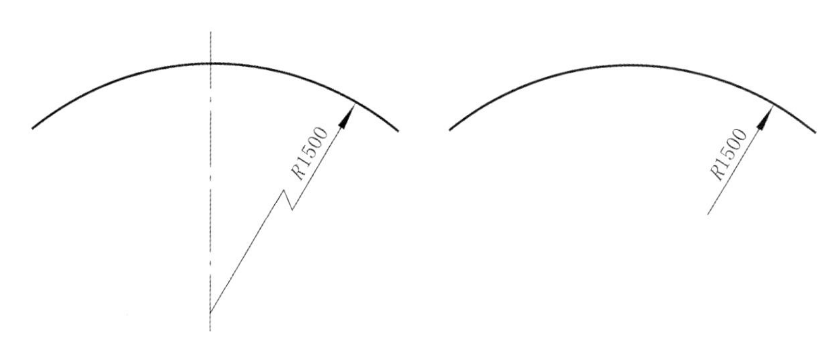

图4-2-27　大圆弧半径的标注方法

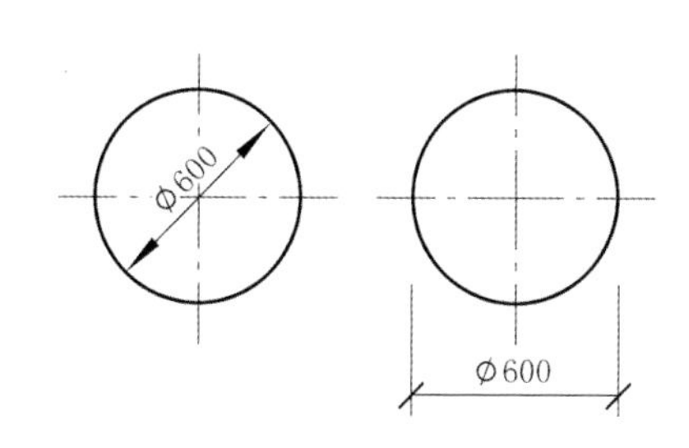

图4-2-28　圆直径的标注方法

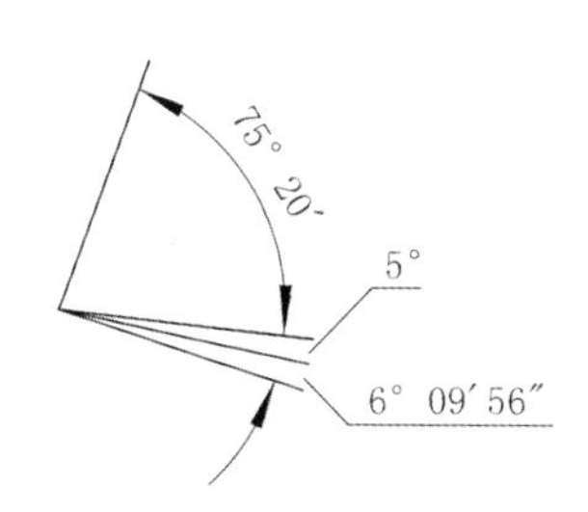

图4-2-30　角度标注方法

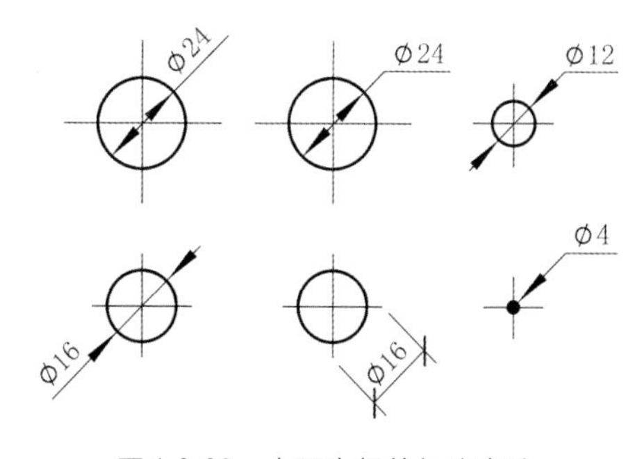

图4-2-29　小圆直径的标注方法

加注符号“SΦ”。注写方法与圆弧半径和圆直径的尺寸标注方法相同。

5. 角度、弧长、弦长的标注

（1）角度的尺寸线应以圆弧表示。该圆弧的圆心应是该角的顶点，角的两条边为尺寸界线。起止符号应以箭头表示，如没有足够位置画箭头，可用圆点代替，角度数字应沿尺寸线方向注写（图4-2-30）。

（2）标注圆弧的弧长时，尺寸线应以与该圆弧同心的圆弧线表示，尺寸界线应指向圆心，起止符号用箭头表示，弧长数字上方应加注圆弧符号“⌒”（图4-2-31）。

（3）标注圆弧的弦长时，尺寸线应以平行于该弦的直线表示，尺寸界线应垂直于该弦，起止符号用中粗斜短线表示（图4-2-32）。

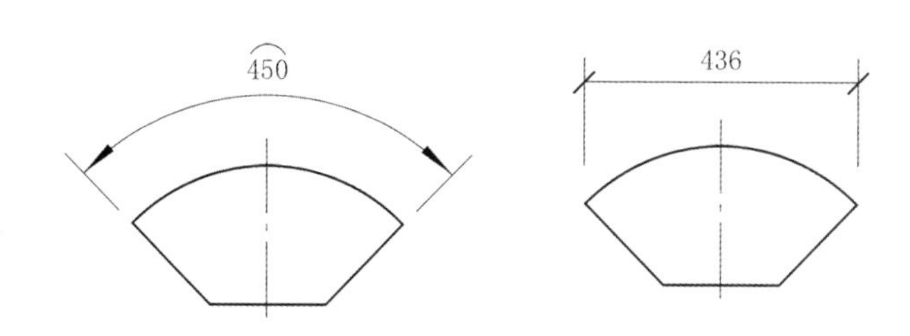

图4-2-31　弧长标注方法　　图4-2-32　弦长标注方法

6. 薄板厚度、正方形、坡度、非圆曲线等尺寸标注

（1）在薄板板面标注板厚尺寸时，应在厚度数字前加厚度符号“t”（图4-2-33）。

（2）标注正方形的尺寸，可用“边长×边长”的形式，也可在边长数字前加正方形符号“□”（图4-2-34）。

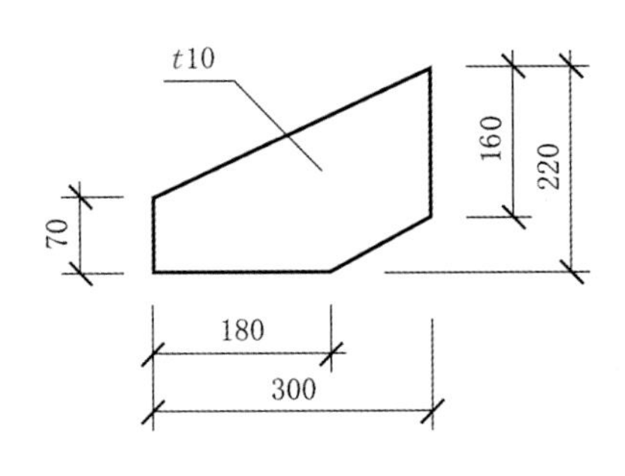

图4-2-33 薄板厚度标注方法

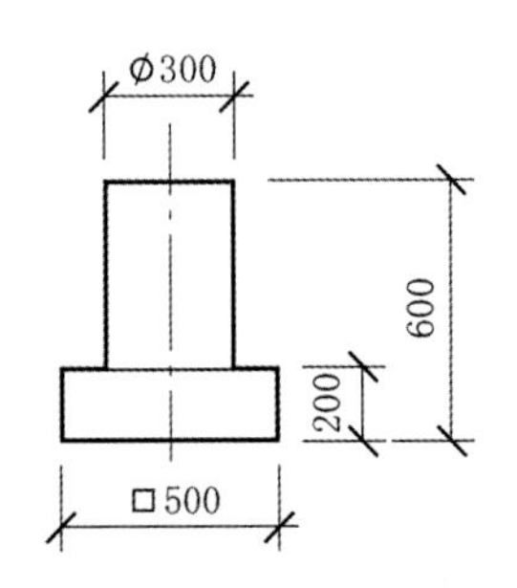

图4-2-34 标注正方形尺寸

(3) 标注坡度时，应加注坡度符号［图4-2-35 (a)、(b)］，该符号为单面箭头，箭头应指向下坡方向。坡度也可用直角三角形的形式标注［图4-2-35 (c)］。

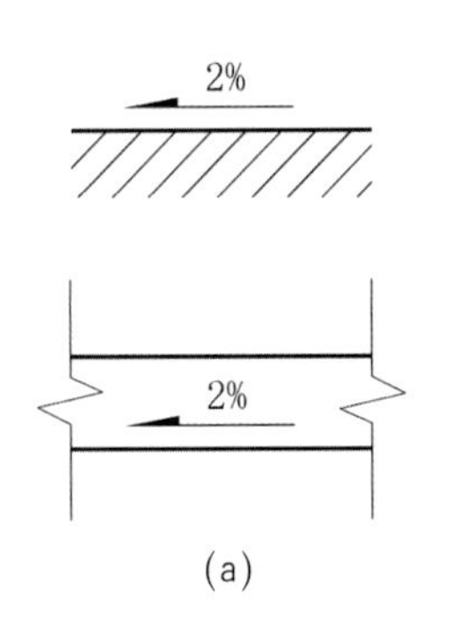

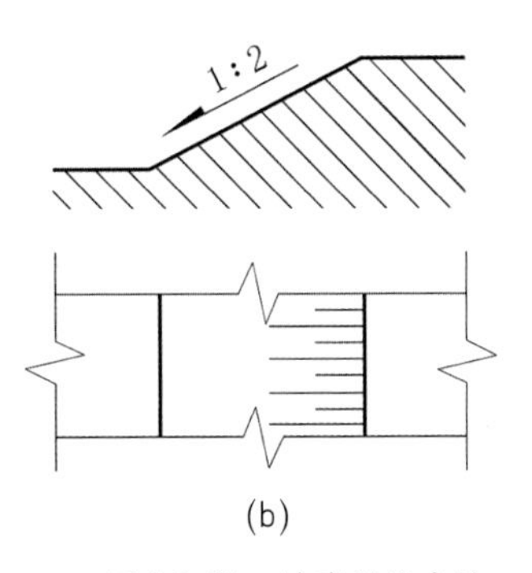

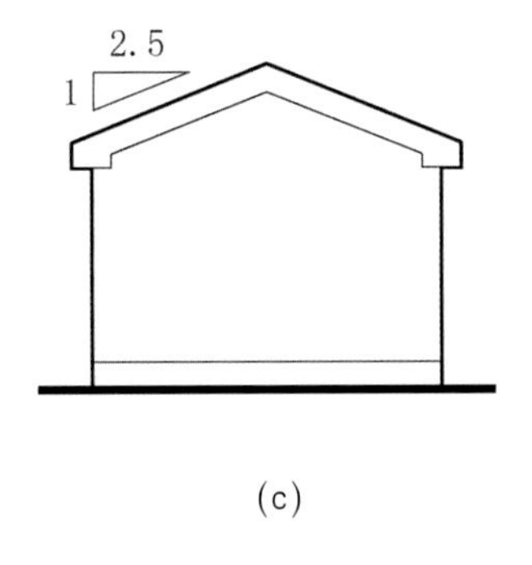

(a) (b) (c)

图4-2-35 坡度标注方法

(4) 外形为非圆曲线的构件，可用坐标形式标注尺寸（图4-2-36）。

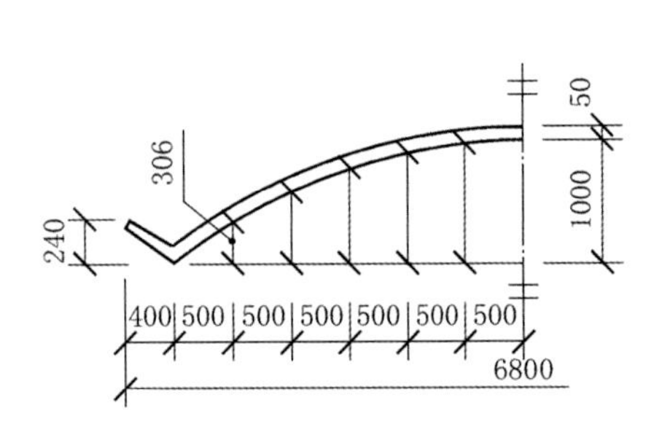

图4-2-36 坐标法标注曲线尺寸

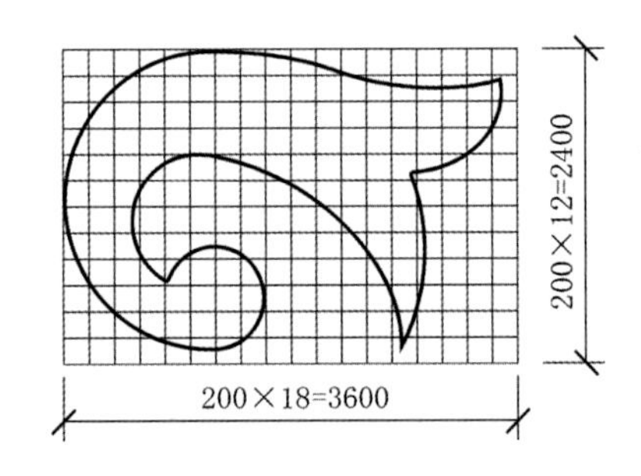

图4-2-37 网格法标注曲线尺寸

(5) 对于复杂的图形，可用网格形式标注尺寸（图4-2-37）。

7. 尺寸的简化标注

(1) 杆件或管线的长度，在单线图（桁架简图、钢筋简图、管线简图）上，可直接将尺寸数字沿杆件或管线的一侧注写（图4-2-38）。

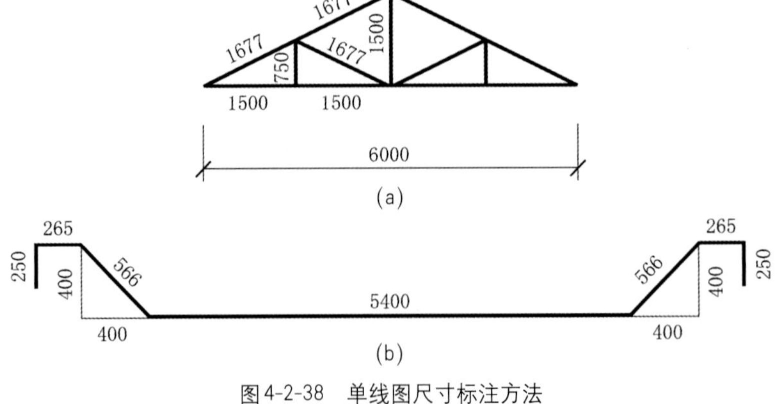

图4-2-38 单线图尺寸标注方法

（2）连续排列的等长尺寸，可用“等长尺寸×个数=总长”或“总长（等分个数）”的形式标注（图4-2-39）。

（3）构配件内的构造因素（如孔、槽等）如相同，可仅标注其中一个要素的尺寸（图4-2-40）。

（4）对称构配件采用对称省略画法时，该对称构配件的尺寸线应略超过对称符号，仅在尺寸线的一端画尺寸起止符号，尺寸数字应按整体全尺寸注写，其注写位置宜与对称符号对齐（图4-2-41）。

（5）两个构配件如个别尺寸数字不同，可在同一图样中将其中一个构配件的不同尺寸数字注写在括号内，该构配件的名称也应注写在相应的括号内（图4-2-42）。

（6）数个构配件如仅某些尺寸不同，这些有变化的尺寸数字，可用拉丁字母注写在同一图样中，另列表格写明其具体尺寸（图4-2-43）。

（7）较长的构件，当沿长度方向的形状相同或按一定规律变化时，可断开省略绘制，断开处应以折断线表示（图4-2-44）。

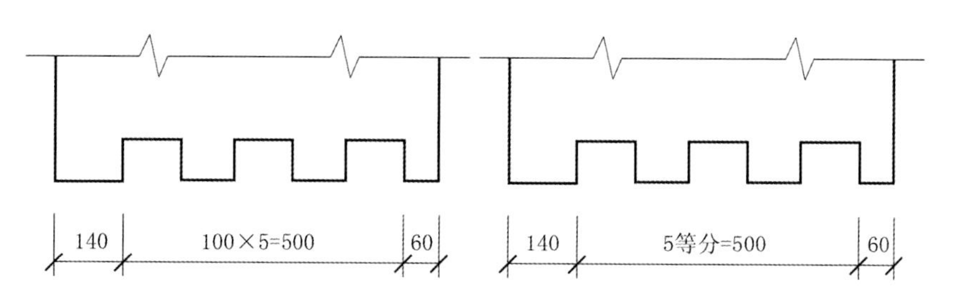

图4-2-39　等长尺寸简化标注方法

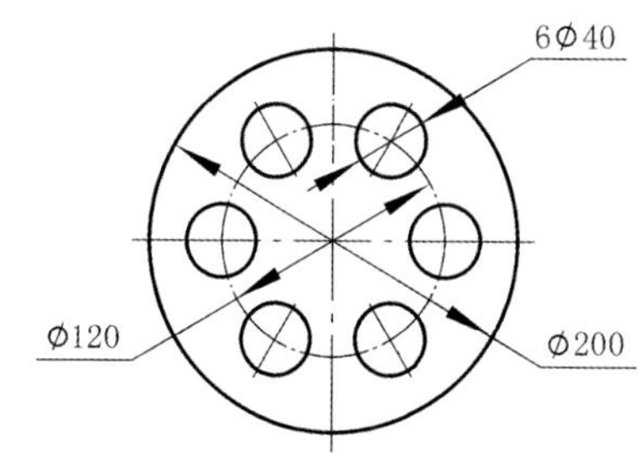

图4-2-40　相同要素尺寸标注方法

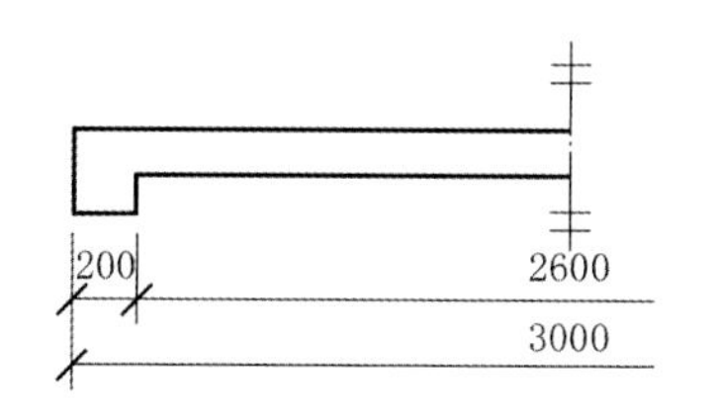

图4-2-41　对称构配件尺寸标注方法

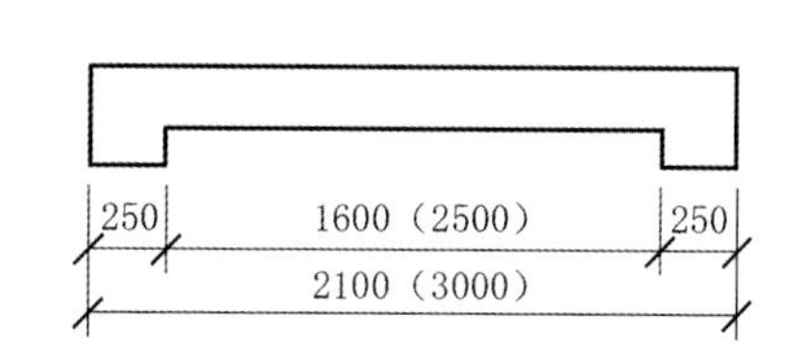

图4-2-42　相似构配件尺寸标注方法

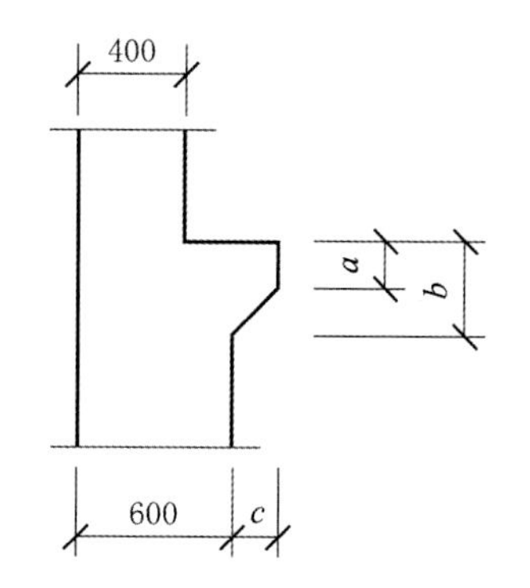

构件编号	*a*	*b*	*c*
Z-1	200	200	200
Z-2	250	450	200
Z-3	200	450	250

图4-2-43　相似构配件尺寸表格式标注方法

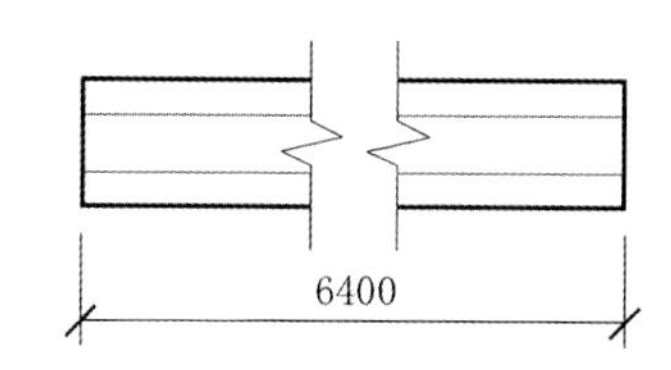

图4-2-44　折断简化画法

8. 图样的确定　图样的形体由各种线型连接而成，图样尺寸的标注方式有两种：用来确定几何元素大小的尺寸，叫作定形尺寸；用来确定几何元素与基准之间或各元素之间的相对位置关系的尺寸，叫作定位尺寸。环境景观设计的图样往往不是独立存在的，要想确定它的准确位置和造型，定形尺寸与定位尺寸都需要进行标注。

第三节　索引与引出

一、剖切符号

1. 剖视的剖切符号规定

（1）剖视的剖切符号应由剖切位置线及剖视方向线组成，均应以粗实线绘制。

（2）剖切位置线的长度宜为6 ～ 10mm；剖视方向线应垂直于剖切位置线，长度应短于剖切位置线，宜为4 ～ 6mm（图4-3-1），在绘制时，剖视的剖切符号不应与其他图线相接触。也可采用国际统一和常用的剖视方法，如图4-3-2所示。

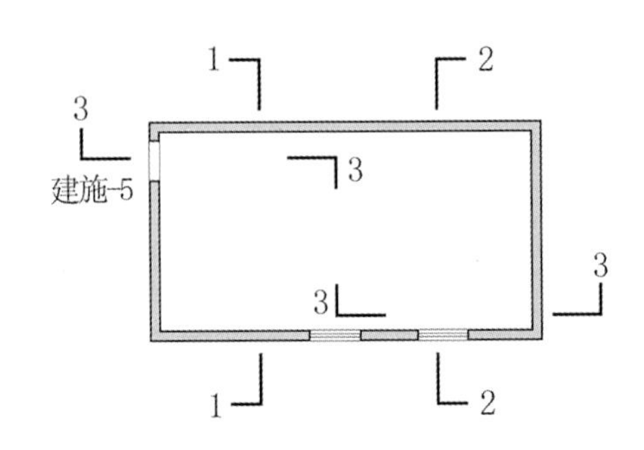

图4-3-1　剖视的剖切符号（一）

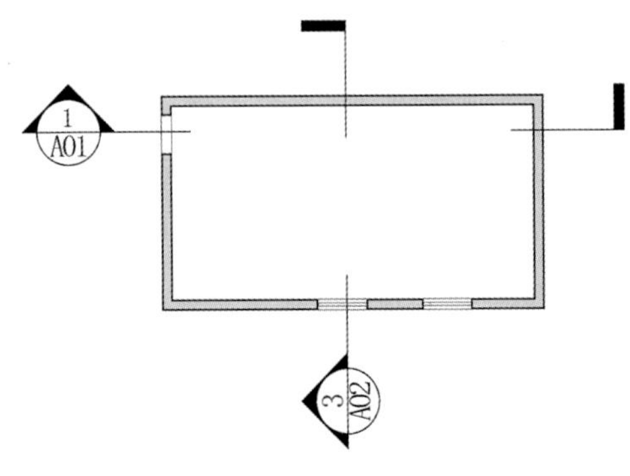

图4-3-2　剖视的剖切符号（二）

（3）剖视的剖切符号的编号宜采用粗阿拉伯数字，按剖切顺序由左至右、由下向上连续编排，并应注写在剖视方向线的端部。

（4）需要转折的剖切位置线，应在转角的外侧加注与该符号相同的编号。

（5）建（构）筑物剖面图的剖切符号应注在±0.000标高的平面图或首层平面图上。

（6）局部剖面图（不含首层）的剖切符号应注在包含剖切部位的最下面一层的平面图上。

2. 断面的剖切符号规定

（1）断面的剖切符号应仅用剖切位置线表示，并应以粗实线绘制，长度宜为6 ～ 10mm。

（2）断面的剖切符号的编号宜采用阿拉伯数字，按顺序连续编排，并应注写在剖切位置线的一侧，编号所在的一侧应为该断面的剖视方向（图4-3-3）。

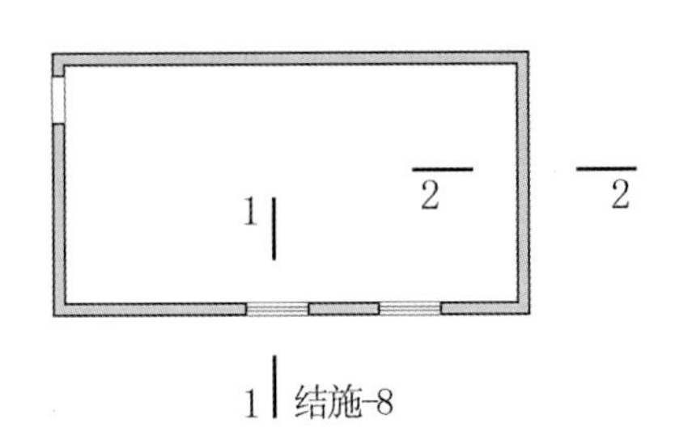

图4-3-3　断面的剖切符号

（3）当剖面图或断面图与被剖切图样不在同一张图内时，应在剖切位置线的另一侧注明其所在图纸的编号（图4-3-1中3-3剖面；图4-3-3中1-1断面），也可以在图上集中说明。

二、剖面图和断面图

（1）剖面图除应画出剖切面切到部分的图形外，还应画出沿投射方向看到的部分，被剖切面切到部分的轮廓线用粗实线绘制，剖切面没有切到、但沿投射方向可以看到的部分，用中实线绘制；断面图则只需（用粗实线）画出剖切面切到部分的图形（图4-3-4）。

（2）将一个物体用两个相交的剖切面剖切后所绘制的剖面图或断面图，应在图名后注明“展开”字样（图4-3-5）。

（3）杆件的断面图可绘制在靠近杆件的一侧或端部处并按顺序依次排列，也可绘制在杆件的中断处。结构梁板的断面图可画在结构布置图上（图4-3-6）。

（4）剖面图有5种类型：图4-3-1中1-1和2-2的剖面形式叫全剖面；3-3的剖面形式叫阶梯剖面；分层剖切的剖面图叫局部剖面，局部剖面应按层次以波浪线将各层隔开，波浪线不应与任何图线重合（图4-3-7）；对称的造型可以采用半剖面的方式只画一半的剖面，另一半可以是立面图，中间的平分轴线处需要画对称符号（对称符号见图4-4-3）；圆形的造型适合采用旋转剖面的画法（图4-3-8）。

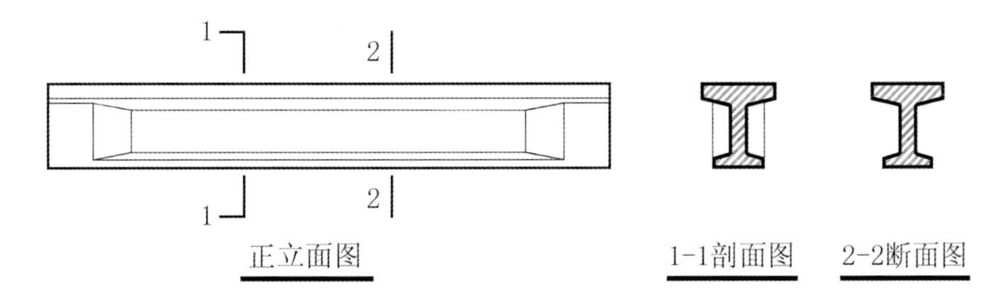

图4-3-4 剖面图与断面图的区别

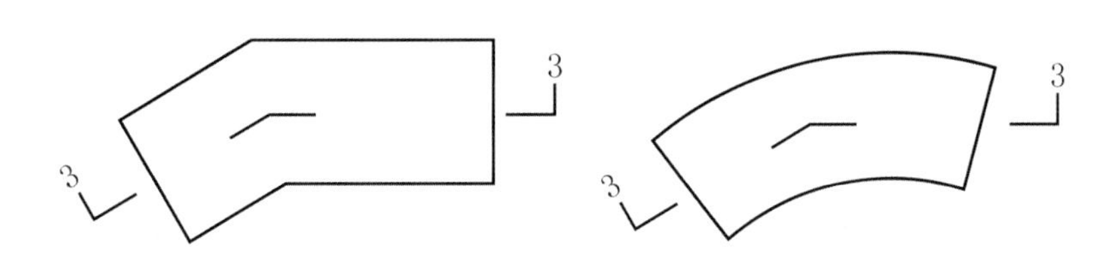

图4-3-5 两个相交的剖切面剖切

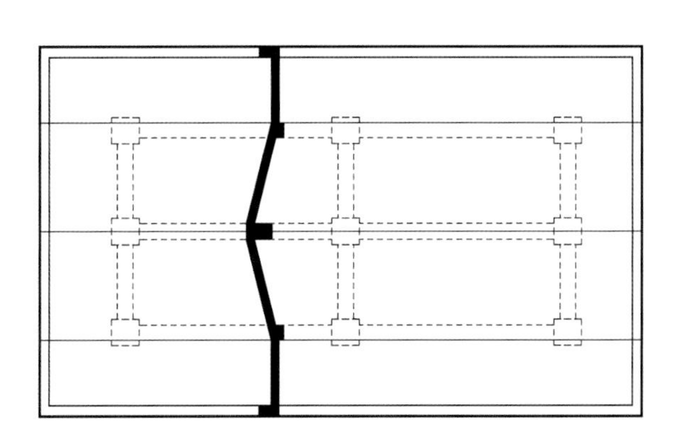

图4-3-6 断面图画在布置图上

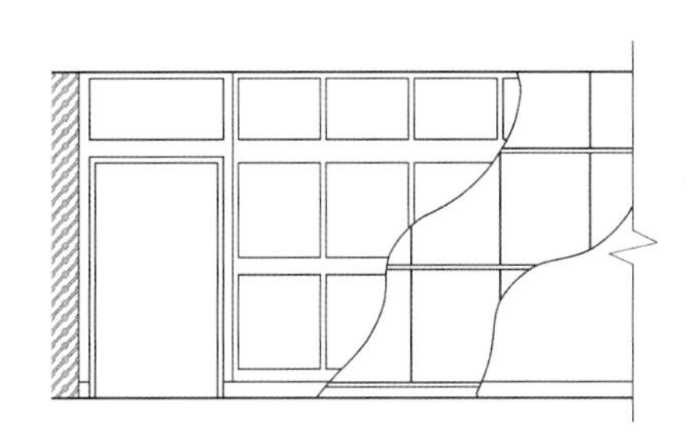

图4-3-7 分层剖切的剖面图

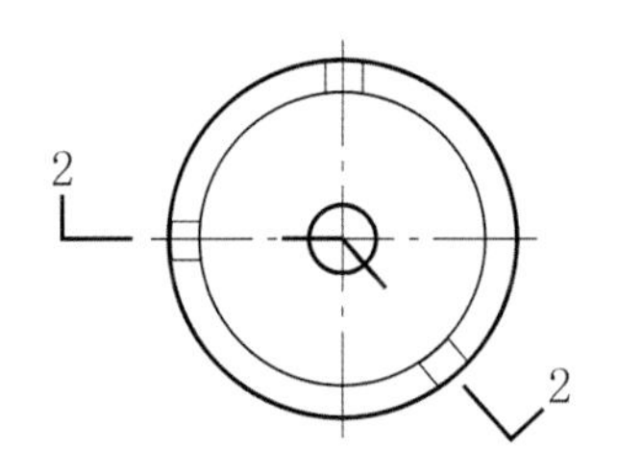

图4-3-8 旋转剖面的画法

三、索引符号与详图符号

(1) 图样中的某一局部或构件，如需另见详图，应以索引符号引出索引图［图4-3-9（a)］。索引符号应由直径为8～10mm的圆和水平直径组成，圆及水平直径应以细实线绘制。索引符号应按下列规定编写：

①当索引出的详图与被索引的详图在同一张图纸内，应在索引符号的上半圆中用阿拉伯数字注明该详图的编号，并在下半圆中间画一段水平粗实线［图4-3-9（b)］。

②当索引出的详图与被索引的详图不在同一张图纸内，应在索引符号的上半圆中用阿拉伯数字注明该详图的编号，在索引符号的下半圆中用阿拉伯数字注明该详图所在图纸的编号［图4-3-9（c)］。数字较多时，可加文字标注。

③当索引出的详图采用标准图时，应在索引符号水平直径的延长线上加注该标准图册的编号［图4-3-9（d)］。需要标注比例时，应将比例写在索引符号右侧或延长线下方，与符号下对齐。

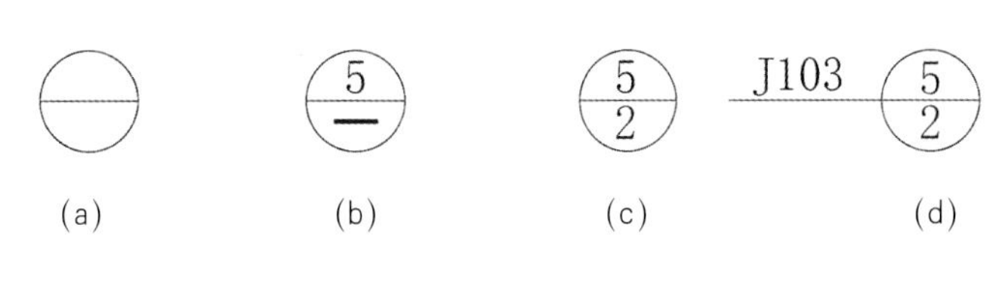

图4-3-9 索引符号

（2）当索引符号用于索引剖视详图时，应在被剖切的部位绘制剖切位置线，并以引出线引出索引符号，引出线所在的一侧应为剖视方向。索引符号的编写应符合图4-3-9所示的规定（图4-3-10）。

（3）零件、钢筋、杆件及消火栓、配电箱、管井等设备的编号宜以直径为4～6mm的圆表示，圆线宽为0.25b，同一图样应保持一致，其编号应用阿拉伯数字按顺序编写（图4-3-11）。

（4）详图的位置和编号应以详图符号表示。详图符号的圆直径应为14mm，线宽为b。详图编号应符合下列规定：

①当详图与被索引的图样在同一张图纸内时，应在详图符号内用阿拉伯数字注明详图的编号（图4-3-12）。

②当详图与被索引的图样不在同一张图纸内时，应用细实线在详图符号内画一水平直径，在上半圆中注明详图编号，在下半圆中注明被索引的图纸的编号（图4-3-13）。

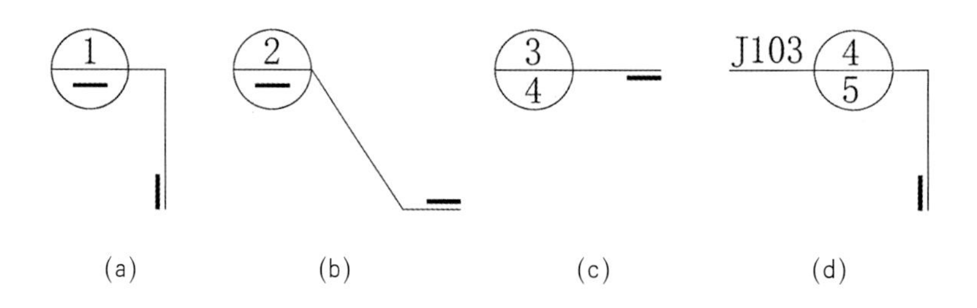

图4-3-10　用于索引剖视详图的索引符号

图4-3-11　零件、钢筋等的编号

图4-3-12　与被索引图样在同一张图纸内的详图符号

图4-3-13　与被索引图样不在同一张图纸内的详图符号

四、引出线

（1）引出线应以细实线绘制，宜采用水平方向的直线，或与水平方向成30°、45°、60°、90°的直线，并经上述角度再折成水平线。文字说明宜注写在水平线的上方［图4-3-14（a）］，也可注写在水平线的端部［图4-3-14（b）］。索引详图的引出线，应与水平直径线相连接［图4-3-14（c）］。

（2）同时引出的几个相同部分的引出线，宜互相平行［图4-3-15（a）］，也可画成集中于一点的放射线［图4-3-15（b）］。

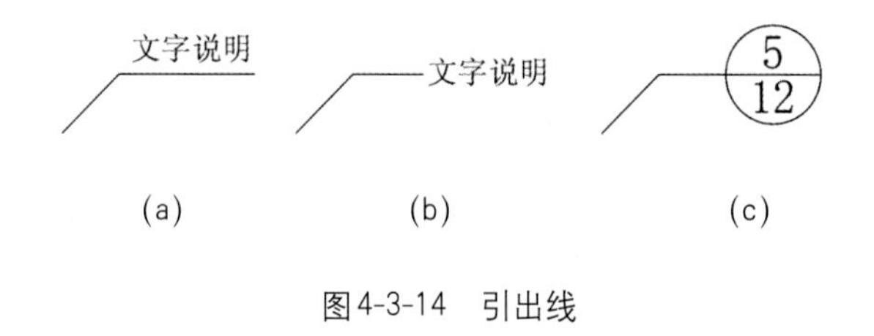

图4-3-14　引出线

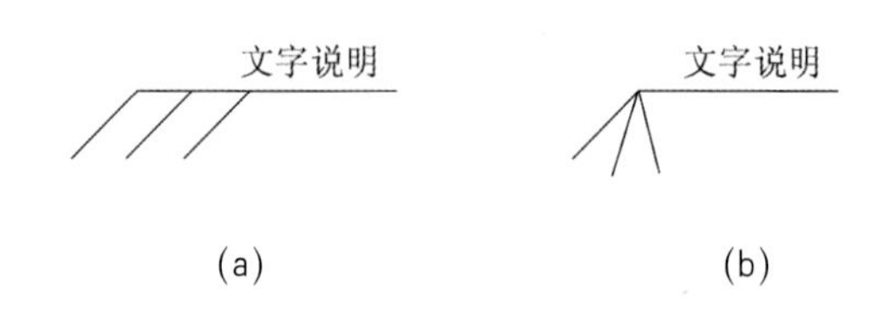

图4-3-15　共用引出线

（3）多层构造或多层管道共用引出线，应通过被引出的各层，并用圆点示意对应各层次。文字说明宜注写在水平线的上方，或注写在水平线的端部，说明的顺序应由上至下，并应与被说明的层次对应一致。如层次为横向排序，则由上至下的说明顺序应与由左至右的层次对应一致（图4-3-16）。

（4）室内立面图的内视索引符号应注明在平面图上的视点位置、方向及立面编号。符号中的圆圈应以细实线绘制，根据图面比例圆圈直径可为8 ～ 12mm。立面编号宜用拉丁字母或阿拉伯数字（图4-3-17）。

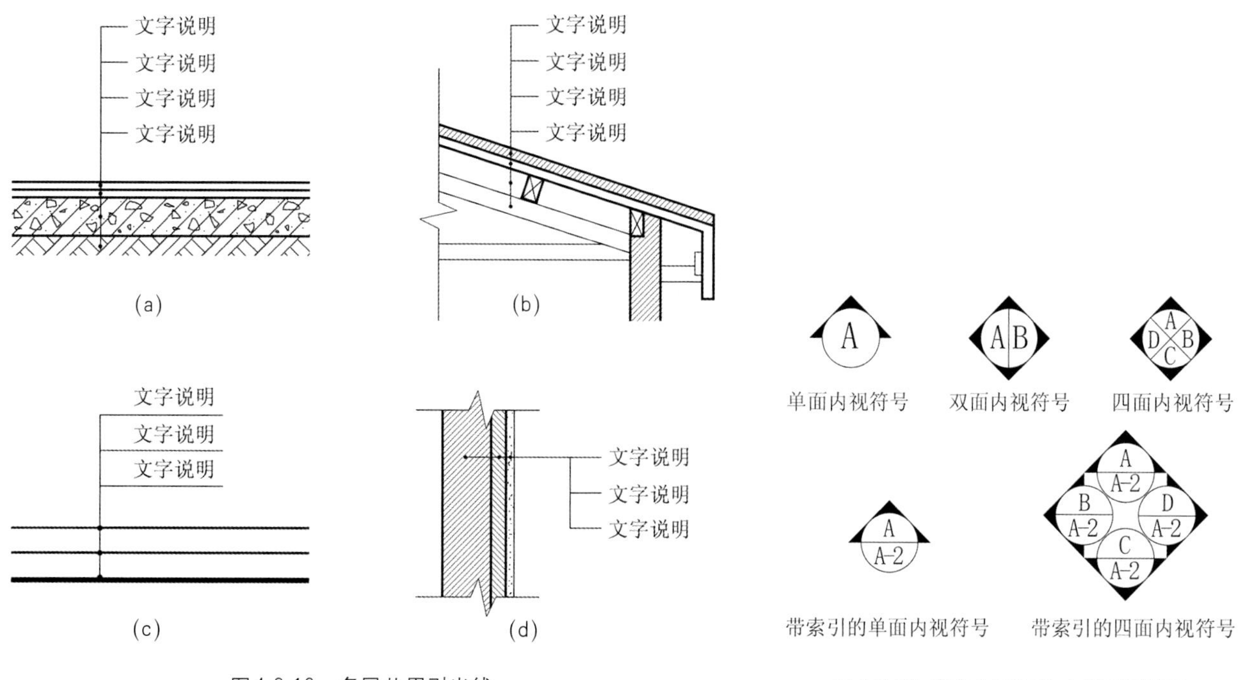

图4-3-16　多层共用引出线

图4-3-17 室内立面图的内视索引符号

第四节　其他符号

一、指北针与风玫瑰

景观设计的规划图和现状图，应标绘指北针和风玫瑰图。详细设计图可不标绘风玫瑰图。指北针与风玫瑰图可一起标绘（图4-4-1），也可单独标绘指北针。

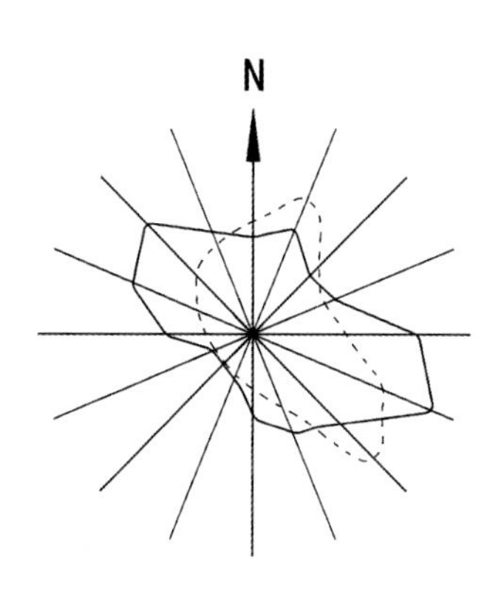

图4-4-1　指北针与风玫瑰图组合一起标绘

（1）指北针的形状应符合图4-4-2的规定，其圆的直径宜为24 mm，用细实线绘制；指针尾部的宽度宜为3 mm，指针头部应注“北”或“N”字。需用较大直径绘制指北针时，指针尾部的宽度宜为直径的1/8。

（2）风玫瑰图应以细实线绘制风频玫瑰图，以细虚线绘制污染系数玫瑰图。风频玫瑰图与污染系数玫瑰图应重叠绘制在一起。

（3）指北针与风玫瑰图的位置应在图幅图区内的上方左侧或右侧。

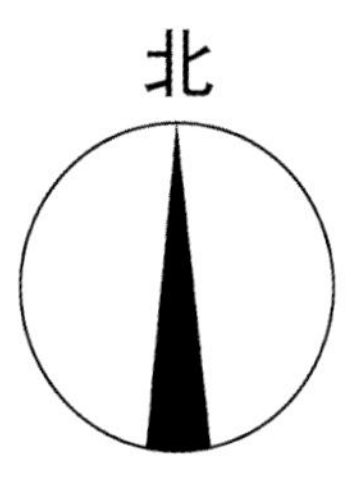

图4-4-2　指北针

二、对称符号、连接符号、变更云线

1. 对称符号　对称符号由对称线和两端的两对平行线组成。对称线用单点长画线绘制，线宽宜为0.25b；平行线用实线绘制，其长度宜为6 ~ 10mm，每对的间距宜为2 ~ 3mm，线宽宜为0.5b；对称线应垂直平分两对平行线，两端超出平行线宜为2 ~ 3mm（图4-4-3）。

2. 连接符号　连接符号应以折断线表示需连接的部位。两部位相距过远时，折断线两端靠图样一侧应标注大写拉丁字母表示连接编号。两个被连接的图样应用相同的字母编号（图4-4-4）。

3. 变更云线　对图纸中局部变更部分宜采用云线，并宜注明修改版次。修改版次符号宜为边长0.8cm的正等边三角形，修改版次应采用数字表示（图4-4-5）。

图4-4-3　对称符号

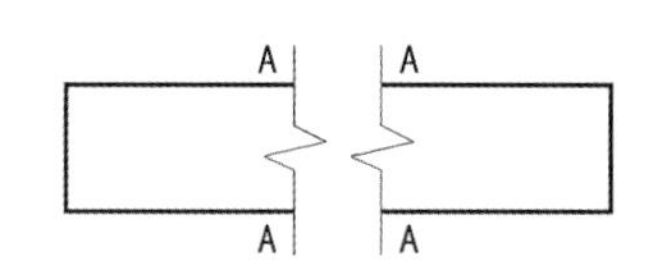

图4-4-4　连接符号（A为连接编号）

图4-4-5　变更云线（1为修改次数）

第五节　常用图例

一、植物基本图例图示

（1）种植设计平面图，其在方案设计阶段与初步设计和施工图设计阶段的表达不同。

（2）方案设计阶段。方案设计中的种植设计平面图应区分常绿针叶乔木、落叶针叶乔木、常绿阔叶乔木、落叶阔叶乔木、常绿灌木、落叶灌木、灌木丛、藤本、竹类、棕榈类、花卉、草皮、地被植物、水生植物、绿篱等类型，不宜一种植物绘制一个图例（表4-5-1）。有较复杂植物种植层次或地形变化丰富的区域，应用立面或剖面图清楚地表达该区植物的形态特点。

表4-5-1　植物平面图例

植物名称	平面图例	植物名称	平面图例
常绿针叶乔木		落叶针叶乔木	
常绿阔叶乔木		落叶阔叶乔木	
常绿灌木		落叶灌木	
灌木丛		藤本	
竹类		棕榈类	
花卉		草皮	

（续）

植物名称	平面图例	植物名称	平面图例
地被植物	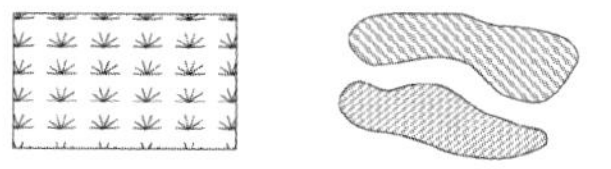	水生植物	
绿篱			
现状植物标示	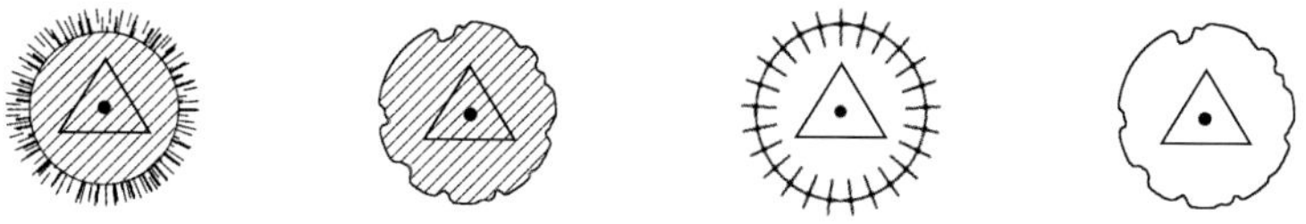		

（3）植物平面图例的画法只是一个原则性的规定，在每一类植物的表现上，可以在不违反大原则的前提下，去自由地发挥。

（4）初步设计及施工图设计阶段。此阶段的种植设计平面图应用不同的图例区分不同的植物种类，且就近区块的同一乔木树种种植点应用细实线相连，注出树种名称和数量。不同灌木种植区域应清晰地表达出区域边界，以达到在施工中能清晰区分区域边界的目的。树种名称标注可用植物名或序号。

（5）种植设计平面图中乔灌木应一同表达。必要时，可将乔灌木分开出图，在乔木种植图上，将灌木图例淡化；在灌木种植图上，将乔木图例淡化。

（6）重点、精细的或有特殊造型、景观要求的种植设计应绘制立面效果示意图，其上树形、规格、层次应按设计要求如实绘制，使之与实际情况达到基本一致。

（7）树木平面图例有四种表示方法，在设计制图时需要注意形象反差太大的图例不能同时在一张图上出现。一般轮廓型和分枝型树木图例适合在施工图上出现，而枝叶型与质地型树木图例更利于方案图的表现（表4-5-2）。

表4-5-2　树木平面图例的四类画法

树木图例类型	阔叶树	针叶树	树群
轮廓型	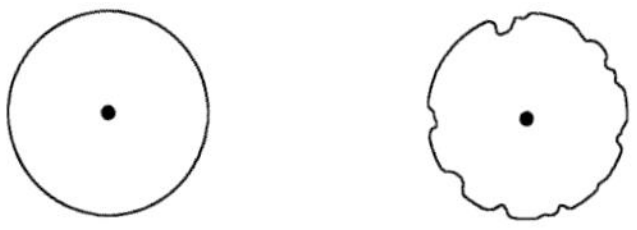	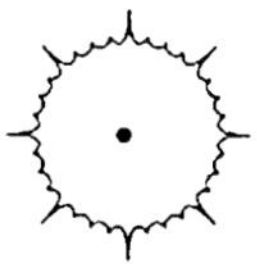	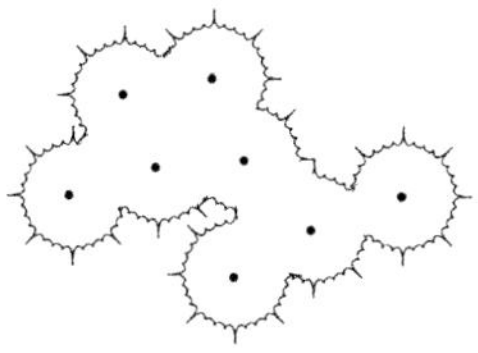  
分枝型		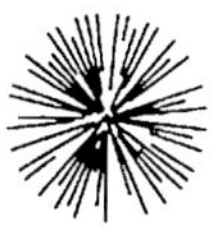	
枝叶型			
质地型			

（8）树木的立面图表现可以采用具有装饰性的符号化的方法，也可以采用写实性的画法。

二、石块的表示方法

平、立面图中的石块通常只用线条勾勒轮廓，很少采用光影、质感的表现方法，以免造成混乱。用线条勾勒时，轮廓线要粗些，石块表面的纹理可用较细的线条稍微勾勒描绘，以体现石块的体积感。不同石块的纹理也不相同，在表现时可利用笔触和线条的变化加以区分（图4-5-1）。

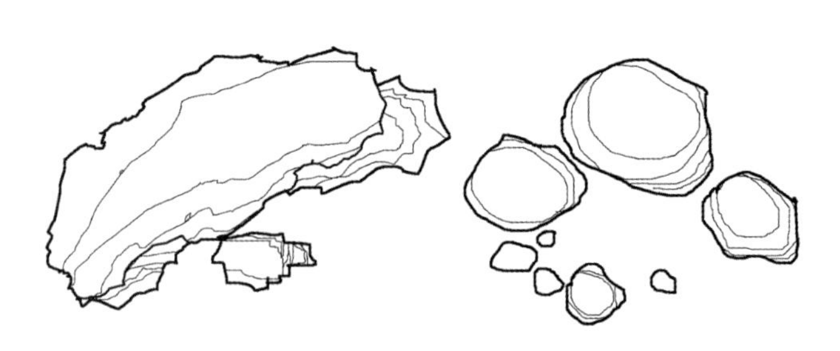

图4-5-1　石块的平面图画法

三、水面的表示方法

水面的表示可以采用线条法、等深线法、平涂法和添景物法。前三种为直接的表示方法，第四种是间接的表示方法。

1. 线条法　用排列的平行线表示水面的方法称为线条法。作图时，既可以将整个水面全部用线条均匀地布满，也可以局部留有空白，或者仅在局部画些线条。线条可采用波纹线、水纹线、直线或自由曲线。组织良好的曲线还能表现出水面的波动感（图4-5-2）。

2. 等深线法　在靠近岸边的水面上，依岸线的曲折依次向内画二三根较细的曲线，岸线则用较粗的线型绘制，这种类似等高线的闭合曲线称为等深线。通常形状不规则的水面采用等深线的表示方法（图4-5-3）。

3. 平涂法　用色彩或墨水均匀平涂表示水面的方法称为平涂法。用色彩平涂时还可将水面渲染成类似等深线的效果，或者在色彩平涂的水面上加上等深线，也可以产生不错的效果。平涂法适合方案图的表现，多采用蓝色或绿色来表现水面（图4-5-4）。

4. 添景物法　添景物法是利用与水面有关的一些内容表示水面的一种方法。与水面有关的内容包括一些水生植物（如荷花、睡莲）、水上活动工具（湖中的船只）、码头和驳岸、露出水面的石块及其周围的水纹线、石块落入湖中产生的涟漪等（图4-5-5）。

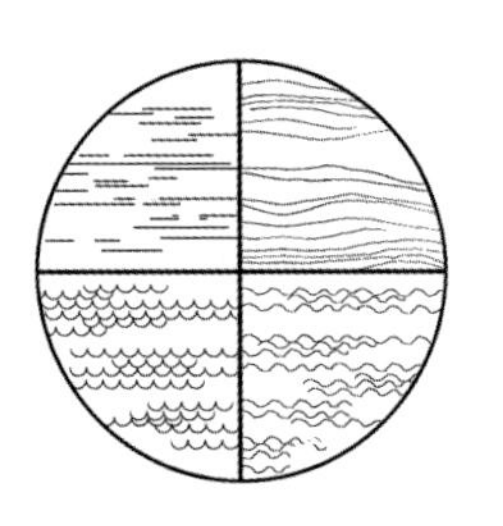

图4-5-2　四种线条法

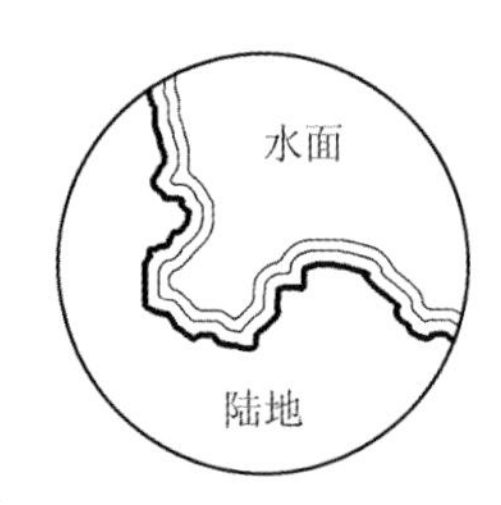

图4-5-3　等深线法

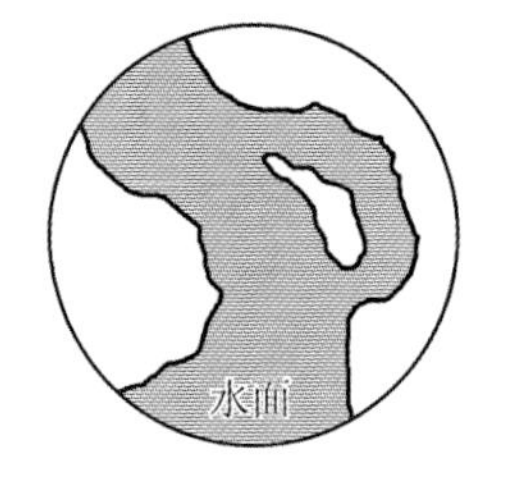

图4-5-4　平涂法

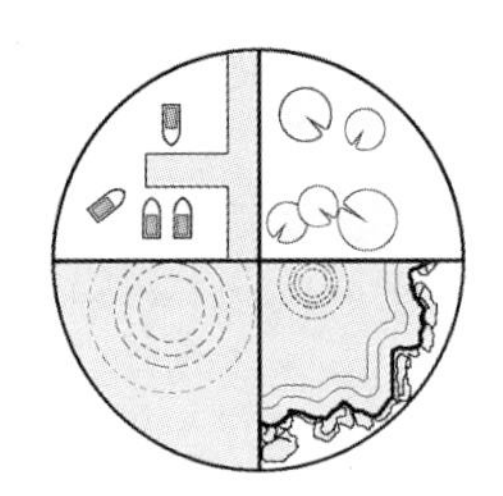

图4-5-5　四种添景物法

四、常用建筑材料与构件图例

1. 一般规定

（1）《房屋建筑制图统一标准》（GB/T 50001—2017）只规定常用建筑材料的图例画法，对其尺度比例不进行具体规定。使用时，应根据图样大小而定，并应注意下列事项：

①图例线应间隔均匀、疏密适度，做到图例正确、表示清楚。

②不同品种的同类材料使用同一图例时，应在图上附加必要的说明（如某些特定部位的石膏板必须注明是防水石膏板）。

③两个相同的图例相接时，图例线宜错开或使倾斜方向相反（图4-5-6）。

④两个相邻的涂黑图例间应留有空隙，其净宽度不得小于0.5mm（图4-5-7）。

（2）下列情况可不绘制图例，但应加文字说明：

①一张图纸内的图样只用一种图例时；

②图形较小无法绘制表达建筑材料的图例时。

（3）需画出的建筑材料图例面积过大时，可在断面轮廓线内，沿轮廓线作局部表示（图4-5-8）。

（4）当选用制图标准中未包括的建筑材料时，可自编图例，但不得与标准所列的图例重复。绘制时，应在适当位置画出该材料图例，并加以说明。

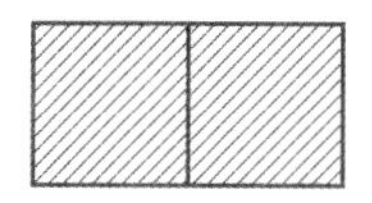
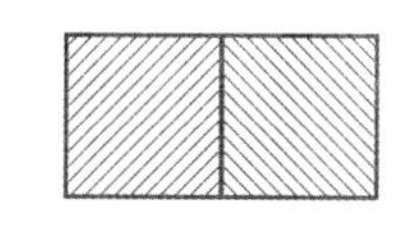

图4-5-6　相同图例相接时的画法

图4-5-7　相邻涂黑图例的画法

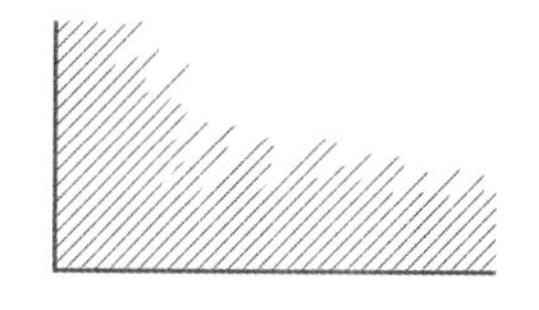

图4-5-8　局部表示图例

2.常用建筑材料图例　常用建筑材料应按表4-5-3　所示图例画法绘制。

表4-5-3　常用建筑材料图例

序号	名称	图例	备注
1	自然土壤		包括各种自然土壤
2	夯实土壤		
3	砂、灰土		
4	砂、砾石、碎砖三合土		
5	石材		
6	毛石		
7	实心砖、多孔砖		包括普通砖、多孔砖、混凝土砖等砌体。断面较窄不易绘出图例线时，可涂红，并在图纸备注中加注说明，画出该材料图例
8	耐火砖		包括耐酸砖等砌体
9	空心砖 空心砌块		包括空心砖、普通或轻骨料混凝土小型空心砌块等砌体
10	加气混凝土		包括加气混凝土砌块砌体、加气混凝土墙板及加气混凝土材料制品等
11	饰面砖		包括铺地砖、马赛克、陶瓷锦砖、人造大理石等
12	焦渣、矿渣		包括与水泥、石灰等混合而成的材料

（续）

序号	名称	图例	备注
13	混凝土	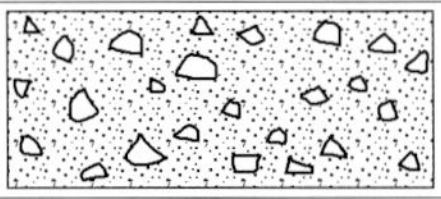	①本图例指能承重的混凝土 ②包括各种强度等级、骨料、添加剂的混凝土 ③在剖面图上画出钢筋时，不画图例线 ④断面图形较小，不易画出图例线时，可涂黑
14	钢筋混凝土	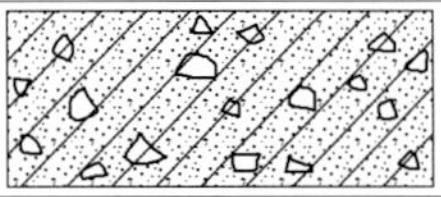	
15	多孔材料	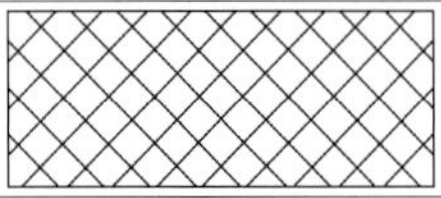	包括水泥珍珠岩、沥青珍珠岩、泡沫混凝土、软木、蛭石制品等
16	纤维材料	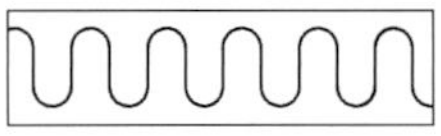	包括矿棉、岩棉、玻璃棉、麻丝、木丝板、纤维板等
17	泡沫塑料类材料	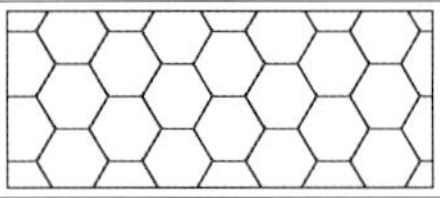	包括聚苯乙烯、聚乙烯、聚氨酯等多孔聚合物类材料
18	木材	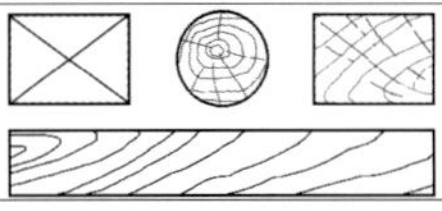	①上图为横断面，左上图为垫木、木砖或木龙骨 ②下图为纵断面
19	胶合板	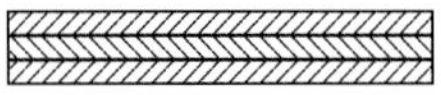	应注明为×层胶合板
20	石膏板		包括圆孔或方孔石膏板、防水石膏板、硅钙板、防火石膏板等
21	金属	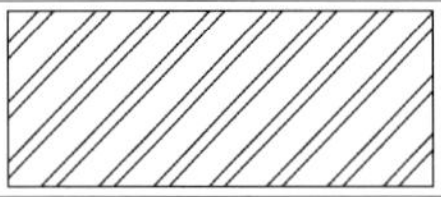	①包括各种金属 ②图形较小时，可涂黑
22	网状材料		①包括金属、塑料网状材料 ②应注明具体材料名称
23	液体		应注明具体液体名称
24	玻璃	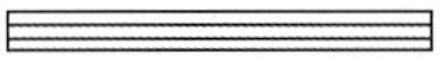	包括平板玻璃、磨砂玻璃、夹丝玻璃、钢化玻璃、中空玻璃、夹层玻璃、镀膜玻璃等
25	橡胶	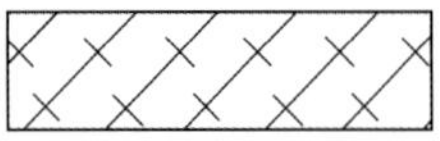	
26	塑料	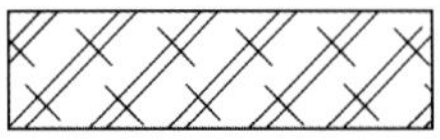	包括各种软、硬塑料及有机玻璃等
27	防水材料		构造层次多或绘制比例大时，采用上面的图例
28	粉刷	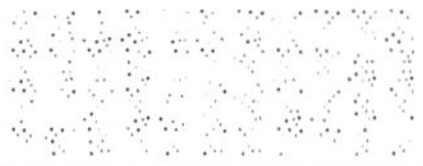	本图例采用较稀的点

注：①本表中所列图例通常在1 ∶ 50及以上比例的详图中绘制表达。

②如需表达砖、砌块等砌体墙的承重情况时，可通过在原有建筑材料图例上填灰等方式进行区分，灰度宜为25%左右。

③序号1、2、5、7、8、14、15、21图例中的斜线、短斜线、交叉线等均为45°。

3. 常用建筑构件与配件图例　建筑构件与配件图　例应符合表4-5-4的规定。

表4-5-4　常用建筑构件与配件图例

序号	名称	图例	备注
1	墙体	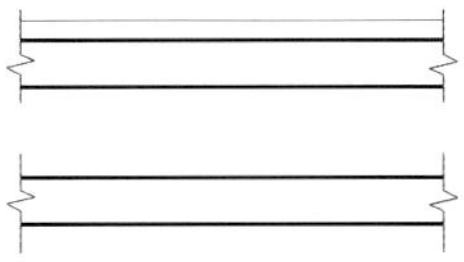	①上图为外墙，下图为内墙 ②外墙细线表示有保温层或有幕墙 ③应加注文字或涂色或用图案填充表示各种材料的墙体 ④在各层平面图中防火墙宜着重以特殊图案填充表示
2	隔断		①加注文字或涂色或用图案填充表示各种材料的轻质隔断 ②适用于到顶与不到顶隔断
3	楼梯	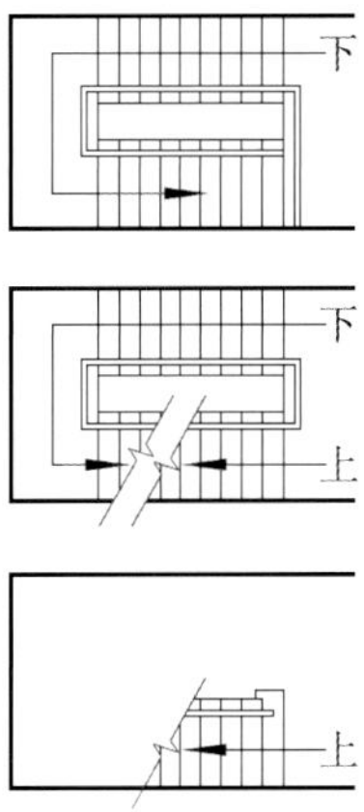 下 下 上 上	①上图为顶层楼梯平面，中图为中间层楼梯平面，下图为底层楼梯平面 ②需设置靠墙扶手或中间扶手时，应在图中表示
4	坡道	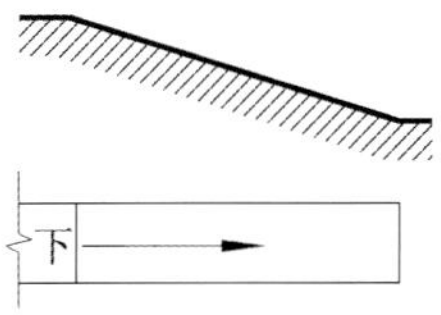 下	长坡道
		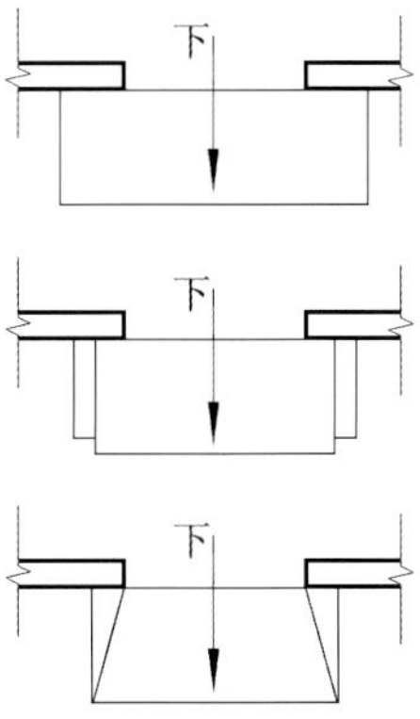 下 下 下	上图为两侧垂直的门口坡道，中图为有挡墙的门口坡道，下图为两侧找坡的门口坡道

（续）

序号	名称	图例	备注
5	平面高差	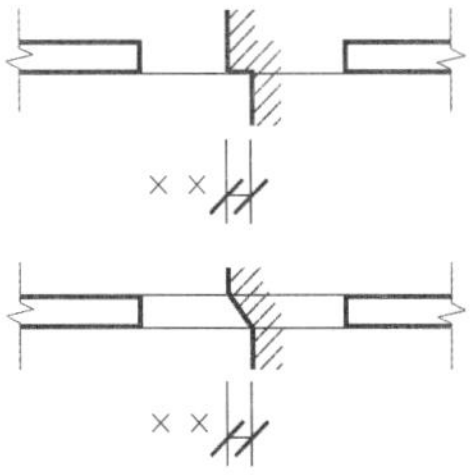	用于高差小的地面或楼面交接处，并应与门的开启方向协调
6	孔洞		阴影部分亦可填充灰度或涂色代替
7	坑槽	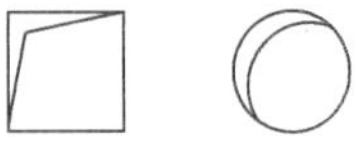	
8	地沟	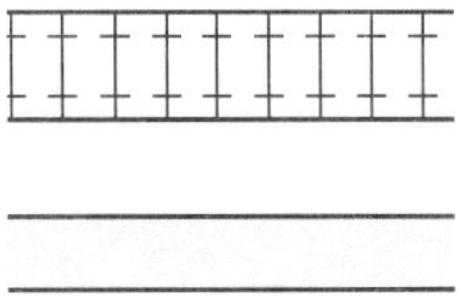	上图为活动盖板地沟，下图为无盖板明沟
9	新建的墙和窗	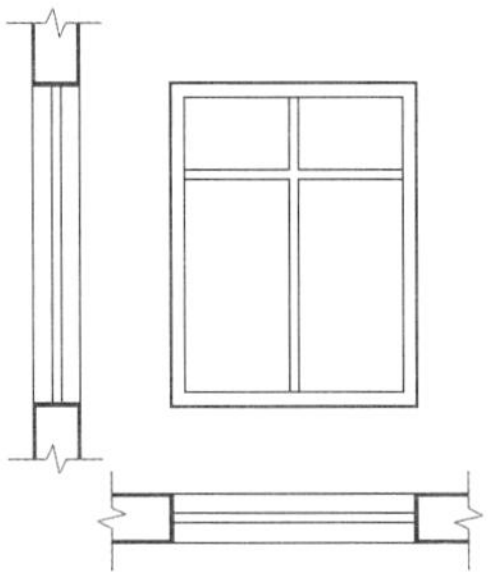	
10	单面开启单扇门（包括平开或单面弹簧门）	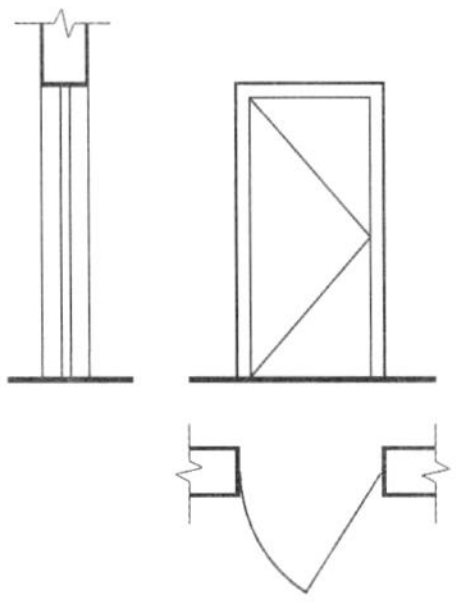	①门的名称代号用M表示 ②平面图中，下为外，上为内 ③门开启线为90°、60°或45°，开启弧线宜绘出 ④立面图中，开启线实线为外开，虚线为内开。开启线交角的一侧为安装合页一侧。开启线在建筑立面图中可不表示，在立面大样图中可根据需要绘出 ⑤剖面图中，左为外，右为内 ⑥附加纱扇应以文字说明，在平、立、剖面图中均不表示 ⑦立面形式应按实际情况绘制
	双面开启单扇门（包括平开或双面弹簧门）		

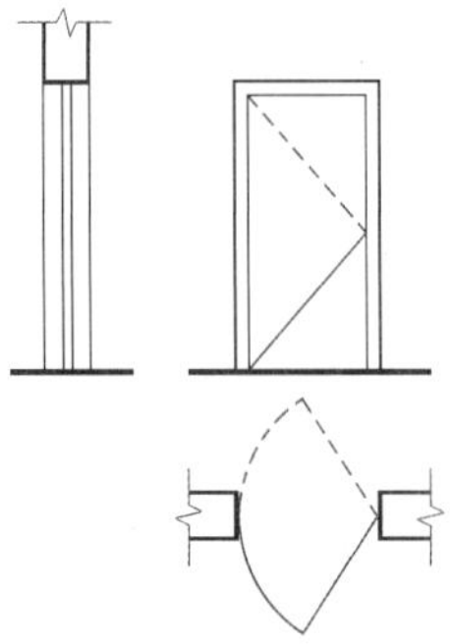

（续）

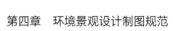

序号	名称	图例	备注
10	双层单扇平开门	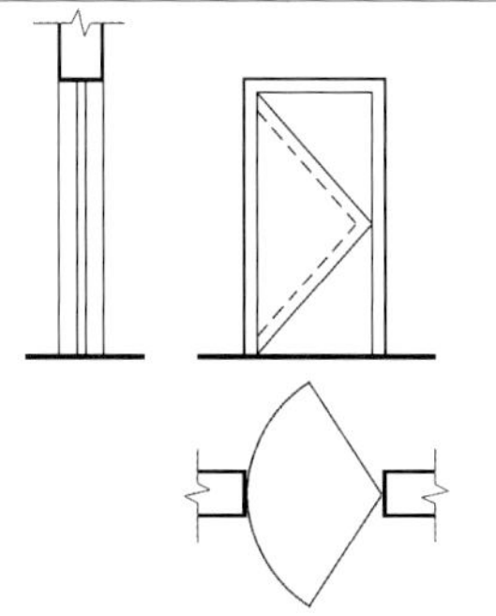	①门的名称代号用M表示 ②平面图中，下为外，上为内 ③门开启线为90°、60°或45°，开启弧线宜绘出 ④立面图中，开启线实线为外开，虚线为内开。开启线交角的一侧为安装合页一侧。开启线在建筑立面图中可不表示，在立面大样图中可根据需要绘出 ⑤剖面图中，左为外，右为内 ⑥附加纱扇应以文字说明，在平、立、剖面图中均不表示 ⑦立面形式应按实际情况绘制
11	自动门	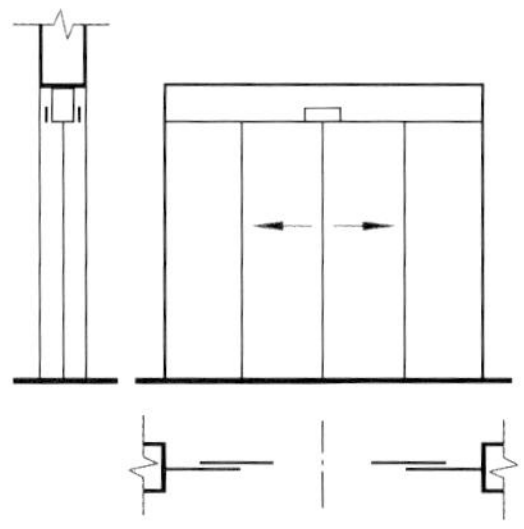	①门的名称代号用M表示 ②立面形式应按实际情况绘制
12	固定窗	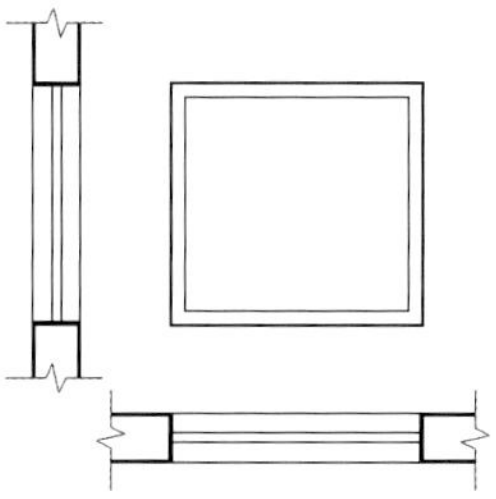	①窗的名称代号用C表示 ②平面图中，下为外，上为内 ③立面图中，开启线实线为外开，虚线为内开。开启线交角的一侧为安装合页一侧。开启线在建筑立面图中可不表示，在门窗立面大样图中需绘出 ④剖面图中，左为外、右为内，虚线仅表示开启方向，项目设计不表示 ⑤附加纱窗应以文字说明，在平、立、剖面图中均不表示 ⑥立面形式应按实际情况绘制
	上悬窗	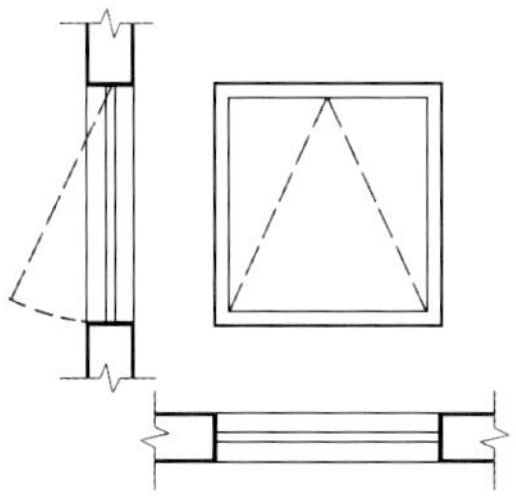	
	中悬窗	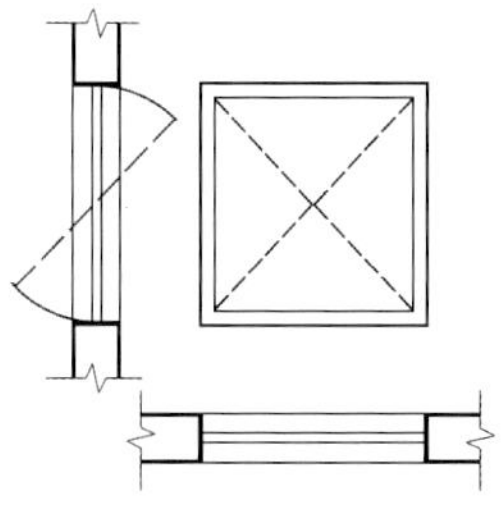	

（续）

序号	名称	图例	备注
12	下悬窗	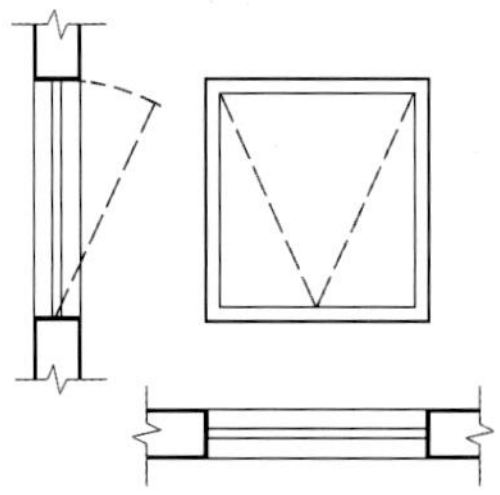	①窗的名称代号用C表示 ②平面图中，下为外，上为内 ③立面图中，开启线实线为外开，虚线为内开。开启线交角的一侧为安装合页一侧。开启线在建筑立面图中可不表示，在门窗立面大样图中需绘出 ④剖面图中，左为外、右为内，虚线仅表示开启方向，项目设计不表示 ⑤附加纱窗应以文字说明，在平、立、剖面图中均不表示 ⑥立面形式应按实际情况绘制
13	双层推拉窗	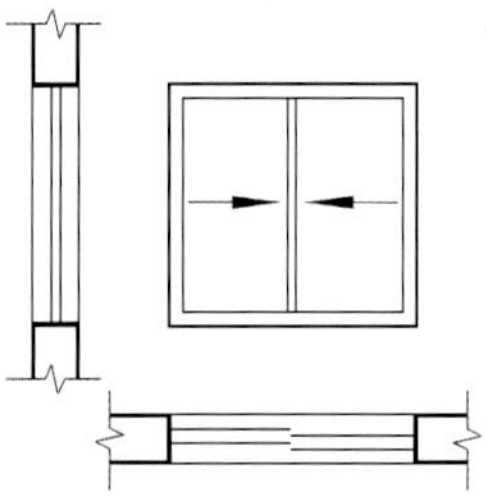	①窗的名称代号用C表示 ②立面形式应按实际情况绘制
14	上推窗	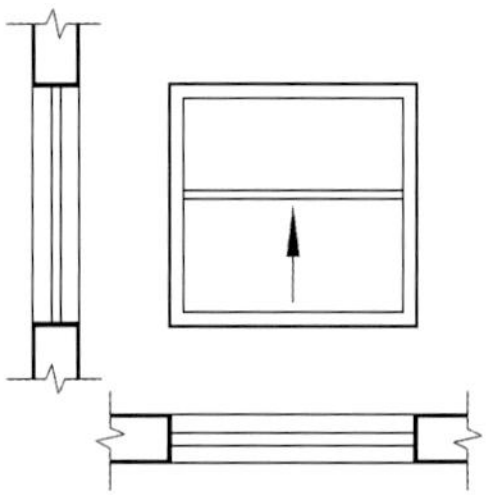	
15	高窗	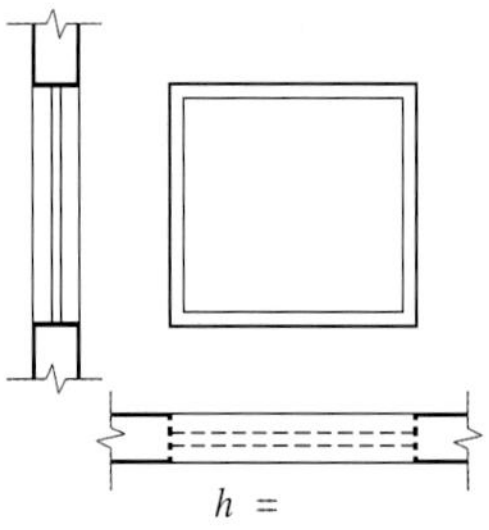 h =	①窗的名称代号用C表示 ②立面图中，开启线实线为外开，虚线为内开。开启线交角的一侧为安装合页一侧。开启线在建筑立面图中可不表示，在门窗立面大样图中需绘出 ③剖面图中，左为外、右为内 ④立面形式应按实际情况绘制 ⑤h表示高窗底距本层地面标高 ⑥高窗开启方式参考其他窗型

注：以上图例摘自《建筑制图标准》（GB/T 50104—2010），在标准中各种门、窗的形式很多，这里选取的只是有代表性的部分图例。

五、规划总图常用图例

风景园林规划图的图例由图形外边框、文字与图形组成（图4-5-9）。每张图纸图例的图形外边框、文字大小应保持一致。图形外边框应采用矩形，矩形高度可视图纸大小确定，宽高比宜为2 ∶ 1 ~ 3.5 ∶ 1；图形可由色块、图案或数字代号组成，绘制在图形外边框的内部并居中，色块应充满图形外边框；文字应标注在图形外边框右侧，是对图形内容的注释，文字标注应采用黑体，高度不应超过图形外边框的高度。制图中需要对所示图例的同一大类进行细分时，可在相应的大类图形中加绘方框，并在方框内加注细分的类别代号。

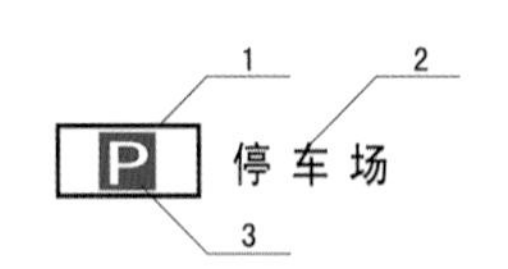

图4-5-9 风景园林规划图图例
1.图形外边框 2.文字 3.图形

景观规划总平面图例应符合表4-5-5的规定。

表4-5-5 景观规划总图常见图例

序号	名称	图例	备注
1	新建建筑物	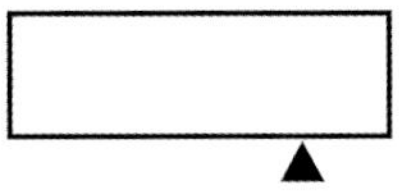	①需要时，可用▲表示出入口，可在图形内右上角用点数或数字表示层数 ②建筑物外形（一般以 ±0.00 高度处的外墙定位轴线或外墙面线为准）用粗实线表示。需要时，地面以上建筑用中粗实线表示，地面以下建筑用细虚线表示
2	原有建筑物		用细实线表示
3	计划扩建的预留地或建筑物		用中粗虚线表示
4	拆除的建筑物	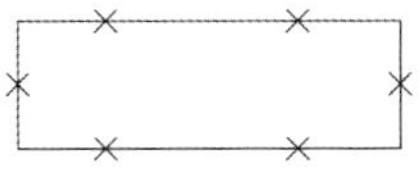	用细实线表示
5	散状材料露天堆场		需要时可注明材料名称
6	其他材料露天堆场或露天作业场	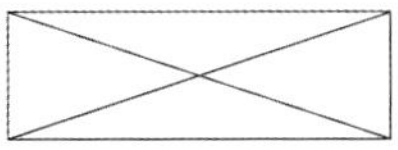	
7	围墙及大门	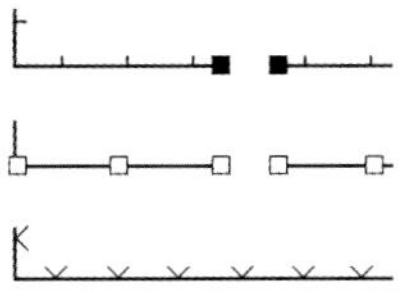	上图为实体性质的围墙 中图为通透性质的围墙，若仅表示围墙时不画大门 下图表示镀锌铁丝网、篱笆等围墙
8	挡土墙		被挡土在“突出”的一侧
9	挡土墙上设围墙		
10	架空索道		“I”为支架位置
11	坐标	X = 105.00 Y = 425.00 A = 105.00 B = 425.00	上图表示测量坐标系 下图表示建筑坐标系
12	方格网交叉点标高	-0.50 77.85 78.35	“78.35”为原地面标高，“77.85”为设计标高，“– 0.50”为施工高度，“–”表示挖方（“+”表示填方）

（续）

序号	名称	图例	备注
13	填方区、挖方区、未整平区及零点线	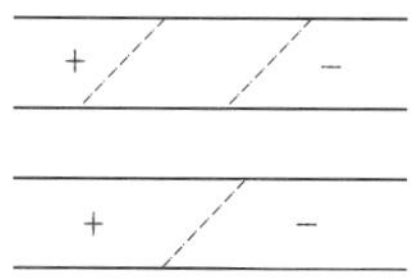	“+”表示填方区，“-”表示挖方区，中间为未整平区，点画线为零点线
14	填挖边坡	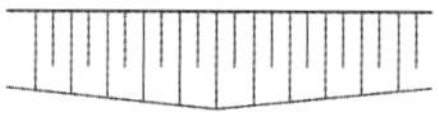	①边坡较长时，可在一端或两端局部表示 ②下边线为虚线时表示填方
15	护 坡	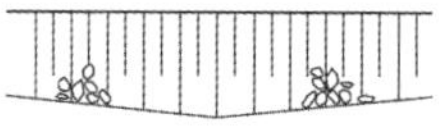	
16	分水脊线与谷线	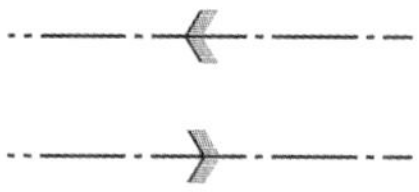	上图表示脊线 下图表示谷线
17	地表排水方向		
18	排水明沟	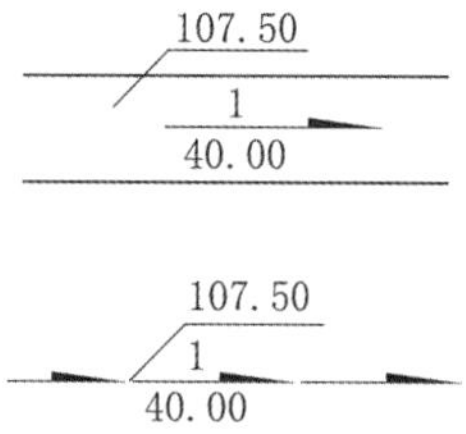 107.50 1 40.00 107.50 1 40.00	①上图用于比例较大的图面，下图用于比例较小的图面 ②“1”表示1%的沟底纵向坡度，“40.00”表示变坡点间距离，箭头表示水流方向 ③“107.50”表示沟底标高
19	雨水口		
20	消火栓井		
21	急流槽	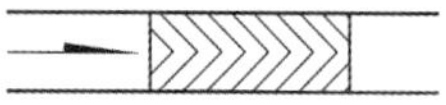	箭头表示水流方向
22	跌水	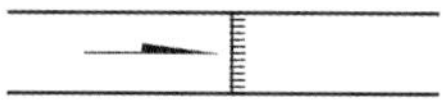	
23	拦水(闸)坝	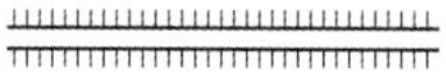	
24	透水路堤	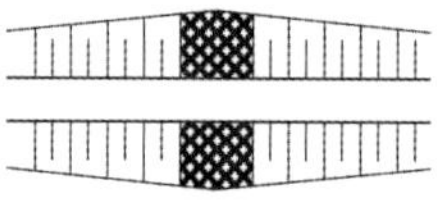	边坡较长时，可在一端或两端局部表示

（续）

序号	名称	图例	备注
25	新建的道路	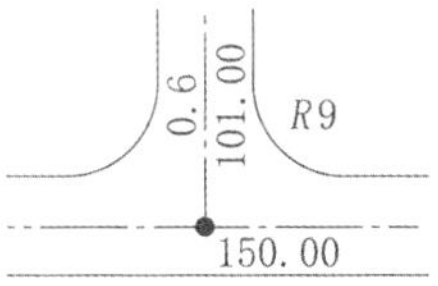 0.6 101.00 R9 150.00	“R9”表示道路转弯半径为9m，“150.00”为路面中心控制点标高，“0.6”表示0.6%的纵向坡度，“101.00”表示变坡点间距离
26	原有道路		
27	计划扩建的道路		
28	拆除的道路		
29	桥梁	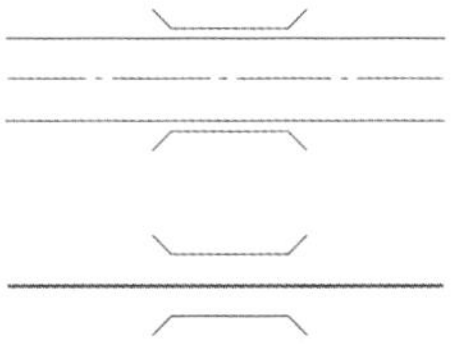	①上图为公路桥，下图为铁路桥 ②用于旱桥时应注明
30	跨线桥	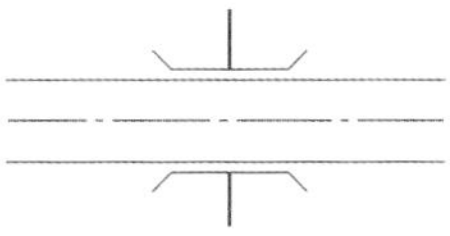	道路跨铁路
		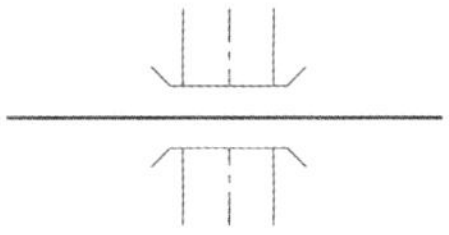	铁路跨道路
		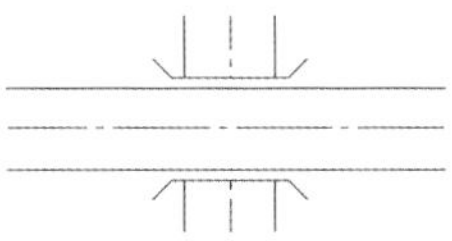	道路跨道路
		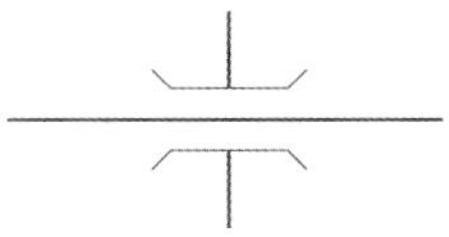	铁路跨铁路
31	码头	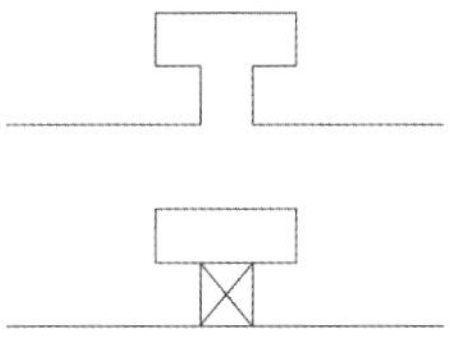	上图为固定码头 下图为浮动码头
32	管线	——代号——	管线代号按国家现行有关标准的规定标注 线型宜以中粗线表示

（续）

序号	名称	图例	备注
33	地沟管线	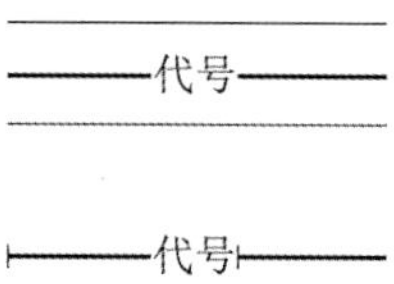 代号 代号	①上图用于比例较大的图面，下图用于比例较小的图面 ②管线代号按国家现行有关标准的规定标注
34	架空电力、电信线	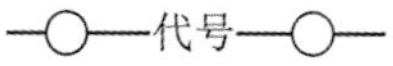 代号	①"○"表示电杆 ②管线代号按国家现行有关标准的规定标注
35	园灯		
36	垃圾桶	 T	
37	喷灌点		
38	水上游览线	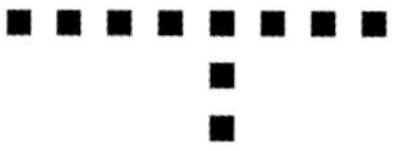	
39	出入口		
40	公共停车场	 P P	左图为室外停车场，右图为室内停车场

六、城市用地图示图例

城市用地图例按照《城市规划制图标准》（CJJ/T 97—2003）中用地图例的分类和表达来绘制（表4-5-6）。

表4-5-6　城市用地图示图例

代号	内容	图例图示	颜色说明
R	居住用地		中铬黄（Y＝100，M＝10）
C	公共设施用地		大红（Y＝80，M＝100）
M	工业用地		熟褐（Y＝100，M＝60，C＝20，K＝35）
W	仓储用地		紫（M＝100，C＝80）

（续）

代号	内容	图例图示	颜色说明
T	对外交通用地		中灰（K＝40）
S	道路广场用地		白（Y＝0，M＝0，C＝0，K＝0）
U	市政设施用地		赭石（Y＝60，M＝70，C＝30）
G	绿地		中草绿（Y＝40，C＝40）
D	特殊用地		草绿（C＝50，M＝10，Y＝40，K＝30）
E	其他用地		淡绿（Y＝30，C＝10）
E1	水域		淡蓝（C＝20）

注：①CMYK是4种印刷油墨英文名称中的一个字母。C代表青色cyan、M代表洋红色magenta、Y代表黄色yellow、K代表黑色black。
②数字代表色彩浓度百分值，表中缺省的油墨类型的色彩浓度百分值一律为0。

七、景观规划用地图示图例绘制依据

城市绿地系统规划和景观规划用地中绿地的图示应该参照《城市绿地分类标准》(CJJ/T 85—2017）的分类与代码（表4-5-7、表4-5-8)。

表4-5-7　城市建设用地内的绿地分类和代码

类别代码			类别名称	内容	备注
大类	中类	小类			
G1			公园绿地	向公众开放，以游憩为主要功能，兼具生态、景观、文教和应急避险等功能，有一定游憩和服务设施的绿地	
G1	G11		综合公园	内容丰富，适合开展各类户外活动，具有完善的游憩和配套管理服务设施的绿地	规模宜大于$10hm^2$
G1	G12		社区公园	用地独立，具有基本的游憩和服务设施，主要为一定社区范围内居民就近开展日常休闲活动服务的绿地	规模宜大于$1hm^2$
G1	G13		专类公园	具有特定内容或形式，有相应的游憩和服务设施的绿地	
G1	G13	G131	动物园	在人工饲养条件下，移地保护野生动物，进行动物饲养、繁殖等科学研究，并供科普、观赏、游憩等活动，具有良好设施和解说标识系统的绿地	
G1	G13	G132	植物园	进行植物科学研究、引种驯化、植物保护，并供观赏、游憩及科普等活动，具有良好设施和解说标识系统的绿地	
G1	G13	G133	历史名园	体现一定历史时期代表性的造园艺术，需要特别保护的园林	
G1	G13	G134	遗址公园	以重要遗址及其背景环境为主形成的，在遗址保护和展示等方面具有示范意义，并具有文化、游憩等功能的绿地	
G1	G13	G135	游乐公园	单独设置，具有大型游乐设施，生态环境较好的绿地	绿化占地比例应大于或等于65%

（续）

类别代码			类别名称	内容	备注
大类	中类	小类			
G1	G13	G139	其他专类公园	除以上各种专类公园外，具有特定主题内容的绿地。主要包括儿童公园、体育健身公园、滨水公园、纪念性公园、雕塑公园以及位于城市建设用地内的风景名胜公园、城市湿地公园和森林公园等	绿化占地比例宜大于或等于65%
G1	G14		游园	除以上各种公园绿地外，用地独立，规模较小或形状多样，方便居民就近进入，具有一定游憩功能的绿地	带状游园的宽度宜大于12m；绿化占地比例应大于或等于65%
G2			防护绿地	用地独立，具有卫生、隔离、安全、生态防护功能，游人不宜进入的绿地。主要包括卫生隔离防护绿地、道路及铁路防护绿地、高压走廊防护绿地、公用设施防护绿地等	
G3			广场用地	以游憩、纪念、集会和避险等功能为主的城市公共活动场地	绿化占地比例宜大于或等于35%；绿化占地比例大于或等于65%的广场用地计入公园绿地
XG			附属绿地	附属于各类城市建设用地（除“绿地与广场用地”）的绿化用地。包括居住用地、公共管理与公共服务设施用地、商业服务业设施用地、工业用地、物流仓储用地、道路与交通设施用地、公用设施用地等用地中的绿地	不再重复参与城市建设用地平衡
XG	RG		居住用地附属绿地	居住用地内的配建绿地	
XG	AG		公共管理与公共服务设施用地附属绿地	公共管理与公共服务设施用地内的绿地	
XG	BG		商业服务业设施用地附属绿地	商业服务业设施用地内的绿地	
XG	MG		工业用地附属绿地	工业用地内的绿地	
XG	WG		物流仓储用地附属绿地	物流仓储用地内的绿地	
XG	SG		道路与交通设施用地附属绿地	道路与交通设施用地内的绿地	
XG	UG		公用设施用地附属绿地	公用设施用地内的绿地	

表4-5-8　城市建设用地外的绿地分类和代码

类别代码			类别名称	内容	备注
大类	中类	小类			
EG			区域绿地	位于城市建设用地之外，具有城乡生态环境及自然资源和文化资源保护、游憩健身、安全防护隔离、物种保护、园林苗木生产等功能的绿地	不参与建设用地汇总，不包括耕地
EG	EG1		风景游憩绿地	自然环境良好，向公众开放，以休闲游憩、旅游观光、娱乐健身、科学考察等为主要功能，具备游憩和服务设施的绿地	

（续）

类别代码			类别名称	内容	备注
大类	中类	小类			
EG	EG1	EG11	风景名胜区	经相关主管部门批准设立，具有观赏、文化或者科学价值，自然景观、人文景观比较集中，环境优美，可供人们游览或者进行科学、文化活动的区域	
EG	EG1	EG12	森林公园	具有一定规模，且自然风景优美的森林地域，可供人们游憩或进行科学、文化、教育活动的绿地	
EG	EG1	EG13	湿地公园	以良好的湿地生态环境和多样化的湿地景观资源为基础，具有生态保护、科普教育、湿地研究、生态休闲等多种功能，具备游憩和服务设施的绿地	
EG	EG1	EG14	郊野公园	位于城区边缘，有一定规模、以郊野自然景观为主，具有亲近自然、游憩休闲、科普教育等功能，具备必要服务设施的绿地	
EG	EG1	EG19	其他风景游憩绿地	除上述外的风景游憩绿地，主要包括野生动植物园、遗址公园、地质公园等	
EG	EG2		生态保育绿地	为保障城乡生态安全，改善景观质量而进行保护、恢复和资源培育的绿色空间。主要包括自然保护区、水源保护区、湿地保护区、公益林、水体防护林、生态修复地、生物物种栖息地等各类以生态保育功能为主的绿地	
EG	EG3		区域设施防护绿地	区域交通设施、区域公用设施等周边具有安全、防护、卫生、隔离作用的绿地。主要包括各级公路、铁路、输变电设施、环卫设施等周边的防护隔离绿化用地	区域设施指城市建设用地外的设施
EG	EG4		生产绿地	为城乡绿化美化生产、培育、引种试验各类苗木、花草、种子的苗圃、花圃、草圃等圃地	

八、风景名胜区总体规划图纸中的图例

（1）风景名胜区总体规划图纸中的用地分类、保　护分类、保护分级图例应符合表4-5-9的规定。

表4-5-9　风景名胜区总体规划图纸用地及保护分类、保护分级图例

序号	图形	文字	图形颜色
1	用地分类		
1.1		风景游赏用地	C＝46，M＝7，Y＝57
1.2		游览设施用地	C＝31，M＝85，Y＝70
1.3		居民社会用地	C＝4，M＝28，Y＝38
1.4		交通与工程用地	K＝50
1.5		林地	C＝63，M＝20，Y＝63

（续）

序号	图形	文字	图形颜色
1.6		园地	C＝31，M＝6，Y＝47
1.7		耕地	C＝15，M＝4，Y＝36
1.8		草地	C＝45，M＝9，Y＝75
1.9		水域	C＝52，M＝16，Y＝2
1.10		滞留用地	K＝15
2	保护分类		
2.1		生态保护区	C＝52，M＝11，Y＝62
2.2		自然景观保护区	C＝33，M＝9，Y＝27
2.3		史迹保护区	C＝17，M＝42，Y＝44
2.4		风景恢复区	C＝20，M＝4，Y＝39
2.5		风景游览区	C＝42，M＝16，Y＝58
2.6		发展控制区	C＝8，M＝20
3	保护分级		
3.1		特级保护区	C＝18，M＝48，Y＝36
3.2		一级保护区	C＝16，M＝33，Y＝34
3.3		二级保护区	C＝9，M＝17，Y＝33
3.4		三级保护区	C＝7，M＝7，Y＝23

注：①根据图面表达效果的需要，可在保持色系不变的前提下，适当调整保护分类及保护分级图图例的颜色色调。

②图形颜色由C（青色）、M（洋红色）、Y（黄色）、K（黑色）4种印刷油墨的色彩浓度确定；图形颜色中字母对应的数值为色彩浓度百分值，表中缺省的油墨类型的色彩浓度百分值一律为0。

（2）风景名胜区总体规划图纸景源图例应符合表 4-5-10的规定。

表4-5-10 风景名胜区总体规划图纸景源图例

序号	景源类别	图形	文字	图形大小	图形颜色
1	人文		特级景源（人文）	外圈直径为b	C＝5，M＝99，Y＝100，K＝1
2			一级景源（人文）	外圈直径为0.9b	

（续）

序号	景源类别	图形	文字	图形大小	图形颜色
3	人文		二级景源（人文）	外圈直径为0.8b	C＝5，M＝99，Y＝100，K＝1
4		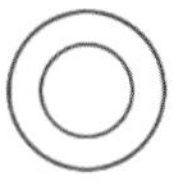	三级景源（人文）	外圈直径为0.7b	
5		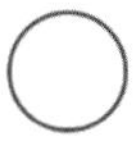	四级景源（人文）	外圈直径为0.5b	
6	自然		特级景源（自然）	外圈直径为b	C＝87，M＝29，Y＝100，K＝18
7			一级景源（自然）	外圈直径为0.9b	
8			二级景源（自然）	外圈直径为0.8b	
9		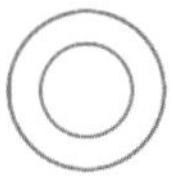	三级景源（自然）	外圈直径为0.7b	
10		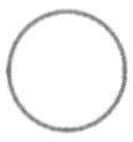	四级景源（自然）	外圈直径为0.5b	

注：b为外圈直径，视图幅以及规划区域的大小而定。

（3）风景名胜区总体规划图纸基本服务设施图例　应符合表4-5-11的规定。

表4-5-11　风景名胜区总体规划图纸基本服务设施图例

设施类型	图形	文字	图形颜色
服务基地		旅游服务基地/综合服务设施点 （左图为现状设施，右图为规划设施）	C＝91，M＝67，Y＝11，K＝1
旅行	 P	停车场	
		公交停靠点	
		码头	
		轨道交通	
		自行车租赁点	
		出入口	

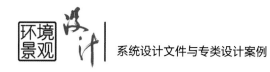

（续）

设施类型	图形	文字	图形颜色
游览		导示牌	C = 71 M = 26, Y = 69 K = 7
		厕所	
		垃圾箱	
		观景休息点	
		公安设施	
		医疗设施	
		游客中心	
		票务服务	
		儿童游戏场	
饮食		餐饮设施	C = 27, M = 100, Y = 100, K = 31
住宿		住宿设施	
购物		购物设施	
管理		管理机构驻地	

注：因特殊需要而自行增加的图例的颜色、大小、图案，在同一项目中应统一。图例宜布置在每张图纸的相同位置，应排放有序。

第五章 CHAPTER 5 系统施工图

第一节　系统施工图总论

图纸是传达设计信息的最基本、最重要的文件形式，专业图纸应该具备简明、有序、识别性强的特点。工程施工图绘制除了必须符合相关的制图标准外，在工程设计的内容方面，以及图面的布局、图纸内容的前后组织方面，也有一套系统的工作，需要通过专业的学习与实践才能够逐渐掌握。

施工设计并不等同于画施工图，而是施工设计需要用专业的施工制图去表达。所以工程施工图的绘制其实是在方案设计的基础上，所进行的实现方案构想的再创作。如果说方案设计需要艺术的创意与浪漫的想象，那么，施工设计则更需要严谨的态度和理性的思维，这两个阶段的设计都需要尊重科学的规律与法则，也都需要具有创造性。好的方案设计应该提前就考虑到将来施工的便利性和所采用的关键施工技术；而好的施工设计，应该通过各种专业技术手段去尽可能实现设计方案的理想效果。

景观设计根据项目规模、复杂程度及业主要求，一般分为方案设计、初步设计、施工设计三个设计阶段，或者是在方案审批的基础上直接进行施工设计。

初步设计经汇报、修改、最终确定后即进入工程施工设计阶段。施工图的绘制要求设计者依据“定量”的原则，准确交代设计形体的尺寸，无一缺失地通过在图纸上标注材料与工程做法的方式进行施工设计。

一个完全符合制图标准的施工图，在施工设计上有可能却是错误的。除了符合制图规范外，合格的施工图必须满足以下要求：

①用巧妙的工程设计，真实准确地构建出能够体现前期方案效果的施工做法。

②设计出的施工做法（或结构造型）必须有相关的施工技术与之对应。

③所选用的施工材料要体现材料的加工特点，还要符合合理、经济、适度等原则。

④使用型材的，必须通过认真计算来推导模数，以保证在实现效果的前提下，尽量避免浪费。

⑤好的施工设计会给材料加工和施工操作留有一定的误差范围。

⑥施工图的排版和说明最好能够对下一步组织施工有所指导。

⑦施工图册必须系统完整、内容齐全、前后连贯。

一个方案设计的施工图怎样才能画好，关键是看设计者站在哪个角度认识这个问题。将设计者心里想的各种形式用施工图的方式画出来，只能够说是施工图最基本的要求，如果只是停留在这个水平之上，这种施工图不算什么好图；如果施工图是按照科学、真实的施工工艺流程所画，并且方便于施工前的工程组织（如施工图中对用料、用材进行数量统计），这种图纸对以后的施工会非常有用。

施工图是现场施工制作的依据，但是，环境景观工程的施工图很少能够被完全执行，因此，最后实际完工的真实情况总会与原始的施工图存在一些出入，有些大型工程完工后就有必要按照真实情况绘制全套的竣工图，以便决算、存档之用。

第二节　施工图纸的构图和内容

一、施工图纸的构图

在施工图册中每页图纸内的每个造型的平、立、剖面图需要尽量符合三视图的摆放位置要求。图页内所有图的布置也需要疏密得当、构图饱满，同一图页内的不同图的比例设定不应该过分悬殊，特别是不同图的图例填充大小看起来应该感觉一致。在整套图册中，相同类型的文字的大小一定要有一个统一的安排，不能够有大有小，胡乱设定。尺寸标注、索引符号、各种图例的出现也需要整齐划一。

二、施工图纸的内容

小型景观设计项目的全部工程施工内容一般组织在一个施工图册之中，具体包括：

（1）总平面设计。包括索引总平面图、定位尺寸总平面图、竖向设计总平面图、铺地总平面图、种植设计总平面图、基础工程设计总平面图。

（2）园林小品设施及园路铺地设计。

（3）园林建筑、构筑物设计。

（4）种植设计。

（5）基础工程设计。

对于大型施工项目，为方便在施工过程中翻阅图纸，工程施工图有时分为两个部分——总图部分及分项施工图部分，另外还有水、电等工程配套图纸。

（一）总图部分

因总图部分要表达的内容很多，可以根据图纸内容采用A1或A0图幅，同套图纸图幅需要统一。以下是总图图纸的内容：

1. 封面　封面内容包括工程名称、工程地点、工程编号、设计阶段、设计时间、设计公司（设计院）名称。

2. 图纸目录　图纸目录是本套施工图的总图纸纲目。

3. 设计说明　设计说明包含工程概况、设计要求、设计构思、设计内容简介、设计特色、各类材料统计表、苗木统计表。

4. 总平面图　详细标注方案设计中的道路、建筑、水体、小品、雕塑、设备、植物等在平面图中的准确位置及与其他部分的关系。制作主要经济技术指标表及地区风玫瑰图。常用图纸比例有1 ∶ 2 000、1 ∶ 1 500、1 ∶ 1 000、1 ∶ 500或1 ∶ 800、1 ∶ 600。

5. 种植总平面图　在总平面中详细标注各类植物的种植点、品种名称、规格、数量，编写植物配置的简要说明，制作苗木种植表。种植总平面图带指北针。常用图纸比例有1 ∶ 2 000、1 ∶ 1 500、1 ∶ 1 000、1 ∶ 500或1 ∶ 800、1 ∶ 600。

苗木种植表上按常绿针叶乔木、落叶针叶乔木、常绿阔叶乔木、落叶阔叶乔木、常绿灌木、落叶灌木、棕榈类、竹类、藤本、草皮、地被植物、水生植物、花卉的顺序依次排列。在每类植物中按规格大小、数量多少依次排列。表格基本形式如表5-2-1所示。

表5-2-1　苗木种植表基本形式

序号	名称	图例	规格／mm			数量／株	说明
			胸径	冠幅	高度		

6. 雕塑与小品总平面布置图　在总平面中（隐藏种植设计）详细标出设计的雕塑、景观小品的平面位置及其中心点与总平面控制轴线的位置关系，数量多时需要制作雕塑与小品的分类统计表。本图带指北

针。常用图纸比例有1：2 000、1：1 500、1：1 000、1：500或1：800、1：600。

7. 铺装材料总平面图 在总平面中（隐藏种植设计）用图例详细标注各区域内硬质铺装材料的材质及其规格，编写材料设计选用说明，制作铺装材料图例、铺装材料用量统计表（按面积计）。本图带指北针。常用图纸比例有1：2 000、1：1 500、1：1 000、1：500或1：800、1：600。

8. 总平面放线图 详细标注总平面中（隐藏种植设计）各类建筑、构筑物、道路、广场、平台、水体、主题雕塑等的主要定位控制点及相应的尺寸。常用图纸比例有1：2 000、1：1 500、1：1 000、1：500或1：800、1：600。

9. 总平面分区图 在总平面中（隐藏种植设计）根据图纸内容的需要用特粗虚线将平面分成相对独立的若干区域，并对各区域进行编号。本图带指北针。常用图纸比例有1：2 000、1：1 500、1：1 000、1：500或1：800、1：600。

10. 分区平面图 按总平面分区图将各区域平面放大表示，并补充平面细部。本图带指北针。常用图纸比例有1：1 000、1：500、1：250、1：200、1：100或1：800、1：600、1：300。

11. 分区平面放线图 详细标注各分区平面的控制线及建筑、构筑物、道路、广场、平台、台阶、斜坡、雕塑与小品的基座、水体的控制尺寸。常用图纸比例有1：1 000、1：500、1：250、1：200、1：100、或1：800、1：600、1：300。

12. 竖向设计总平面图 在总平面中（隐藏种植设计）详细标注各主要高程控制点的标高，各区域内的排水坡向及坡度大小、变坡控制点的标高及雨水收集口位置，建筑和构筑物的散水标高、室内地坪标高或顶标高，绘制微地形等高线并标注等高线及最高点标高、台阶及各坡道的方向（标高用绝对坐标系统或相对坐标系统标注，在相对坐标系统中需要标出0点标高的绝对坐标值）。本图带指北针。常用图纸比例有1：2 000、1：1 500、1：1 000、1：500或1：800、1：600。

（二）分项施工图部分

分项施工图包括：建筑与构筑物施工图、铺装施工图、雕塑和小品施工图、地形或假山施工图、种植施工图、灌溉系统施工图、水景施工图等。为方便在施工过程中翻阅图册，这部分图纸一般选用A3图幅。图纸具体内容如下：

1. 封面 封面内容需包括工程名称、工程地点、工程编号、设计阶段、设计时间、设计公司（设计院）名称。

2. 图纸目录 图纸目录是本套工程施工图的总图纸纲目。

3. 设计说明 设计说明包含工程概况、设计要求、设计构思、设计内容简介、设计特色、主要材料表、主要植物品种目录。

4. 建筑与构筑物施工图

（1）建筑（构筑物）平面图。详细绘制建筑（构筑物）的底层平面图（含指北针）及各楼层平面图。本图详细标注出墙体、柱子、门窗、楼梯、栏杆、装饰物等的平面位置及详细尺寸。常用图纸比例有1：200、1：100或1：300、1：150、1：50。

（2）建筑（构筑物）立面图。详细绘制建筑（构筑物）的主要立面图或立面展开图。在图中详细表达出门窗、栏杆、装饰物的立面形式、位置，标注洞口位置与尺寸、地面标高及其他相应尺寸。常用图纸比例有1：200、1：100或1：300、1：150、1：50。

（3）建筑（构筑物）剖面图。详细绘制建筑（构筑物）的重要剖面图，详细表达其内部构造、工程做法等内容，标注洞口位置与尺寸、地面标高及其他相应尺寸。常用图纸比例有1：200、1：100或1：300、1：150、1：50。

（4）建筑（构筑物）施工详图。详尽表达平、立、剖面图中索引到的各部分详图的内容，绘制建筑物的楼梯详图、室内铺装做法详图等。常用图纸比例有1：25、1：20、1：10、1：5或1：30、1：15、1：3。

（5）建筑（构筑物）基础平面图。详细表述建筑（构筑物）的基础形式和平面布置。常用图纸比例有1：200、1：100或1：300、1：150、1：50。

（6）建筑（构筑物）基础详图。详细绘制基础的平、立、剖面图及配筋图，并制作钢筋表。常用图纸比例有1：25、1：20、1：10、1：5或1：30、1：15、1：3。

（7）建筑（构筑物）结构平面图。详细标注各层平面中墙、梁、柱、板的准确位置及尺寸，具体表现楼板、梯板配筋情况，并制作楼板、梯板钢筋表。常用图纸比例有1 ∶ 200、1 ∶ 100或1 ∶ 300、1 ∶ 150、1 ∶ 50。

（8）建筑（构筑物）结构详图。详细绘制梁、柱剖面图，表现配筋情况，并制作钢筋表。常用图纸比例有1 ∶ 25、1 ∶ 20、1 ∶ 10、1 ∶ 5或1 ∶ 30、1 ∶ 15、1 ∶ 3。

（9）建筑给排水图。标明室内的给水管接入位置、给水管线布置形式、洁具位置、地漏位置、排水管线布置形式、排水管与外网的连接位置。常用图纸比例有1 ∶ 200、1 ∶ 100或1 ∶ 300、1 ∶ 150、1 ∶ 50。

（10）建筑照明电路图。表达出室内电路布线形式，标明控制柜、开关、插座等的位置及材料型号，制作材料用量统计表。常用图纸比例有1 ∶ 200、1 ∶ 100或1 ∶ 300、1 ∶ 150、1 ∶ 50。

5. 铺装施工图

（1）铺装分区平面图。详细绘制各分区平面内的硬质铺装花纹，详细标注各铺装花纹的材料材质及规格，绘制重点位置平面索引。本图带指北针。常用图纸比例有1 ∶ 500、1 ∶ 250、1 ∶ 200、1 ∶ 100或1 ∶ 300、1 ∶ 150。

（2）局部铺装平面图。绘制铺装分区平面图中索引到的重点平面铺装图，详细标注铺装放样尺寸、材料材质、规格等。常用图纸比例有1 ∶ 250、1 ∶ 200、1 ∶ 100或1 ∶ 300、1 ∶ 150。

（3）铺装分区平面放线图。在铺装分区平面图的基础上（隐藏材料材质及材料规格的标注）标注铺装花纹的控制尺寸。常用图纸比例有1 ∶ 1 000、1 ∶ 500、1 ∶ 250、1 ∶ 200、1 ∶ 100或1 ∶ 800、1 ∶ 600、1 ∶ 300。

（4）铺装大样图。详细绘制铺装花纹的大样图，详细标注尺寸及所用的材料材质、规格。常用图纸比例有1 ∶ 50、1 ∶ 25、1 ∶ 20、1 ∶ 10或1 ∶ 30、1 ∶ 15。

（5）铺装详图。详细绘制室外各类铺装材料的详细剖面工程做法图、台阶做法详图、坡道做法详图等。常用图纸比例有1 ∶ 25、1 ∶ 20、1 ∶ 10、1 ∶ 5或1 ∶ 30、1 ∶ 15、1 ∶ 3。

6. 雕塑和小品施工图

（1）雕塑详图。详细绘制雕塑主要立面表现图、雕塑局部大样图、雕塑放样图，编写雕塑设计说明及材料说明。常用图纸比例有1 ∶ 50、1 ∶ 25、1 ∶ 20、1 ∶ 10或1 ∶ 30、1 ∶ 15、1 ∶ 5。

（2）雕塑基座施工图。详细绘制雕塑基座平面图（包含基座平面形式、详细尺寸）、雕塑基座立面图（包含基座立面形式、装饰花纹、材料材质、详细尺寸）、雕塑基座剖面图（包含基座剖面详细做法、详细尺寸），编写基座设计说明。常用图纸比例有1 ∶ 50、1 ∶ 25、1 ∶ 20、1 ∶ 10或1 ∶ 30、1 ∶ 15、1 ∶ 5。

（3）小品平面图。表现出景观小品的平面形式，标注详细尺寸、材料材质。常用图纸比例有1 ∶ 50、1 ∶ 25、1 ∶ 20、1 ∶ 10或1 ∶ 30、1 ∶ 15、1 ∶ 5。

（4）小品立面图。绘制景观小品的主要立面，标注立面材料材质、详细尺寸。常用图纸比例有1 ∶ 50、1 ∶ 25、1 ∶ 20、1 ∶ 10或1 ∶ 30、1 ∶ 15、1 ∶ 5。

（5）小品剖面图。绘制景观小品的剖面详细做法图。常用图纸比例有1 ∶ 50、1 ∶ 25、1 ∶ 20、1 ∶ 10或1 ∶ 30、1 ∶ 15、1 ∶ 5。

（6）景观小品做法详图。详细绘制局部索引详图、基座做法详图。常用图纸比例有1 ∶ 25、1 ∶ 20、1 ∶ 10或1 ∶ 30、1 ∶ 15、1 ∶ 5。

7. 地形或假山施工图

（1）地形平面放线图。在各分区平面图中用网格法给地形放线。常用图纸比例有1 ∶ 250、1 ∶ 200、1 ∶ 100或1 ∶ 300、1 ∶ 150。

（2）假山平面放线图。在各分区平面图中用网格法给假山放线。常用图纸比例有1 ∶ 250、1 ∶ 200、1 ∶ 100或1 ∶ 300、1 ∶ 150。

（3）假山立面放样图。用网格法为假山立面放样。常用图纸比例有1 ∶ 25、1 ∶ 20、1 ∶ 10或1 ∶ 30、1 ∶ 15、1 ∶ 5。

（4）假山做法详图。详细绘制假山基座平、立、剖面图，山石堆砌做法详图，塑石做法详图。常用图纸比例有1 ∶ 25、1 ∶ 20、1 ∶ 10或1 ∶ 30、1 ∶ 15、1 ∶ 5。

8. 种植施工图

（1）分区种植平面图。按区域详细标注各类植物的种植点、品种名称、规格、数量，编写植物配置的简要说明，制作区域苗木种植表（表5-2-1）。本图带指北针。常用图纸比例有1 ∶ 500、1 ∶ 250、1 ∶ 200、1 ∶ 100或1 ∶ 300、1 ∶ 150。

（2）种植放线图。用网格法对各分区内植物的种植点进行定位，对形态复杂区域可放大后再用网格法进行详细定位。常用图纸比例有1 ∶ 500、1 ∶ 250、1 ∶ 200、1 ∶ 100或1 ∶ 300、1 ∶ 150。

9. 水景施工图

(1) 水体平面图。按比例绘制水体的平面形态，标注详细尺寸。旱地喷泉要绘出地面铺装图案及水箅子的位置、形状，标注材料材质及材料规格。本图带指北针。常用图纸比例有1 : 500、1 : 250、1 : 200、1 : 100、1 : 50或1 : 300、1 : 150。

(2) 水体剖面图。详细表达剖面上的工程构造，做法及高程变化。标注尺寸、常水位、池底标高、池顶标高。常用图纸比例有1 : 100、1 : 50、1 : 25、1 : 20或1 : 30、1 : 15。

(3) 喷泉设备平面图。在水体平面图中详细绘出喷泉设备的位置，详细标注设备型号、设备布置尺寸，制作设备图例、材料用量统计表。本图带指北针。常用图纸比例有1 : 500、1 : 250、1 : 200、1 : 100、1 : 50或1 : 300、1 : 150。

(4) 喷泉给排水平面图。在喷泉设备平面中布置喷泉给排水管网，标注管线走向、管径，制作材料用量统计表。本图带指北针。常用图纸比例有1 : 500、1 : 250、1 : 200、1 : 100、1 : 50或1 : 300、1 : 150。

(三) 灌溉系统施工图

(1) 灌溉系统平面图。分区域绘制灌溉系统平面图，详细标明管道走向、管径、喷头位置及型号、快速取水器位置、逆止阀位置、泄水阀位置、检查井位置等，制作材料图例、材料用量统计表。本图带指北针。常用图纸比例有1 : 500、1 : 250、1 : 200、1 : 100或1 : 300、1 : 150。

(2) 灌溉系统放线图。用网格法对各分区内的灌溉设备进行定位。常用图纸比例有1 : 500、1 : 250、1 : 200、1 : 100或1 : 300、1 : 150。

(3) 给排水设计总平面图。在总平面中（隐藏种植设计）详细标出给水系统与外网给水系统的接入位置、水表位置、检查井位置、闸门井位置，标出排水系统的雨水口位置、水体溢水排水口位置、排水管网走向及管径，绘制给排水图例、给水系统材料表、排水系统材料表。本图带指北针。常用图纸比例有1 : 2 000、1 : 1 500、1 : 1 000、1 : 500或1 : 800、1 : 600。

(四) 电气施工图

(1) 电气设计说明及设备表。编写详细的电气设计说明，制作详细的设备表，标明设备型号、数量、用途。

(2) 电气系统图。绘制详细的配电柜电路系统图（包含室外照明系统、水下照明系统、水景动力系统、室内照明系统、室内动力系统及其他用电系统、备用电路系统），编写电路系统设计说明。详细标明各条回路所使用的电缆型号、控制器型号、安装方法及配电柜尺寸。

(3) 电气平面图。在总平面基础上标明各种照明用、景观用灯具的平面位置及型号、数量，详细标明线路布置形式、线路编号、配电柜位置，绘制图例符号。本图带指北针。常用图纸比例有1 : 2 000、1 : 1 500、1 : 1 000、1 : 500或1 : 800、1 : 600。

(4) 动力系统平面图。在总平面基础上标明各种动力系统中的泵及其他大功率用电设备的名称、型号、数量、平面位置，详细标明线路布置形式、线路编号、配电柜位置，绘制图例符号。本图带指北针。常用图纸比例有1 : 2 000、1 : 1 500、1 : 1 000、1 : 500或1 : 800、1 : 600。

(5) 水景电力系统平面图。在水体平面中标明水下灯、水泵等的位置及型号，标明电路管线的走向及套管、电缆的型号，制作材料用量统计表。本图带指北针。常用图纸比例有1 : 500、1 : 250、1 : 200、1 : 100、1 : 50或1 : 300、1 : 150。

第三节　施工图册的组织

施工图册依靠恰当的索引将庞杂的工程设计内容连接成为一个整体。正确地使用各种索引符号可以将一个宏大的设计进行细化分解，从而全面细致地阐释所有设计内容的工程做法。

在施工图册里具有索引和查找作用的内容有：目录里的图名和页码，各页图纸里每幅图的图名，网格定位的坐标轴线编号，平、立、剖面图和断面图的索引符号等。全套施工图册中的每一页图纸及每一幅图，都是整个工程设计的组成部分，施工图册应该可以由总图查找到细节的详图，还可以由细节的详图回溯到总图（图5-3-1）。

工程施工图册在组织各项设计内容时，对同一类专项设计内容的安排，遵循由宏观到微观过程的原则；对不同类型的专项设计，利用图别进行前后排序。图页的顺序一般是：总图和总体的说明—场地、地形的设计—硬质铺装的设计—各种造型的设计—植物种植（绿化）的设计—水景和绿化用水的设计—环境用电和照明的设计。其中可能需要穿插分项的工程说明或材料统计表，还有设备（设施）以及有些材料的选型、选厂。另外，施工图册还应该注意将同类工种施工的内容尽量集中编排，这会在施工时为工程组织带来方便。

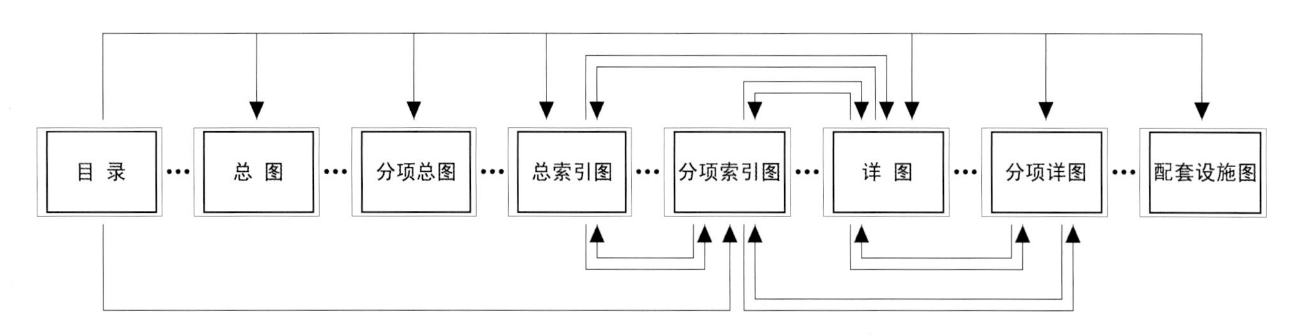

图5-3-1 施工图册的组织系统

第四节 工程设计案例的施工图分析

一、从设计方案到施工设计图纸

设计方案阶段的总平面图往往是宏观和框架性的，可是真正到了施工设计的阶段，之前没有细致考虑过的设计问题都必须一一去解决。首先是总体构图中各个环境要素的平面尺寸，这些尺寸与其使用材料的规格关系紧密，根据材料的不同规格、模数可以推导出环境要素造型的很多的合理尺寸，但是新的尺寸很有可能与方案设计阶段的布局不能吻合，这就需要进行新一轮的布局调整，直到在实现方案预期效果的同时，也能够满足各种材料规格、模数的要求为止（图5-4-1至图5-4-3）。

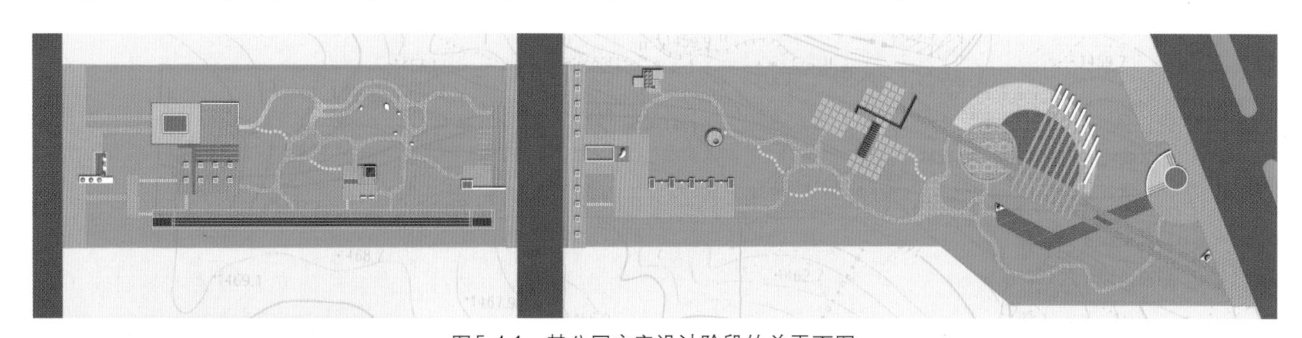

图5-4-1 某公园方案设计阶段的总平面图

图5-4-2 公园设计方案效果图

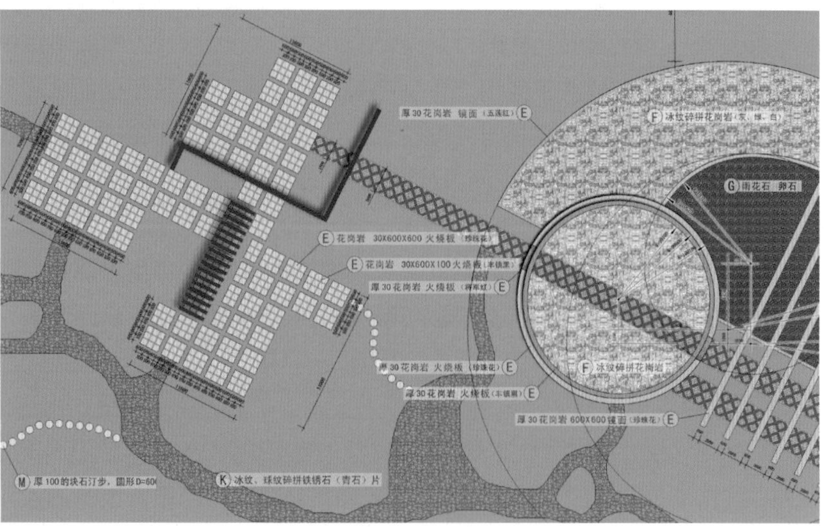

图5-4-3 公园局部硬化铺装彩色施工图

二、用于施工的彩色图纸

随着计算机在设计上的广泛使用，加之彩色打印价格的不断降低，彩色施工图的使用越来越普及。与传统的黑白图纸相比，彩色图纸的优势是不言而喻的，例如绿化种植设计图，使用彩色植物图例就比黑白图例更加容易辨别；尤其是当遇到图案色彩复杂的硬化铺装设计时，彩色图纸就可以给设计和施工带来许多方便，材料组织也能够一目了然。如果彩色硬化铺装施工设计得好，可以精确到每一块砖，那么施工时工人只需要按照图纸图案依次摆放每一块砖就可以了（图5-4-4至图5-4-6）。

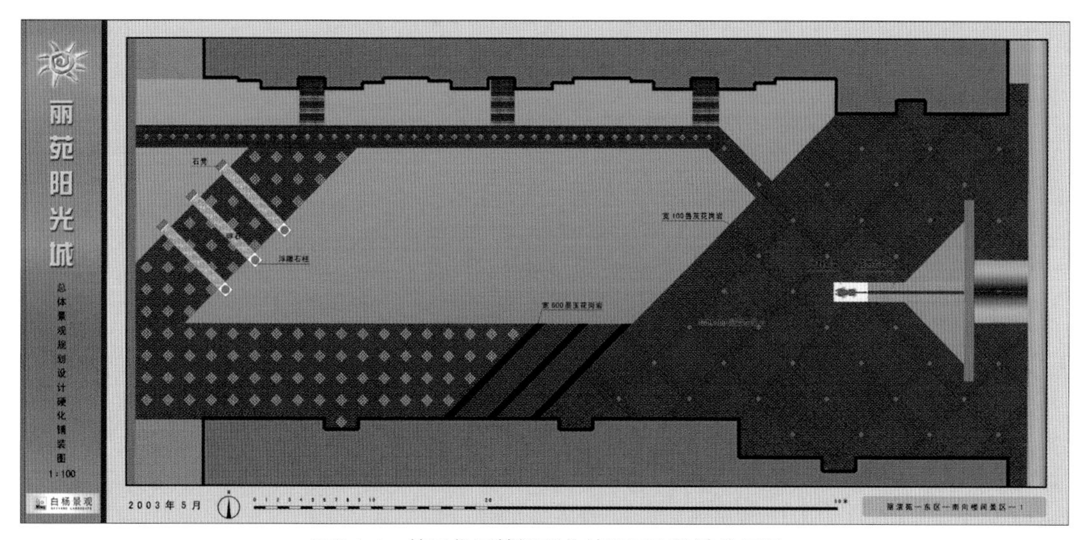

图5-4-4 某居住区楼间硬化铺装图案设计施工图

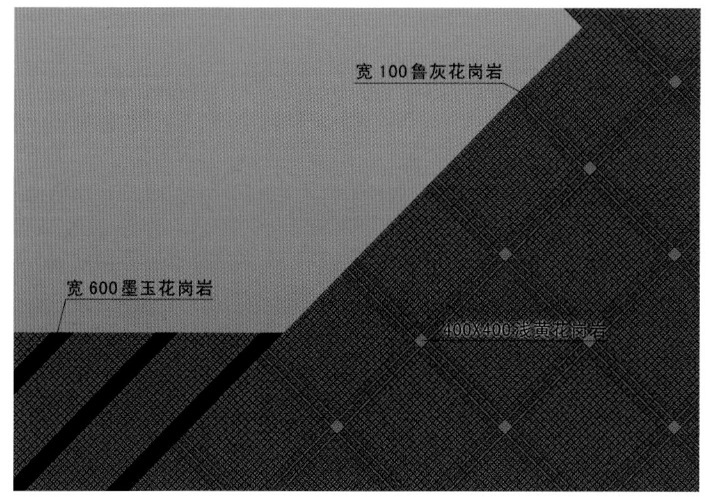

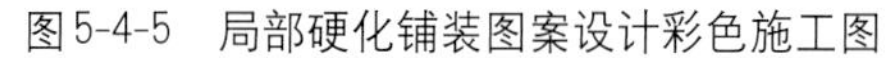

图5-4-5 局部硬化铺装图案设计彩色施工图

图5-4-6 完工后照片

三、计算机制图与图纸比例

原则上每张施工图都应该有规范的图纸比例。在手工制图时期，设计师所绘制的每张施工图都是具有标准的图纸比例的；但是在计算机制图时期，为了使打印的图纸在图面上构图饱满，有些指示或说明性的施工图就可不必拘泥于规范的比例（图5-4-7）。

四、场地放线定位的施工图

在周围都是空地的场地上放线施工，需要对施工范围进行准确的限制，采用坐标网格进行定位需要计算出一些主要坐标点的数值。坐标网中的坐标代号常用“*X*”“*Y*”表示，这种绝对坐标值的位数往往很多，使用起来并不方便，所以，在实践中常常需要转换为相对坐标值，建立施工用的坐标网格（图5-4-8）。

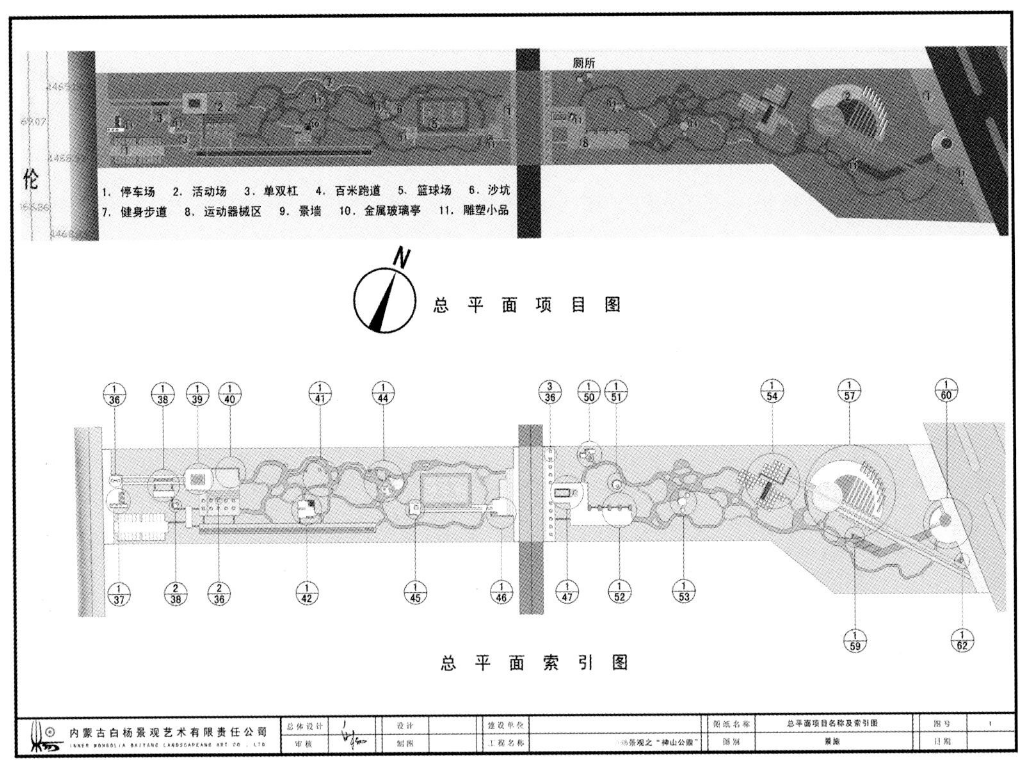

图 5-4-7
没有标注比例的总图

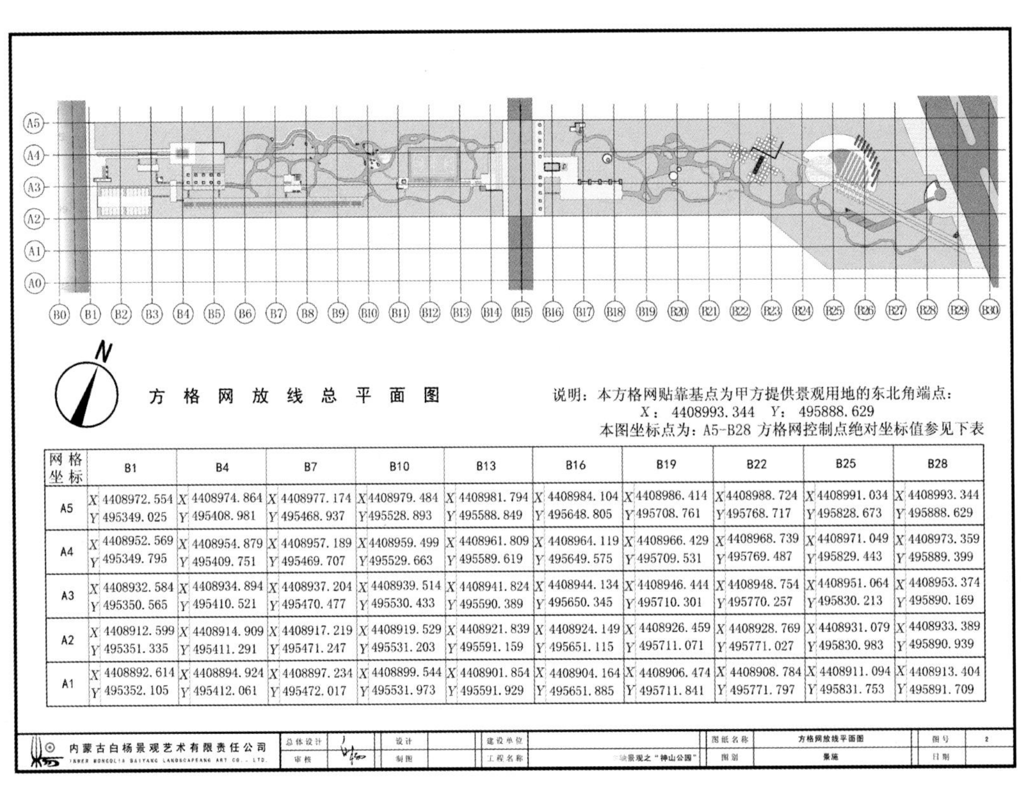

说明：本方格网贴靠基点为甲方提供景观用地的东北角端点：
X：4408993.344 Y：495888.629
本图坐标点为：A5-B28 方格网控制点绝对坐标值参见下表

网格坐标	B1	B4	B7	B10	B13	B16	B19	B22	B25	B28
A5	X 4408972.554 Y 495349.025	X 4408974.864 Y 495408.981	X 4408977.174 Y 495468.937	X 4408979.484 Y 495528.893	X 4408981.794 Y 495588.849	X 4408984.104 Y 495648.805	X 4408986.414 Y 495708.761	X 4408988.724 Y 495768.717	X 4408991.034 Y 495828.673	X 4408993.344 Y 495888.629
A4	X 4408952.569 Y 495349.795	X 4408954.879 Y 495409.751	X 4408957.189 Y 495469.707	X 4408959.499 Y 495529.663	X 4408961.809 Y 495589.619	X 4408964.119 Y 495649.575	X 4408966.429 Y 495709.531	X 4408968.739 Y 495769.487	X 4408971.049 Y 495829.443	X 4408973.359 Y 495889.399
A3	X 4408932.584 Y 495350.565	X 4408934.894 Y 495410.521	X 4408937.204 Y 495470.477	X 4408939.514 Y 495530.433	X 4408941.824 Y 495590.389	X 4408944.134 Y 495650.345	X 4408946.444 Y 495710.301	X 4408948.754 Y 495770.257	X 4408951.064 Y 495830.213	X 4408953.374 Y 495890.169
A2	X 4408912.599 Y 495351.335	X 4408914.909 Y 495411.291	X 4408917.219 Y 495471.247	X 4408919.529 Y 495531.203	X 4408921.839 Y 495591.159	X 4408924.149 Y 495651.115	X 4408926.459 Y 495711.071	X 4408928.769 Y 495771.027	X 4408931.079 Y 495830.983	X 4408933.389 Y 495890.939
A1	X 4408892.614 Y 495352.105	X 4408894.924 Y 495412.061	X 4408897.234 Y 495472.017	X 4408899.544 Y 495531.973	X 4408901.854 Y 495591.929	X 4408904.164 Y 495651.885	X 4408906.474 Y 495711.841	X 4408908.784 Y 495771.797	X 4408911.094 Y 495831.753	X 4408913.404 Y 495891.709

图 5-4-8
坐标网格放线图

五、用索引符号组织施工图的设计

在图5-4-7的总平面索引图中，利用索引符号引出了公园各处景观设计的平面图，标注索引符号的区域到了相应位置页就成为放大的平面图，在此平面图中可以进行详细平面尺寸的标注，再利用这个平面图，便可以继续通过索引符号引出剖面详图或大样详图，通过这样一系列的链接方式，就能够完成所有施工设

计的制图。图5-4-9中的1号图是红色景墙的平面图，结合指北针，以文字的方式注解了景墙的南立面和东立面图，再在立面图上用索引符号引出剖视详图，就画出了2、4、5号图，而3号图是在立面图上引出的大样详图。图5-4-10中的1号图是红色廊架的顶部平面图，旁边绘制了其底部的剖平面图，再在这个剖平面图上用索引符号引出剖视详图，就得到了2号图，而3、4号图是在2号图上引出的节点放样详图。图5-4-11中的1号图是圆形硬化广场的平面图，2、3、4号图是在1号图上索引引出的讲解结构做法的剖视详图。

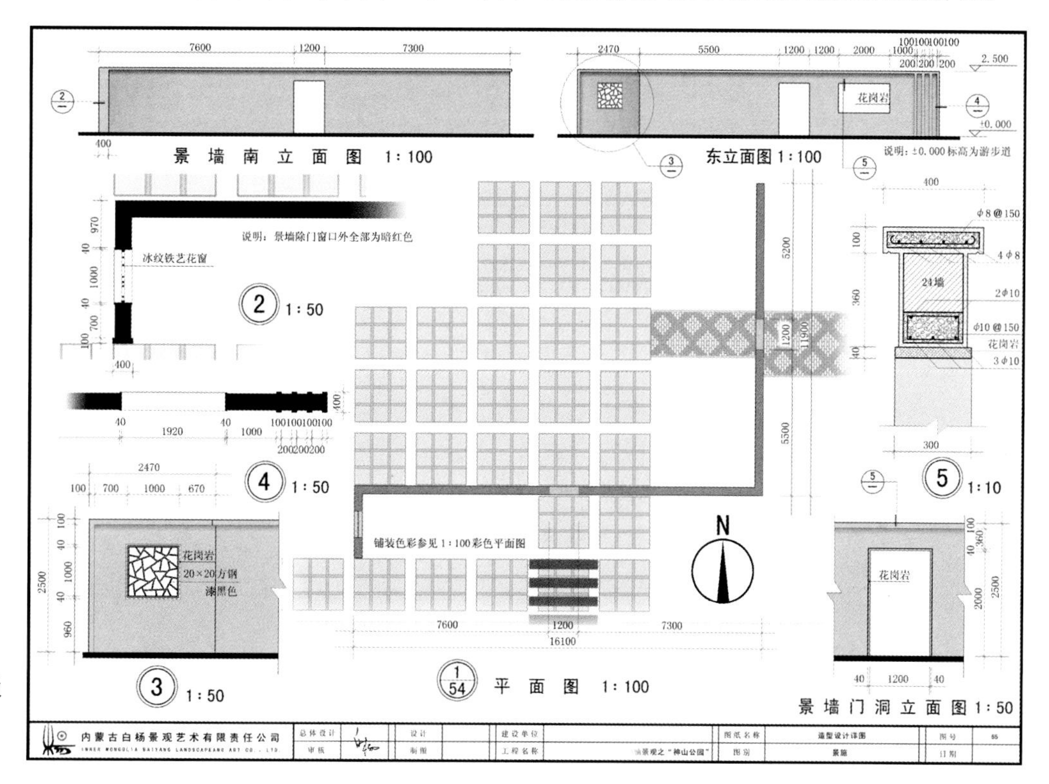

图5-4-9 红色景墙设计图页

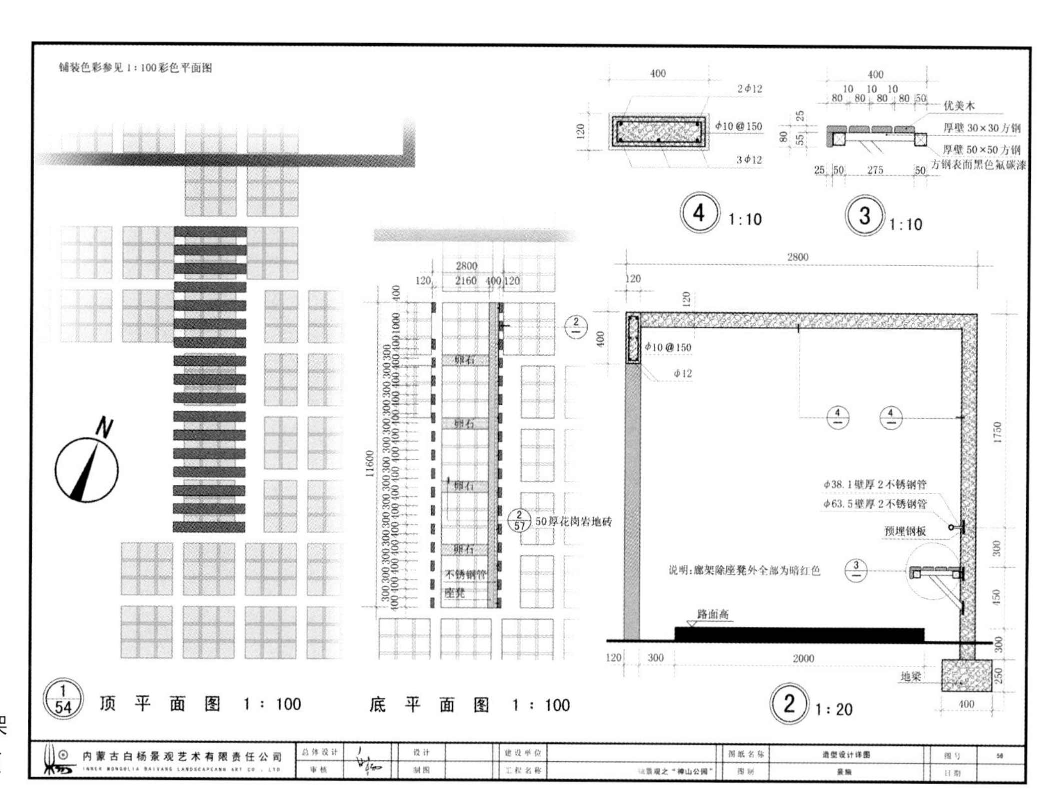

图5-4-10 红色廊架设计图页

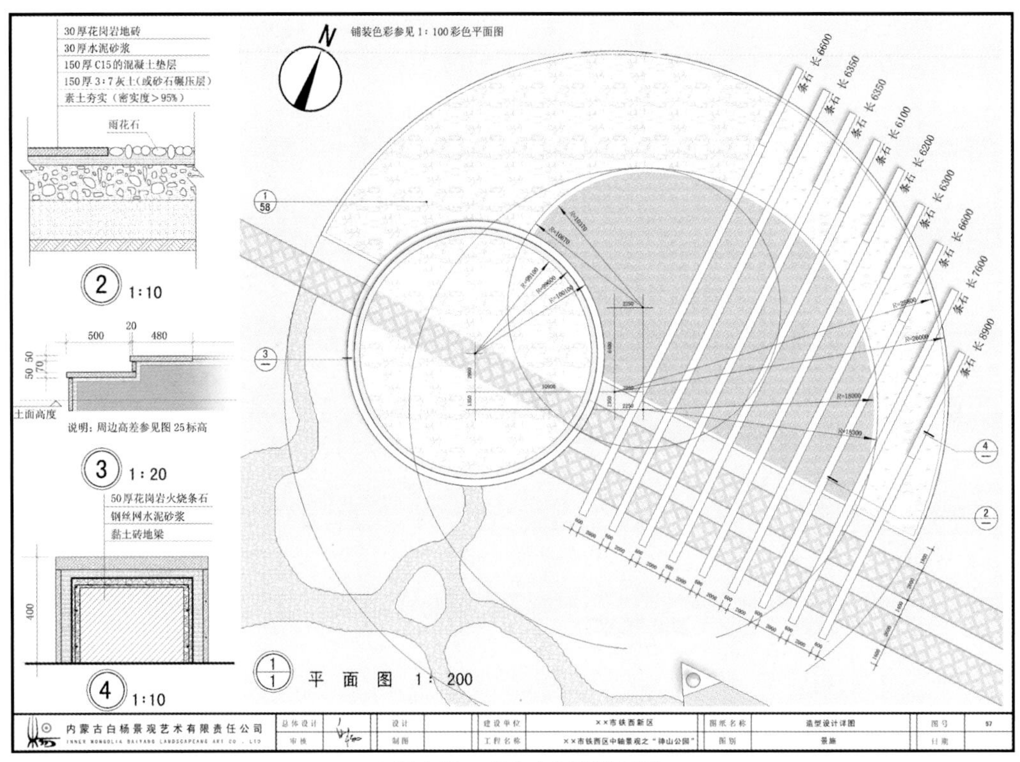

图5-4-11 硬化广场设计图页

六、对称造型施工图的省略画法

对称造型的施工图可以采用省略的画法。图5-4-12为一个单柱亭的立面与剖面的施工图，在中轴线左右两侧分别画了剖面图和立面图，分别标注出了剖面和立面施工的各种设计信息，还在合适的位置用索引符号引出一些节点详图和大样图。

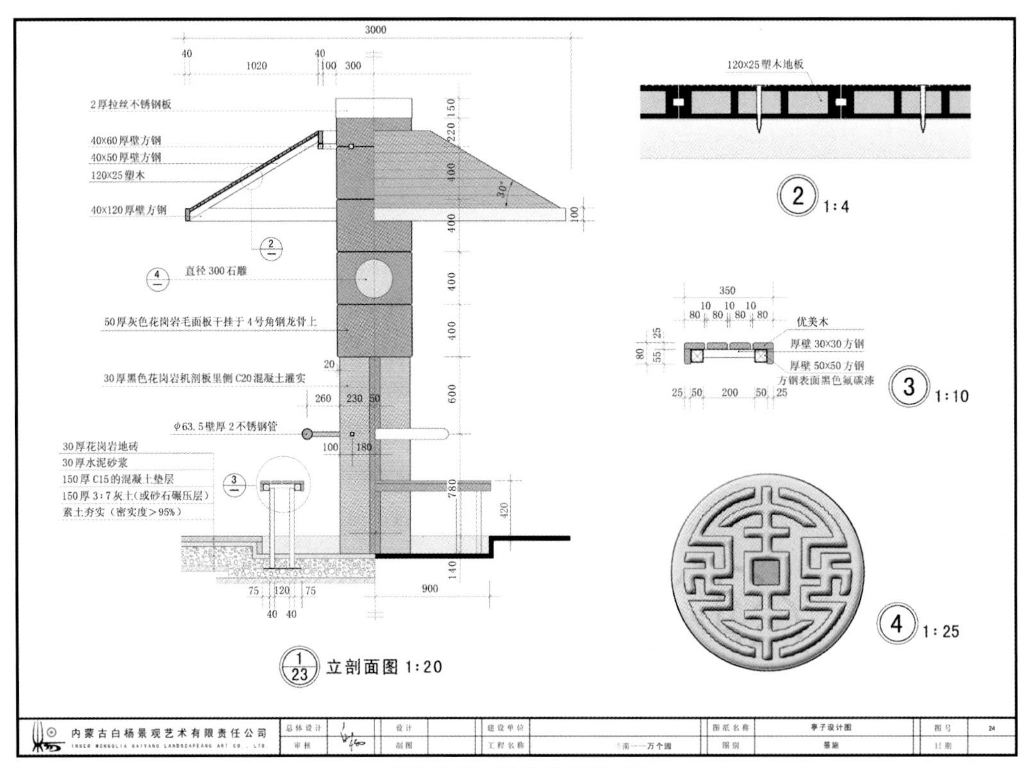

图5-4-12 某单柱亭施工图

七、设计造型的尺寸标注与标高

图5-4-13是一个居住小区入口处的景观设计效果图。图5-4-14是该处景观的高程设计图，对于此类局部景观的高程设计来说，准确把握各造型相互之间的高差非常关键。图5-4-15是该处景观设计的平面尺寸图，应该注意平面图的尺寸标注一定要齐全，并且尽可能避免交叉重叠，以使图面清晰明了。图5-4-16是该处景观设计南北两面的立面图，除了标高和尺寸标注外，在立面图上还有使用材料和施工做法的说明。

图5-4-13 某景观设计效果图

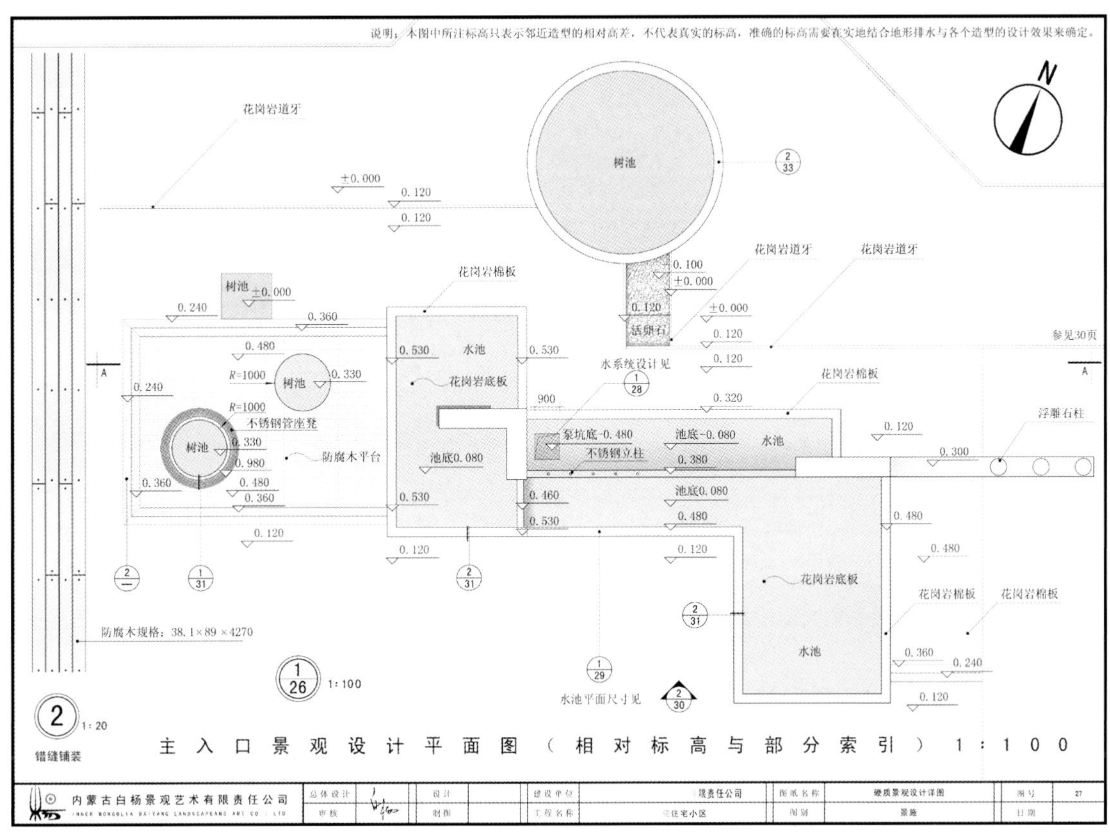

图5-4-14 景观设计平面标高图

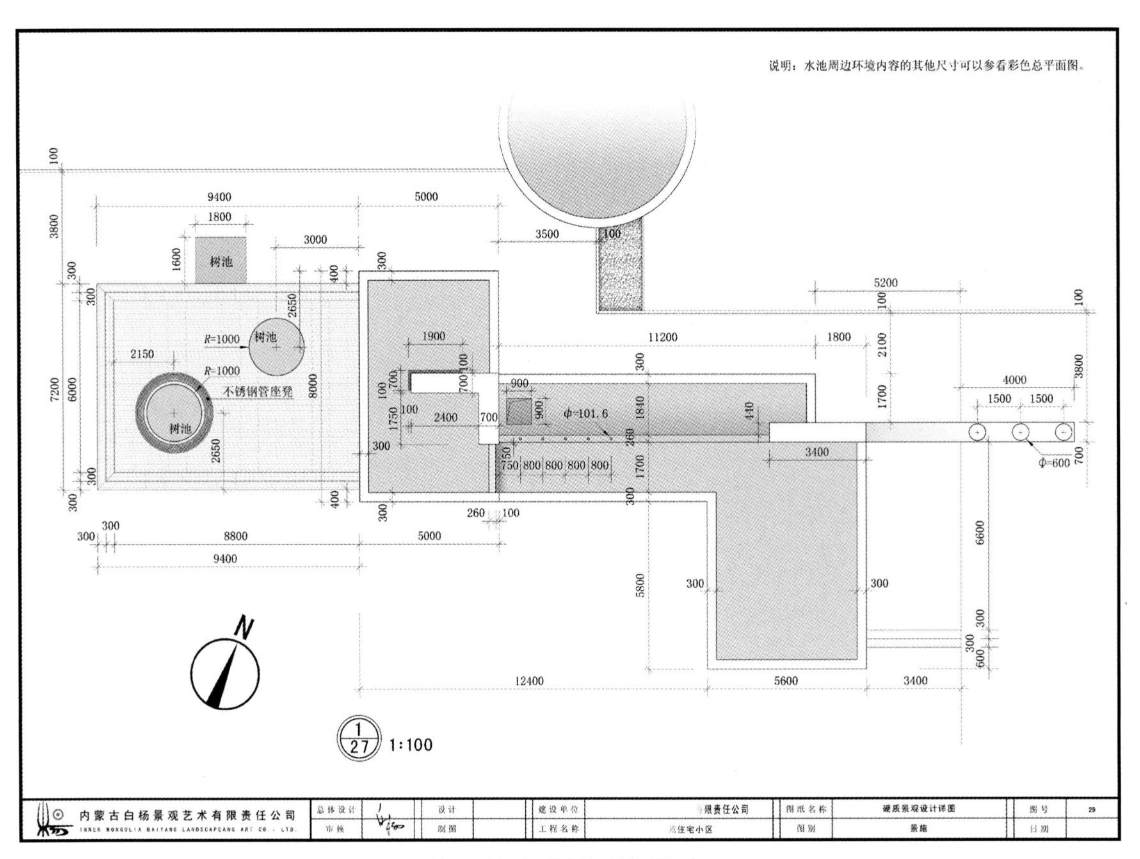

图5-4-15　景观设计平面尺寸图

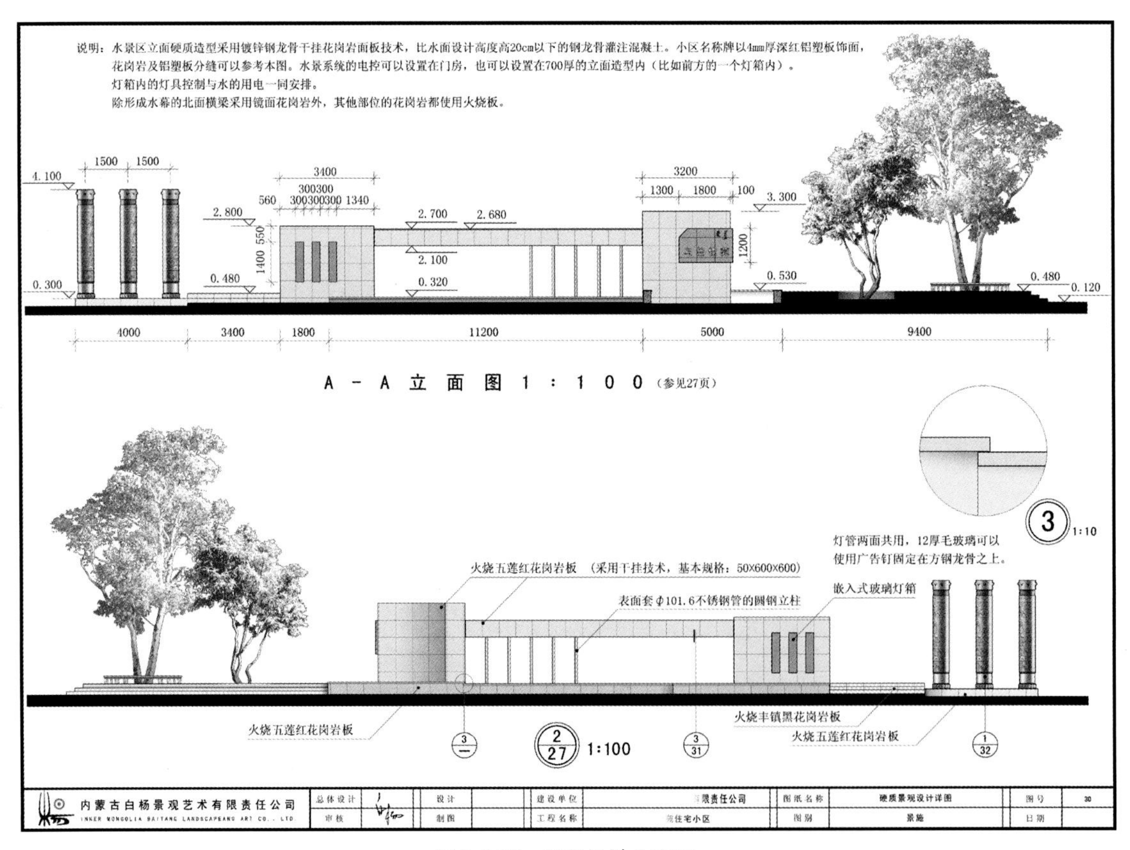

图5-4-16　景观设计立面图

八、种植施工放线图

种植施工放线图有两种确定树穴位置的方法：如果是规则的种植设计，最好以准确尺寸的方式标注树木种植点的位置（图5-4-17）；如果是不规则的种植设计，可以用网格法对各分区内植物的种植点进行定位，对形态复杂的区域可放大后再用网格法进行详细定位（图5-4-18、图5-4-19）。

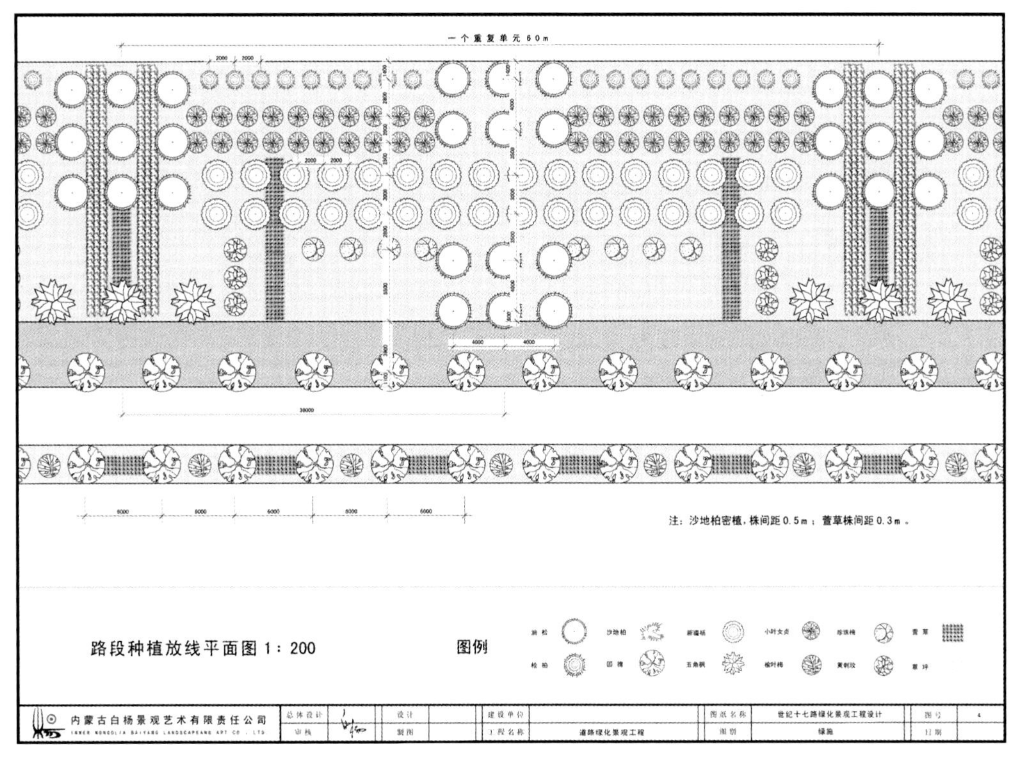

图5-4-17　规则植物种植设计的施工放线图

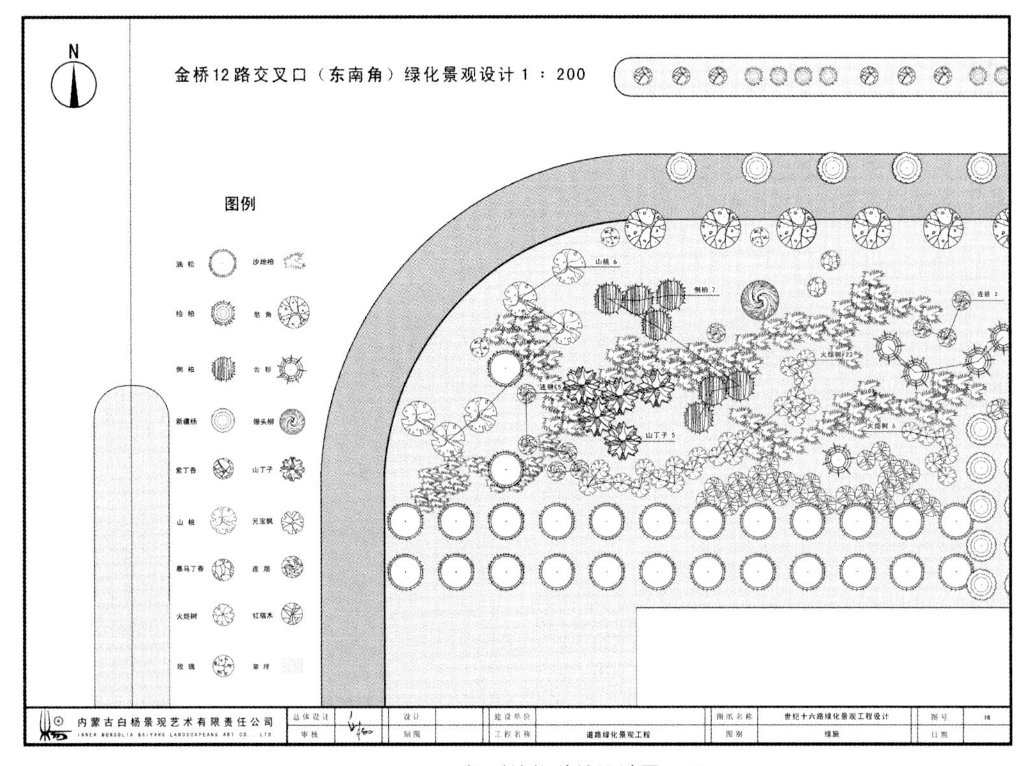

图5-4-18　不规则植物种植设计平面图

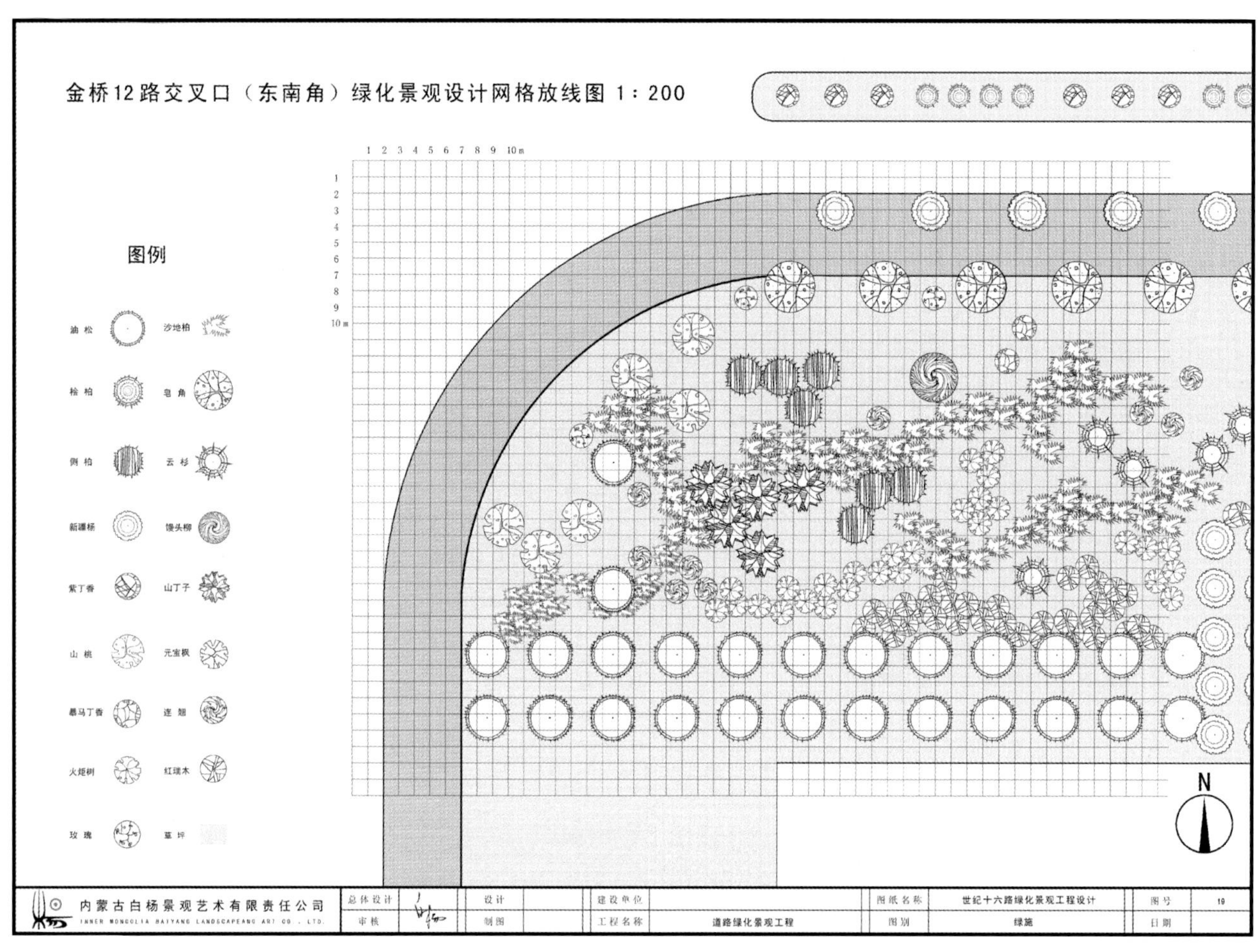

图5-4-19　不规则植物种植设计的施工放线图

第五节　一套施工图纸

以下是一个居住区景观设计的施工图纸，包括大幅面的彩色图纸和A3幅面的黑白图册。大幅面的彩色图纸主要是硬化铺装和绿化种植的设计图，黑白图册包括所有景观内容的设计图纸（图5-5-1至图5-5-49）。

图5-5-1　某居住区东侧效果图

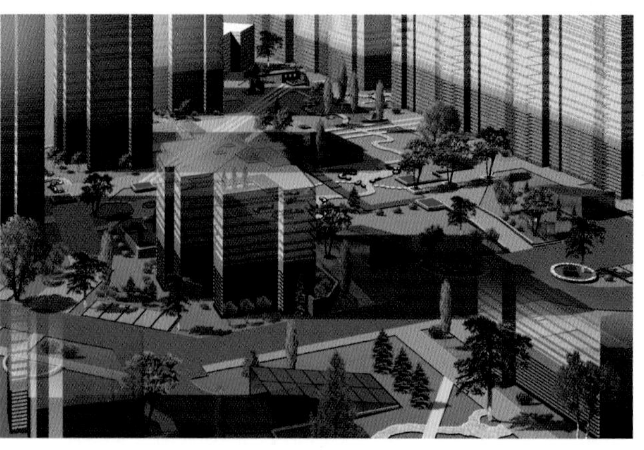

图5-5-2　某居住区西侧效果图

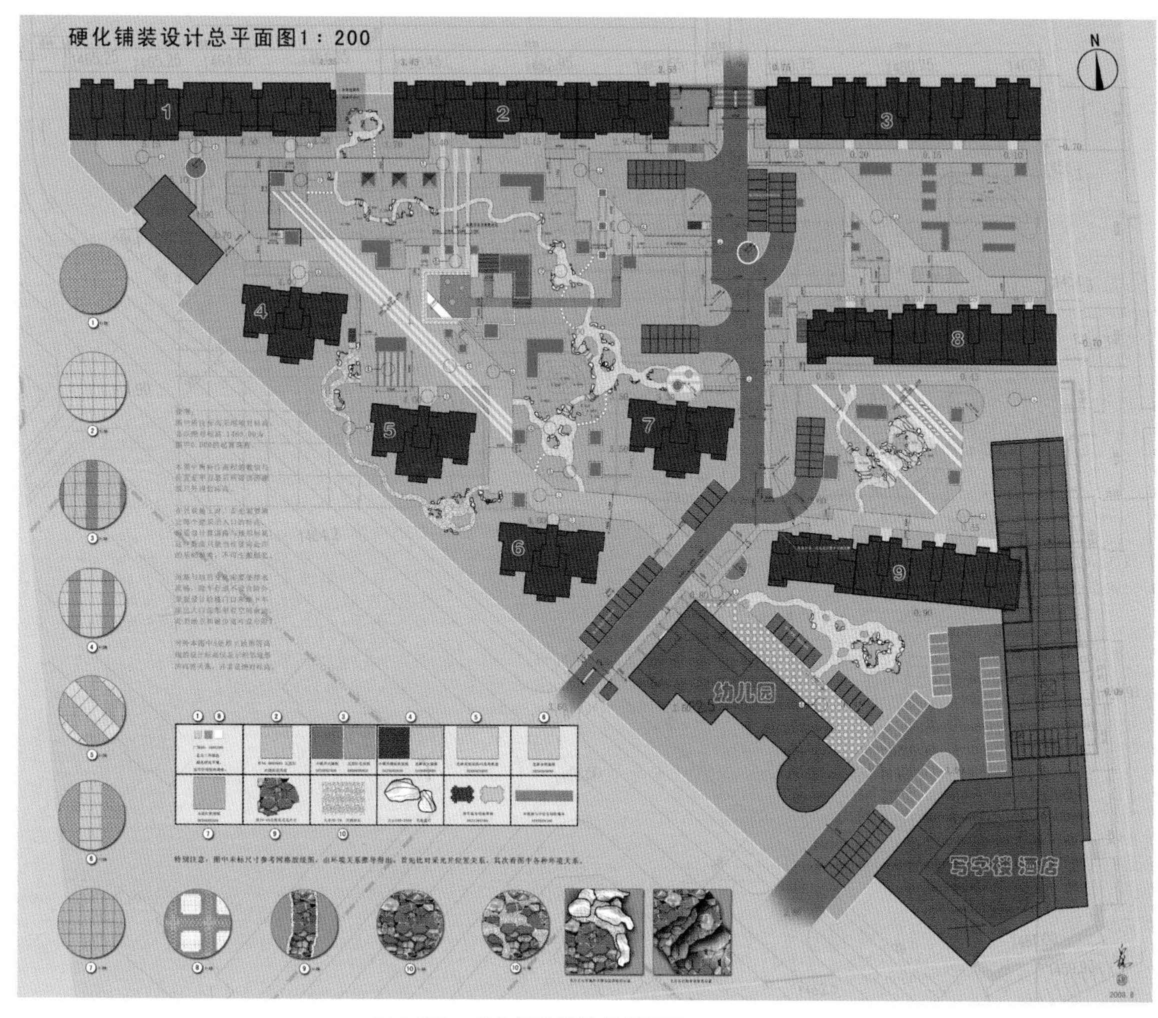

图5-5-3　硬化铺装设计总平面图

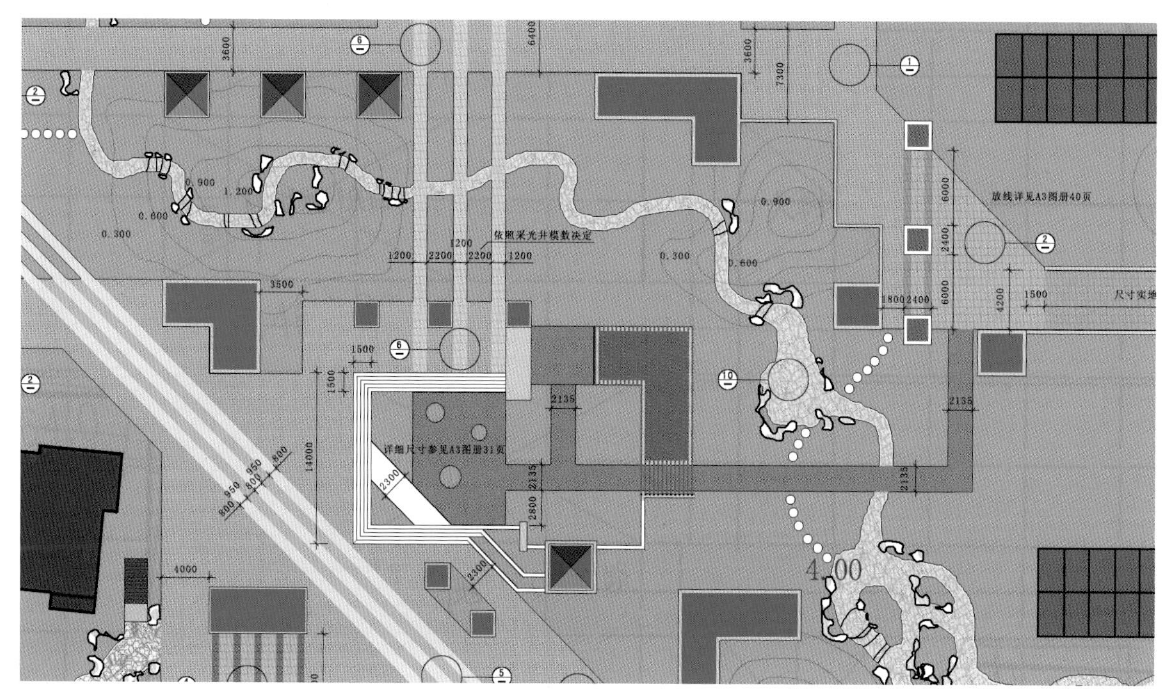

图5-5-4　硬化铺装设计平面图局部

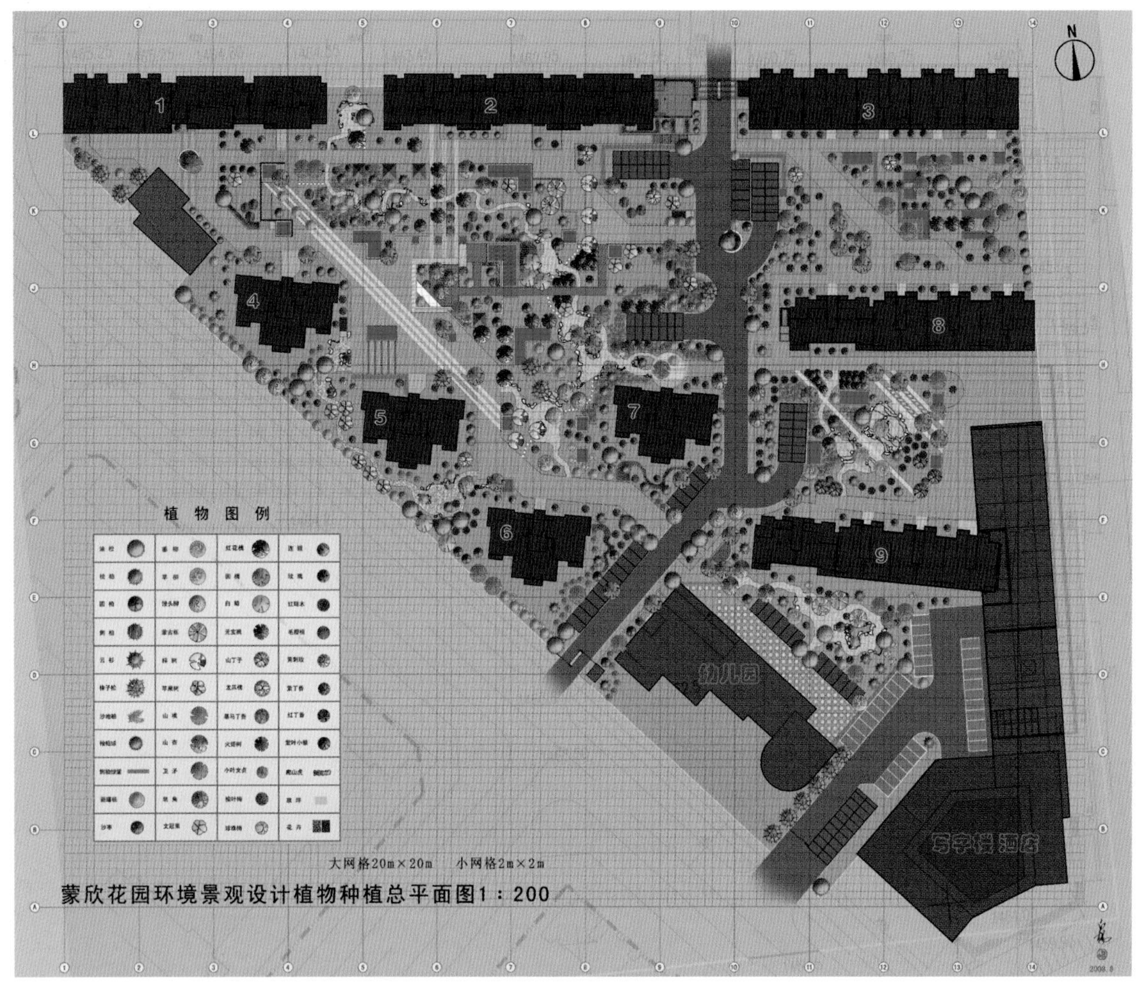

图5-5-5 绿化种植设计网格放线总图

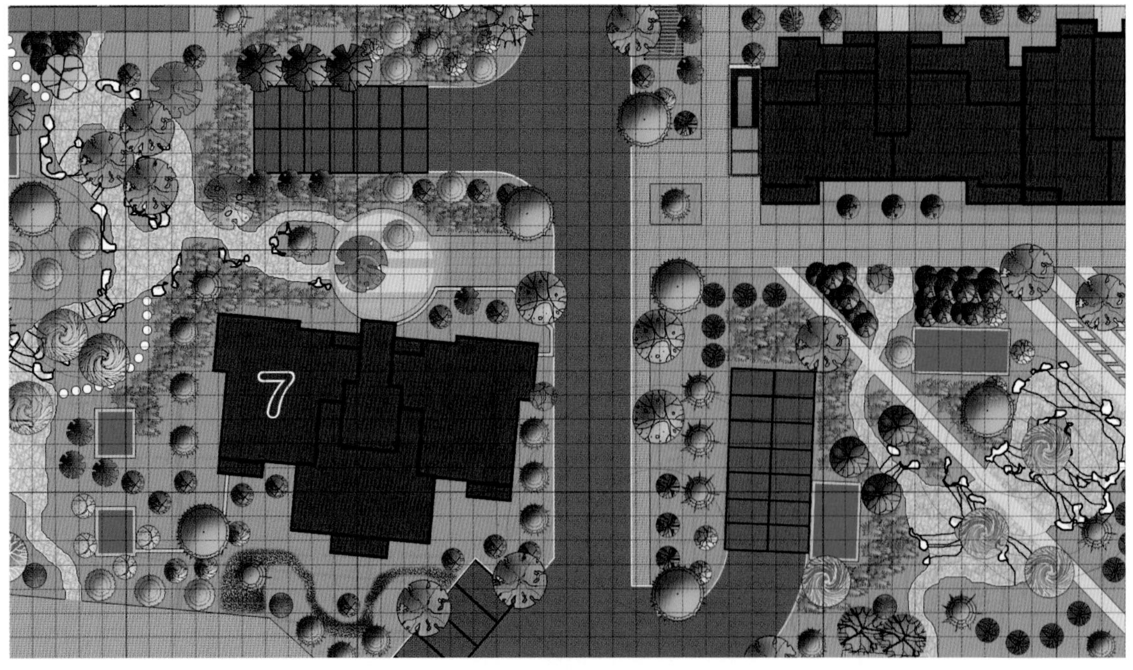

图5-5-6 绿化种植设计网格放线图局部

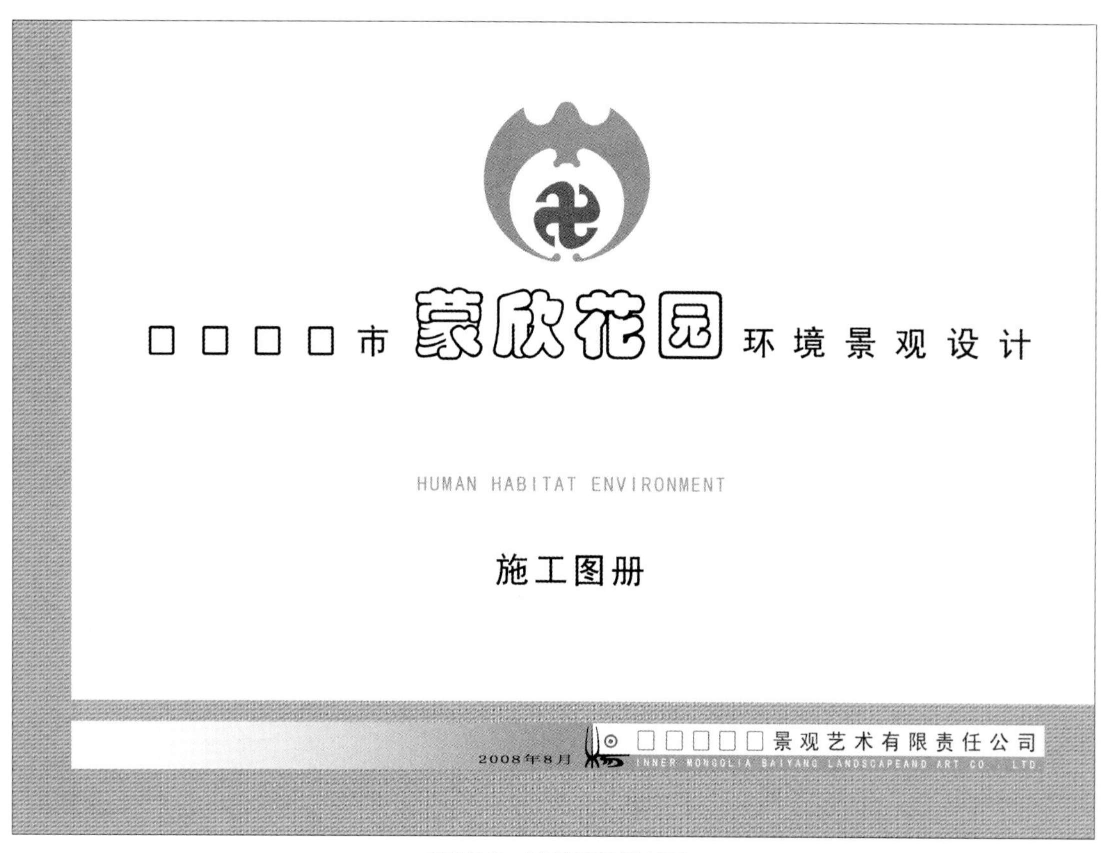

图5-5-7 A3施工图册封面

目录

图名	页码	图名	页码
目录	第0页	木平台纹理铺装图	第35页
总图与说明	第1页	7号楼前圆形平台详图	第36页
项目总平面图	第2页	自然地形中石桥设计图	第37页
总平面网格放线图	第3页	半圆形石地台设计图	第38页
局部网格放线图	第4~20页	自然地形中道路景观图	第39页
总体铺装图案与放线图	第21页	三角区平面图	第40页
总体环境竖向设计图	第22页	硬质景观详图	第41页
硬化基本做法索引图	第23页	地下自行车库出入口设计	第42页
硬化基本做法详图	第24页	幼儿园西侧挡土墙设计图	第43页
硬化基本做法详图	第25页	采光井基本做法标示图	第44页
硬化基本做法详图	第26页	天然石片碎拼图	第45页
景观项目总平面索引图	第27页	种植表	第46页
花坛景观设计详图	第28页	植物种植设计网格定位总平面图	第47页
西区景墙景观设计详图	第29页	植物种植设计总平面图	第48页
景墙节点景观设计详图	第30页	浇（喷）灌系统平面布置图	第49页
廊架周边环境平面图	第31页	照明布置平面图	第50页
廊架平、立面图	第32页	环境设施布置平面图	第51页
廊架节点详图	第33页	东区效果图	第52页
木平台节点详图	第34页	西区效果图	第53页

图5-5-8 A3施工图册目录

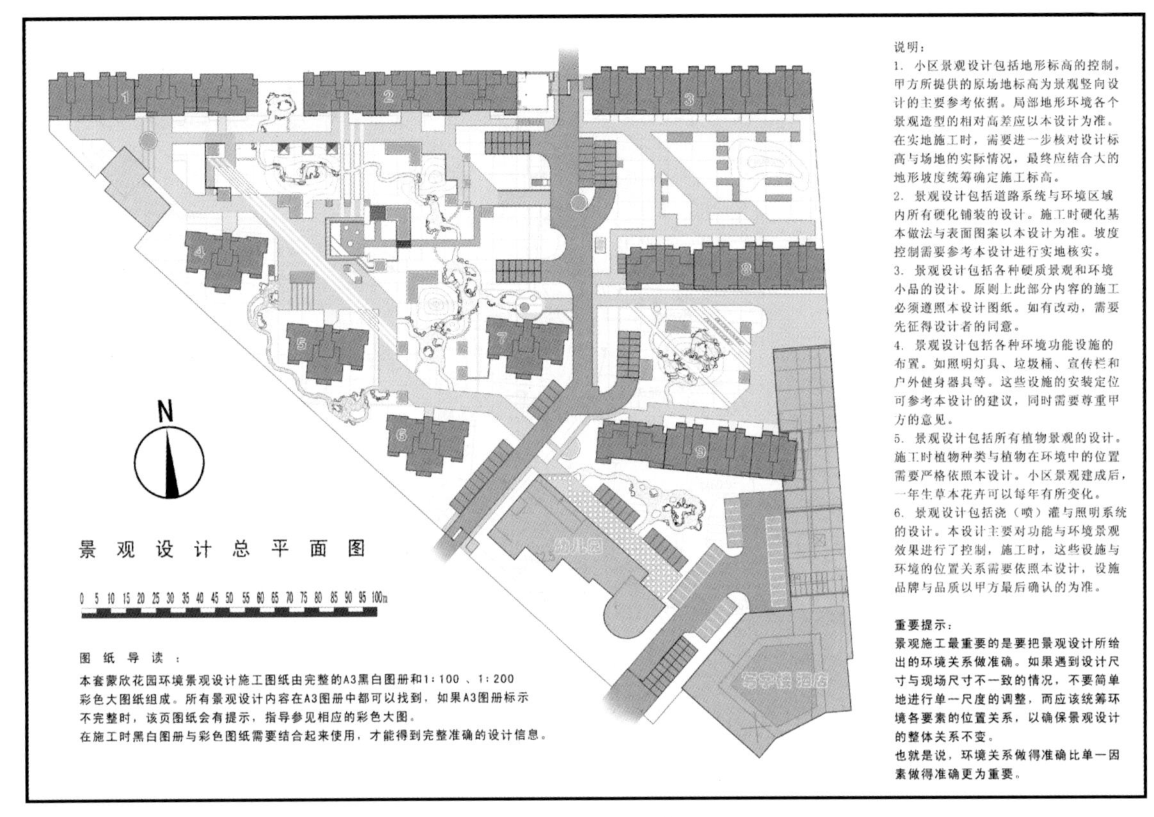

说明：
1. 小区景观设计包括地形标高的控制。甲方所提供的原场地标高为景观竖向设计的主要参考依据。局部地形环境各个景观造型的相对高差应以本设计为准。在实地施工时，需要进一步核对设计标高与场地的实际情况，最终应结合大的地形坡度统筹确定施工标高。
2. 景观设计包括道路系统与环境区域内所有硬化铺装的设计。施工时硬化基本做法与表面图案以本设计为准。坡度控制需要参考本设计进行实地核实。
3. 景观设计包括各种硬质景观和环境小品的设计。原则上此部分内容的施工必须遵照本设计图纸。如有改动，需要先征得设计者的同意。
4. 景观设计包括各种环境功能设施的布置。如照明灯具、垃圾桶、宣传栏和户外健身器具等。这些设施的安装定位可参考本设计的建议，同时需要尊重甲方的意见。
5. 景观设计包括所有植物景观的设计。施工时植物种类与植物在环境中的位置需要严格依照本设计。小区景观建成后，一年生草本花卉可以每年有所变化。
6. 景观设计包括浇（喷）灌与照明系统的设计。本设计主要对功能与环境景观效果进行了控制，施工时，这些设施与环境的位置关系需要依照本设计，设施品牌与品质以甲方最后确认的为准。
重要提示：
景观施工最重要的是要把景观设计所给出的环境关系做准确。如果遇到设计尺寸与现场尺寸不一致的情况，不要简单地进行单一尺度的调整，而应该统筹环境各要素的位置关系，以确保景观设计的整体关系不变。
也就是说，环境关系做得准确比单一因素做得准确更为重要。
N
景观设计总平面图
0 5 10 15 20 25 30 35 40 45 50 55 60 65 70 75 80 85 90 95 100m
图纸导读：
本套蒙欣花园环境景观设计施工图纸由完整的A3黑白图册和1:100、1:200彩色大图纸组成。所有景观设计内容在A3图册中都可以找到，如果A3图册标示不完整时，该页图纸会有提示，指导参见相应的彩色大图。
在施工时黑白图册与彩色图纸需要结合起来使用，才能得到完整准确的设计信息。
幼儿园
写字楼 酒店

图5-5-9　A3施工图册第1页

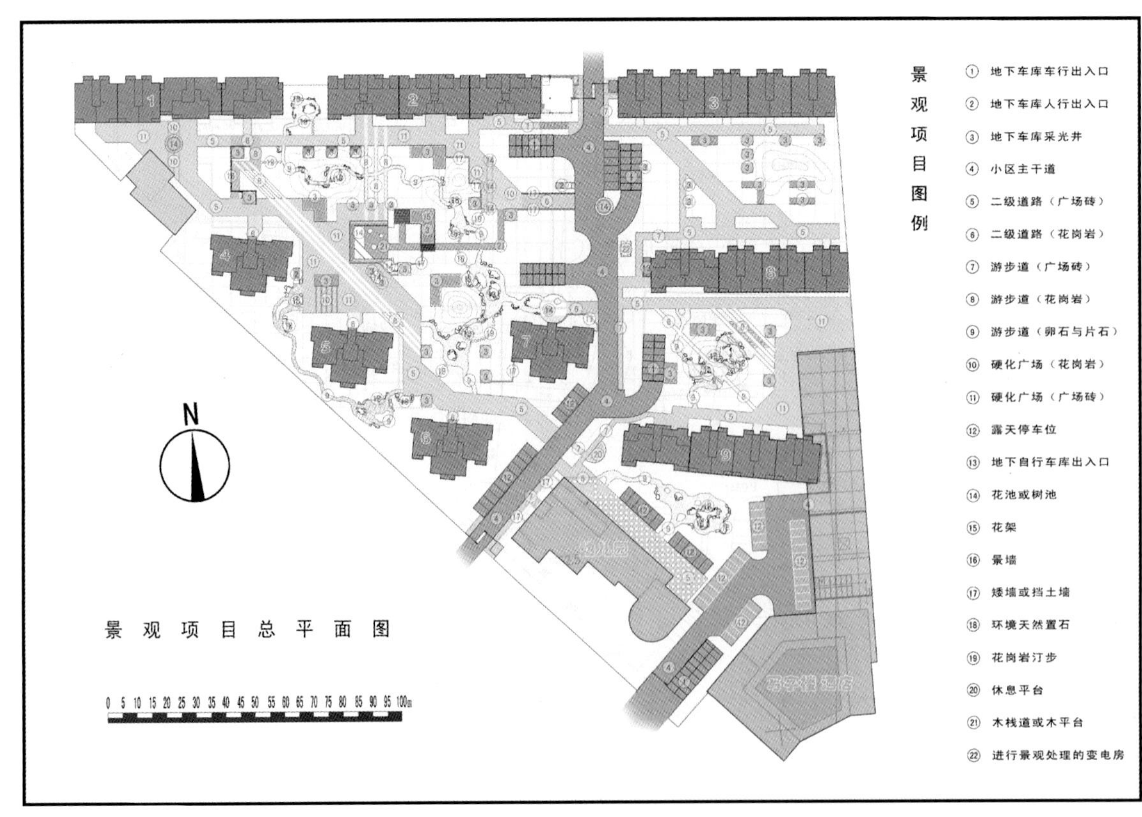

图5-5-10　A3施工图册第2页

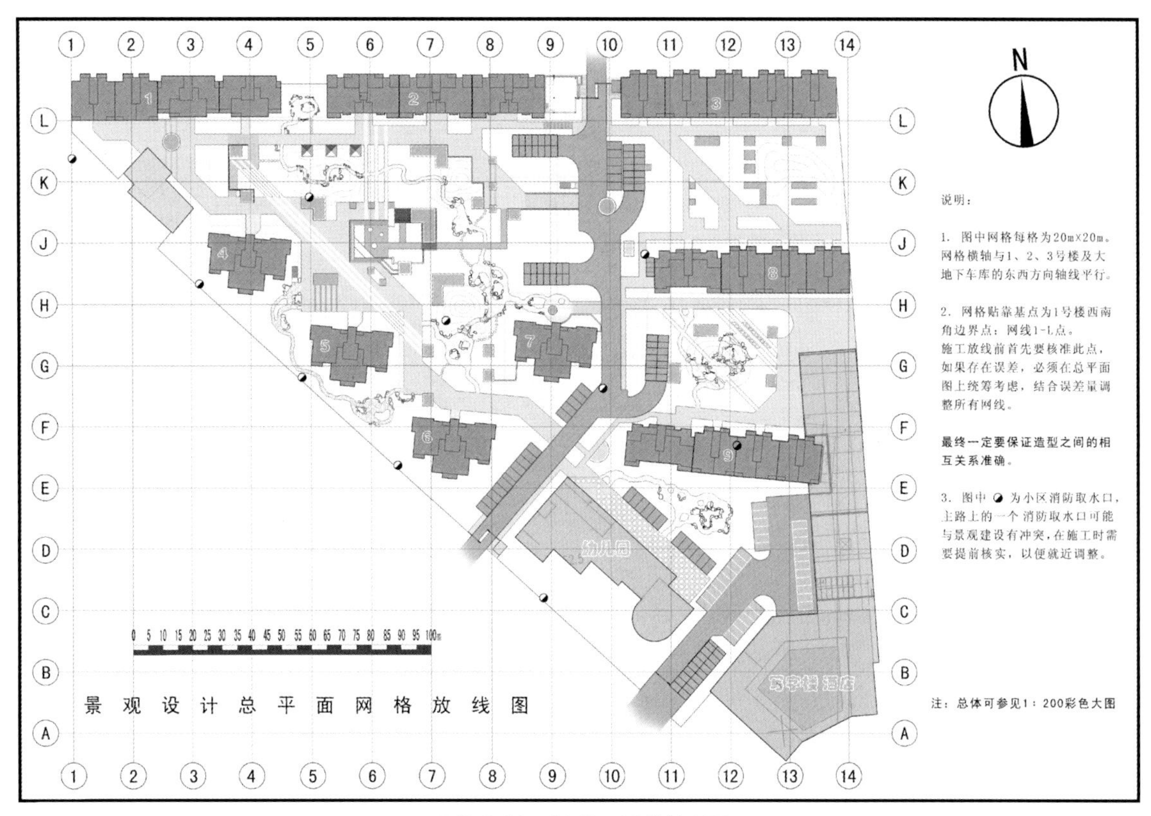

N
说明：
1. 图中网格每格为20m×20m。网格横轴与1、2、3号楼及大地下车库的东西方向轴线平行。
2. 网格贴靠基点为1号楼西南角边界点：网线1-L点。
施工放线前首先要核准此点，如果存在误差，必须在总平面图上统筹考虑，结合误差量调整所有网线。
最终一定要保证造型之间的相互关系准确。
3. 图中 ◒ 为小区消防取水口，主路上的一个消防取水口可能与景观建设有冲突，在施工时需要提前核实，以便就近调整。
注：总体可参见1：200彩色大图
景观设计总平面网格放线图
幼儿园
0 5 10 15 20 25 30 35 40 45 50 55 60 65 70 75 80 85 90 95 100m

图5-5-11 A3施工图册第3页

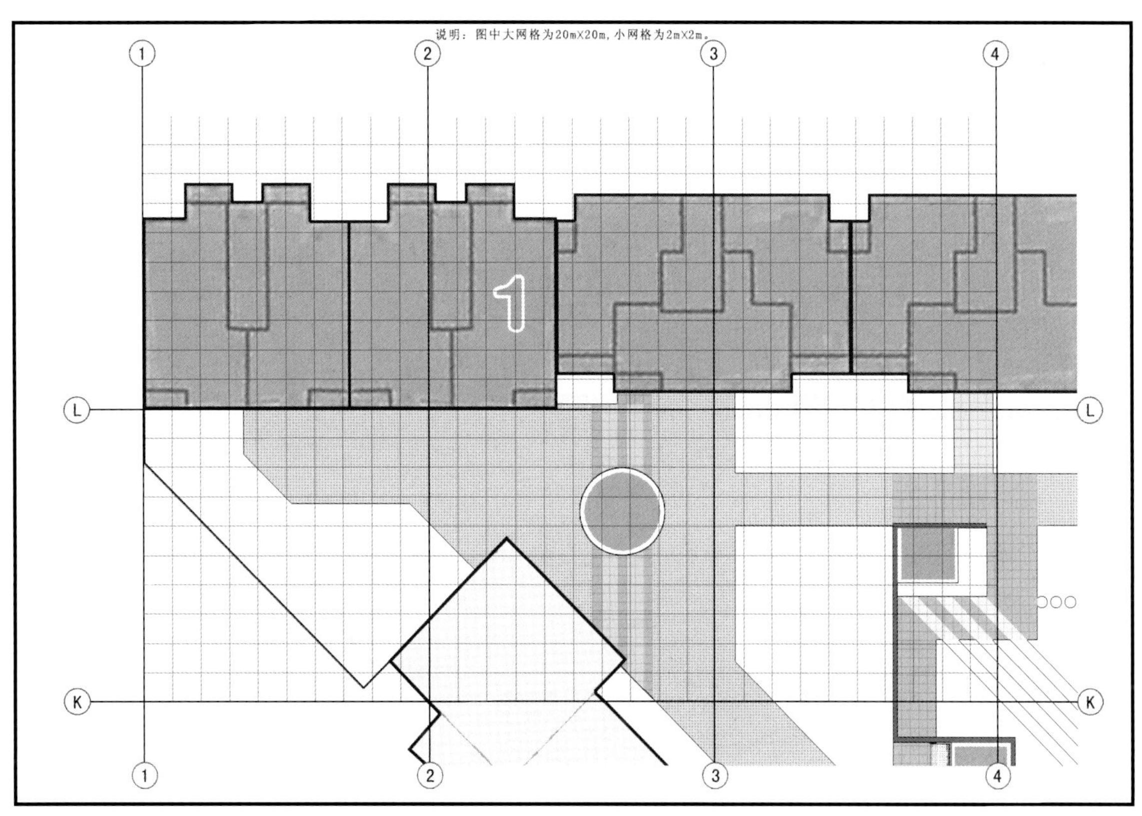

图5-5-12 A3施工图册第4页

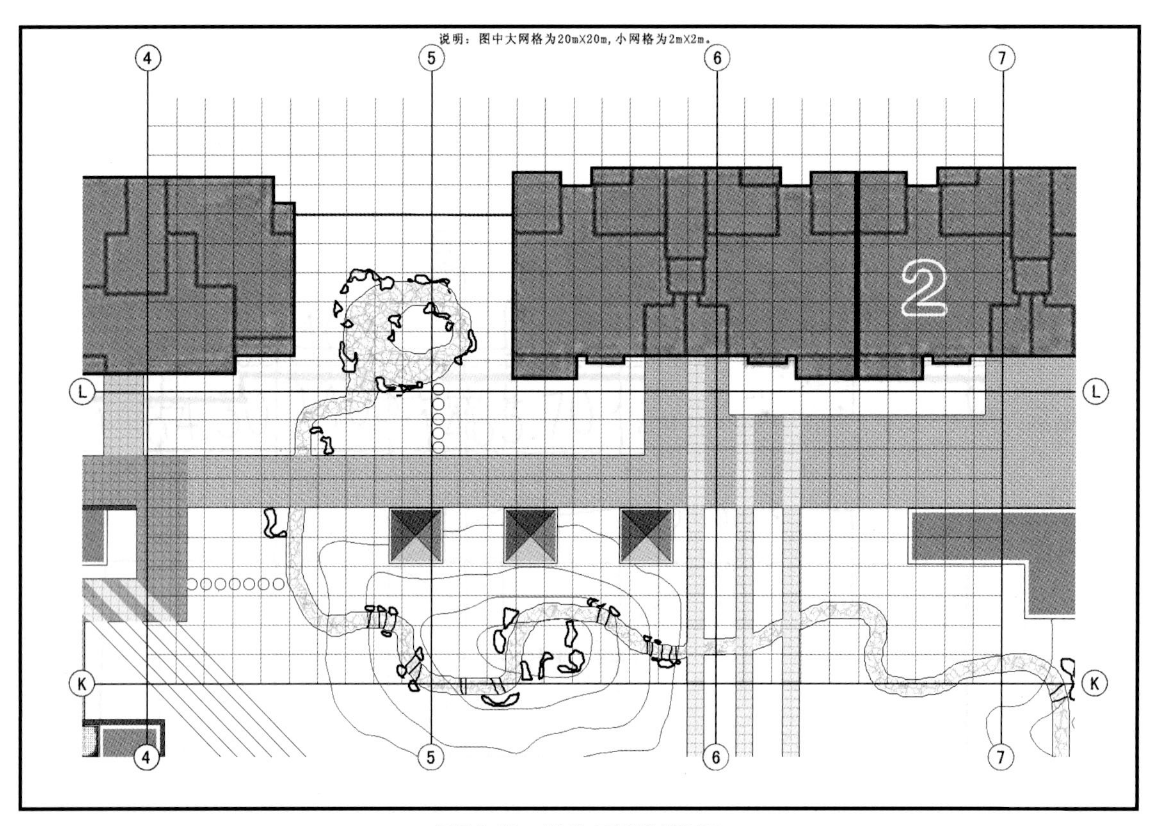

图5-5-13　A3施工图册第5页

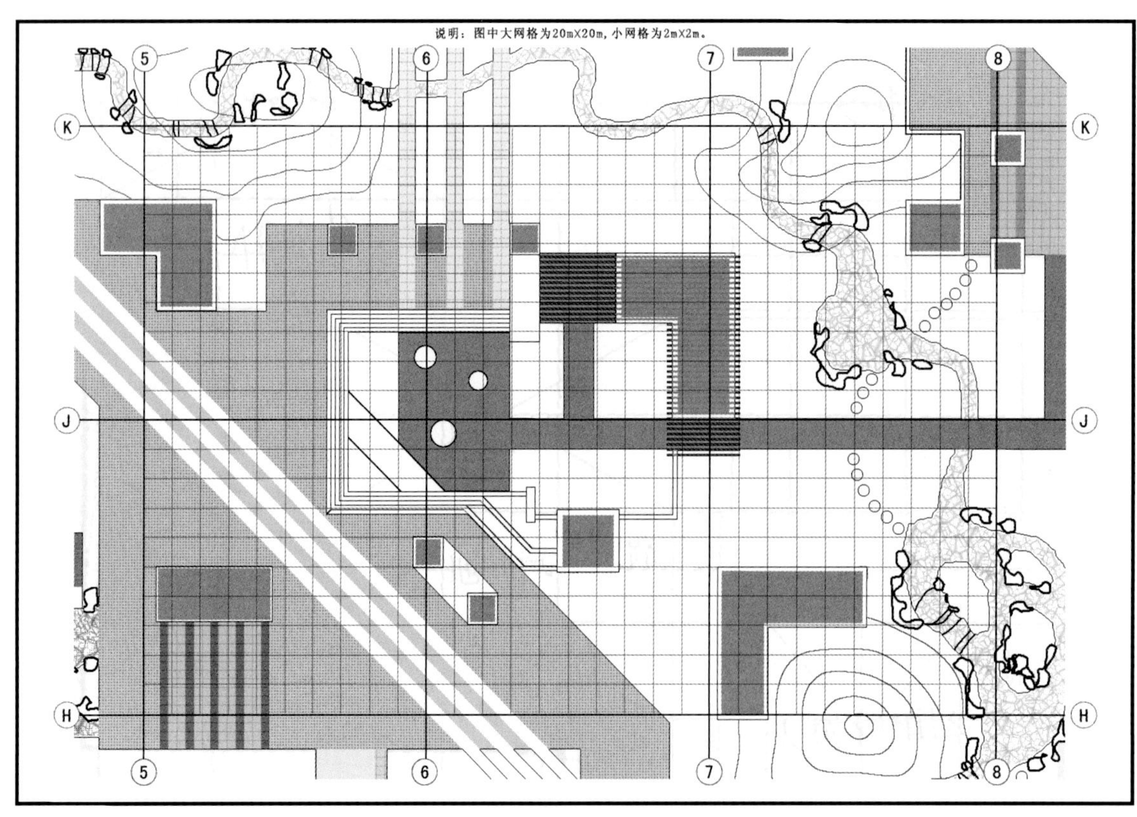

图5-5-14　A3施工图册第10页

图5-5-15　A3施工图册第14页

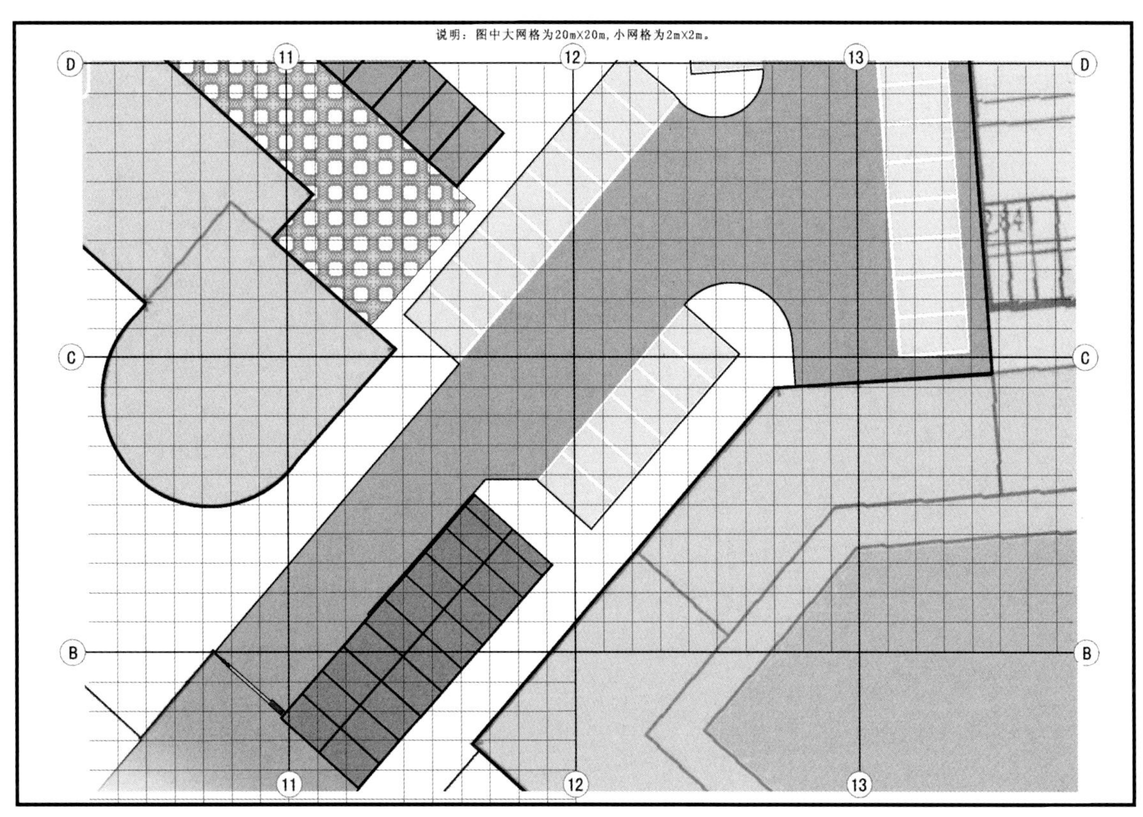

图5-5-16　A3施工图册第20页

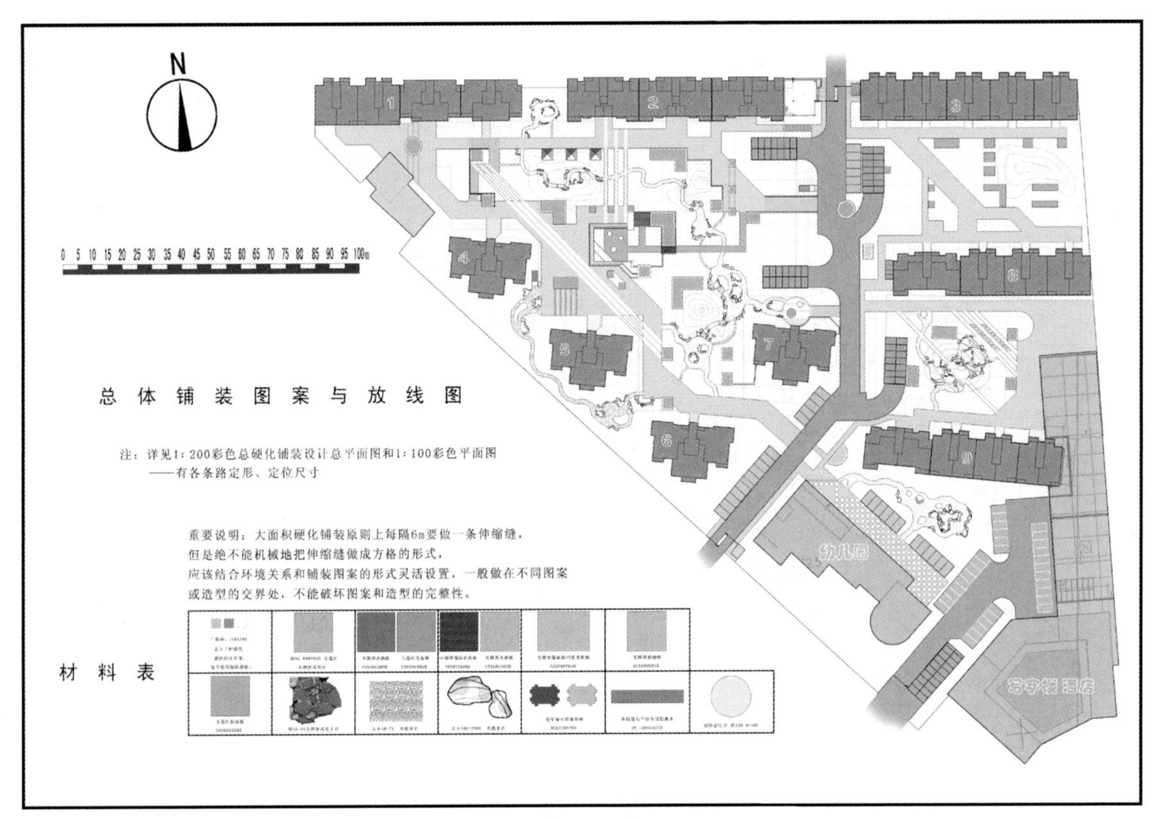

N
总体铺装图案与放线图
注：详见1:200彩色总硬化铺装设计总平面图和1:100彩色平面图
——有各条路定形、定位尺寸
重要说明：大面积硬化铺装原则上每隔6m要做一条伸缩缝，
但是绝不能机械地把伸缩缝做成方格的形式，
应该结合环境关系和铺装图案的形式灵活设置，一般做在不同图案
或造型的交界处，不能破坏图案和造型的完整性。
材料表
幼儿园
写字楼酒店

图5-5-17　A3施工图册第21页

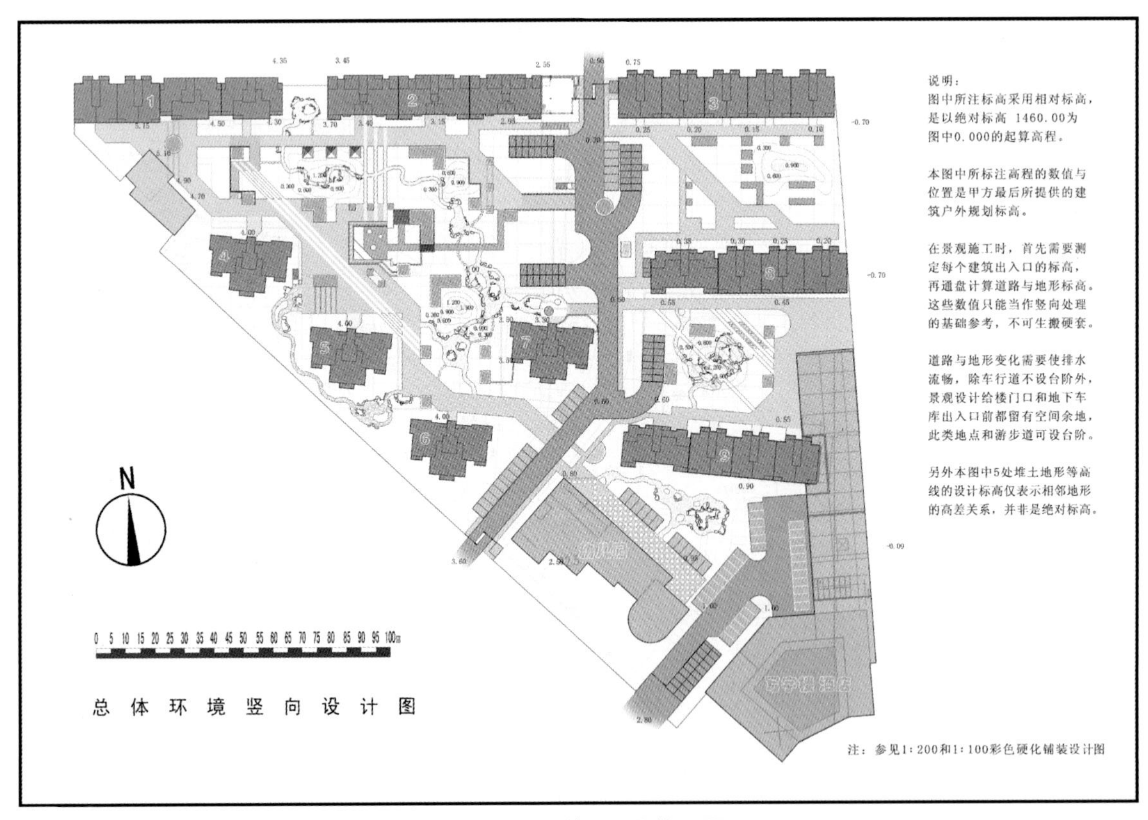

图5-5-18　A3施工图册第22页

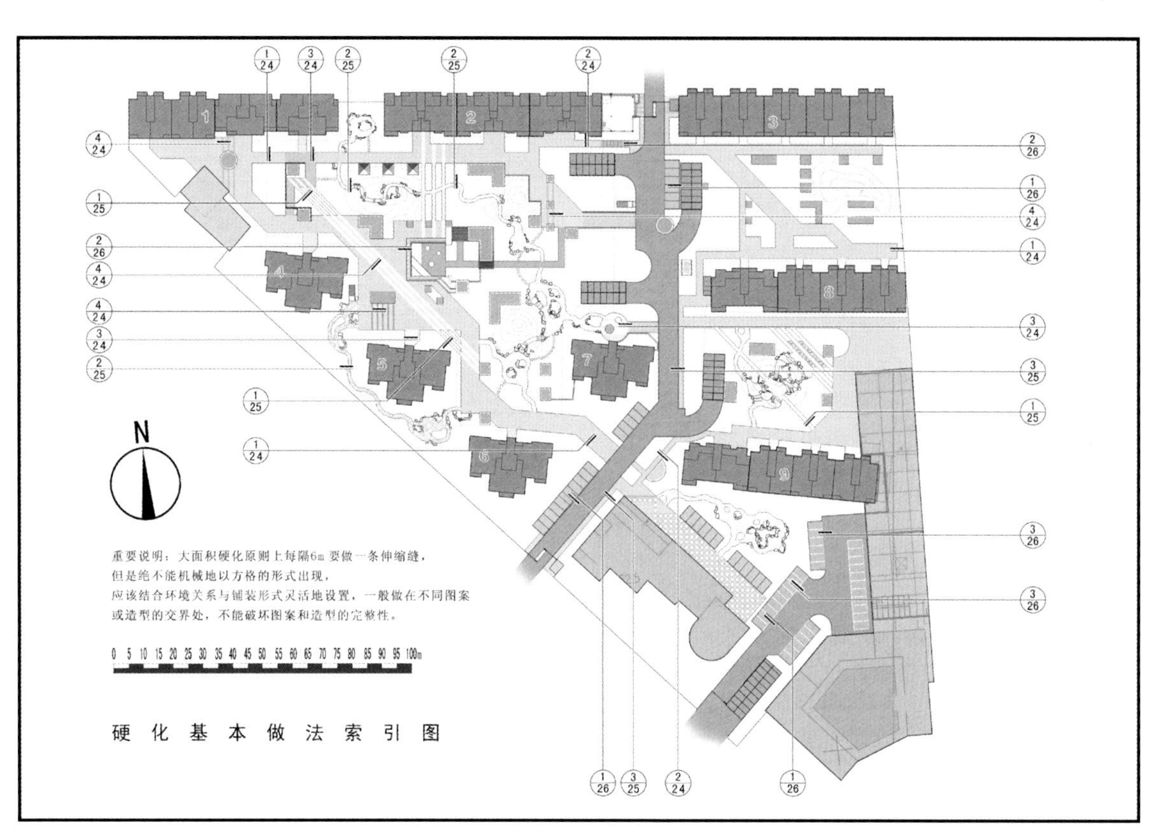

N
重要说明：大面积硬化原则上每隔6m要做一条伸缩缝，
但是绝不能机械地以方格的形式出现，
应该结合环境关系与铺装形式灵活地设置，一般做在不同图案
或造型的交界处，不能破坏图案和造型的完整性。
0 5 10 15 20 25 30 35 40 45 50 55 60 65 70 75 80 85 90 95 100m
硬化基本做法索引图

图5-5-19 A3施工图册第23页

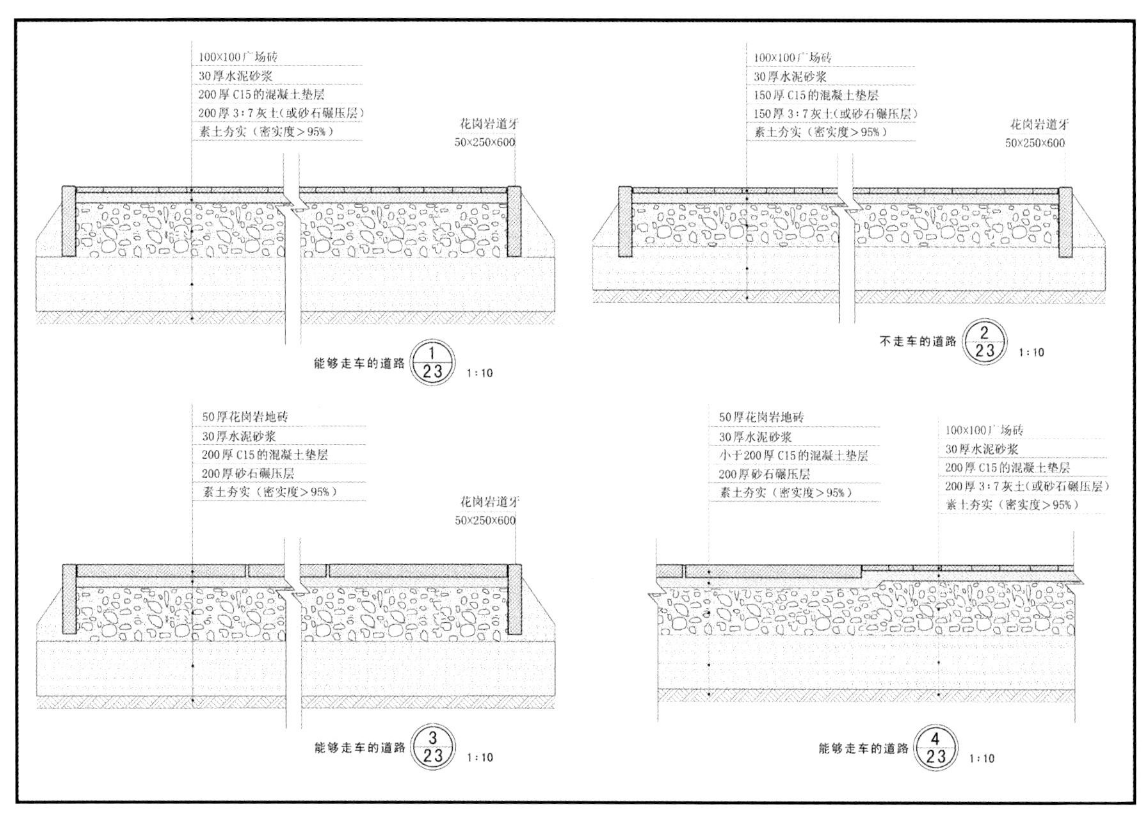

图5-5-20 A3施工图册第24页

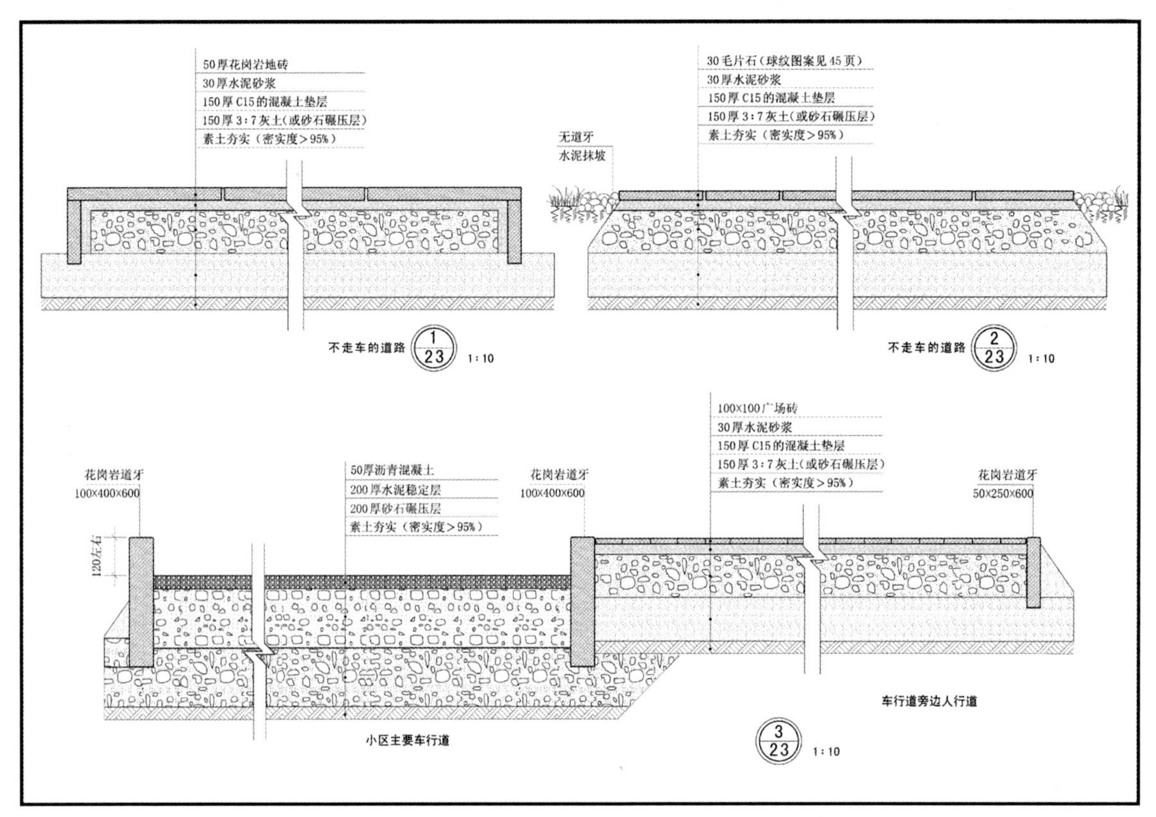

图5-5-21　A3施工图册第25页

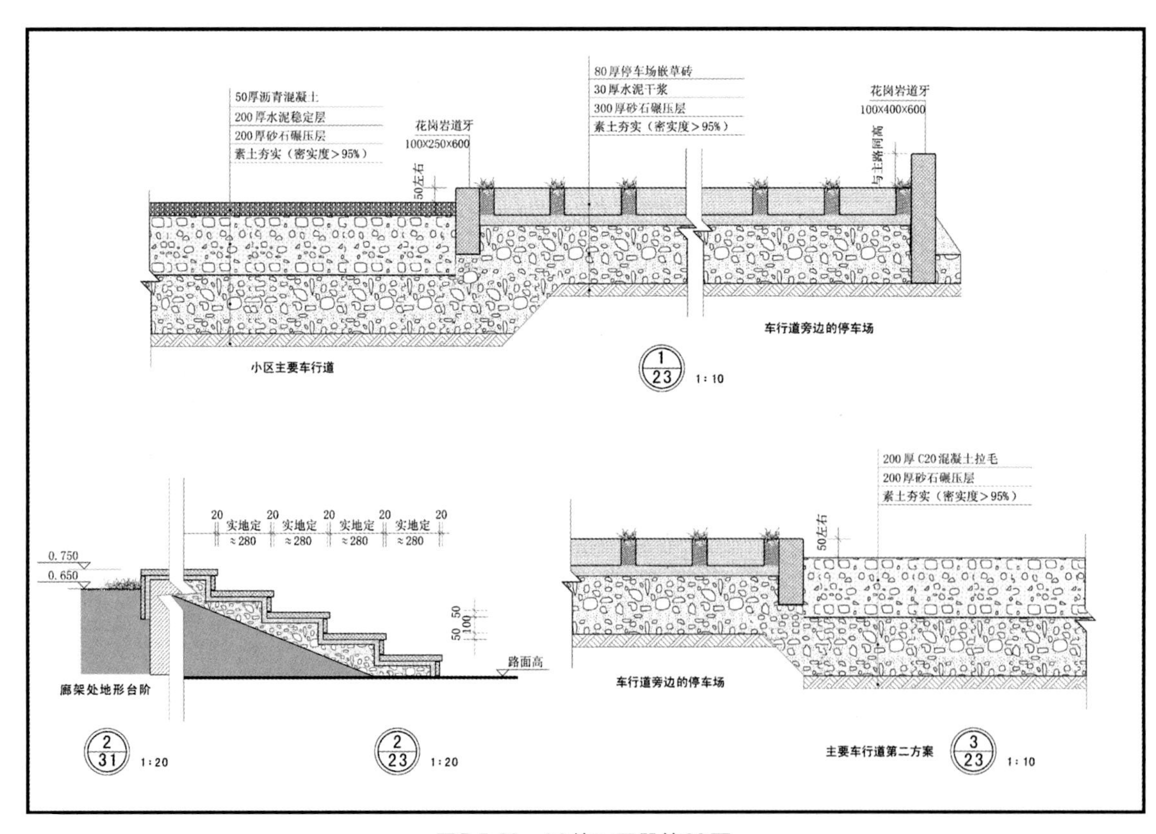

图5-5-22　A3施工图册第26页

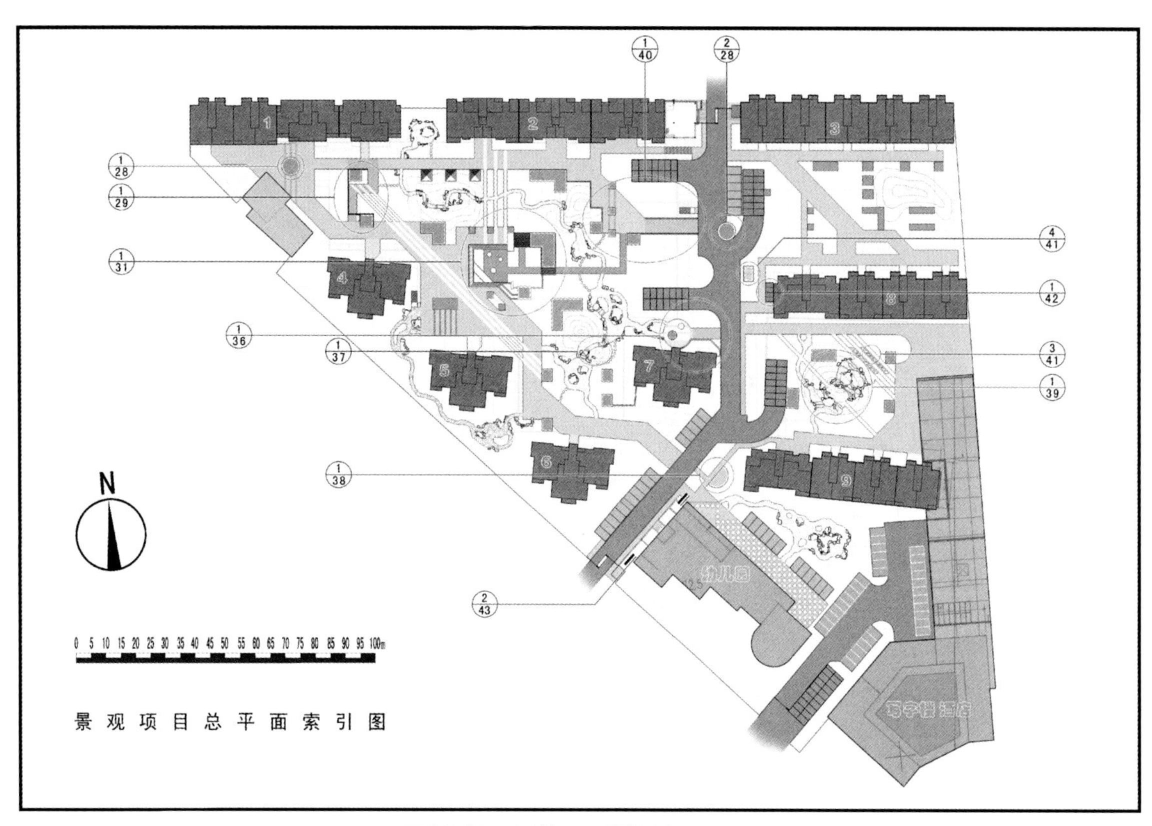

图5-5-23 A3施工图册第27页

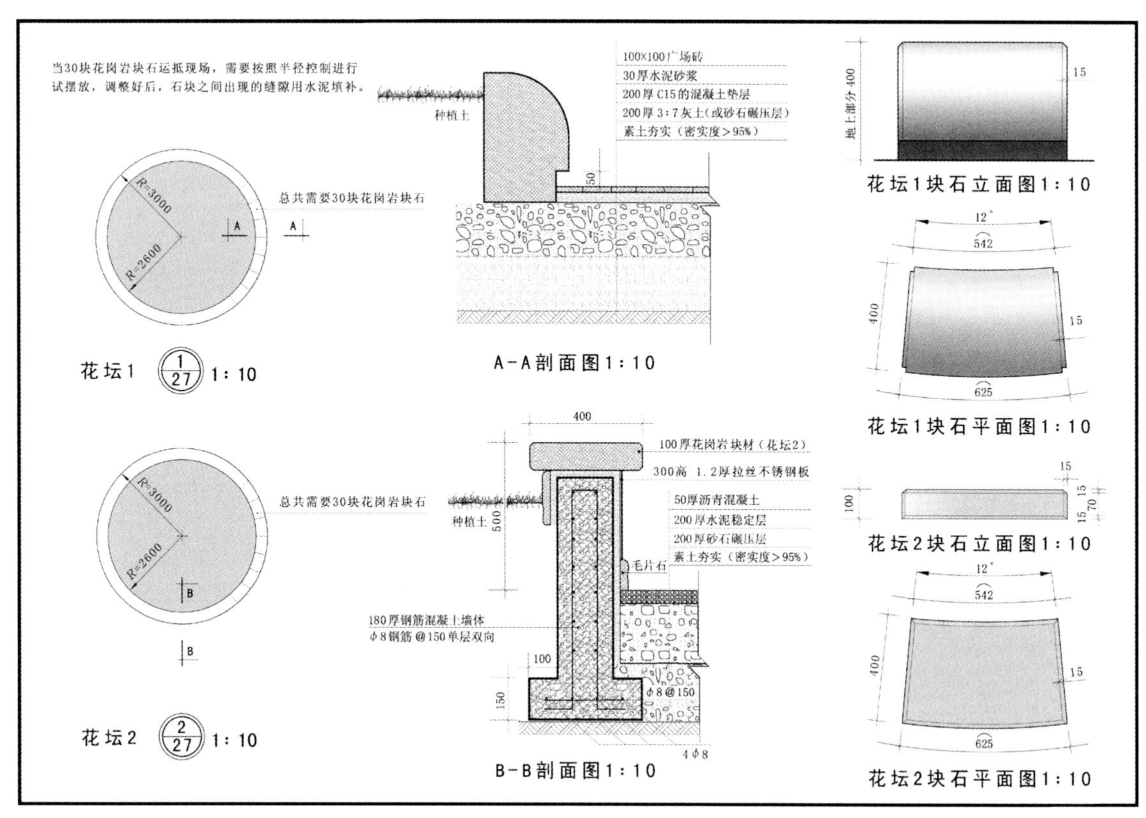

图5-5-24 A3施工图册第28页

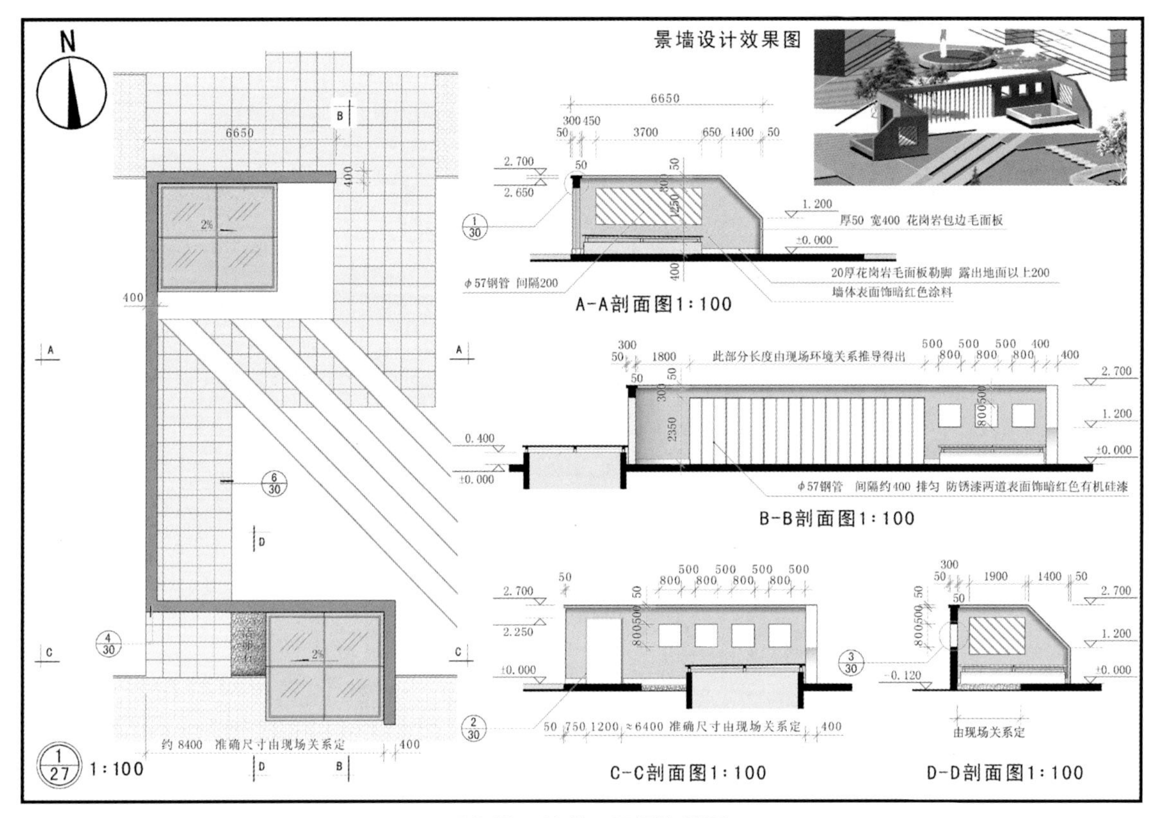

图5-5-25　A3施工图册第29页

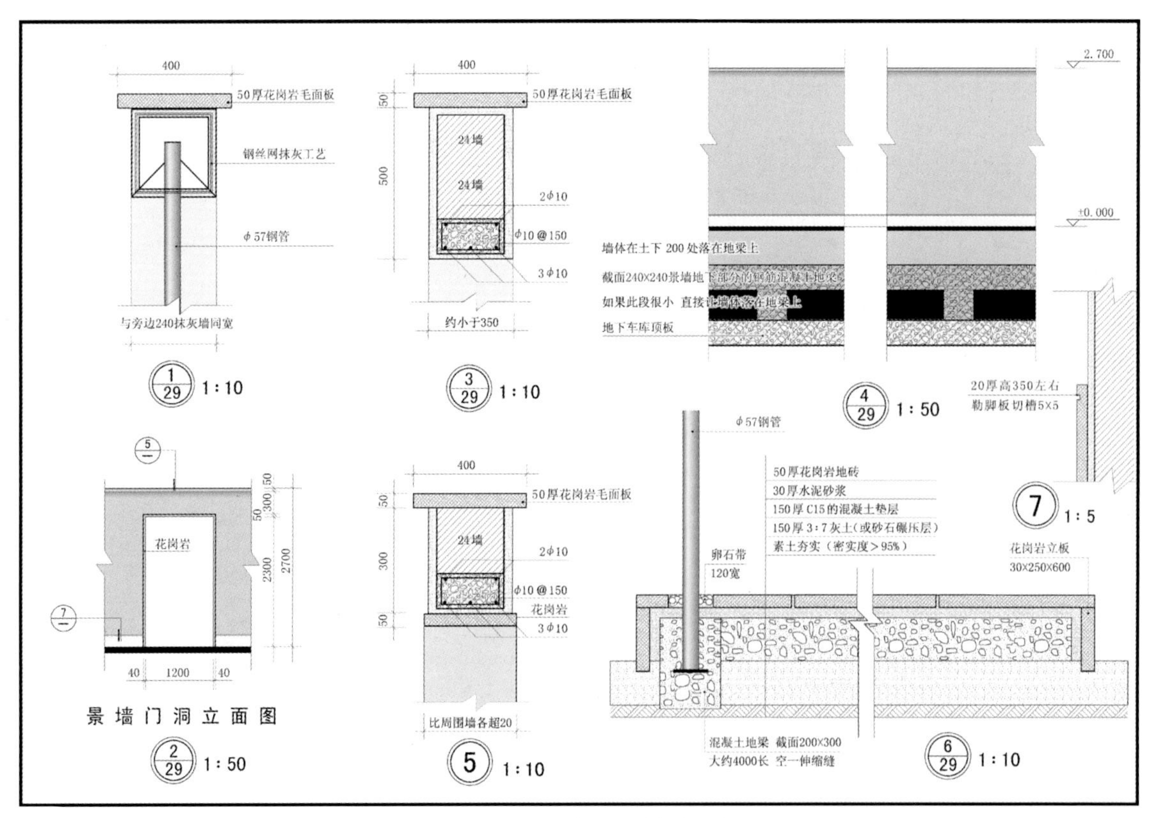

图5-5-26　A3施工图册第30页

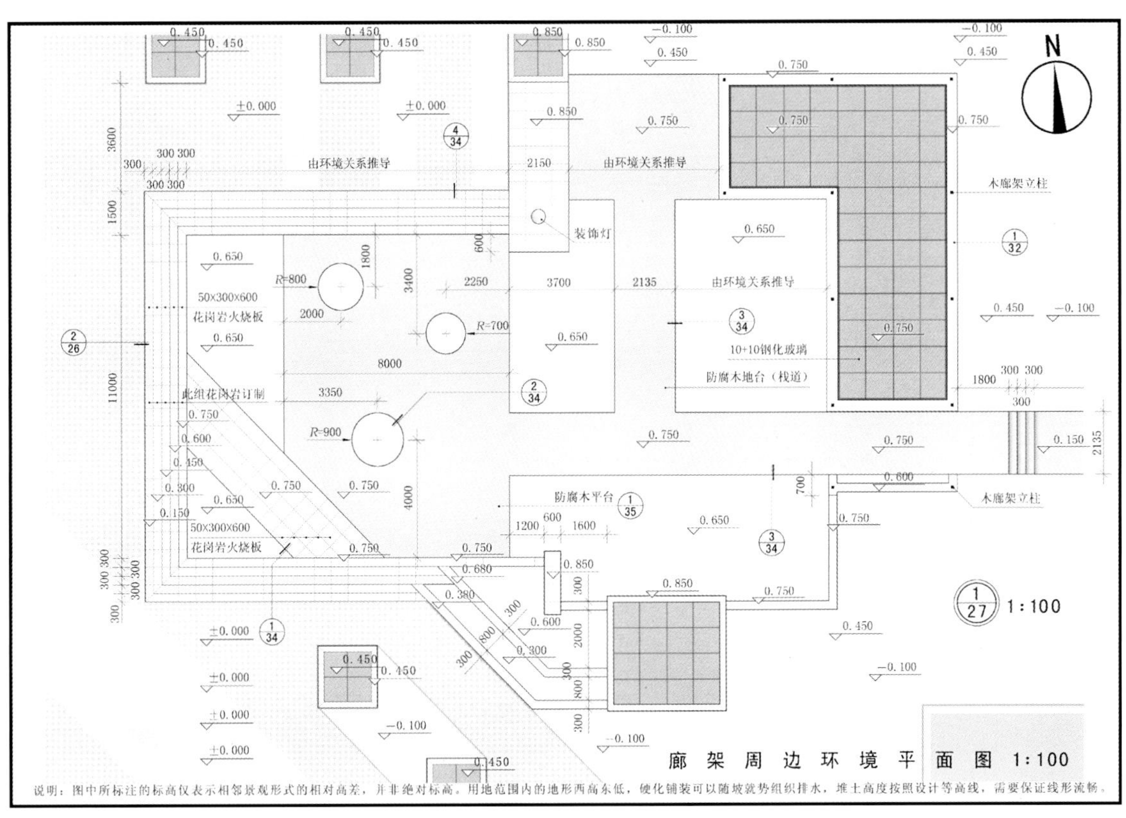

图5-5-27　A3施工图册第31页

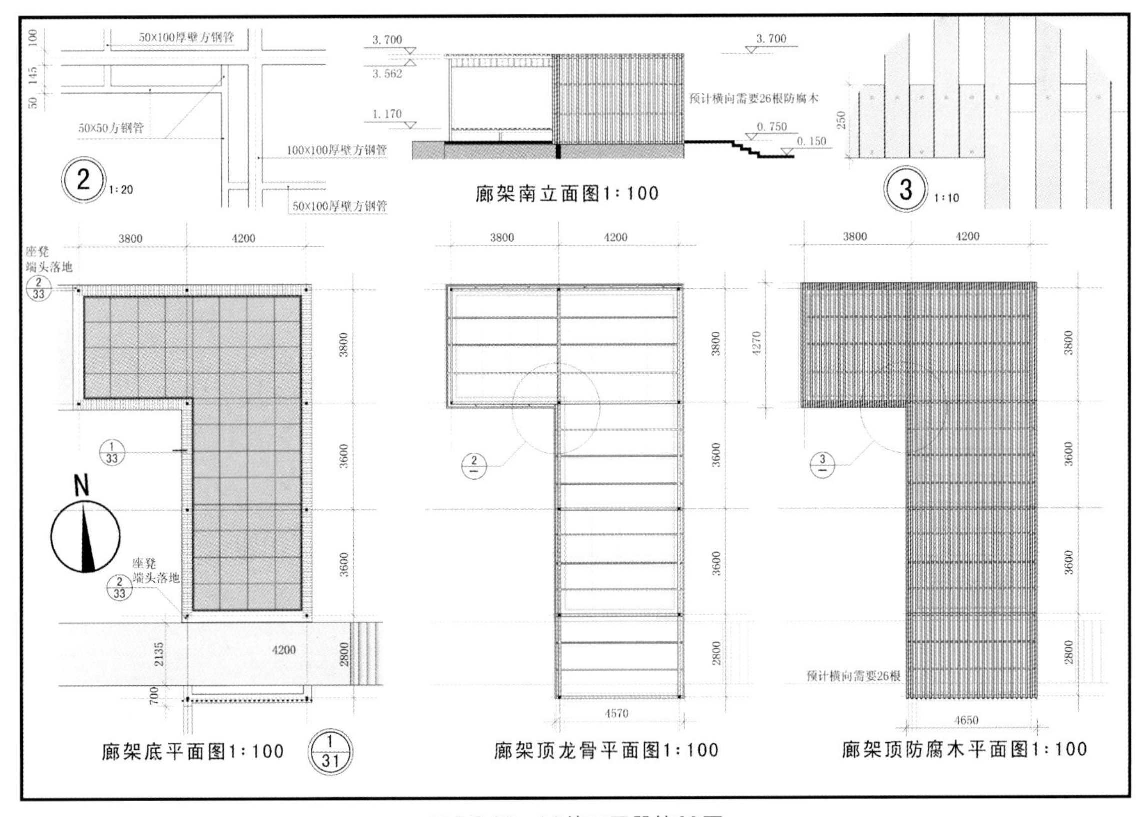

图5-5-28　A3施工图册第32页

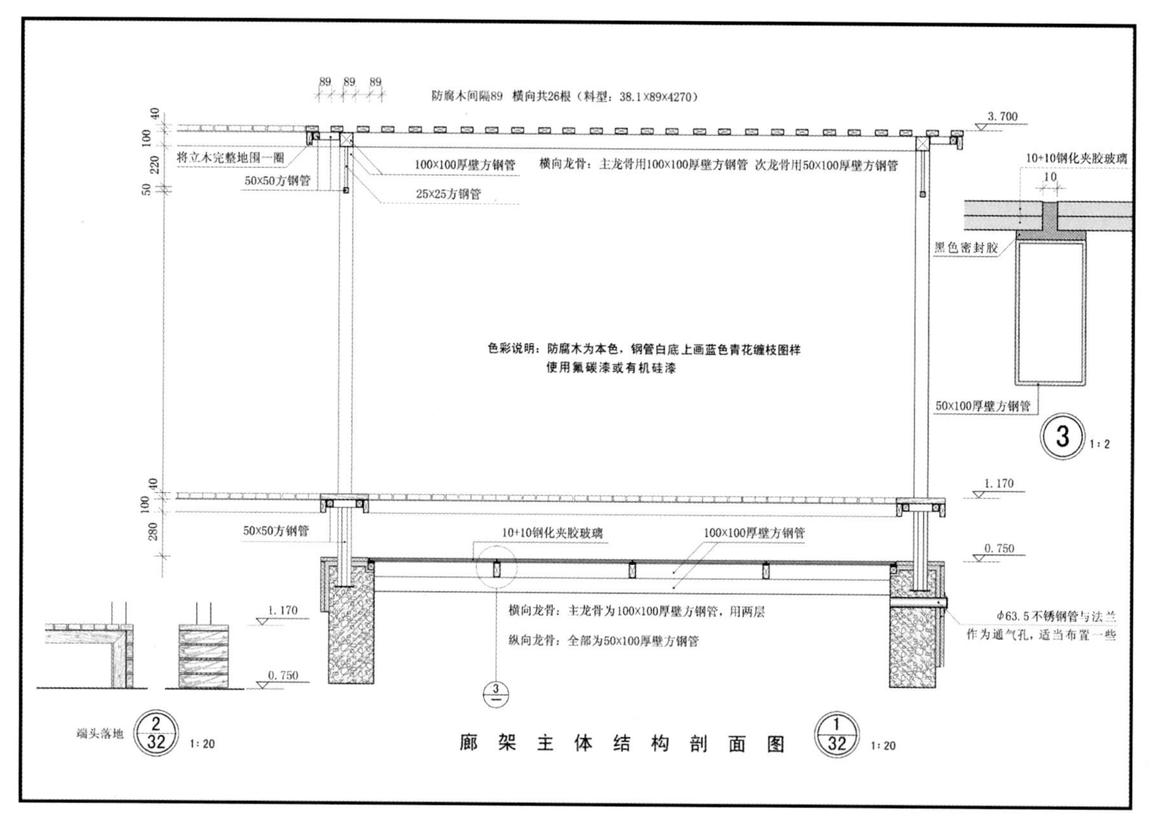
防腐木间隔89 横向共26根（料型：38.1×89×4270）
将立木完整地围一圈
100×100厚壁方钢管
横向龙骨：主龙骨用100×100厚壁方钢管 次龙骨用50×100厚壁方钢管
50×50方钢管
25×25方钢管
10+10钢化夹胶玻璃
黑色密封胶
色彩说明：防腐木为本色，钢管白底上画蓝色青花缠枝图样
使用氟碳漆或有机硅漆
50×100厚壁方钢管
10+10钢化夹胶玻璃
100×100厚壁方钢管
横向龙骨：主龙骨为100×100厚壁方钢管，用两层
纵向龙骨：全部为50×100厚壁方钢管
φ63.5不锈钢管与法兰
作为通气孔，适当布置一些
端头落地
廊架主体结构剖面图

图5-5-29 A3施工图册第33页

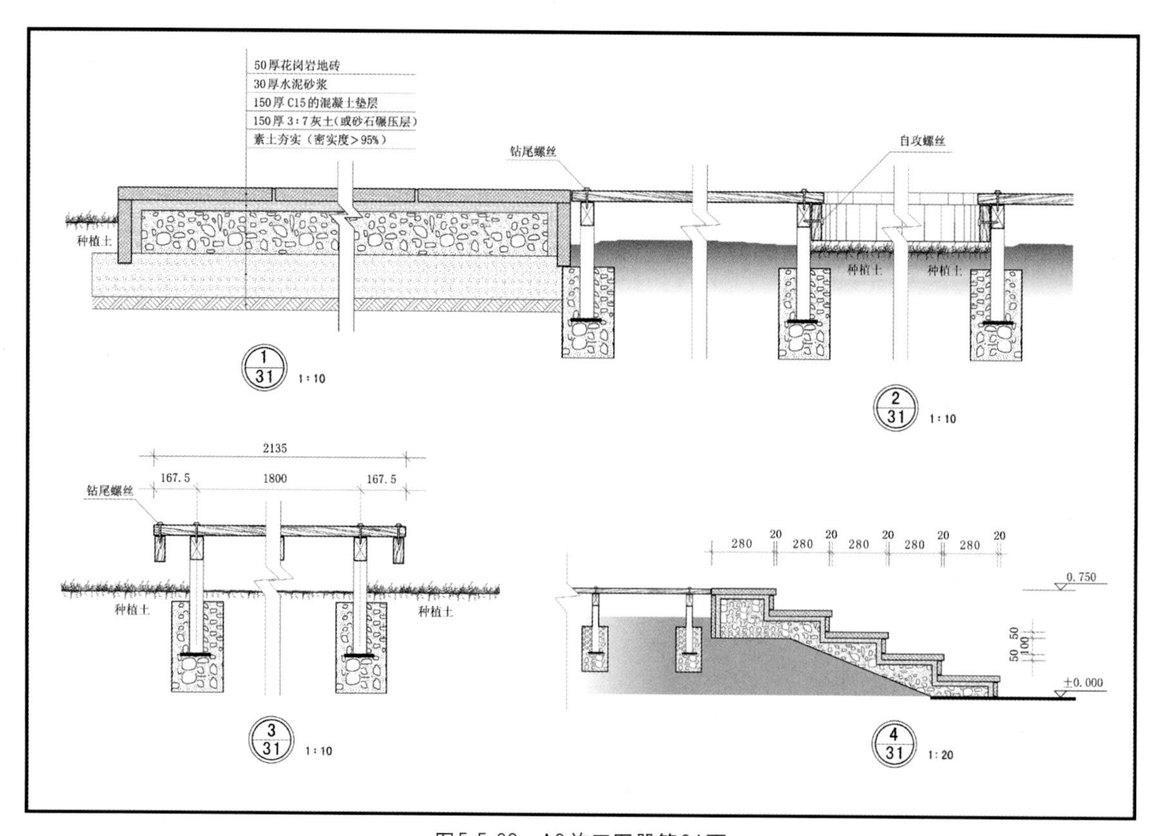
50厚花岗岩地砖
30厚水泥砂浆
150厚C15的混凝土垫层
150厚3:7灰土(或砂石碾压层)
素土夯实（密实度>95%）
钻尾螺丝
自攻螺丝
种植土

图5-5-30 A3施工图册第34页

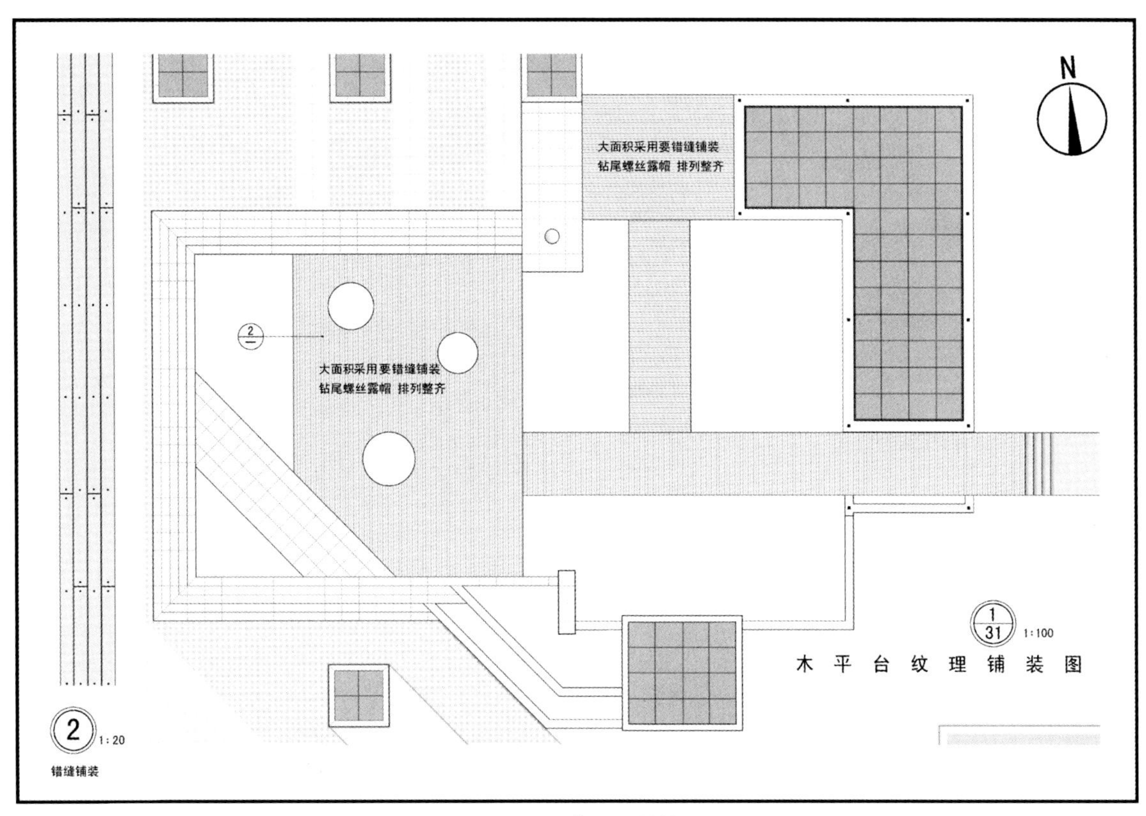

图5-5-31 A3施工图册第35页

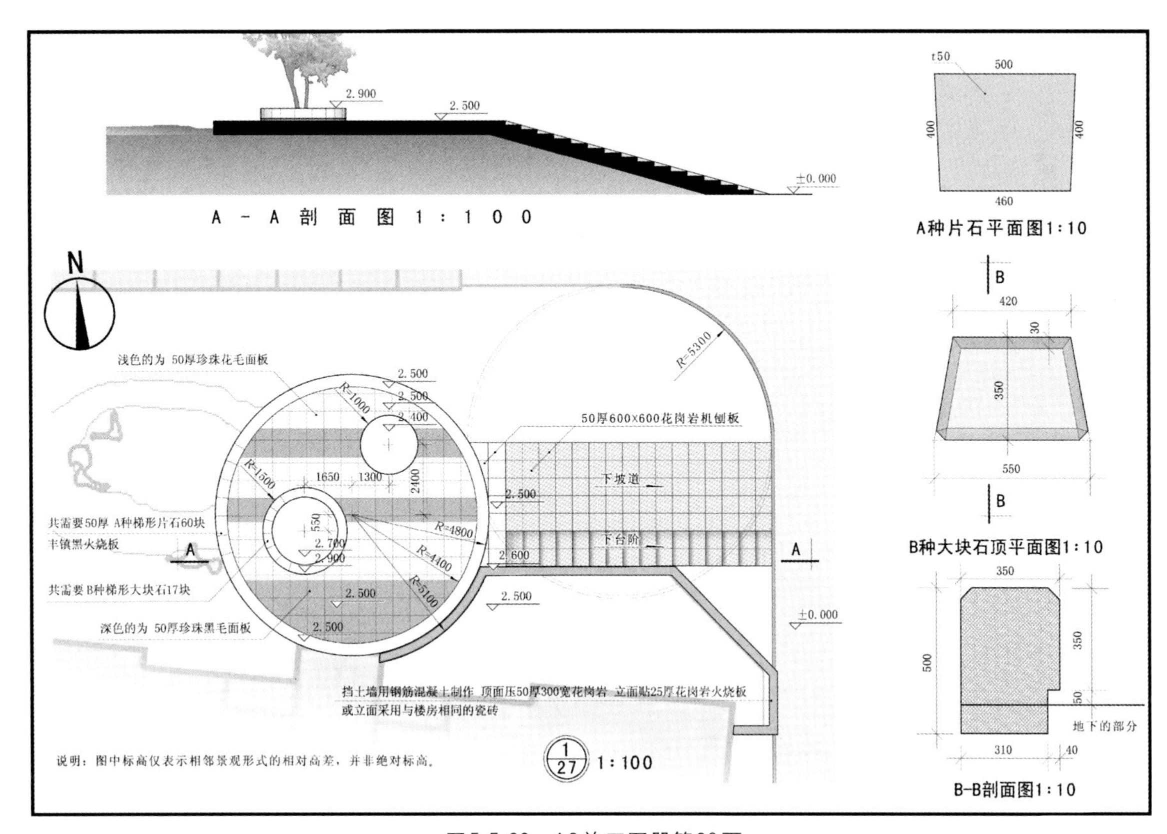

图5-5-32 A3施工图册第36页

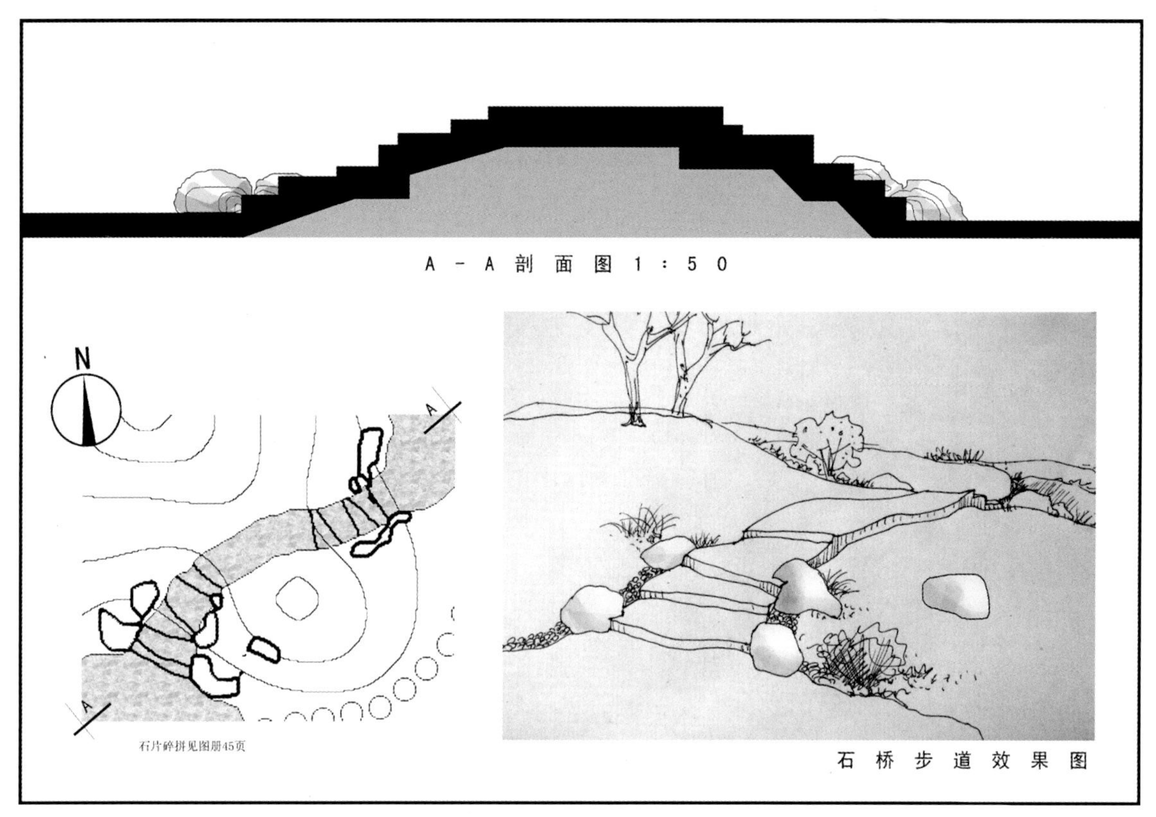

图5-5-33　A3施工图册第37页

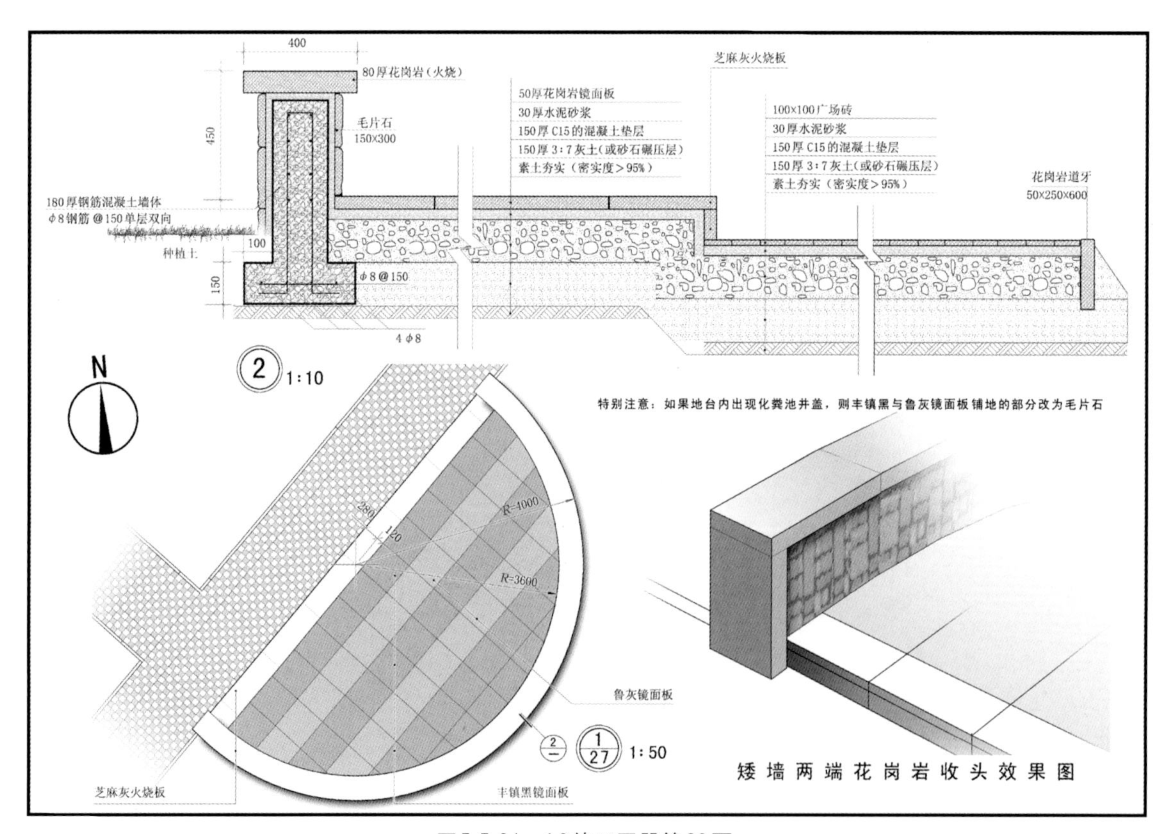

图5-5-34　A3施工图册第38页

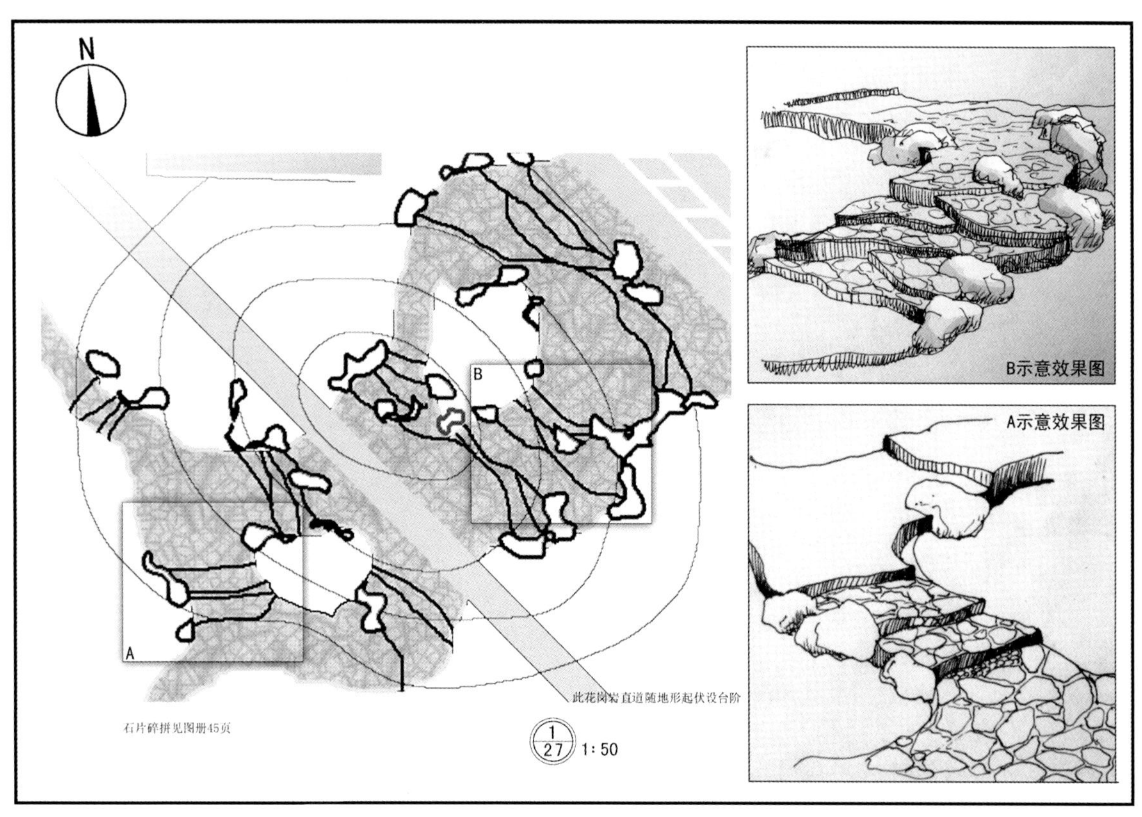

图5-5-35　A3施工图册第39页

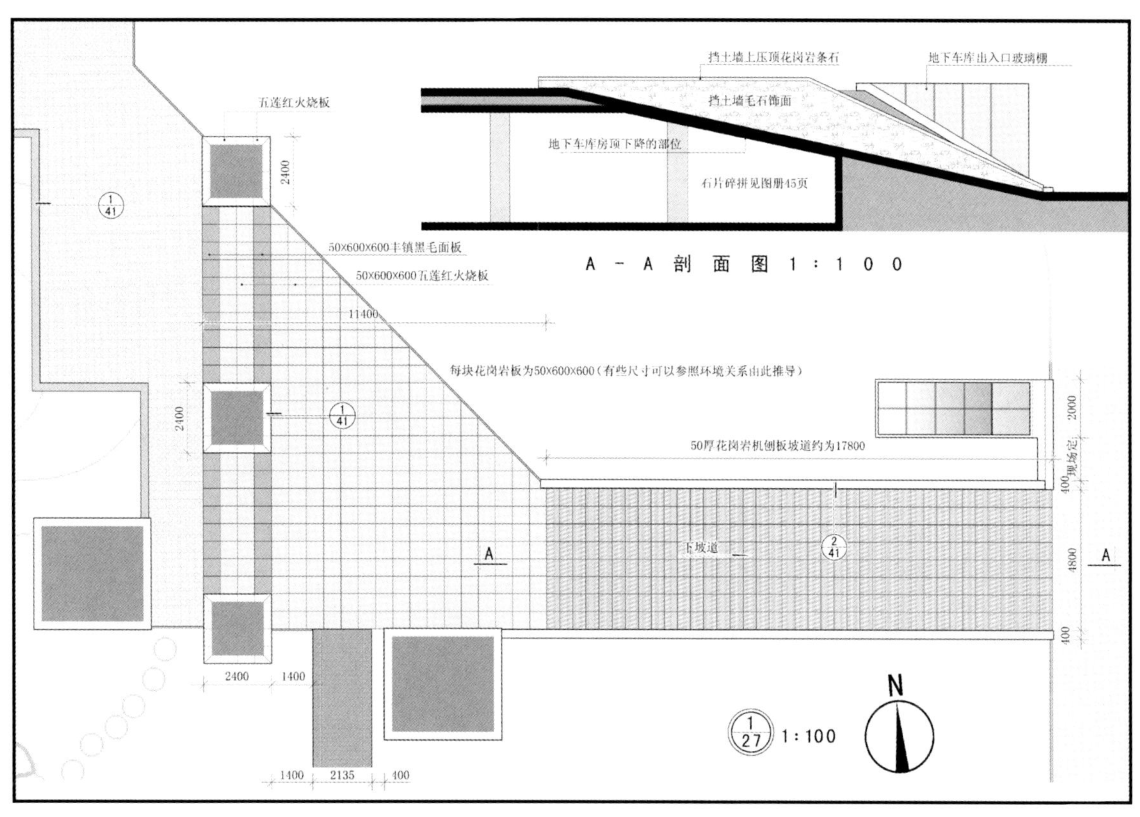

图5-5-36　A3施工图册第40页

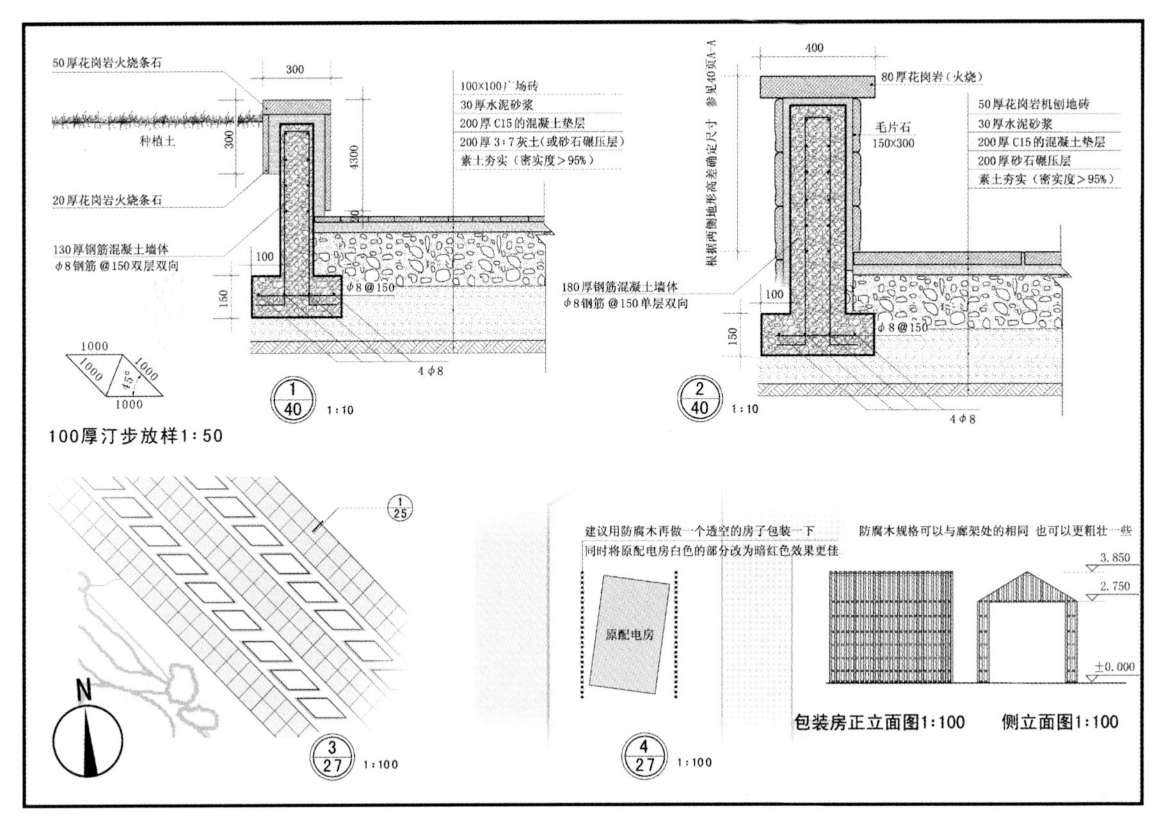

图5-5-37　A3施工图册第41页

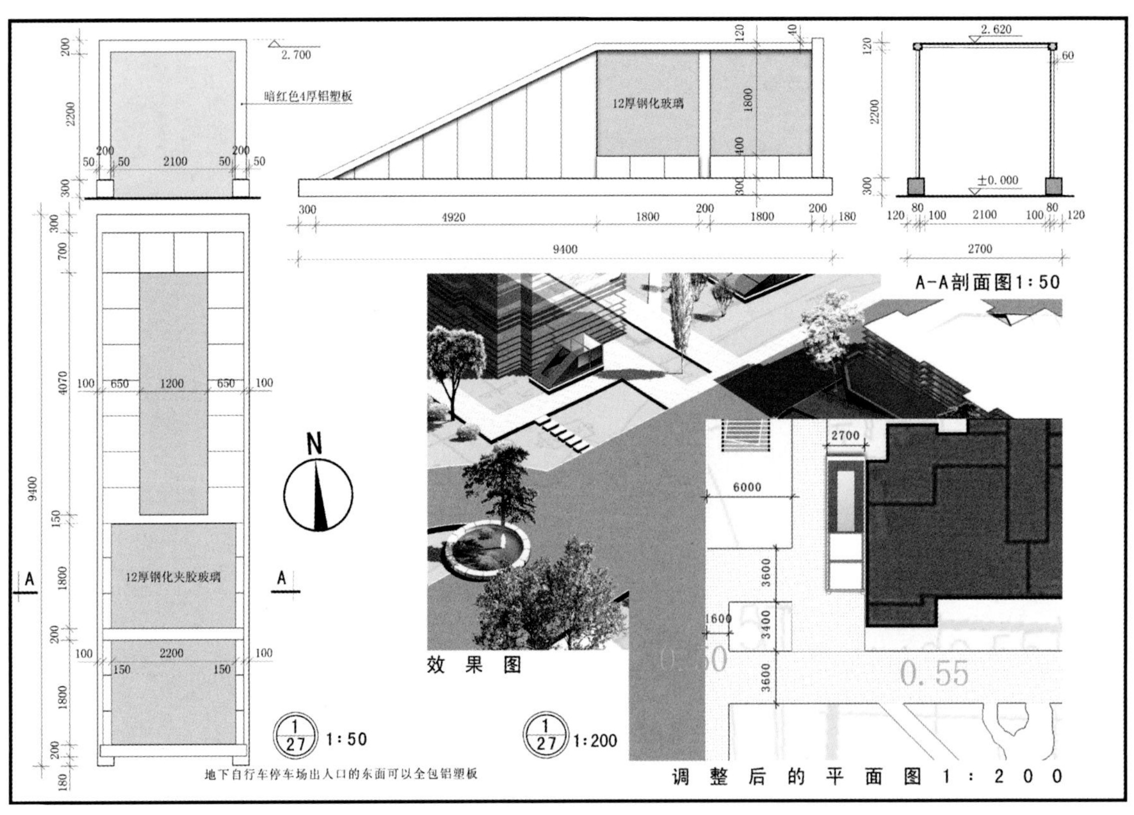

图5-5-38　A3施工图册第42页

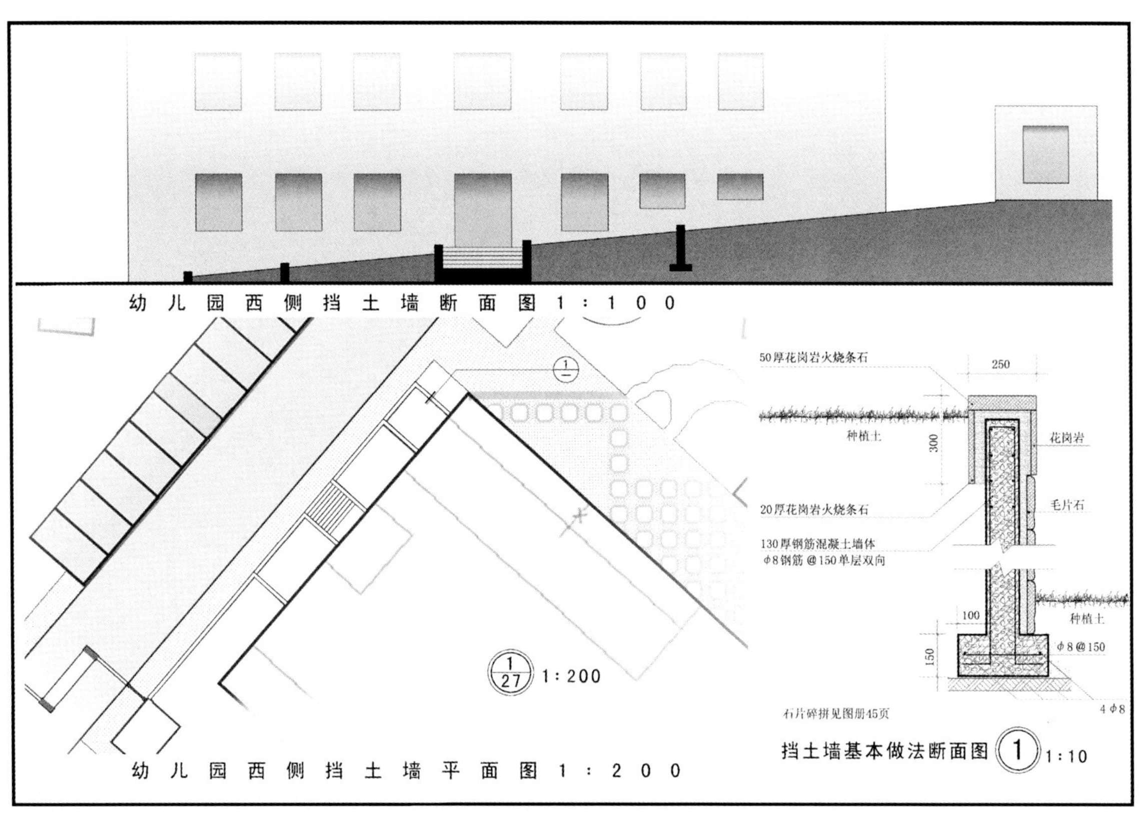
幼儿园西侧挡土墙断面图 1：100
50厚花岗岩火烧条石
250
种植土
300
花岗岩
毛片石
20厚花岗岩火烧条石
130厚钢筋混凝土墙体
φ8钢筋@150单层双向
100
种植土
150
φ8@150
4φ8
石片碎拼见图册45页
1/27 1:200
挡土墙基本做法断面图 1 1:10
幼儿园西侧挡土墙平面图 1：200

图5-5-39 A3施工图册第43页

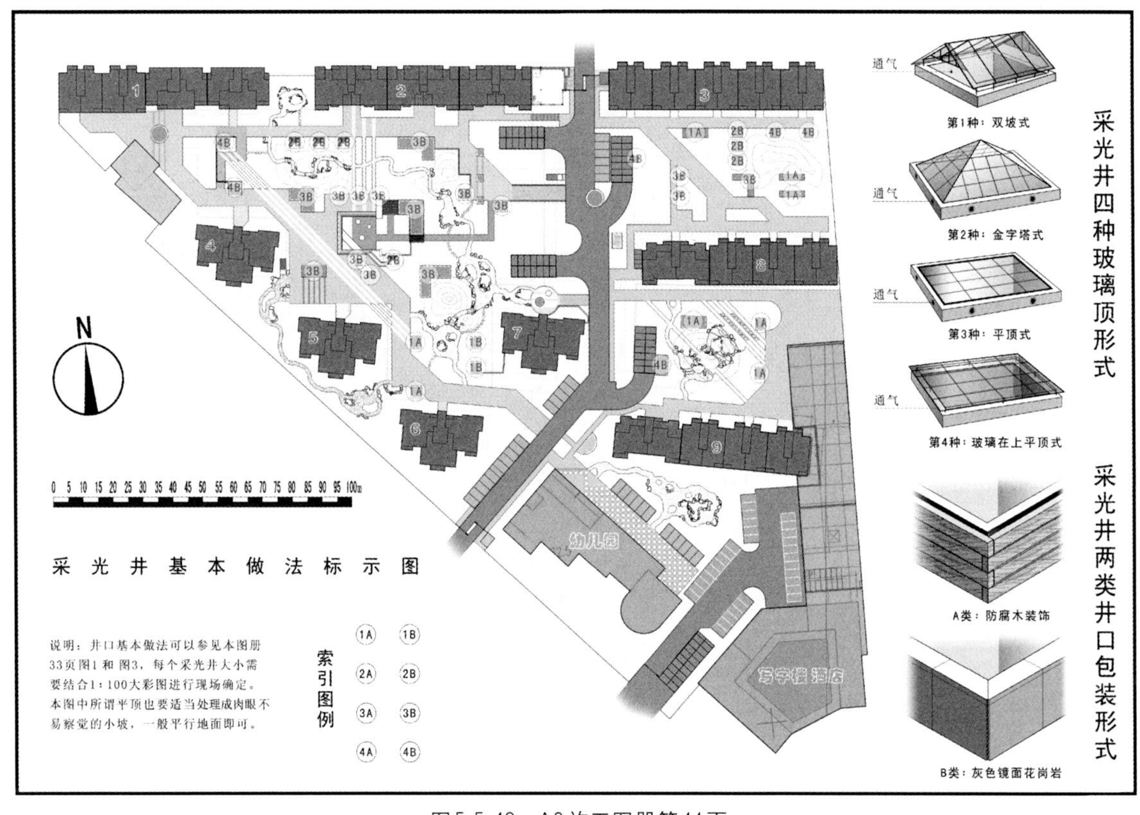
通气
第1种：双坡式
第2种：金字塔式
第3种：平顶式
第4种：玻璃在上平顶式
采光井四种玻璃顶形式
A类：防腐木装饰
B类：灰色镜面花岗岩
采光井两类井口包装形式
N
幼儿园
写字楼酒店
采光井基本做法标示图
说明：井口基本做法可以参见本图册33页图1和图3，每个采光井大小需要结合1：100大彩图进行现场确定。本图中所谓平顶也要适当处理成肉眼不易察觉的小坡，一般平行地面即可。
索引图例
1A 1B
2A 2B
3A 3B
4A 4B

图5-5-40 A3施工图册第44页

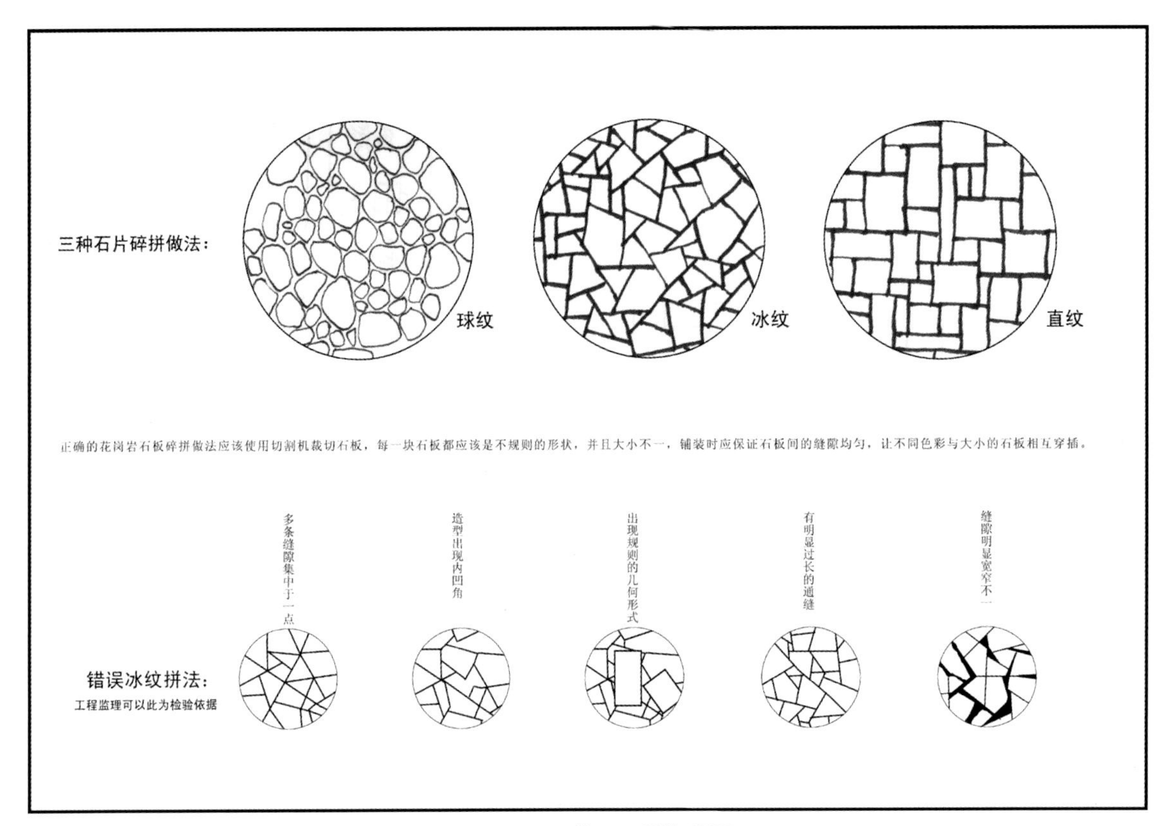
三种石片碎拼做法：
球纹
冰纹
直纹
正确的花岗岩石板碎拼做法应该使用切割机裁切石板，每一块石板都应该是不规则的形状，并且大小不一，铺装时应保证石板间的缝隙均匀，让不同色彩与大小的石板相互穿插。
多条缝隙集中于一点
造型出现内凹角
出现规则的几何形式
有明显过长的通缝
缝隙明显宽窄不一
错误冰纹拼法：
工程监理可以此为检验依据

图5-5-41　A3施工图册第45页

种植表

名称 图例	数量	规格	备注	名称 图例	数量	规格	备注	名称 图例	数量	规格	备注
油松	39棵	高3~5m		蒙古栎	5棵	胸径5~12cm		暴马丁香	15棵	冠幅1m　高2~3m	
桧柏	32棵	高3~5m		梓树	6棵	胸径8~15cm		火炬树	20棵	胸径6~15cm	
圆柏	15棵	高3~5m		苹果树	9棵	胸径8~15cm		小叶女贞	43棵	冠幅1m　8~12枝	
侧柏	16棵	高3~5m		山桃	23棵	胸径8~20cm		榆叶梅	22棵	冠幅1m　8~12枝	
云杉	36棵	高3~5m		山杏	7棵	胸径8~15cm		珍珠梅	14棵	冠幅1m　8~12枝	
樟子松	14棵	高3~5m		卫矛	8棵	胸径7~15cm		连翘	23棵	冠幅1m　8~12枝	
沙地柏	400棵	枝冠40cm	每50cm种一株	皂角	6棵	胸径7~15cm		玫瑰	16棵	冠幅1m　8~12枝	
桧柏球	13棵	冠幅1~1.5m		文冠果	4棵	胸径5~12cm		红瑞木	37棵	冠幅1m　8~12枝	
侧柏绿篱	115m	高0.7~1m		红花槐	5棵	胸径6~15cm		毛樱桃	9棵	冠幅1m　8~12枝	
新疆杨	66棵	胸径10~15cm		国槐	28棵	胸径8~20cm		黄刺玫	36棵	冠幅1m　8~12枝	
沙枣	6棵	胸径8~15cm		白蜡	5棵	胸径8~15cm		紫丁香	90棵	冠幅1m　8~12枝	
垂柳	8棵	胸径8~15cm		元宝枫	13棵	胸径6~15cm		红丁香	32棵	冠幅1m　8~12枝	
旱柳	3棵	胸径8~15cm		山丁子	5棵	胸径6~15cm		紫叶小檗	400棵	高30cm	每30cm种一株
馒头柳	10棵	胸径8~15cm		龙爪槐	5棵	胸径8~20cm		爬山虎	20棵	枝长50~200cm	

说明：①每种植物不能只用小苗，受造价所限，大小苗可根据艺术效果进行合理布局，大苗比例应不少于1/3，如果可能希望全部用大苗。
②地被花卉与草坪占地面积未做统计，施工方可以根据工程造价与甲方协商确定栽植花卉的面积与种类，届时设计方再做具体设计。

图5-5-42　A3施工图册第46页

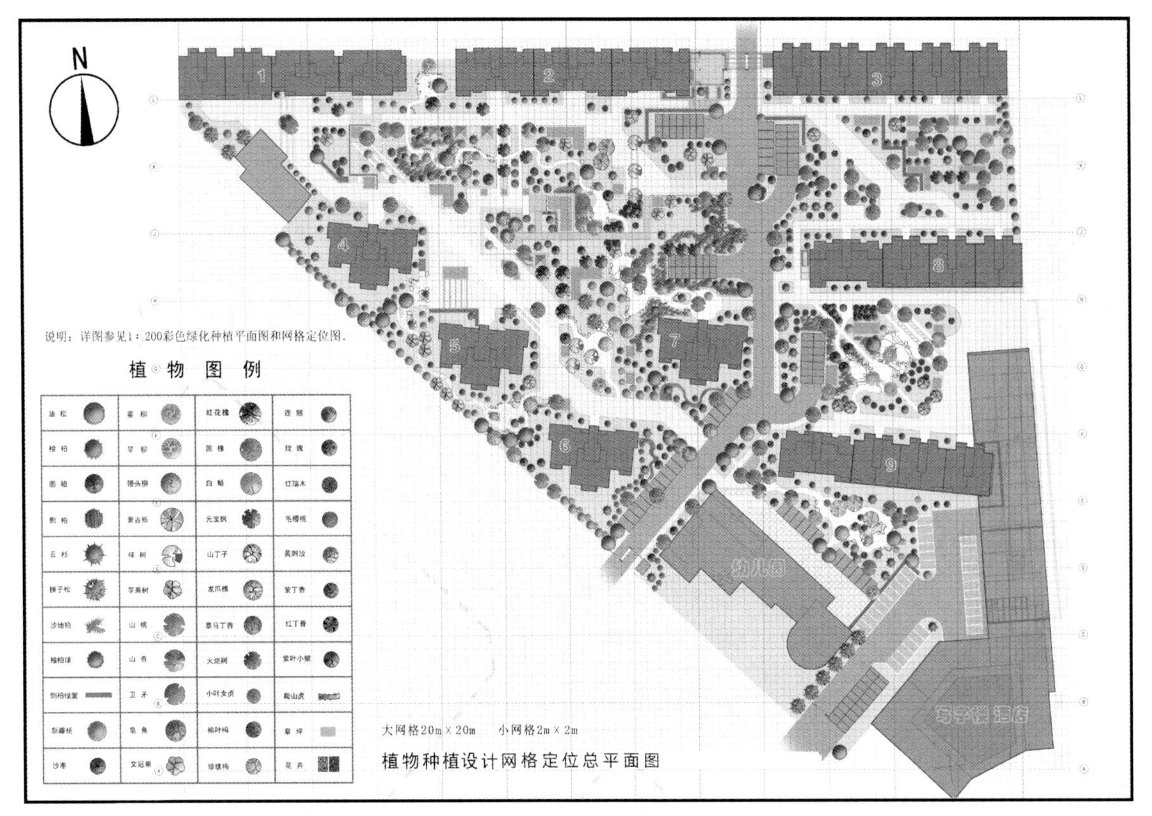

图5-5-43　A3施工图册第47页

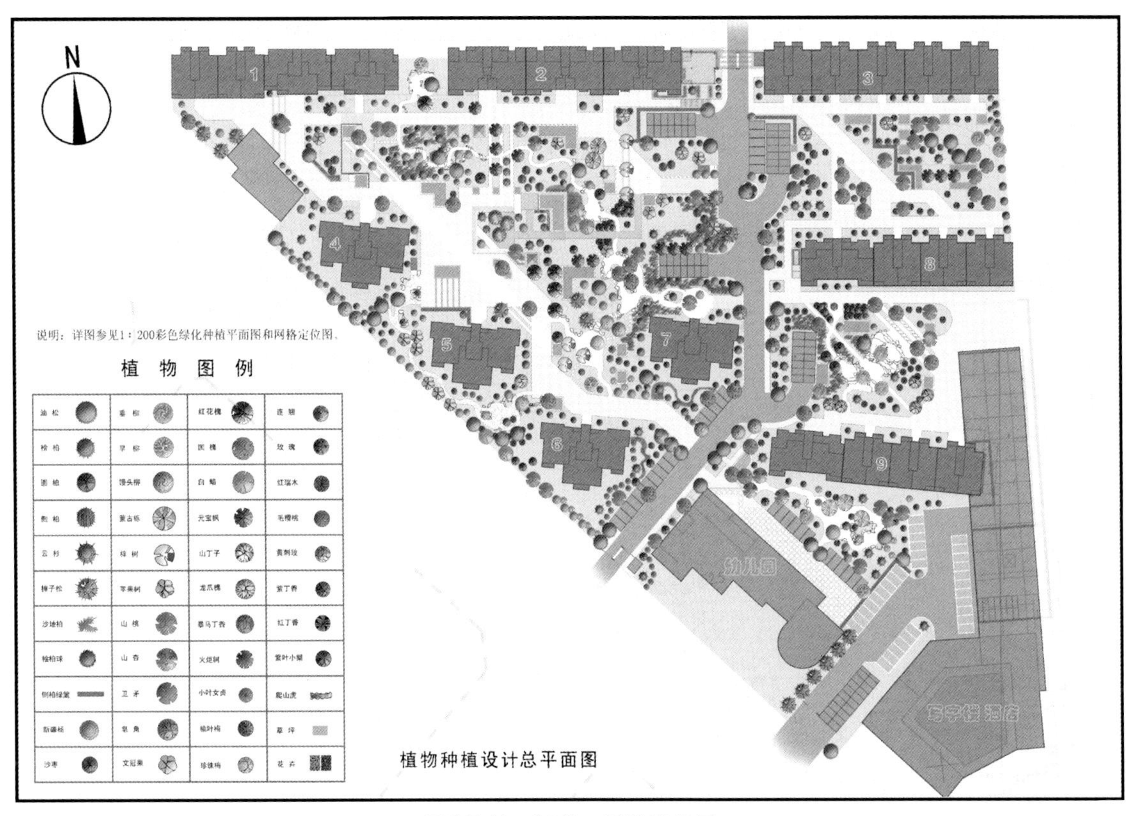

图5-5-44　A3施工图册第48页

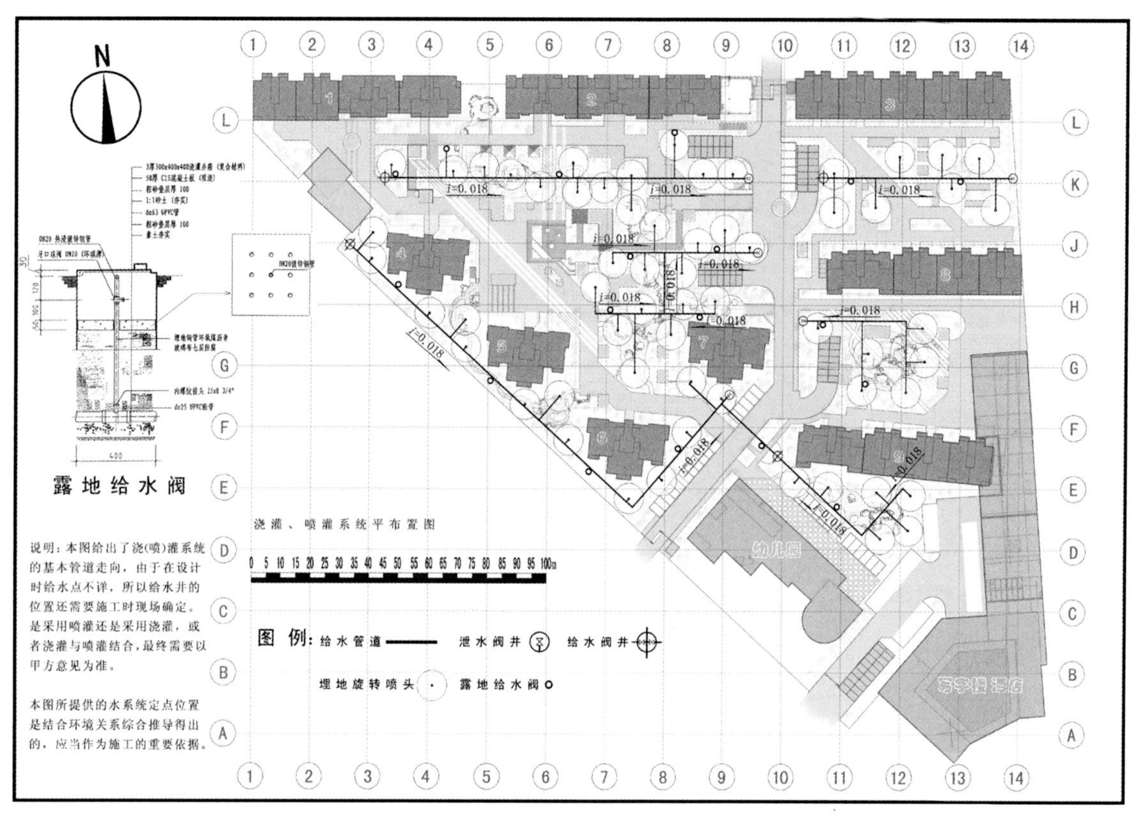

图5-5-45　A3施工图册第49页

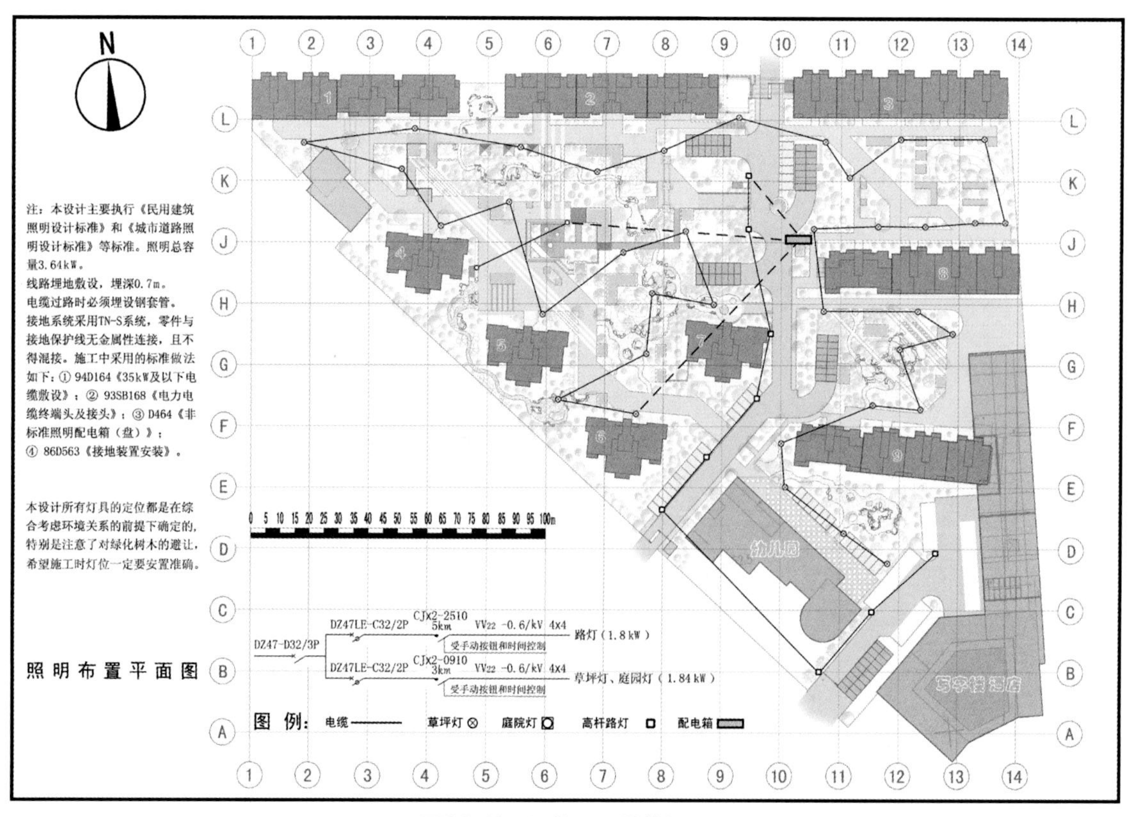

图5-5-46　A3施工图册第50页

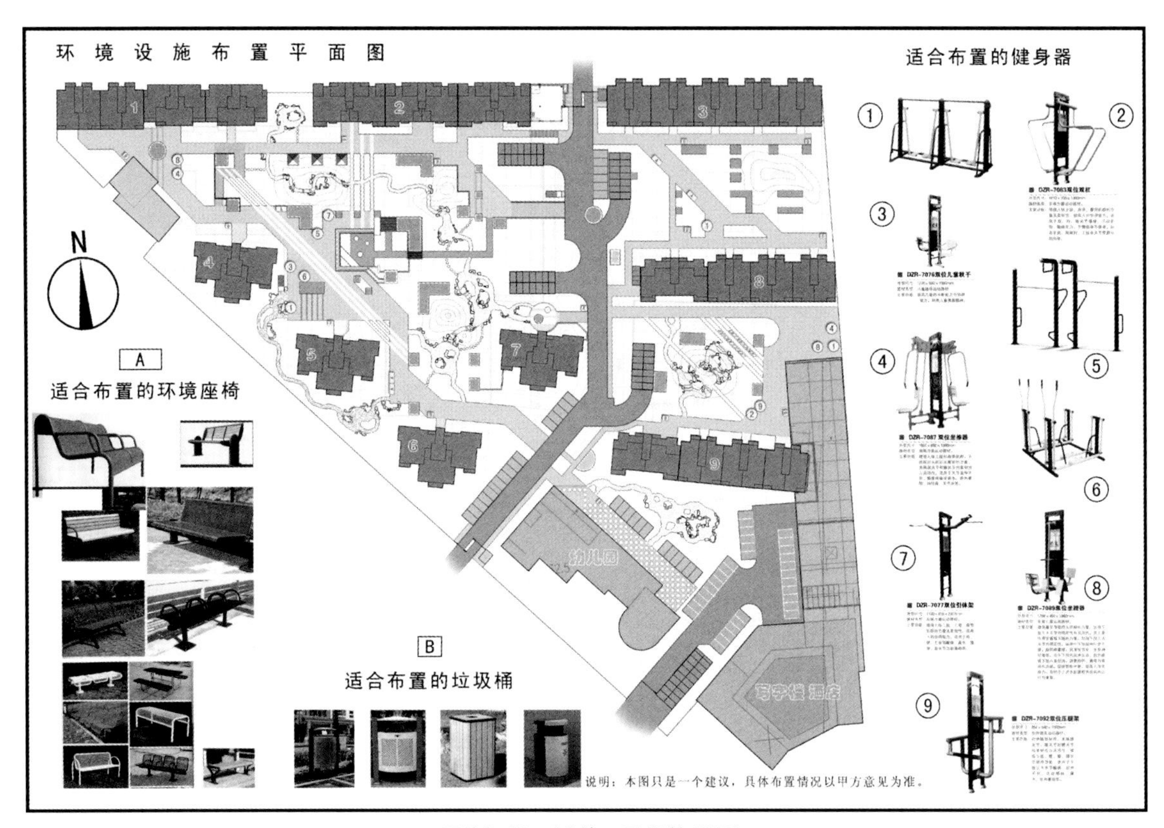

图5-5-47 A3施工图册第51页

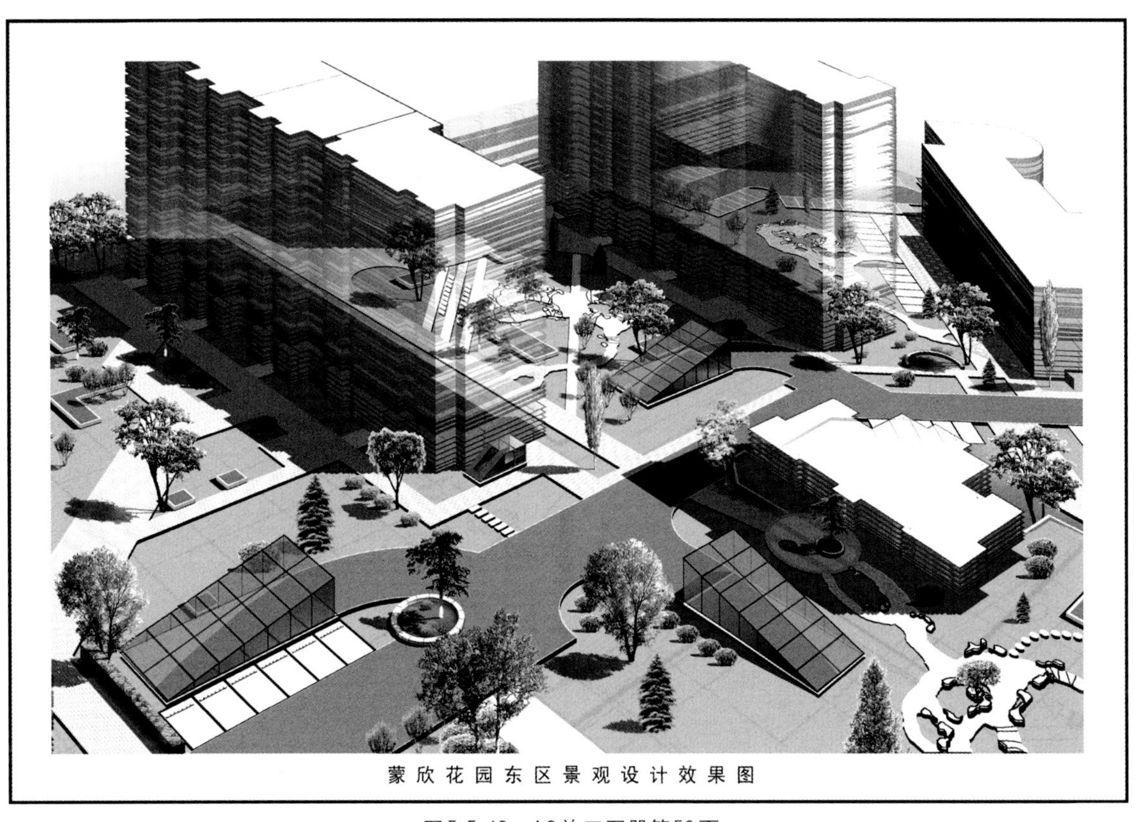

图5-5-48 A3施工图册第52页

图5-5-49　A3施工图册第53页

图5-5-50　施工现场照片

第六章
CHAPTER 6

环境艺术品设计的图纸表达

环境景观工程经常会遇到艺术构造物的设计，例如：壁画、雕塑、艺术小品、效仿自然的山水构造等。然而，这类艺术品的设计构想如何落实到施工图纸上？接下来又怎么能够让施工人员将其实现？常规的制图方法有时候并不能够解决问题。本章对实践中的图纸表达经验进行总结，以供设计人员参考。

在绘制艺术类设计作品的施工图时，首先，应尽可能符合制图通用的一般规范；其次，要根据设计的内容创造性地采用最佳的表达方式，包括彩图、计算机动画、模型等；另外，需要结合艺术品加工制作的特点与流程，选择具有指导性的制图或表达方式，并且设计者也需要尽可能参与施工制作。

第一节　不规则的立体艺术造型

不规则的立体艺术造型不能够完全以准确定量的制图方式去表达，由于这种艺术造型设计的初衷就是体现自然灵动的效果，且这类效果的实现往往要求艺术品的唯一性和不可复制性，有时候需要带有手工制作的特征。因此，采用徒手绘画比计算机制图更适合去表现这样的艺术造型。

这类艺术造型设计的效果图有时候能够在一定程度代替施工图，为制作者提供施工的参考依据，但更多的设计信息与要求需要制作者与设计者进行直接的交流才能获得，这样制作者才可以充分体会设计者的意图。甚至，设计者也应该亲身参与施工制作（图6-1-1至图6-1-3）。

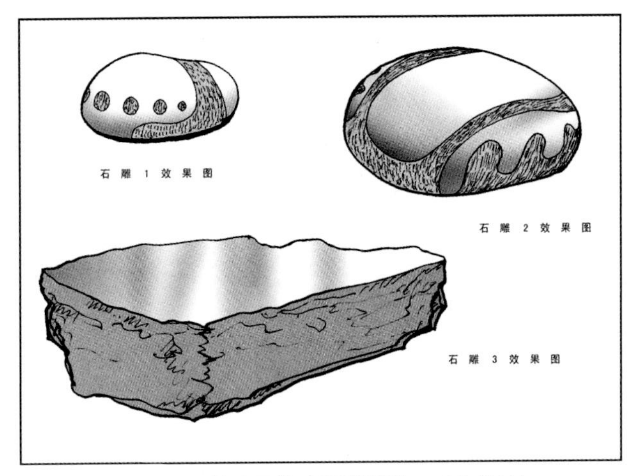

图6-1-1 某公园趣味石雕设计一（白杨绘）

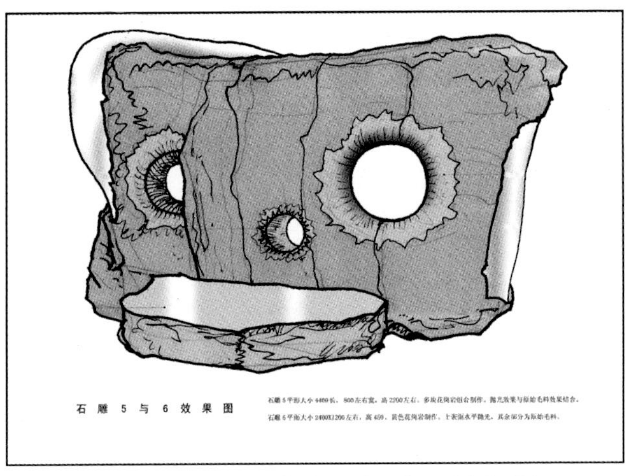

图6-1-2 某公园趣味石雕设计二（白杨绘）

图6-1-3 某陵园分区系列界碑（牌）设计（白杨绘）

第二节 壁画与浮雕

壁画与浮雕是面的艺术形式，如果是户外壁画，需要考虑选用耐候性强的材料，一般采用石材、陶瓷和金属等材料。壁画与浮雕的设计图稿常常采用手绘的形式，图6-2-1是石柱和石凳的设计图纸，石柱上设计的浮雕图案需要绘制成二方连续的展开图，图6-2-2是石柱浮雕立面展开图，该图先用手工绘制，然后再导入计算机中调整比例，使三张图案整齐统一。利用电子文件可以打印出1 ：1的放样图，这样会给浮雕制作带来很大的方便（图6-2-3）。浮雕壁画设计有时

候为了使造型更加直观，方便制作者理解，可以将图稿绘制成立体的效果（图6-2-4、图6-2-5）。

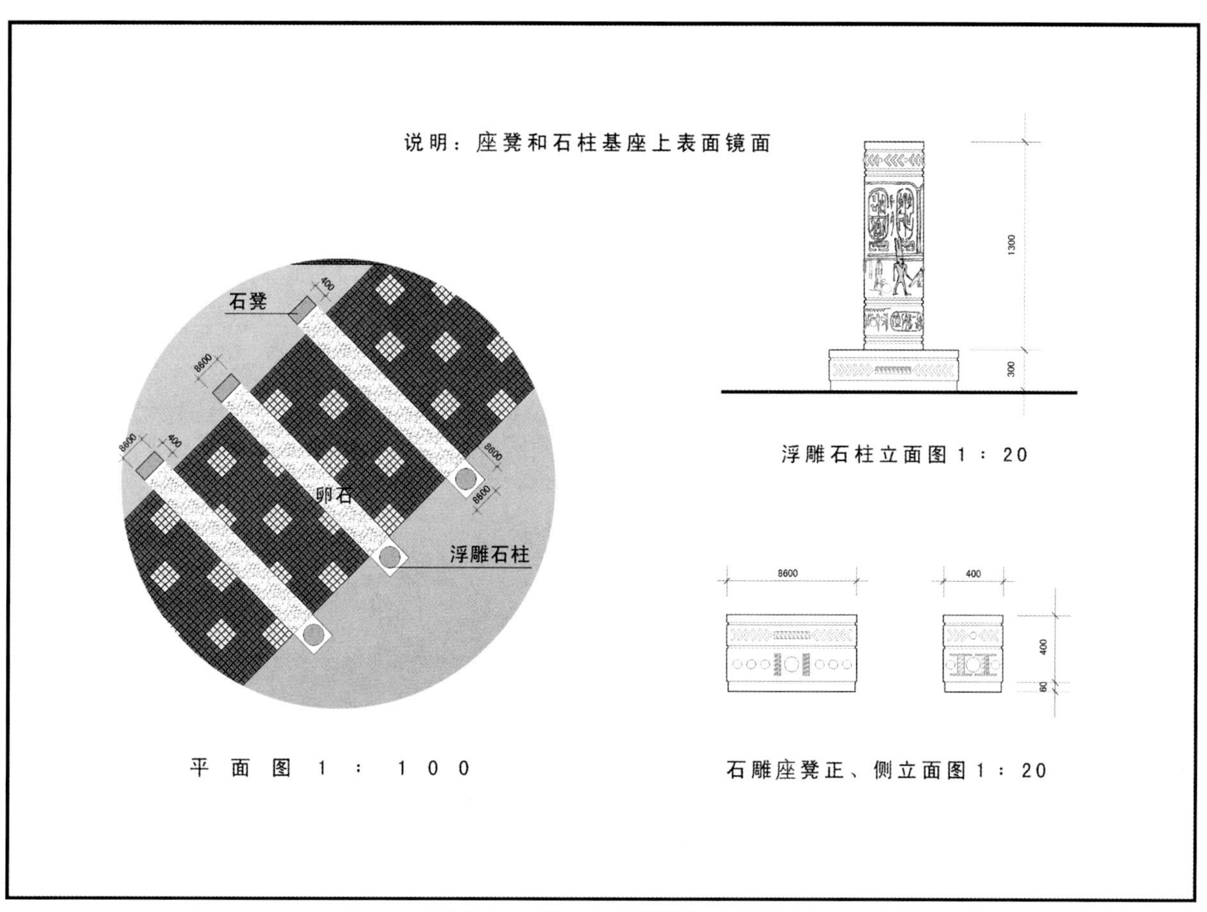

图6-2-1　石柱、石凳设计平、立面图

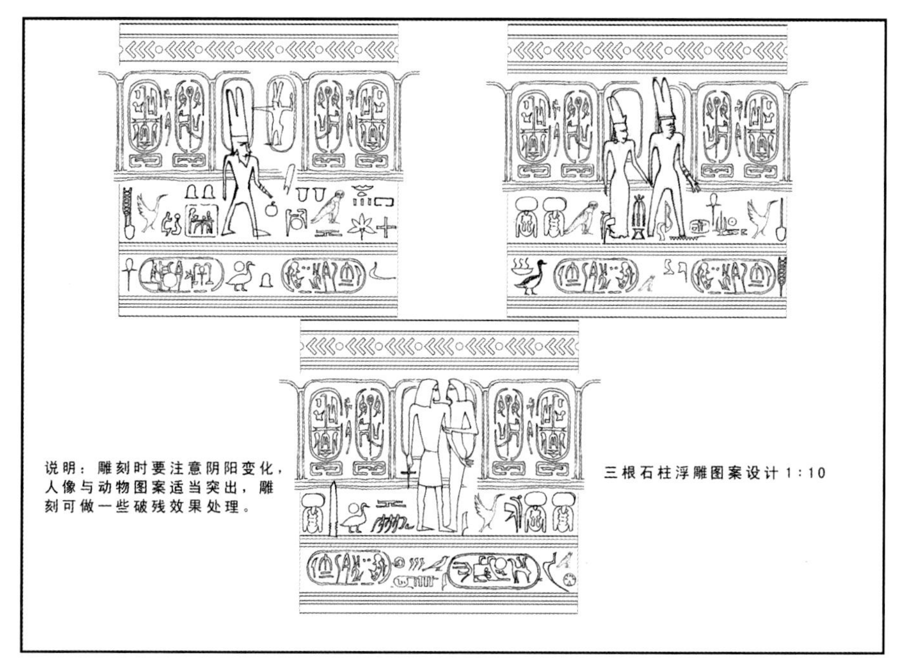

说明：雕刻时要注意阴阳变化，人像与动物图案适当突出，雕刻可做一些破残效果处理。
三根石柱浮雕图案设计 1:10

图6-2-2　石柱浮雕立面展开图

图6-2-3　建成后照片（设计：白杨）

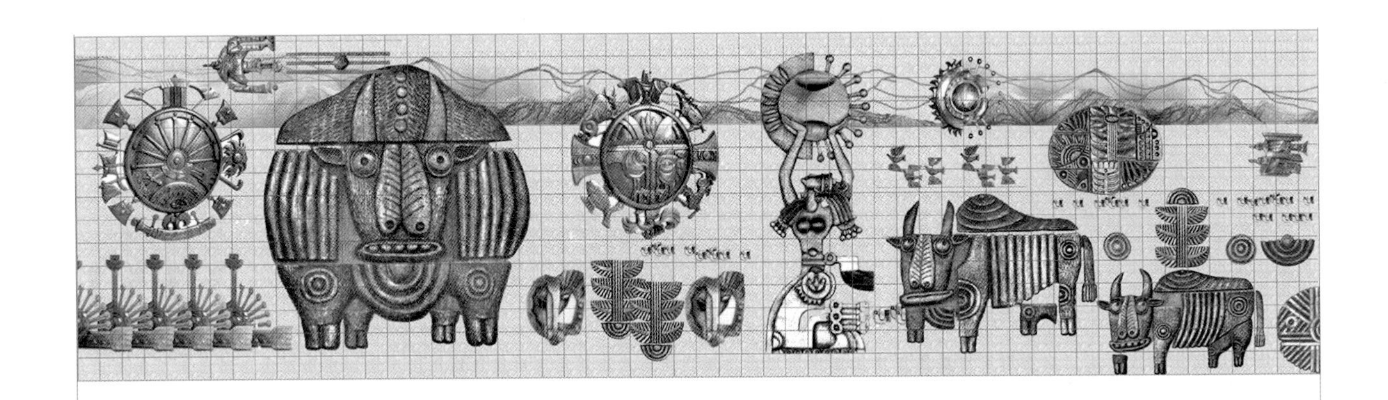

一楼北墙玻璃钢仿铜浮雕壁画 (5.6m×1.5m) 1：25 注：每格10cm×10cm

白杨景观

图6-2-4 某酒店浮雕壁画设计图

图6-2-5 浮雕壁画建成后照片（设计：白杨）

第三节 艺术化的硬质景观

一、主题景观——《奔浪涌珠》

图6-3-1为某市“金桥经济技术开发区”的主题景观《奔浪涌珠》设计效果图，体现“奔浪”效果的是三条波浪形的混凝土彩带。为了确保该造型施工后的良好效果，设计者对每一条彩带都绘制了网格施工放线图，以及体现它们之间相互关系的放线图（图6-3-2至图6-3-6）。

图6-3-1 《奔浪涌珠》主题景观设计效果图（设计：白杨）

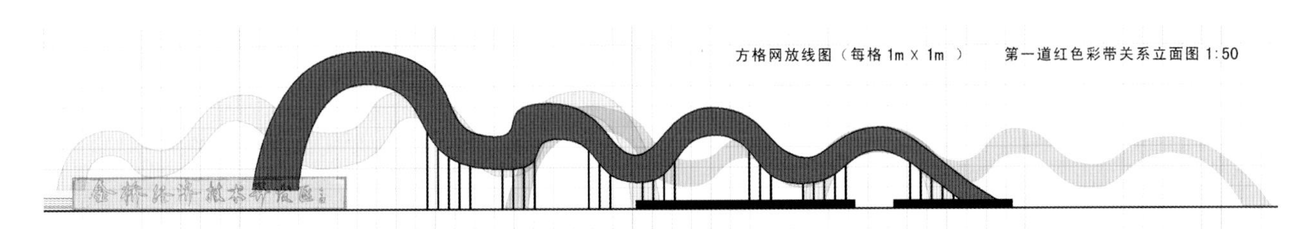

图6-3-2　红色彩带网格放样图

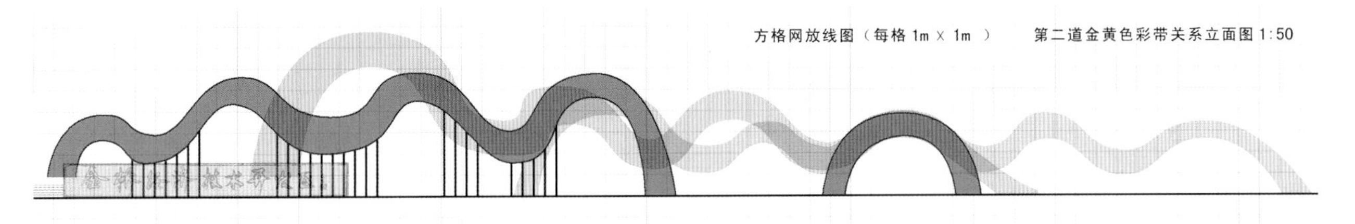

图6-3-3　黄色彩带网格放样图

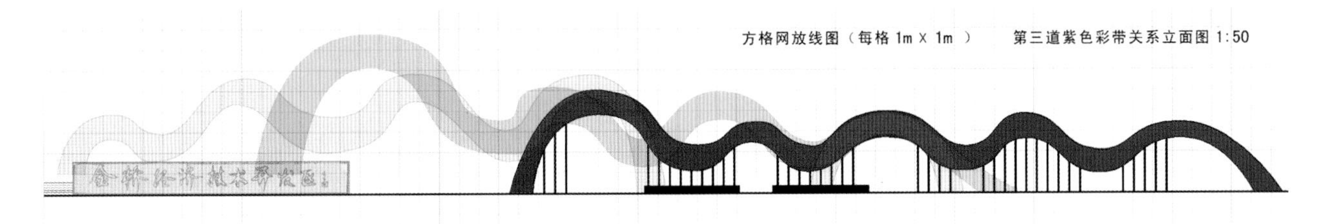

图6-3-4　紫色彩带网格放样图

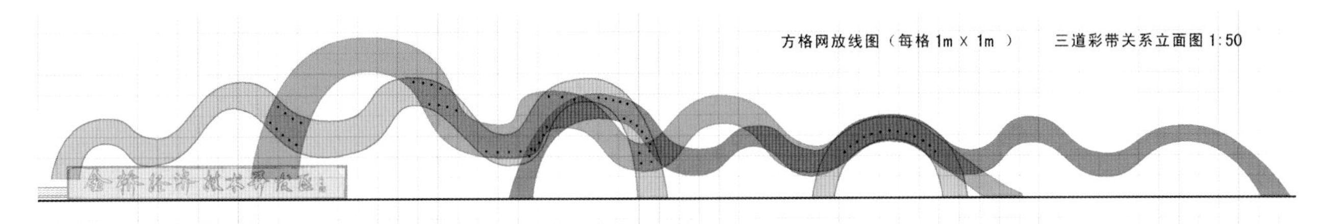

图6-3-5　三条彩带关系放样图

图6-3-6 《奔浪涌珠》主题景观建成后照片

二、主题景观——《智仁永乐》

图6-3-7、图6-3-8分别为某居住区水景假山的立面图及立面放样图，本图只能够从宏观比例和尺度方面对施工进行控制，在具体细节与制作手法方面，需要设计者与施工者多沟通交流，实际上工人师傅施工水平的高低决定了最后景观的好坏（图6-3-9）。

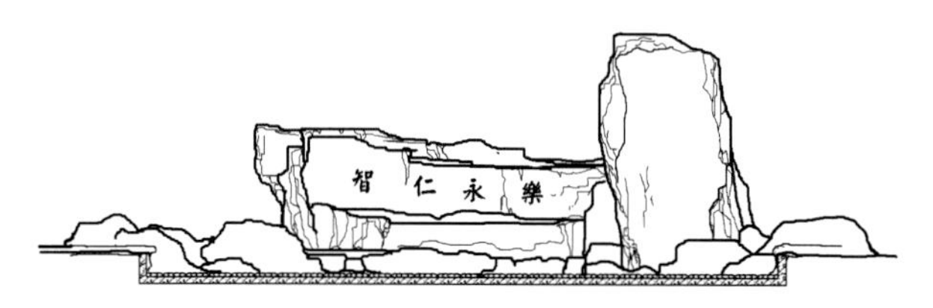

图6-3-7 《智仁永乐》水景假山正立面图1 ： 100

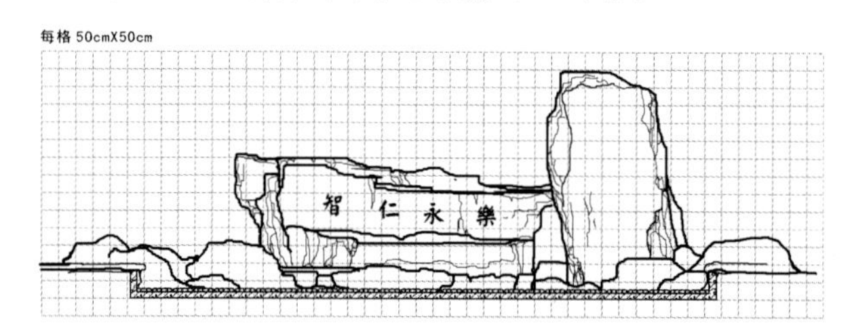

图6-3-8 《智仁永乐》水景假山立面放样图

图6-3-9 水景假山建成后照片（设计：白杨）

三、流云水袖——江苏省睢宁县水袖桥[1]

流云水袖桥通过简单而优美的市政环境元素，将复杂的城市功能和空间结构整合在一起。本桥位于江苏省睢宁县徐宁路，跨越横穿城市的快速干道和多条水系，连接了县城核心区的广场和马路对面的森林公园。主桥全长618m，总建设长度860m，总面积2 700m^2。4道辅桥总长242m，桥面宽度2～6m，桥面坡度0.4%～11.1%。流云水袖桥跨越路面的地方保证净高4.5m（图6-3-10至图6-3-13）。

流云水袖桥最初是为加强法制广场与森林公园的联系而建，使得被快速干道（徐宁路）分隔的两大城市开放空间重新整合起来，避免了车流和人流平面相交的冲突，保障人们的穿越安全。在满足功能需求的前提下，设计紧扣“水”这一大主题，从舞动的水袖之流畅柔美形态中获得灵感，使桥体在三维空间中弯曲起伏，创造出行云流水般的美感。此外，精心的灯光设计使这条“流云水袖”能更自

[1]本案例由北京土人景观与建筑规划设计研究院（简称“土人设计”）规划设计。

由舒畅地挥舞在城市广场、水体和林地的上空。由此，流云水袖桥实现了审美要求与城市景观元素功能的完美统一（图6-3-14）。

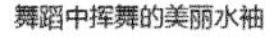

戏曲表演中的水袖

水袖来自戏曲舞蹈

舞蹈中的水袖：舞蹈道具，用以展现曲线美

戏曲中的水袖：能夸张表达人物的情绪

关键：千变万化（三维翻转扭曲）

变化的条件：有一定的韵律（连续渐变）

如何塑造出流云水袖般的人行天桥？

策略1：凝 —— 捕捉水袖舞动的瞬间，凝聚动态美。

策略2：动——人在其上行走的感官体验，使桥体具有流畅、绕行、起伏、收放自如、色彩丰富、疏密有序的特点。

如何以桥体形态 捕捉水袖舞动的瞬间，凝聚动态美？

1. 弯曲起伏的桥面　将桥面在三维空间中扭曲，提炼自然流畅的曲线形态，勾勒出“行云流水”般的美感。

主桥全长 618m，4 道辅桥总长 242m，桥宽 2~6m

全桥在 8.643m相对高差中起伏，最大坡度 11.1%

桥底净高（除接地坡道）在 3.5~5.5m 之间变化。

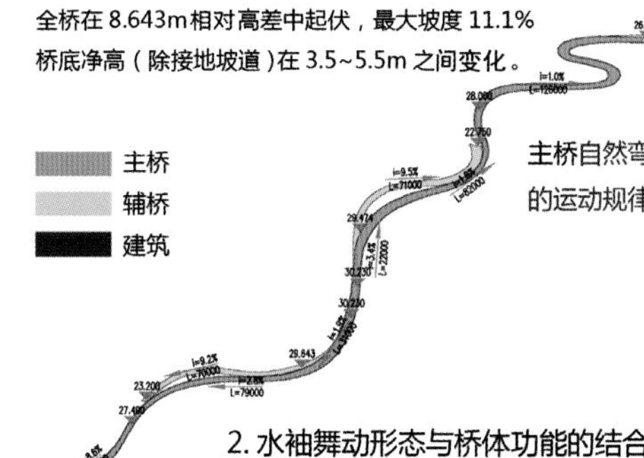

主桥自然弯曲起伏，模拟水袖梢节起，中节随，根节追的运动规律，形成了 6 坡 18 弯的形态。

2. 水袖舞动形态与桥体功能的结合

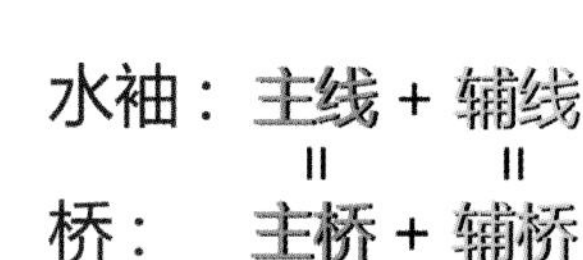

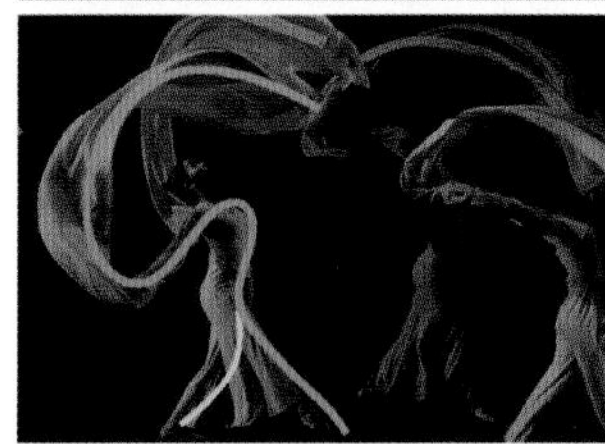

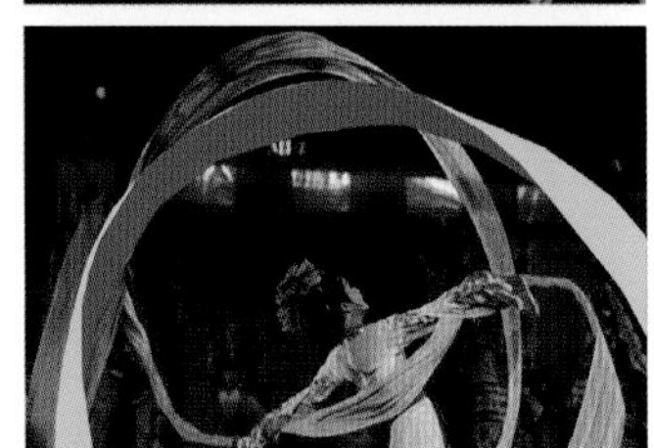

凝

如何以桥体形态捕捉水袖舞动的瞬间，凝聚动态美？

3. 扭曲翻转的栏杆

■ 高低起伏的弧面栏杆

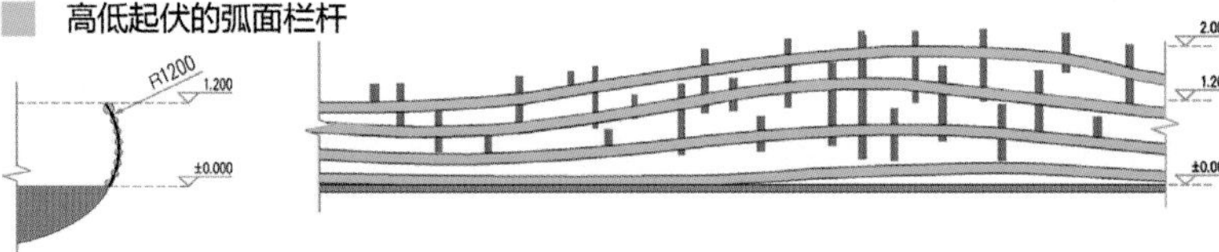

■ 栏杆面在与垂直方向成15°的范围内倾斜，形成扭曲感

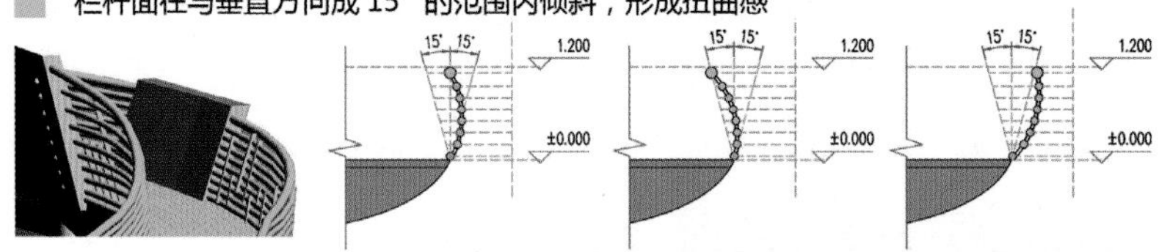

■ 栏杆面延伸出的翻转拱顶

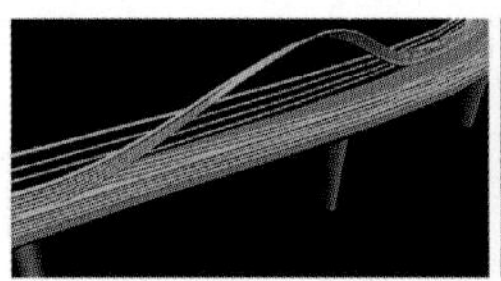
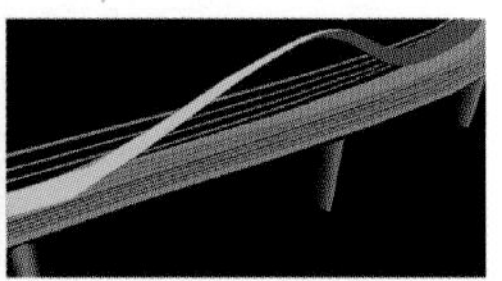

4. 色彩计划　桥体颜色采用色相与明暗共同的渐变或单独明暗的渐变。

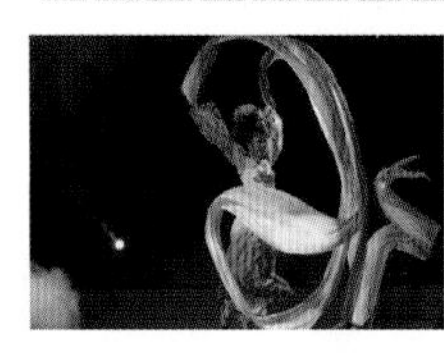

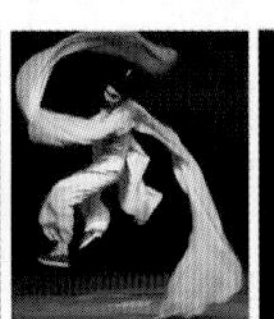
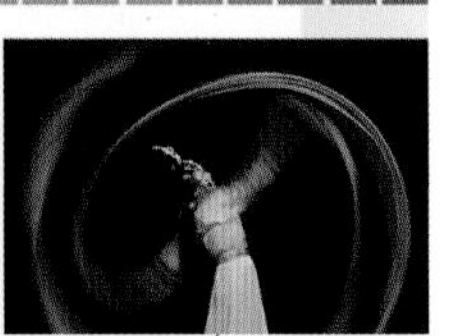

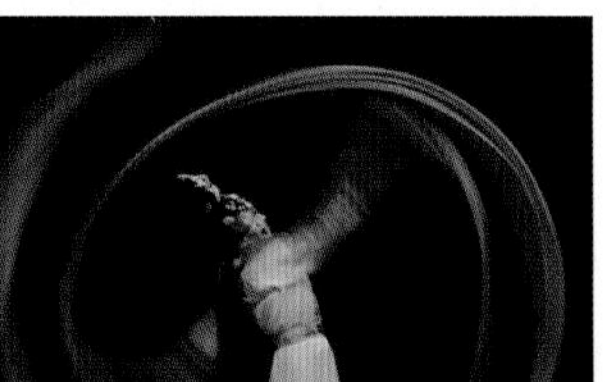

动

如何在行进的过程中向人展现水袖挥舞时的动态美？

1. 流畅　全桥（除端头）均由相切弧线构成，栏杆、座凳均为流线型设计。

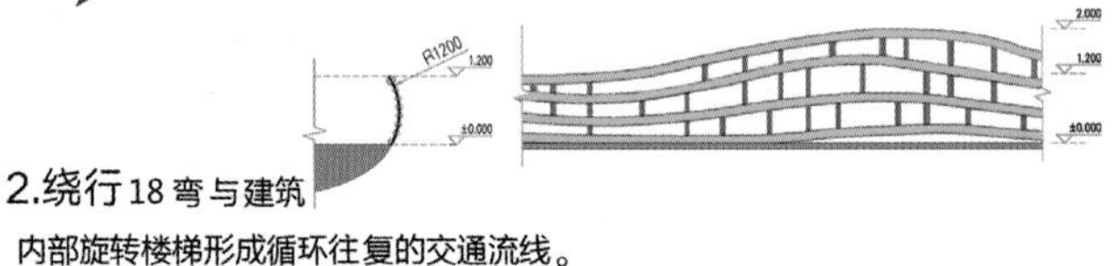

2.绕行18弯与建筑

内部旋转楼梯形成循环往复的交通流线。

3.起伏

①主体：6坡（最大坡度11.1%）、2个装饰拱顶（最大净高5m）与4.4~7m高建筑。

②细节：起伏栏杆（1.2~2.5m）与地面升起的座凳（最高0.5m）。

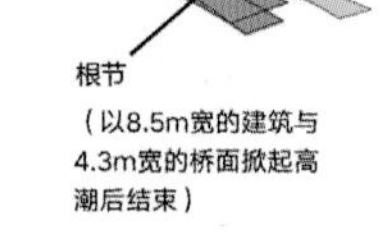

中节（在2~6m间渐开渐收）

根节（以8.5m宽的建筑与4.3m宽的桥面掀起高潮后结束）

中节（2~6m）

梢节（2~3m）

4.收放自如　桥宽在2~6m间按水袖的运动规律变化，梢节紧收，中节渐开渐收，根节散开。

5.色彩变化与疏密变化　桥面与栏杆成一整体，以蓝灰色作底，其上排列30种色带。色带宽100mm或150mm，间隙在50~300mm间流畅变化。

图6-3-10　流云水袖桥创意推导过程

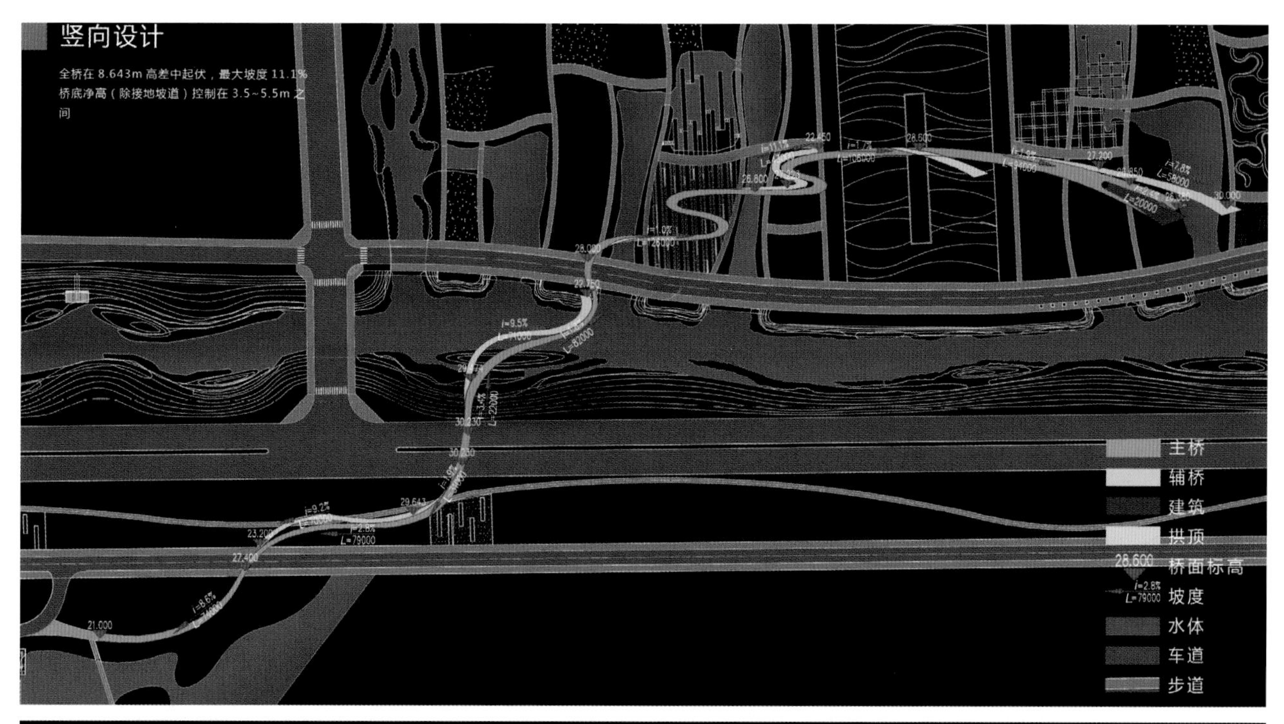

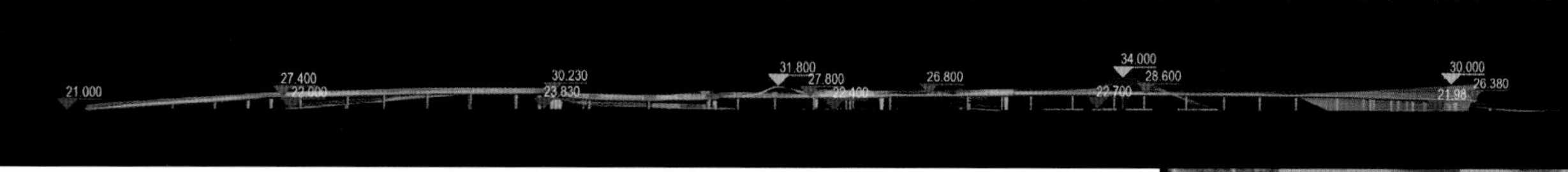

图6-3-11　流云水袖桥竖向设计图

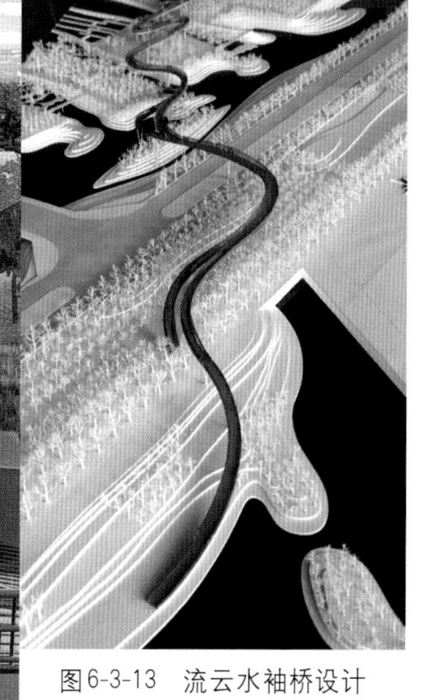

图6-3-13　流云水袖桥设计沙盘模型

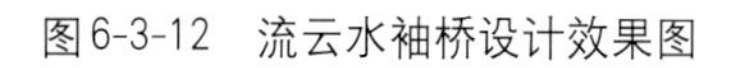

图6-3-12　流云水袖桥设计效果图

图6-3-14　流云水袖桥建成后照片（俞孔坚提供）

第四节　需要制作模型的艺术造型

有些艺术造型的施工设计需要用实体模型小样或电子模型来表达。图6-4-1、图6-4-2是某广场上一个直径为5m的浮雕石球的实体模型小样，模型直径为50cm，绘制在其上的图样成为浮雕石球雕刻的依据，在施工的时候，施工者便可以按照1 ∶ 10的比例对图案进行放样（图6-4-3、图6-4-4）。图6-4-5至图6-4-7是某雕塑的施工图纸，除了常规的平、立、剖面图外，还有效果图与用三维软件制作的模型图，这样就确保了施工者在加工制作时对设计的正确理解（图6-4-8）。

图6-4-1　石球北面设计图样《展翅腾飞》（白杨绘）

图6-4-2　石球南面设计图样《生生不息》（白杨绘）

图6-4-3　石球加工现场照片

图6-4-4　石球完工后照片

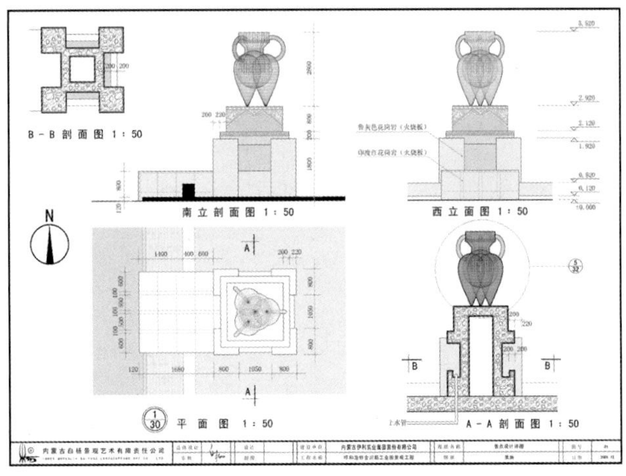

图6-4-5　平、立、剖面设计图

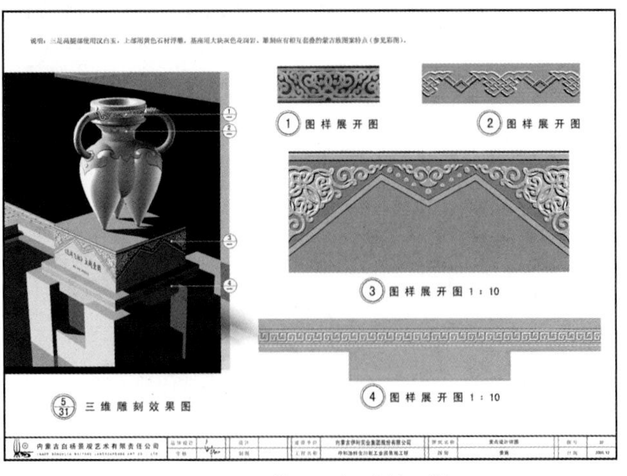

图6-4-6　效果图与雕刻图样

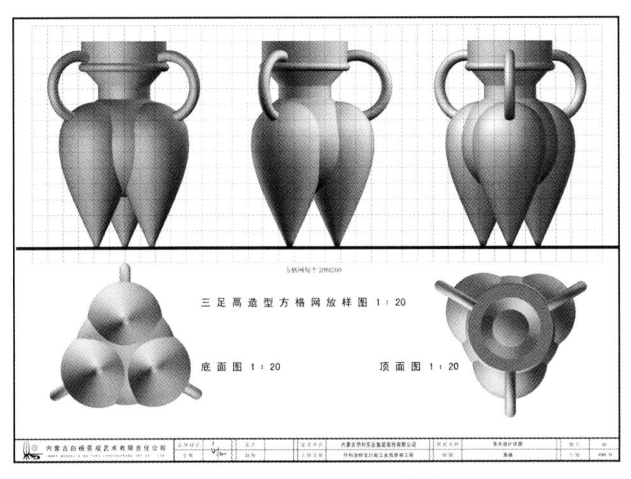

图6-4-7　三维电子模型放样图

图6-4-8　艺术造型建成后照片（设计：白杨）

第五节　大型城市雕塑

图6-5-1为内蒙古准格尔经济开发区北入口标志性主题景观岛照片，中央的主题雕塑《稷穗飘香》高14m，雕塑材料主要有不锈钢、青铜、紫铜和花岗岩等；制作工艺有石雕、锻铜、铸铜、贴金、不锈钢焊接与抛光等。以下是主题景观岛的设计说明。

概念主题词：三叠台——象征天地永久；九方土——寓意九州同裕；糜子米——祈祷五谷丰登；奶茶碗——祝愿生活幸福；银哈达——喜迎八方宾客；漫瀚调——唱响美好心愿。

图6-5-1　《稷穗飘香》主题景观岛照片（设计：白杨）

本景观位于准格尔经济开发区高速公路出入城区的关键交叉路口处，是三条大路交汇处的一个交通转盘（图6-5-2）。景观岛建成后将成为准格尔旗沙圪堵镇的标志性景观。

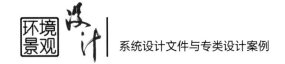

图6-5-2　雕塑的建设地点与原始基地环境

《稷穗飘香》景观岛是一个直径为60m的圆形交通转盘，主要分为主题雕塑和基座两个部分。设计首先采用三层退台的形式创造出了一个逐级升高、重点突出的转盘基座。这种处理方法可以较好地体现出先民神圣的天地观与原始的宗教信仰，也可以较好地解决远观和近游的景观效果问题。三层退台的雕塑基座为游人创造出了三个停留平台，平台之间由飘带形小路连接，小路平面构图状如旋子花。

基座之上的雕塑是景观岛的画龙点睛之作。雕塑设计灵感来自于蒙古族的风俗礼仪和沙圪堵当地的历史文化，从中提取出具有代表性的物品如炒米、奶茶、哈达等作为设计的主要元素。

沙圪堵地处晋、蒙、陕三地交界处，曾经是准格尔旗旗政府所在地。它具有悠久的历史和灿烂的文化，早在汉代就在此地设立了郡县，名为“美稷”县。稷为古代的一种粮食作物，五谷之一，又称百谷之长，“美稷”这一名称的由来是因为当地盛产糜谷，也就是流传至今的糜子米。《礼记·月令》称稷为“首种”，《淮南子·时则训》则称稷为“首稼”。

奶茶、炒米是沙圪堵饮食文化的代表，由此提炼出一系列的文化和艺术形式，成为此雕塑设计的灵感来源。

本雕塑作品名称《稷穗飘香》出自《诗经·王风·黍离》“彼黍离离，彼稷之穗”和《尚书·君陈》“至治馨香，感于神明。黍稷非馨，明德惟馨尔”。黍稷在原文中泛指五谷，本雕塑设计借之表现当地的糜子米和奶茶文化；馨乃香之意，明德是高尚的德行。与原文意相符，雕塑的寓意也扩展到更广的范畴——美味的五谷并不是最馨香的，高尚的德行才是人们在天地之间生活的根本与真正的价值所在，也只有明德、守信才能够让我们的生活变得更好，我们的经济建设才可以永葆生机。

雕塑设计以“新蒙古族风格设计”为理念，造型选用三为基数，以“三生万物”的形式将“奶茶碗”“哈达”“稷穗”“乳香飘”等概念有机地结合成一个整体，创造出属于沙圪堵的独一无二的蒙古族风格雕塑形象（图6-5-3至图6-5-5）。

雕塑设计对细节进行精细刻画，每一个部件上都有体现蒙古族工艺美术特点的图案与造型（图6-5-6、图6-5-7）。细部的图案采用写实与抽象相结合的艺术手法，绘有盘长、云纹等众多的蒙古族风格的纹样，以明确雕塑风格。材质的选用体现出各种金属的光泽和肌理变化，表现出青铜、紫铜、黄金、白银的丰富色彩效果。位于中心位置的银碗上的锻铜浮雕体现出晋、蒙、陕三地交汇处的沙圪堵所特有的漫瀚文化（图6-5-8），浮雕以剪纸般的设计手法，表现了在九曲黄河的大时空背景下，准格尔旗的美稷民俗风情和各个民族亲如兄弟的欢乐画面（图6-5-9、图6-5-10）。

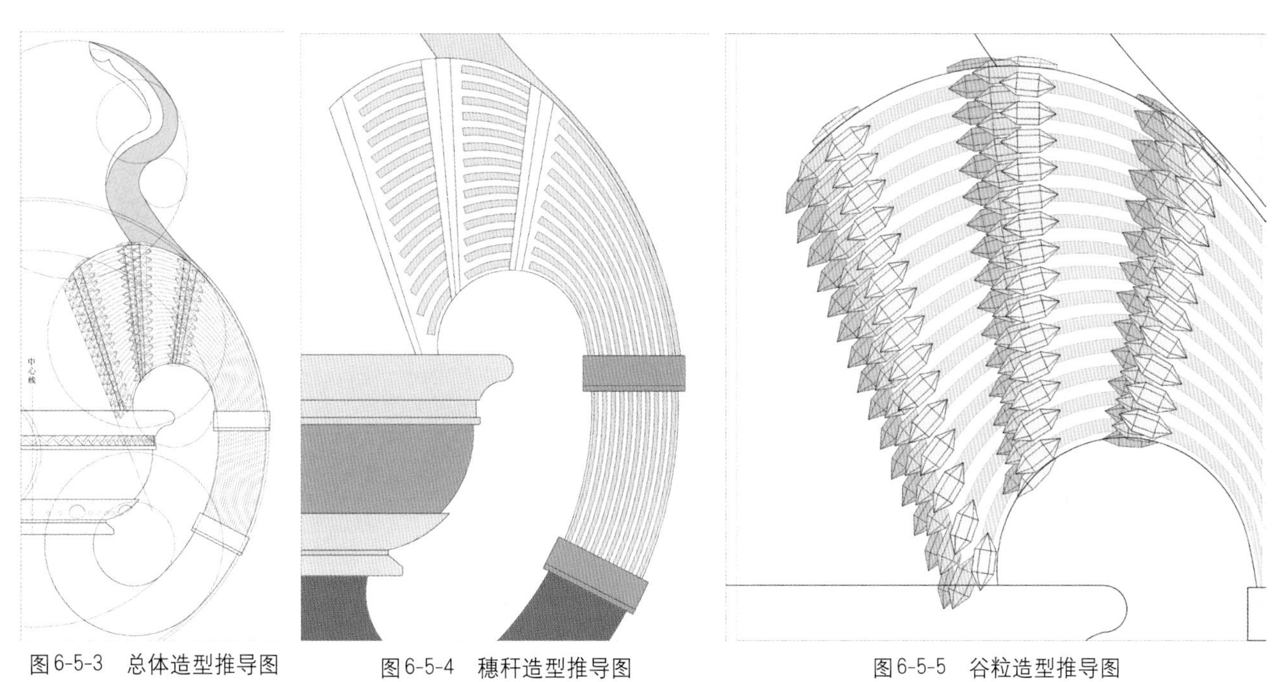

图6-5-3　总体造型推导图　　图6-5-4　穗秆造型推导图　　图6-5-5　谷粒造型推导图

伽利略曾说："数学是上帝用来书写宇宙的文字。"渐开状的穗秆与谷粒造型由一系列的数学推导获得，穗秆与谷粒的数量与形状在每一段都是不一样的，最终的效果却看起来流畅自然。这个案例可以证明：艺术创作离不开科学与理性，科学严谨的工作可以创造出浪漫的艺术。

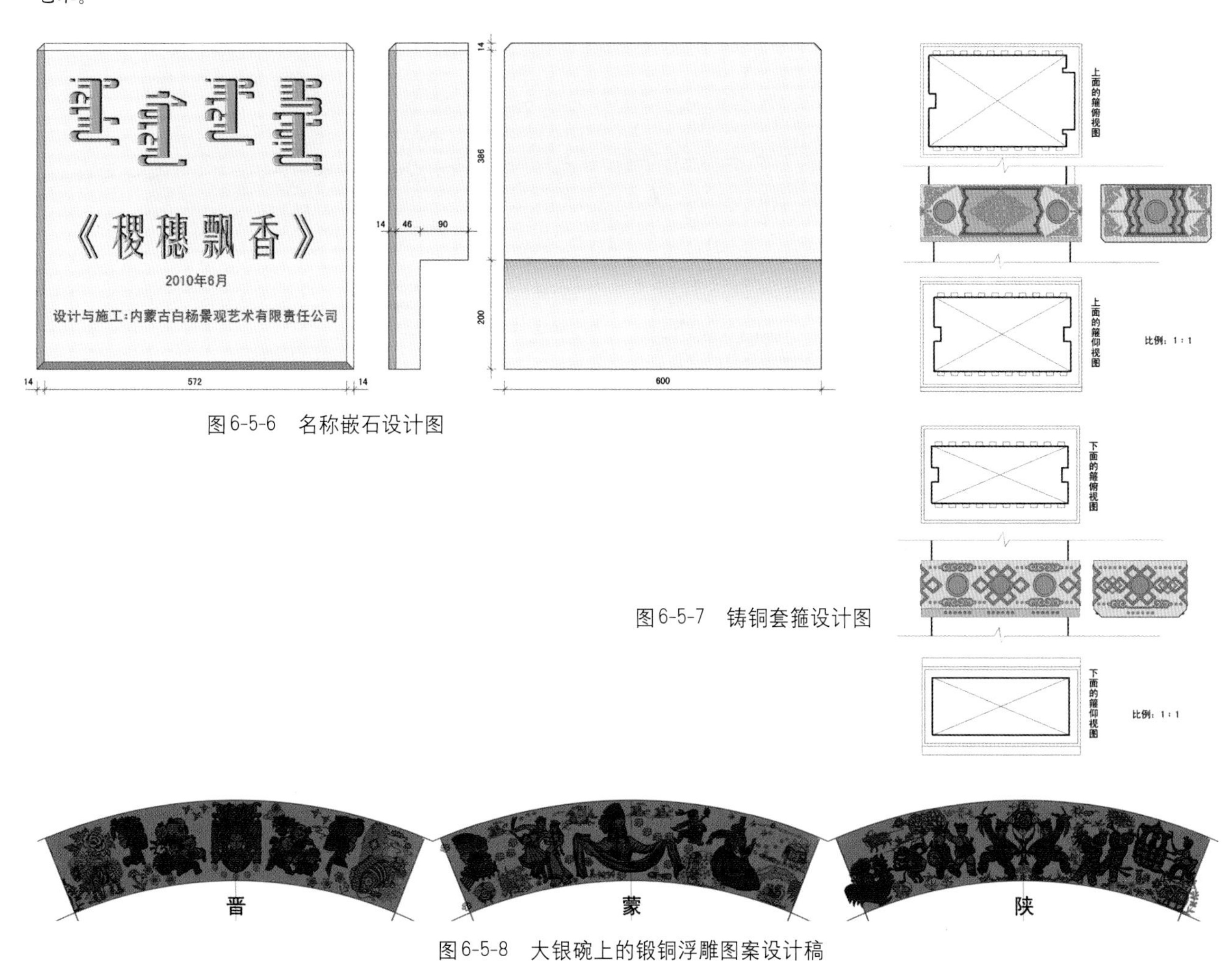

图6-5-6　名称嵌石设计图

图6-5-7　铸铜套箍设计图

图6-5-8　大银碗上的锻铜浮雕图案设计稿

图6-5-9　主题雕塑制作与施工安装现场照片

图6-5-10　主题雕塑建成后照片

第七章
CHAPTER 7
设计说明写作

设计说明分为设计方案的说明和施工图中的说明两种。设计方案的说明写作方法多样，文体形式也较为自由；施工图中的说明起到内容补充和图纸注解的作用，要使用说明性和陈述性的语言文字，言辞肯定，不容置疑。

第一节　设计方案的说明

设计方案的说明是一套设计方案文件中非常重要的组成部分。一方面，设计说明的好坏有时候能够决定设计方案的成败；另一方面，只有出自好的设计理念的设计方案才有可能转化成好的设计说明。

设计方案的说明的写作方法与文体形式虽然灵活多变，但是，一个好的设计说明还是需要具备一些基本的要点，例如尽量使用专业术语；要具有充分的设计理由；在叙述和表达方面，最好采用论证的写作方式来说明本设计推理演化过程的合理性。写作时多用专业术语，不用通俗的词汇（大白话）可以体现出设计师的专业素养，如果能够旁征博引、引经据典则可以反映出设计师的文化修养。实践经验告诉我们，设计者恰当地表现这些优秀素质，会使“外行”的业主对其设计方案产生信任。当然，一个设计的真正价值并不在于设计方案的说明具有华丽言辞，专业的设计思想才是决定设计方向正确的前提，有了正确的方向，采用一系列的设计方法和技术措施才可以诞生出好的设计方案。所以，一个好的设计方案的说明，不是用文字形式对图纸的重复，而应该是对设计图纸的升华和必要补充。如果能够论证自己设计的正确性，那么这种设计方案的说明就很容易说服业主去采纳设计方案。

有些不好的设计方案的说明写成了空洞的报告，提出了一大堆所谓的设计原则或口号，例如“以人为本”之类，但是没有一个能够落实到具体的设计之上。因此一个好的设计方案的说明一定要注意言之有物。

由于设计方案的说明写作的形式和内容有很多，在书写之初首先应该明确设计说明的主要阅读对象是谁，这样写作才可以做到有的放矢。阅读对象主要有业主、施工队、领导、专家、群众等，每一类对象对设计方案说明的期望是不尽相同的，有针对性的设计说明有助于节省笔墨，废话连篇的文章则会令人反感。

设计方案的说明可以介绍设计的思路、主题和推导过程，或者讲解设计解决了哪些问题，将来能够产生哪些功能和效果。可以对所有的设计内容分项逐一进行说明，也可以抓住重点深入阐述。

特别需要注意，思路清晰地阐述设计所关注过的，或者考虑到的相关问题对最终设计所产生的影响，可以成为设计的理由或依据，也能够体现设计者的判断力和创造性。当然，这项工作是非常专业化和系统化的，这就是“内行看门道”，如果设计者对自己的设计充满信心，设计方案的说明也可以突出“外行看热闹”，毕竟一个专业的设计师应该考虑到业主的理解力，撰写业主能够看懂的设计说明也很重要。

一、设计说明书的编写

景观设计的前期方案文件中应该包含一份设计说明书。设计说明书的编写，因设计项目的大小、性质等因素而异，没有固定的模式。通常设计说明书包括以下几部分内容：

1. 项目概况 项目概况介绍场地的地理位置、周边环境、气候、历史文脉、风俗、用地面积及设计动机、设计依据、设计要求等。

2. 设计指导思想 首先从实际情况出发，深入研究并且综合考虑各类限定条件和环境要求，提出具有功能性、审美性、前瞻性及可操作性的设计思路；然后提炼出能够指导设计的一些关键思想进行说明，这些说明最好能够与具体设计内容形成一种对应的关系。

3. 设计的主题 设计的主题是在设计指导思想的基础上，结合设计对象的特点，提炼出的一个设计概念，例如环境景观的主题名称。如果提出了设计主题，则需要解释其由来。

4. 设计构思 设计构思是具体的设计思路及设计思想综述，讲述的是设计指导思想的具体实现措施，以及预期达到的效果。

5. 总体设计（方案）说明 总体设计（方案）说明主要包括以下几个方面：

（1）总体构图说明。说明所有设计内容的布置关系、构图形式，或者说明设计的风格与流派。

（2）分区设计说明。说明功能分区的原因、目的及其依据。

（3）地形设计说明。说明竖向设计的原因、目的及其依据。

（4）硬质景观设计说明。说明建筑与小品的布局、外观、功能等情况。

（5）水体设计说明。说明水体的总体布局、水体之间的关联及其寓意。

（6）道路系统与铺装场地设计说明。说明道路系统等级的划分，道路与场地的布局、功能的导向性等。

（7）植物种植设计说明。说明植物造景的手法、含义及形成的景观效果。

（8）环境设施说明。说明环境家具、照明和其他设施的设置与功能。

6. 亮点介绍 着重介绍重点景区或景点设计构思的精华之处。从功能性、艺术性、观赏性等方面进行阐述。

7. 技术经济指标 技术经济指标包括以下几项：

(1) 用地比。包括绿地、水体、建筑、道路广场等的用地比。

（2）投资概算。

（3）分期建设计划。从资金方面提出工程分期建设计划。

8. 植物名录 可以制作设计所用到的植物名录统计表，包括植物种类、品种、规格、数量等内容。

9. 工程主要材料表 列出工程设计的主要材料表，可以包含材料的图片、规格、产地来源等内容。

10. 管理措施及其他方面的建议 为达到预期的设计效果，可以提出能保证效果的养护管理措施。

二、设计方案的说明写作案例一：天、地、人——呼和浩特市“新天地广场”环境景观设计创意

新天地广场位于内蒙古自治区呼和浩特市玉泉区南茶房十字路口东南角，是一处综合性休闲娱乐购物商城。主体建筑呈现为两楼环抱的形态，立体空间内外交融，室外景观环境由楼间步行街内庭空间和建筑四周商业店面前的人行道空间构成（图7-1-1）。

景观设计创意以“天”“地”“人”入题，融合了东方传统人文精神，具有内蒙古地区特色，引领了呼

和浩特市商业广场学术研究、文化景观建设的潮流。

广场四周以停车和交通通行功能为主，地面铺装采用彩色水泥砖，通过合理的图案设计区分出车行道、人行道和停车空间等功能区，总体色调注重与楼体的协调，图案的设置强调引导、分区的作用。

楼间的中心广场是本次景观设计的重点，所以广场的地面铺装也比周边其他铺装规格更高，全部采用花岗岩火烧板铺地。地面图案配合空间划分的需要，其形式简洁、明快。由于广场特殊的形状，在空间的划分上，本方案采用“两圆一线”将广场划分为南北两个分区，突出强调了西面和北面的两个入口。所谓“两圆”分别是指北入口的“五彩落太极”和中央的“五行生风水”圆盘；所谓“一线”是指广场中心用树池、水池和座凳连成的一道折线（图7-1-2）。

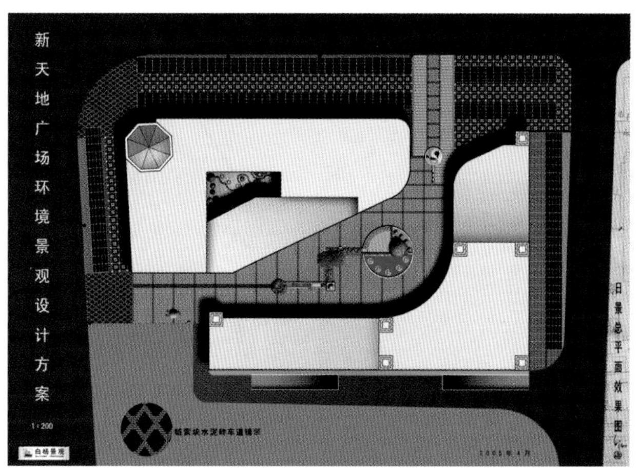

图7-1-1 总平面图

图7-1-2 总鸟瞰图

《道德经》第二十五章讲：“域中有四大，而人居其一焉。人法地、地法天、天法道、道法自然。”中心广场的北入口景观创作以“四大”立意，是新天地广场景观设计的点题之作。此处景观由“五彩落太极”圆盘和“三才聚华”长石组成。“五彩落太极”是一个直径为6m的大石盘，石盘上的拼花形成一幅太极图，其上放置有彩色巨石雕塑，石头上刻有阴山岩画。这里讲述着我国“太极生两仪，两仪生四象”的原始宇宙哲学观和“女娲炼五彩石以补苍天”的传说，体现内蒙古地区特色的阴山岩画又给人们在琢磨、赏玩中带来无穷的乐趣（图7-1-3）。“三才聚华”长石上镌刻的“天行健”“地势坤”和“君子以”字样出自《周易·象传》“天行健，君子以自强不息”“地势坤，君子以厚德载物”。所谓“三才”即“天”“地”“人”，长石上的三个小石球便代表此寓意，为了进一步注解之，长石南端立面上还阴刻有“三才聚华”的篆体印章（图7-1-4）。“五彩落太极”这处标志性的硬质景观不但吸引顾客光临，同时还可供人们在这里落座小憩。

图7-1-3 “五彩落太极”圆盘效果图

图7-1-4 “三才聚华”长石效果图

广场中心景观设计有“五行”筑台，使用占地面积小的条形树池、水池划分空间，巧妙点缀景观树木，以此来塑造动态的广场立体空间效果，给硬质的环境之中增添清新、活泼的自然气息。广场中心景观设计的点题之作是“五行生风水”圆盘和“乾坤球”。“五行生风水”圆盘在一个大的圆形平面内创造出丰富的空间变化，取名“五行”是因为在这个圆形平面内包含了金、木、水、火、土五种景观设计元素，其中“金”是筑台上水流流经的不锈钢槽和扶手钢管，“木”是花池中的花草树木，“水”是水池内的喷泉和景墙上的跌水，“火”是丰富多彩的艺术灯光，“土”是花池中真正的泥土。为了突出“天”“地”“人”的主题，在筑台北面景墙嵌石上题刻有“新天地广场”的名称。筑台东面墙体取名“云水墙”，有道人曾云：“我从云水而来，云散了，红日出现，水去了，任走东西。”由此得名，其上端设有水槽，形成跌水，墙体中央嵌有石刻长卷《逍遥游图》，此画表现了李白《梦游天姥吟留别》诗中“霓为衣兮风为马，云之君兮纷纷而来下。虎鼓瑟兮鸾回车，仙之人兮列如麻”仙人出行的宏大场景。这幅《逍遥游图》使用“满墙风动”的“铁线描”笔法表现出如同唐代画家吴道子的《八十七神仙卷》般的飘逸灵动（图7-1-5）。

“乾坤球”设计的灵感来自于呼和浩特市五塔寺上的石刻天象图。五塔寺是呼和浩特市著名的古迹，全称为金刚座舍利宝塔。由于其建筑形式独特，又在此发现了罕见的天象图，所以此塔在中国建筑史上具有重要的地位。“乾坤”即“天地”，“乾坤球”是一直径为1.8m的大石球，石球上用“错金银”的技术表现天象奇观，其基座用蒙古族特色图案镶边，使景观建设有了地区文脉的依托。

广场中心景观区的设计构想是在最大限度节约用地的前提下，创造出丰富的环境艺术效果。本设计采用一条折线的构图将树木、水池、雕塑等环境艺术要素穿插在一起，很好地实现了这一设计构想。同时这里的景观设施也给广大游客提供了很多休息的场所（图7-1-6）。

图7-1-5 “五行生风水”圆盘效果图

图7-1-6 广场中心景区效果图

最后值得一提的是新天地广场的夜景灯光设计。新天地广场除外围临街路边设有高杆装饰灯外，其余地方大量采用起引导和塑造形体轮廓作用的地灯。在“五彩落太极”和“五行生风水”圆盘以及树池、水池的侧墙上设计了脚灯，在树池内还点缀有庭院灯。夜晚游客置身其中，看不到刺眼的眩光，却能清晰地分辨环境地形，由于光线来自脚下，游人会感受到亦真亦幻、如同在云中行走般的乐趣。

三、设计方案说明写作案例二：SC文化公园规划设计说明

（一）用地现状概述及分析

1.位置概况　SC文化主题公园位于H市东二环西侧，北起新华大街、南至南二环，南北长约4km、东西平均宽度为350m，占地面积约146hm²。

2.周边环境分析　公园西面是连片的住宅区，

南临青玉河，东部与大片的商业与办公用地相邻，北边是博物院大街。公园两侧的楼群会对公园的视觉景观产生直接的影响，另外本市的空中走廊位于公园上空，频繁往来的飞机也会对公园产生一定的影响。

3. 场地分析　这块用地原本是高压线走廊，周围已经密布城市楼群，实施高压线入地工程改造后，地上区域变为了公园用地，这个超过纽约中央公园1/3面积的绿地，为H市的绿地系统增添了一个大型的廊道和斑块。

设计按照海绵城市的建设理念来整理土地，在此基础上进行全园的规划与设计。公园实际的规划用地面积约为102hm²，其中有体育娱乐中心、老年活动区、儿童乐园、文化创意园等区块，每一块用地都是按照甲方提出的要求而设计。

4. 现状分析　根据公园的区域位置、场地现状和周边环境，设计师在规划设计开始前就对基地的用地适宜性、使用者人群、公园对外交通和外部视觉景观等进行了详细的分析，以使公园的功能规划合理，使具体的设计能够与城市环境有机结合。

公园用地内原有大面积的低矮绿化应该尽量保留，原有比较平坦的地形可以采用挖湖堆山的手法进行改造，以达到丰富空间形式的目的。东北部的破旧厂房原有功能已经丧失，新设计将对其进行整体改造，使其转变为H市的文化创意园区，有机地融入公园环境体系之中。按照H市最新的城市规划，用地范围内的私建农田将不再保留，这为公园体系的完整性创造了有利的条件。

（二）规划设计依据

（1）SC文化主题公园规划设计条件书。

（2）1 ∶ 1 000场地现状地形图。

（3）中华人民共和国行业标准《公园设计规范》(GB 51192—2016)。

（4）H市《城市绿地系统规划》(2016—2030)。

（5）SC文化主题公园规划方案的修改意见以及变更规划用地边界的相关通知。

（6）SC文化主题公园立项的相关政府文件。

（三）规划目标（公园性质）

根据上述分析，本规划将SC文化主题公园定性为具有时代特色和地方特色，反映城市对外交流及开放共融的历史文脉，满足市民休闲、娱乐、观景等活动需求的综合性城市公园。

（四）规划原则

1. 关系原则　公园设计需使场地内的景物与周边环境有机结合。

2. 功能原则　满足市民游览、休闲、娱乐、健身的需求。

3. 特色原则　强调公园的主题特色，体现地区的传统文化。

4. 生态原则　发挥公园在城市生态系统中的作用，强调人与自然的共生。

5. 经济原则　利用场地现状条件，杜绝浪费，精工细作，建设精品工程。

（五）总体设计的指导思想

SC文化主题公园是开放的城市空间，它如同一场展览、一个故事，其中展示并讲述了草原丝绸之路文化交流与商贸往来的历史，通过实景展示的方式，彰显人与自然和谐共生的古老传统，从而增强现代人保护环境的意识。公园将以特殊的符号、场景、实物和空间来实现人与人以及人与城市的交流，让现代城市人的生活与生态自然环境融为一体。

1. 打造草原丝绸之路的文化主题　公园将展现明清时期在草原丝绸之路文化发展的影响下，H市经济文化生活全面发展的景象，通过古城新韵、茗茶清苑、丝路驼帮等景观节点展示该时期民族融合、贸易繁荣的盛况。文化主题将以雕塑的形式来体现，表现驼队运输、商贸交易、市井生活等具有鲜明时代特点的场景，为游人打造休闲、舒适、趣味性强、具有历史文化品位的景观空间。

2. 创造功能合理的综合性市级公园

（1）营造开放性城市公共空间。公园不设围墙，四周设有多处入口及前景空间，合理规划各出入口和专用出入口，对不同性质的空间进行特殊处理来达到吸引人流和限制人流的作用，便于管理的同时也方便游览。

（2）满足不同年龄、需求层次的使用者的需求。通过对场地现状和使用人群进行分析来营造环境，最终提炼出SC文化主题公园的几个主要功能。

①体育休闲活动。以大型硬质广场、体育活动场地、运动器械等来满足市民跳广场舞、晨练等康体休

闲活动的需要。

②与水相关的系列活动。满足人们划船、钓鱼、戏水、科普教育等活动的需要。

③综合性活动。提供满足人们观景、举办展览、交流、餐饮、下棋打牌等活动的场所和设施。

3. 展现生态文明的历史，创造让自然做功的景区

（1）充分利用场地的特殊位置和现状条件，在场地中部规划大面积水体、湿地，强化该公园在城市生态系统中的作用。

（2）利用植物创造边界，将大片的绿地划分为中心区域与周边地带两个部分。与人接触的周边地带部分需要精心养护；中心区域则交由自然做功，植物生长所需水分全部来源于雨水，枯枝落叶直接回归土地。

（3）利用乡土树种，增加生物多样性，形成可持续发展的生态体系。利用地形塑造使驳岸完全自然化，在水面上设置曲折栈桥，使人感受到在芦苇丛、花丛、树丛中穿行的乐趣。

4. 财富积累原则下的经济性主张

（1）通过精心规划与设计，打造能够流传后世的优质工程，用工用料精益求精。

（2）充分利用原有地形、植被、水体和拆迁建筑物材料，力求减少工程量和降低造价。

（3）在材料的运用上力求使经济性与美观性相结合，在环境景观的维护中力求减少维护费用。

（六）总体布局

1. 功能结构　根据场地特色、使用者活动内容、公园周边环境及公园对外交通等情况，将公园分成七大功能区。

（1）娱乐休闲区。根据H市规划局提供的《SC文化主题公园规划设计条件书》的要求，在公园西北部，以凭栏楼为核心，规划了占地面积约为400m^{2}的娱乐休闲区，在几个主入口附近，都设置有可供人们自由娱乐的广场。凭栏楼体现了中国古典建筑风格，人们在此可以极目远望、把酒临风、俯瞰湖面风光。

在娱乐休闲区中的场地上设置有体育健身设施，以满足人们的活动需求。中心广场上设有大型的主题雕塑，如“彩带飘舞”“游龙翻滚”等，是市民跳广场舞的好去处。

（2）儿童游乐区。儿童游乐区位于公园主入口西面，由广场群、大型疏林草地组成，是人流最为集中的地方，也是儿童进入公园后很容易找到的一个区域。本区有卡丁车赛车场、蹦蹦床、儿童戏沙乐园等娱乐场所。在本功能区南部，设计有一系列与公园南北轴线相呼应的城市景观林带，在此背景的衬托下，儿童游乐空间的地位更加突出，同时所采用的极具创意的设计手法给人以全新的视觉冲击和空间体验。

（3）水上活动区。位于公园中部的水上活动区是公园另一个核心区域，水岸的设计曲折有致，既满足了审美的需求，也起到了蓄洪的作用。水面周围以堤、岛、港、河湾、码头、栈桥等围绕，形成各种形态的水景和植物景观，可满足人们划船、钓鱼、野餐和湿地观光、科普教育等多种需求。

（4）老年活动区。老年活动区位于儿童游乐区的南面，这里是一个比较安静的地方，很适合老年人进行修身养性的娱乐活动。景观建筑突出方形空间围合的庭院效果，方便老人们相互交流，他们在此可以聊天、下棋、遛鸟、晒太阳。

（5）青春激扬区。公园最南部的场所是为充满活力的年轻人所打造的青春激扬区，在此特别设计了形式多变的跑酷与轮滑运动场，还有可供自娱自乐的小型演出广场与舞台。

（6）文化教育区。公园的文化教育区贯穿主环路，通过“云中文化”“盛乐文化”“蒙元文化”“天堂草原”和“盛世青城”五大主题相连，为学习草原丝绸之路的历史文化知识提供生动优美的景观环境空间。

（7）文化创意游览区。改造原有的破旧厂房，将其转化为H市的文化创意园区，通过道路与绿化设计使其有机地融入SC文化主题公园的环境体系之中，使其具备艺术交流、专题展览、旅游观光、文艺演出等多种环境功能。

2. 景观和空间构图方法　本公园的景观和空间格局可以概括为：以直线和弧线的交通路线为景观轴线，将各个环境空间有机贯穿起来所形成的景观序列。

3. 视觉景观分析

（1）对外视线的开与合。场所对外视线有开有合：娱乐休闲区在视线和空间上是半开放的格局，次

入口对面的水面景观完全开放，其他各个功能区则通过地形、墙体和植物加以围合形成封闭的空间。

（2）多样性的内部视觉体验。公园总体构图的景观轴也是视线的廊道，由此展开的一系列环境空间，闭合与开放兼而有之，场景的不同、动静的变换，都会给人以丰富的视觉感受。

（3）主要的造景方法。远处城市高层建筑群的轮廓线会成为公园的借景，水面的倒影更增加了借景的效果，而主要园路的对景则是设计者有意为之，利用借景和对景形成了一系列的景观、景点。此外，在各个活动区外围规划的景观林带使公园的边界变得模糊，这也很好地体现了与周边环境融为一体的效果。

4. 道路系统规划

（1）道路系统。公园的主路均为弧线形，规划路宽为6m，从公园边界向内延伸，连接和贯穿各功能区和多个主要景观节点，外围形成环线，是一条供市民散步和慢跑的道路。

次要路宽3m，遍布全园，连接公园各主要景区，道路在跨越水面处设计成栈桥的形式。

广场式林荫道多为规则形式，有些地段设计路宽为12m，结合高大的乔木种植，形成林荫路与林荫广场相结合的道路形式。

小径有直线形和自由式两种形式，一般路宽为1.5m，连接公园各处景点。

栈桥的宽度是2.6m，多为折线形式，是水面上的观景走廊，多处结合临水平台设置，是钓鱼、观景的好去处。

（2）广场。在人流较为集中的入口及主题景观区设置广场、运动场、儿童游戏场与林荫广场，它们共同形成一系列的开放空间。

（3）停车场。在公园的各个主要入口处分别设置了占地面积约1.8 hm^2的专用停车场，其他入口处则在林下布置有小型自行车停车场。

5. 对外交通和内部游览分析　为了便于开放式公园的管理，本规划根据人流路线的分析，将入口分为主入口、次入口和一般入口三种，非入口的地段巧妙地通过植物种植、地形变化和水体分隔等多样的手段来限制游人的出入。一般情况下，机动车被台阶、地桩、横杆等设施限制入园，同时也给公园管理用车和消防车设计了可以进入的通道。

6. 种植规划　植物种植分为以下几种类型。

（1）针阔叶混交林以油松、蒙古栎为主体树种，主要分布在各景点周围以及其他用以分隔空间的区域内。

（2）城市景观林带以新疆杨为主体树种，强调其挺拔的姿态。

（3）行道树以国槐、臭椿为主体树种，结合道路所在区域的景观进行布置。

（4）广场林荫树以白蜡为主体树种，遮阴和观赏性相结合。

（5）滨水植物以垂柳为主体树种，湿生植物区以丛生的芦苇、香蒲为主体，配以观赏性湿生、水生植物，如千屈菜、鸢尾、荷花、睡莲等。

（6）大块绿地野生区域与人工区域的划分以设置绿篱、密植灌木、针叶林带和花境等方式来实现。

7. 水系格局　水系是人工开挖的景观河湖，体现海绵城市的设计理念，兼具蓄洪的作用。采用自然式堤岸，沿岸植物丛生，形成生态型的湿地景观。

此外，在某些功能场所也设计了小型的人工水景，有旱地喷泉、壁泉、涌泉、溪流、静水池等，供人观赏和儿童戏水。

8. 竖向规划　设计尽可能避免土方外运，并保持场地内的土方填挖平衡。场地总体地形为内低外高，雨水最终汇集到人工湖中。在地形处理上注意用地形变化来塑造不同空间。场地相对高差在3～7m之间变化。设计水面常水位为0m，最高水位为0.5m，最低水位为－1m，水底最深处可达2m。

第二节　施工图中的说明

大型的景观工程设计图册，在首页往往需要编写总的说明，以诠释设计意图，对设计的内容以及图册的编排进行讲解，对施工中可能会遇到的问题加以说明，并对施工提出要求。一般景观工程可以按施工设计专业分项编写各专业部分的设计说明，这种说明可以放在各专业施工图部分中，也可以汇总在总的说明当中。有时候对于某幅具体的设计图，也需要用文字加以说明或解释，这种小段的说明文字可以放置于设计图旁边的位置。

一、施工图中的说明的内容

1. 工程概况　工程概况需要介绍工程名称、建设单位、建设位置、占地面积等情况。

2. 设计依据　设计依据一般包括以下条目：

(1) 列举设计所遵守的国家及地方颁发的与该类工程建设有关的各种规范、规定与标准。

(2) 甲方（具体名称）与乙方（具体名称）签订的委托合同。

(3) 甲方认可的景观规划设计方案及初步设计文件。

(4) 甲方提供的本工程建筑总平面图及其他相关设计资料。

3. 设计深度　设计深度需要说明是按照《建筑工程设计文件编制深度规定》中对施工图设计的深度要求以及相关景观绿化设计规范的要求绘制此套施工图。

4. 技术说明　技术说明应包括以下内容：

(1) 本工程总平面图与分区平面图中设计标高采用绝对标高值；景观单体及其立面、剖面设计采用相对标高值，其 ±0.00 相对标高值与绝对标高值的换算关系详见各图中附注；本工程设计的绝对标高值由甲方提供。

(2) 本工程设计中除标高以米（m）为单位外，其余尺寸均以毫米（mm）为单位。

(3) 本工程设计中所指的距地高度均指距离完成面的高度。

(4) 其他相关专业（结构、水、电等）的施工图，应于景观工程施工前由甲方负责组织绘制，经本设计单位会审通过后方可施工。(这是没有设计结构、水、电的说法)

(5) 本工程所用的各类设备（给排水、机电等设备）的技术安装施工图应在施工前由甲方负责组织绘制，经本设计单位会审通过后，由厂家或安装单位派专人赴现场配合室外环境工程进行施工。(本项内容也可以在设计里给出明确的建议)

5. 基础及构造措施　基础及构造措施常见的内容说明如下：

(1) 所有建筑物及构筑物的基础垫层采用C15混凝土，如遇基础底部不能落在持力层上的情况，必须除去非持力层，再用砂夹石回填并分层夯实（分层厚度≤300mm），压实系数≥0.95；如遇膨胀土地基时，须先除去膨胀土，再用砂夹石回填至基底标高并分层夯实（分层厚度≤300mm），压实系数≥0.95，回填后地基的承载力必须大于150kPa。

(2) 连续的场地混凝土垫层应设置纵横向缩缝，纵向缩缝采用平头缝，其间距为6～12m，横向缩缝采用假缝，其间距为3～6m，缝宽5～20mm，深度宜为垫层厚度的1/3，垫层需与面层对齐；连续的路面垫层沿纵向宜设置伸缝，其间距为20～30m，缝宽20～30mm，缝内填充沥青类材料，缝两侧的混凝土边缘应局部加固。

(3) 本次景观设计如涉及有关建筑结构顶板（底板）及围护结构的建造，若无特殊指明，则其有关构造做法及措施参照建筑施工图中的内容。

(4) 本工程所有砖基础部分用M10水泥砂浆、MU10页岩砖（240mm×115mm×53mm）砌筑；砌砖部分用M5水泥砂浆、MU7.5页岩砖砌筑。

(5) 排水沟。

①砖砌排水沟用M5水泥砂浆、MU7.5页岩砖砌筑。

②排水沟施工中如需填土，沟底C15混凝土垫层下应加铺一层粒径为50～70mm的卵石（或碎石），并将其与土壤一起夯实。

③排水沟与勒脚交接处设变形缝，缝宽30mm，深50mm，其上灌建筑嵌缝油膏。

④排水沟每30～40m设一条变形缝，变形缝宽30mm，其上灌建筑嵌缝油膏。

(6) 水景。

①本工程中涉及水的任何构造均以不低于二级防水等级的要求采取防水措施。

②水池的进水口、溢水口、排水坑、泵坑均宜设在池内较隐蔽的地方。

③所有水景的施工应由相关的专业顾问设计，由其提供管道的布置图和规格选用标准，明确设备的提供厂商，以确保水景按设计要求正常运作。

④景观用水质量，除非另有说明，应符合《地表水环境质量标准》(GB 3838—2002）中的要求。

⑤水景石材防碱背涂剂推荐用德国雅科美石材渗透剂、美国SG-4防护剂、国产保石洁SG-4防护剂等，以上产品由甲方自定。

6. 竖向设计　竖向设计应重点说明，例如可以按照以下内容进行说明：

（1）施工方应对整个设计范围内的地形、场地与路面坡度的最终效果负责。施工方应于施工前对照相关专业施工图纸，核实相应的场地标高，并将有疑问处及与施工现场相矛盾之处提请设计师注意，以便在施工前解决此类问题。

（2）对于车行道路面标高、道路断面设计、室外管线综合系统布置等均应参照建施总平面图的设计，施工方应于施工前对照建施总平面图核实本工程竖向设计平面图中注明的竖向设计信息。

（3）道路、广场、种植区排水管线等的布置均应与室外雨水系统相连接，并应对照建施总平面图统筹考虑。

（4）本工程设计中如无特殊标明，场所的坡向、坡度均按下列要求设计：

①广场及庭院按照排水方向构造坡向，坡度为0.5%。

②道路横坡朝路沿构造坡向，坡度为1.0%。

③台阶及坡道的休息平台按照排水方向构造坡向，坡度为1.0%。

④种植区按照排水方向构造坡向，坡度为2.0%。

⑤排水沟的纵向坡度为0.5%。

（5）所有地面排水应从构筑物基座或建筑外墙面向外找坡，且坡度最小为2.0%。

（6）如无特殊指明，所有种植区应比路面低0.02m，不宜超过路面0.01m。

（7）地形设计标高为最终完成施工后的标高，堆坡时须做压实处理。

（8）施工前施工方应与业主协调建筑出入口处的室内外高差关系，并告知设计师以便协调室外场地竖向关系。

7. 安全措施 安全措施首先需要说明该工程所有设计均满足国家及地方现行的有关工程与建筑设计的各类规范、规定及标准。还需要说明以下内容：

（1）本工程设计的所有小品及构筑物能抵抗7级地震。

（2）硬地人工水体（如水池、湖面、溪流等）的近岸如未设栏杆，其2m范围内水深不大于0.7m；园桥、汀步附近2m范围内水深不大于0.5m。图上凡未表示的，施工时必须以砂石填充至本规定要求的高度为止。

（3）儿童活动场地安全垫的外轮廓尺寸须满足：所有游乐设施边缘至安全垫外轮廓的距离应大于1.2m；所有游乐设施的儿童活动进出口处（如滑梯出口等）至安全垫外轮廓的距离须大于1.8m；如安装秋千，须满足当秋千荡起并与铅垂方向成60°时秋千的地面投影点至安全垫外轮廓的距离大于1.8m。

8. 材料选择及处理措施 材料选择及处理措施说明一般包括以下内容：

（1）除特殊说明外，所有设计细部、选材、饰面等均须按设计师指定做法完成。

（2）为保证视觉景观效果的统一，所有位于广场及景观环境路面上的井盖均应设置为双层，面层做法应与周围铺装一致。

（3）金属部件如圆钢、方钢、钢管、型钢、钢板等采用Q235-A.F钢，钢筋采用Ⅰ级钢，不锈钢材一律为316号不锈钢，钢和不锈钢之间的焊接采用不锈钢焊条。

①焊接工艺及焊接材料应符合《钢结构焊接规范》（GB 50661—2011）中的有关技术规定，焊接应满焊并保证焊缝均匀，不得有裂缝、过烧现象，外露处应挫平、磨光。焊条采用E43系列，焊缝宽度为5mm。

②各金属构件表面应光滑、平直、无毛刺，安装后不应有歪斜、扭曲变形等缺陷，钢板制作的装饰件应保持边角整齐，切割部位须挫平，不得留有切割痕迹和毛刺。

③所有铁件预埋、焊接及安装时须除锈，清除焊渣、毛刺，磨平焊口，刷防锈漆（如红丹防锈漆）打底，露明部分一道，不露明部分二道。

④金属件表面油漆工艺流程为：金属表面除锈、清理、打磨；刷苯丙乳胶金属底漆两遍，厚25～35μm，局部刮苯丙乳胶腻子，打磨，满刮苯丙乳胶腻子，打磨；刷第一遍醇酸磁漆，复补苯丙乳胶腻子，磨光，再刷第二遍醇酸磁漆，磨光，用湿布擦干净，最后刷第三遍醇酸磁漆。

（4）所有木件均应采用优质防腐木，其含水率不大于12%，须经过防腐处理后方可使用，防腐处理方法如下：

①将木料用强化防腐油涂刷2～3次，强化防腐油由97%混合防腐油与3%氯酚混合而成（此方法用

于地面以下的木料)。

②采用双酚A型环氧树脂刷2次。(此方法用于地面以上的木料)

③木材配件金属必须做防锈处理，可采用镀锌或不锈钢等方式。

④木结构表面油漆工艺流程为：首先对木材表面进行清扫、除污，并用砂纸打磨；其次润粉，进行第二次打磨，满刮腻子后进行第三次打磨，刷油色，刷首遍酚醛清漆；接着拼色、复补腻子、磨光，刷第二遍酚醛清漆；最后磨光，刷第三遍酚醛清漆。

(5) 所有室外墙面所用的涂料，均应防水、防污及具有适应当地气候条件的耐候性。

(6) 所有室外地面所用的天然石材铺装材料，必须满足《天然石材产品放射防护分类控制标准》(JC 518—1993) 中有关有害物质的限量规定。本工程中所有天然石材在施工前均应按照相关规范要求进行防碱、防污处理。

9. 施工要求　施工要求是施工说明的重点内容，可参考以下内容进行说明：

(1) 凡本工程采用的涉及景观造型、色彩、质感、大小、尺寸、性能、安全等方面的材料，除按本设计图纸中的要求外，均需报小样，经甲方及设计单位审核认可后方可采用。

(2) 施工时应按图施工，如有改变，需征得设计单位同意；若要替换材料及饰面，必须取得甲方及设计师的同意。

(3) 成品休闲椅、垃圾箱及儿童游乐设施等室外家具的选择，应根据设计师的设计意向，结合整个景观区域的风格，由甲方协同设计师最终选定。

(4) 本项目中的雕塑、小品、异型钢结构等均由专业厂家设计制作，安装完成之前须由甲方及景观设计师审核确认。

(5) 地下管线应在绿化施工前铺设，高功率灯具与植物的距离应不小于1m。

(6) 绿化施工时需要注意对现有植物进行保留与保护，树穴尺寸应符合设计要求，位置要准确。种植施工与施用基肥前须经业主和设计师确认，重要的大树移植，需要提前通知设计师，以便确定种植姿态。

10. 其他说明　其他说明中可以补充之前遗漏的说明内容，例如可以补充以下内容：

(1) 本工程施工图纸中标注的尺寸与现场不符时，以实际尺寸为准；总平面图与大样图不符之处以大样图为准，如有不清楚之处，请及时与设计单位联系，并由甲方及景观设计师审核确认。

(2) 施工期间或道路铺装投入使用之前，应做好保护措施以防止饰面污损。

(3) 本工程设计未详尽之处，须严格按照国家现行的《建筑工程施工质量验收统一标准》(GB 50300—2013) 及工程所在地方的法规执行。

(4) 建议水景所使用的石材采用专业的石材黏结剂。

二、施工图的说明写作示例

H市环翠山庄景观工程设计说明

(一) 工程概况

环翠山庄地处H市城区北侧，西邻莫图河，南依F大道，东靠四凡路，北与绿港天地小区相邻，区位优势明显，环境优越，交通便捷。环境景观工程融合人文、生态、健康、休闲、时尚五大元素，倾力打造山水生态小区。相信该项目的建设，对丰富H城市建筑风格和提升居住品位会起到积极作用。其中规划用地面积64 332m^2，绿地面积25 732 m^2，绿地率超过39%。

(二) 设计依据

(1)《居住区环境景观设计导则》(试行稿)。

(2)《无障碍设计规范》(GB 50763—2012)。

(3) 园林专业标准《城市绿地规划标准》(GB/T 51346—2019) 中关于小区住宅用地部分。

(4)《木结构设计标准》(GB 50005—2017)。

(5) 甲方的指导意见与预期要求。

(6) 现场勘测资料。

(7) 国家相关技术规范及有关法律法规。

(三) 设计内容

本套施工图包括园林绿化工程、硬化铺装工程、园林小品工程、雕塑与壁画工程、木结构建筑工程、园林给排水工程、园林电气工程施工图及工程量清单。

(四) 具体设计

1. 总平面图　标明总体设计中各个景观项目的位置及相互的关系，内容包括铺装广场、园林道路、园林景观小品、雕塑与壁画、木结构景观建筑、乔灌木、地被图案等。

2. 尺寸标注图　在图上标出所有设计项目的尺寸，网格放线图需标出网格尺寸。

3. 竖向设计图　标明道路铺装的主要控制标高及绿化设计中微地形的标高和水面控制标高。

4. 植物种植设计

（1）乔灌木种植设计。遵循适地适树、因地制宜的原则。乔灌木选用姿态优美、生长健壮、无病虫害的苗木。遵循生态学原则进行植物造景，植物配置采用孤植、列植、群植等多种形式，充分展示植物形、色、香、姿之美。大型乔灌木的设计位置如遇地下管线等可进行适当偏移。

（2）地被栽植。地被栽植以色块为主，适当考虑耐阴性、喜阳性等生态要求。

5. 铺装、游路设计

（1）广场铺装采用花岗岩板、黄河玉石板、广场砖、海卵石等材料。具体铺设详见施工图，其结构设计从上到下依次为：面层（花岗岩板、黄河玉石板、海卵石等），结合层（1 ∶ 2.5水泥砂浆30厚），基层（C15混凝土100厚），下基层（碎砂石100厚），素土夯实层。

（2）游路设计采用黄河玉石板与海卵石制作图案的形式，其结构与广场铺装结构相同。

（3）铺装广场排水坡度设计不小于0.3%；小游路横坡不小于1.5%，纵坡不小于0.3%。

（4）游路相互交接处转弯半径设计为1.0m，当遇到转弯弧半径小于5m时，道牙石应采用弧形石。

6. 水景工程设计　水景工程包括入口广场的喷水池和中心绿地中自然式的河湖景观。水景工程全部符合北方地区冬季防冻保护的要求，景观湖驳岸建议用千层石制作，如果用当地的石料砌筑，设计师需要进行现场指导。

7. 园林给排水设计　绿地排水主要以地形排水为主，广场上设有雨水收集井，通过雨水管排入道路排水系统。绿地给水主要采用水嘴井给水的方式。

8. 环境灯光设计　灯光设计主要包括路灯、庭院灯、草坪灯和特殊设计的景观灯的布置安排。在入口及活动广场设置景观灯，沿主游路及景点布置路灯、庭院灯及草坪灯。

第三节　景观规划设计总说明条目

景观规划设计中能够体现设计思想的内容有很多，其中很多是以文字的形式进行表达，以下是某风景区公园规划设计的总体说明，由于内容非常多，所以在此只是提纲挈领地摘选了说明中各部分的标题。这个案例可以帮助我们了解景观规划设计说明的写作提纲与文字表述形式。

一、设计总说明

B市园林设计院受H市园林局委托于20××年年底开始对W公园基础设施进行初步改造设计，20××年×月完成，×月设计通过由市发展和改革委员会组织的初步评审，之后H市项目投资评审中心在×月×日出具评审报告，详见H投评〔20××〕×××号文件。

鉴于20××年工程没有开工，原审定的投资额已经不能满足工程建设的需要，因此设计重新编制了新预算。

（一）设计依据

（1）《中华人民共和国环境保护法》。

（2）《中华人民共和国文物保护法》。

（3）《风景名胜区总体规划标准》（GB/T 50298—2018）。

（4）《公园设计规范》（GB 51192—2016）。

（5）《湿陷性黄土地区建筑规范》（GB 50025—2018）。

（6）《建筑给水排水设计规范》（GB 50015—2019）。

（7）《室外给水设计标准》（GB 50013—2018）。

（8）《室外排水设计规范》（GB 50014—2021）。

（9）《H市W风景区规划方案》（由H市市政工程设计研究总院编制）。

（10）《H市W景区控制性详细规划》（由H市城乡规划设计研究院编制）。

（11）《H市W公园改造工程初步设计及施工图设计委托书》。

（12）H市园林局会议纪要（20××）××号。

（13）H市园林局会议纪要（20××）××号。

（14）H市项目投资评审中心出具的H投评

〔20××〕×××号文件。

(15) 其他与改造项目有关的法规和规范。

(二) 工程规模和设计范围

1. 工程名称　H市W公园修建、改造一期工程。

2. 工程地点

3. 工程规模　改造工程占地面积×××hm^2。

4. 设计范围

(三) 工程概况和工程特征

1. 工程概况　本工程为H市政府和H市园林局依据《H市W风景区规划方案》和《H市W景区控制性详细规划》进行的W公园基础设施改造工程，共分为两部分。

第一部分为工程建设前期内容，包括全国规划方案招标、地质灾害防治、公园内住户搬迁安置和公园及营业点歇业补偿等内容。

第二部分为方案设计的内容，包括园路广场、给排水、绿化种植、挡墙护坡、古建修缮（含油漆彩绘）、水景工程等的设计。具体工程内容为：

(1) 园路、广场设计

① 景区主园路。

②游览路及踏步。

③广场和停车场铺装。

(2) 给排水设计

①给水。

②排水。

(3) 绿化种植改造、提升设计

①苗木现状调查统计。

②存在的问题。

③绿化改造内容。

(4) 山体护坡及挡墙设计

(5) 古建修缮设计

(6) 水景设计

(7) 电力设计

(8) 其他设施设计

①路牌标识系统。

②休息设施。

③垃圾箱。

2. 工程特征

(1) 工程的自然环境

①地质现状。

②气候条件。

(2) 工程现状分析

(3) 工程施工建设特征

(四) 设计指导思想和设计原则

1. 设计指导思想

(1) 构建区域性生态景区

(2) 打造区域性标志景观

(3) 带动地区旅游经济发展

2. 设计原则

(1) 修旧如旧的原则

(2) 以人为本的原则

(3) 适地适树的原则

(4) 科学创新的原则

二、分项设计说明

(一) 道路系统设计

1. 道路系统设计原则

2. 道路系统设计内容

(1) 动态交通设计

①景区主园路。

②景区游览路。

(2) 静态交通设计

(二) 给排水设计

1. 设计依据

(1) 国家现行的相关设计规程、规范及标准。

《建筑给水排水设计规范》(GB 50015—2019)。

《建筑中水设计规范》(GB 50336—2018)。

《室外给水设计标准》(GB 50013—2018)。

《室外排水设计规范》(GB 50014—2021)。

《生活饮用水卫生标准》(GB 5749—2006)。

《城市污水再生利用、城市杂用水水质》(GB/T 18920—2020)。

(2) 其他依据

2. 场地现状

3. 给排水量计算

4. 配套工程措施

(三) 绿化设计

1. 绿化设计原则

2. 植被分析与绿化种植

(1) 植被特征

(2) 树种选择

①基调树种。

②山路行道树树种。

③绿篱类植物。

④攀爬类植物。

⑤草坪植物。

⑥地被植物。

(3) 绿化换土

(4) 土壤改良

(5) 绿化灌溉系统安装

(四) 山体护坡及挡墙设计

1. 山体护坡绿化

2. 原有挡墙改造和新建挡墙设计

(五) 古建修缮

(六) 水景设计

三、工程建设条件与实施计划

(一) 工程建设条件

(二) 工程实施计划

(三) 工程招投标

四、环境保护

五、投资概算

(一) 编制说明

(二) 工程投资概算

1. 概算总表

2. 项目工程费用汇总表

下篇　环境景观设计专类设计案例

H U A N J I N G J I N G G U A N S H E J I

第八章
CHAPTER 8

城市公园设计

第一节　城市公园设计概论

伴随着19世纪工业革命与城市化进程，日趋恶化的城市环境成为影响与制约城市发展的关键，为了缓解这一问题，城市公园这个具有恢复城市生态性质的公共空间应运而生。纵观世界现代城市发展史，从100多年前的第一个城市公园——美国纽约中央公园（Central Park，1858—1873）到现在甚至是未来的城市公园（图8-1-1、图8-1-2），设计者们都不断地赋予其不同的品质与性情，使得这一城市公共空间从功能、内容、形式等方面得以不断地扩

图8-1-1　纽约中央公园平面图

充、发展、成熟与完善。城市公园不仅发挥着“起居室”的观赏休憩、文化交流、科普教育、运动锻炼、便民服务等作用，为市民提供一个开放的、公共的活动空间，同时还承担着“城市绿肺”这一协调人、建筑与自然环境可持续发展、保护与改善区域性生态环境的重要作用，为市民营造一个生态的、稳定的自然场所。

图8-1-2　纽约中央公园鸟瞰图

一、概念解析

（一）城市、郊区

1.城市　城市是以非农产业和非农业人口聚集为主要特征的居民点。按照我国国家标准《城市规划基本术语标准》（GB/T 50280—98），城市的行政概念在我国是指按国家行政建制设立的直辖市、市和建制镇。《中国大百科全书：建筑　园林　城市规划》中对城市的定义为城市是按照一定的生活方式和生产方式把一定地域组织起来的居民点，是该地域或更大腹地的经济、政治和文化生活中心。

2.郊区　郊区是城市市区以外、市行政管辖范围以内的地区，是城乡的过渡地带。根据距离市区的远近，又可分为近郊区和远郊区。《中国大百科全书：建筑　园林　城市规划》中对郊区的定义为郊区是城市的组成部分，它与城市在功能、经济、建设和环境等方面有密切的联系。

（二）公园、城市公园

1.公园　《中国大百科全书：建筑　园林　城市规划》中指出公园是城市公共绿地的一种类型，由政府或公共团体建设经营，供公众游憩、观赏、娱乐等的园林，具有改善城市生态、防火、避难等作用。公园分为城市公园和自然公园两大类，一般使用“公园”一词，仅指城市公园。

2.城市公园　任何事物总是处于一种不断运动与发展的状态，不同时期对“城市公园”概念的界定会有所不同，即便是在同一时期内，学术界对其概念的界定也存在差异。通过分析《中国大百科全书：建筑　园林　城市规划》、《城市绿地分类标准》（CJJ/T 85—2017）及国内外学者对城市公园概念的界定，可归纳出城市公园的实质：首先，城市公园是自然的或人工的城市公共绿地的一种类型，是构成城市绿地系统的重要组成部分；其次，城市公园的主要服务对象是城市居民，但随着城市旅游业的不断发展，城市公园已由单一地服务于市民，发展到同时为市民与广大的旅游者服务；再次，城市公园的主要功能是游赏休憩、休闲娱乐、文化活动、运动健身、防灾避险等，而且随着社会的综合发展、城市自身的发展以及市民、旅游者内在追求与外在需求的推动，城市公园将会增加更多的主题功能。

二、城市公园的发展与演变

（一）城市公园的起源

研究城市公园的起源，就不能忘却古希腊、古罗马时期对城市生活具有深远影响的公共空间，也不能忽视文艺复兴时期宗教建筑庭园，但真正具有“现代城市公园”完整内涵的城市公园的概念，是被国外景观学家蒙·劳里（M.Laurie）在《19世纪自然与城市规划》一书中首次提及并研究。当时是作为解决爆炸性人口、城市超规模扩张、人与自然环境关系日趋紧张等一系列问题的有效途径而提出的，其目的是使工业城市向自然回归。

城市公园作为大工业时代的产物、反哺城市生态的手段，单从起源来讲有两个源头。一个源头是王室贵族私家花园的公共化，新兴的资产阶级没收了封建领主及皇室的财产，将私家宫苑和花园向公众开放，即所谓的“公共花园”。作为工业革命的发源地，英国于1811年建立伦敦摄政公园（Regent' s Park），此类公共花园最早在英国出现似乎已成为一种历史的必然。另一个源头则是原有社区、村镇的公共场地，尤其是教堂前的公共开放草地被设计改造为公共花园。早在1643年英国殖民者就以“公共使用地”的名义，在波士顿购买了18.225km^{2}的土地。自1858年纽约开始建造中央公园后，全美各大城市都纷纷开始建立各自的中央公园，于是大规模的公园运动就此展开。

从1811年以富裕市民为服务对象的伦敦摄政公园，到1843年以工人阶层为服务对象的英国利物浦的伯肯海德公园（Birkinhead Park），再到以全体市民为服务对象的美国纽约中央公园，城市公园从最初服务对象的局限性、不开放性逐渐发展到服务对象不限的城市开放性空间，标志着第一个具有真正意义的现代城市公园的产生。

（二）我国城市公园的发展与演变概述

我国造园历史悠久，但最初的皇家园林、私家园林、寺观园林等都主要为少数皇权贵族所私有，并非现代意义上的城市公园。自1840年鸦片战争以后，帝国主义列强纷纷入侵，在我国划分势力范围、设立租界，并按照西方造园思想进行殖民式的造园活动，将英国风景式和法国规则式公园“植入”到我国的土地上。

1868年，外国殖民者在上海外滩上建造了我国第一个城市公园——上海公花园，英文名Public Park（现名黄浦公园）（图8-1-3）。在后来的几年里又相继建成了上海虹口公园（现名鲁迅公园）、天津法国花园（现名中心公园）、吉斯维尔公园（现名中山公园）。这一时期的公园主要采取英国风景式和法国规则式风格，以大面积草坪为背景，空间以树木与花坛围合，布置有网球场、棒球场、高尔夫球场等运动型场地及休息、散步、游乐场所等空间。

图8-1-3　上海黄浦公园

图8-1-4　无锡城中公园

1906年，我国在无锡市建造了具有中国特色的城市公园锡金公园，曾用名无锡公园，现名城中公园（图8-1-4）。自20世纪20～30年代开始，我国进入自主建设城市公园的第一个较快发展时期。当时，由于受到“自由、平等、博爱”的辛亥革命民主共和的思想与西方国家“田园城市”造园思想的

影响，我国先后兴建了广州越秀公园（图8-1-5、图8-1-6）、北京中央公园（现名中山公园）、汉口政府公园（现名中山公园）、昆明翠湖公园、南京五洲公园（现名玄武湖公园）、杭州中山公园等一批城市公园，它们有的基于原有的风景名胜古迹、古典园林旧址改造而成，有的参照欧洲公园造园特色扩建或兴建，造园主旨思想大多为纪念与宣扬孙中山先生的丰功伟绩。

图8-1-5　广州越秀公园——五羊石雕

图8-1-6　广州越秀公园——四季服装同穿戴

中华人民共和国成立前，我国的城市公园数量少且设施不完善，直到1953—1957年我国第一个五年计划时期，伴随着全国各个城市的旧城改造、新城开发和市政工程建设，各大城市开始对原有的公园进行改建、扩建，甚至新建公园，我国城市公园建设进入第二个较快发展时期。当这一时期的造园小高潮过后，城市公园建设速度有所放慢，这一时期的公园多参照苏联的公园建造模式，强调功能分区并注重群众性的文化活动，在当时很大程度上满足了人们游览休闲以及精神生活需求。

自改革开放以来，特别是从1992年开始，随着创建园林城市活动在全国的普遍开展，我国城市公园建设进入了一个高速发展的阶段，不仅在数量上大幅度增加，在质量上有很大程度提高，而且在设计理念上也发生了诸多变化。后来随着“国家园林城市”“国家生态园林城市”的提出，人们对城市公园改善城市环境、维持生态平衡这一具体功能与作用有了更深层次的认识，且关于城市绿地的社会效益、经济效益、生态效益以及对生物多样性的影响等方面的研究，也为今后城市公园建设打下了坚实的理论基础。

三、功能与分类

（一）城市公园的功能

1. 生态功能　城市公园是城市绿地系统的重要组成部分，是城市最大的绿色生态斑块，也是城市动植物资源最为丰富的场所，不仅在视觉上给人以美的感受，而且在净化空气、调节气候、减少噪声、杀死细菌等方面有明显效果，对于改善城市生态环境、保护生物多样性起着积极有效的作用，因而有“城市的肺”“城市的氧吧”等美誉。当今城市中大量的工程建设不断侵占动物的生态栖息地，而城市公园及它们之间的生物保护廊道，便理所当然地成为城市保护生物多样性的场所（图8-1-7、图8-1-8）。

2. 景观功能　现代城市被林立的高楼所“覆盖”，存在着空间拥挤、缺乏隔离场所与安全救援通道等问题，而建设城市公园可谓是一举多得的解决办法。城市中大量人群的涌入、土地的深度开发、旧城的更新改造等使得城市原有的景观趋向于破碎化、同质化，

图8-1-7　法国里昂公园湖畔

图8-1-8 北京玉渊潭公园

图8-1-9 北京奥林匹克体育场馆

而在合理规划与建设城市公园的前提下，可以利用地形、植物、河流等自然要素与历史、文化等社会要素重新组织构建城市景观，使城市得以焕发新的活力。例如，北京借申办奥运会之机，通过合理规划奥林匹克体育场馆与森林公园（图8-1-9、图8-1-10），使得北京城北环境得以改善、景观面貌得以改观，同时又为北京城增添了一处重要的标志性场所空间，有效提升了北京乃至我国在世界上的形象。

3. 美育功能 公园从其诞生的那一刻起，就被国家、时代、民族等赋予了美学的意义。它是人们对理想空间环境的一种追求与向往，对陶冶市民情操，提高市民文化修养、道德水平与综合素质，传播精神文明正能量，促进科普教育等有极为重要的作用与意义。无论是传统还是现代艺术抑或民间艺术的各种流派，都或多或少地通过某种单一风格艺术作品或是多种艺术风格相结合的作品将美学教育渗透到城市公园的空间环境之中，使人们在享受美景的过程中，寓教于乐，潜移默化地影响游人（图8-1-11、图8-1-12）。

图8-1-10 北京奥林匹克公园雕塑

图8-1-11 现代解构主义代表作——法国拉·维莱特公园

图8-1-12 美国格伦代尔国际象棋公园

4. 防灾功能　城市公园具有大面积的公共开放空间，不仅在平日里为人们集聚性活动提供必要的场所，同时在发生地震、火灾等不可抗的自然或人为灾害时，可作为抗灾、救灾过程中救援人员与灾民的临时或长久避难地。尤其是面积较大的公园，还可作为救援直升机的临时机降场地与救灾物资的储藏地。

国发〔2004〕25号文《国务院关于加强防震减灾工作的通知》中明确指出："要结合城市广场、绿地、公园等建设，规划设置必需的应急疏散通道和避险场所，配备必要的避险救生设施。"因此，城市公园在灾前的防护、灾中的避难以及灾后的安置重建等工作中起到了极其重要的作用。

（二）我国城市公园的分类

住房和城乡建设部2017年颁布的《城市绿地分类标准》（CJJ/T 85—2017）中，将公园绿地按照主要功能、内容分为综合公园、社区公园、专类公园、游园4个中类、6个小类，小类基本上与现执行的《公园设计规范》（GB 51192—2016）标准相对应。

1. 综合公园　综合公园是公园绿地的核心，是城市居民开展游览休憩、文化娱乐、运动健身等活动不可或缺的重要场所。综合公园比其他类型公园具有更全面的功能，一般占地面积较大，内容丰富、服务设施完备，适应各种年龄段、职业层面、习惯爱好的人群需要，可进行一日或半日游赏活动。综合公园面积宜大于10hm^2。

2. 社区公园　社区公园是指用地独立，具有基本的游憩和服务设施，主要为一定社区范围内居民就近开展日常休闲活动服务的绿地。社区公园与居民的生活关系最为密切，社区公园的设计必须设置足够的儿童游乐设施，同时考虑老年人的游憩需要，为便于居民的使用，社区公园规模宜在1hm^{2}以上。

3. 专类公园　专类公园指具有特定内容或形式，有相应的游憩和服务设施的绿地。包括动物园、植物园、历史名园、遗址公园、游乐公园、其他专类园等（表8-1-1）。

表8-1-1　专类公园的类型

类别名称	内容与范围	适宜规模	备注
动物园	在人工饲养条件下，移地保护野生动物，进行动物饲养、繁殖等科学研究，并供科普、观赏等活动，具有良好设施和解说标识系统的绿地	>20hm^2	结合动物的生长、生态习性、地理分布、园址自然条件、建筑风格等条件进行整体设计
植物园	进行植物科学研究、引种驯化、植物保护，并供观赏、游憩及科普等活动，具有良好设施和解说标识系统的绿地	>40hm^2	一般分为科普区、展览区、职工工作生活区等
历史名园	历史悠久、知名度高、体现一定历史时期代表性的造园艺术，需要特别保护的园林	>2hm^2	修复设计必须符合《中华人民共和国文物保护法》的规定
遗址公园	以重要遗址及其背景环境为主形成的，在遗址保护和展示等方面具有示范意义，并具有文化、游憩等功能的绿地	>2hm^2	人均公园面积宜>100m^2
游乐公园	单独设置，具有大型游乐设施，生态环境较好的绿地		绿化占地比例应大于或等于65%
其他专类园	除以上各种专类公园外，具有特定主题内容的绿地。主要包括儿童公园、体育健身公园、滨水公园、纪念性公园、雕塑公园以及位于城市建设用地内的风景名胜公园、城市湿地公园和森林公园等	>2hm^2	应有名副其实的设计主题，绿化占地比例应大于或等于65%

4. 游园　游园是指除以上各种公园绿地外，用地独立，规模较小或形状多样，方便居民就近进入，具有一定游憩功能的绿地，以配置精美的园林植物为主，讲究街景的艺术效果并设有供短暂休憩的设施。游园满足居民游憩的服务半径一般在500m范围内，绿化占地比例应大于或等于65%，其中带状游园的宽度宜大于12m。

游园是散布于城市中的中小型开放式绿地，是数量最多、面积最广的公园绿地类型，包括街道广场绿地、小型沿街绿化用地等（图8-1-13）。随着城市用地日趋紧张，欲在城市中建设大面积、多功能的公园的可能性微乎其微，但游园可充分利用城市零星空地“见缝插绿”，降低城市建设密度、维护生态平衡、提高人们的居住及生活环境质量。

图8-1-13　绿地小景

四、城市公园设计主要注意事项

优秀的城市公园设计首先应是符合相关技术规范要求的。在我国，由住房与城乡建设部2016年颁发的《公园设计规范》（GB 51192—2016）导则，是在遵循国内现行的《城市用地分类与规划建设用地标准》（GB 50137—2011）和其他法规的基础上，参考国外相关文献资料进行编制而成的，具有广泛的适用性和指导性。城市公园环境景观设计应注意的事项如下。

（一）影响设计标准的因素

城市公园设计是在上位规划——城市总体规划和城市绿地系统规划的基础之上进行的，它反映了一定时期城市规模、性质、经济状况、气候等条件，同时也反映了人们对景观、绿化和自然生态环境的需求。城市公园规划设计一般应符合以下规定。

①公园的用地范围和类型应以城乡总体规划、绿地系统规划等上位规划为依据。

②公园设计应正确处理公园建设与城市建设之间、公园的近期建设与持续发展之间的关系。

③公园设计应注重与周边城市风貌和功能相协调，并应注重地域文化和地域景观特色的保护与发展。

④沿城市主、次干道的公园主要出入口的位置和规模，应与城市交通和游人走向、流量相适应。

⑤公园与水系相邻时，应根据相关区域防洪要求，综合考虑相邻区域水位变化对公园景观和生态系统的影响，并应确保游人安全。

⑥公园的雨水控制利用目标，包括径流总量控制率、超标雨水径流调蓄容量、雨水利用比例等，应根据上位规划结合公园的功能定位、地形和土质条件而确定。

⑦公园应急避险功能的确定和相应场地、设施的设置，应以城市综合防灾要求、公园的安全条件和资源保护价值要求为依据。

（二）公园用地比例标准与设施的设置

1. 公园用地比例标准

（1）公园用地面积统计　公园用地面积包括陆地面积和水体面积，其中陆地面积应包括绿化用地、建筑用地、园路及铺装场地用地的面积，公园各类用地面积及用地比例应按表8-1-2中的规定进行统计。

表8-1-2　公园用地面积及用地比例表

公园总面积/m²	用地类型				面积/m²	比例/%	备注
	陆地	绿化用地	m²	%			
		建筑占地	m²	%			
		园路及铺装场地用地	m²	%			
		其他用地	m²	%			
	水体						

注：如有“其他用地”，应在“备注”一栏中注明内容。

（2）公园用地比例　公园用地比例应以公园陆地　面积为基数进行计算，并应符合表8-1-3的规定。

表8-1-3　公园用地比例

陆地面积 A_1/hm²	用地类型	公园类型					
		综合公园/%	专类公园			社区公园/%	游园/%
			动物园/%	植物园/%	其他专类公园/%		
$A_1<2$	绿化	—	—	＞65	＞65	＞65	＞65
	管理建筑	—	—	＜1.0	＜1.0	＜0.5	—
	游憩建筑和服务建筑	—	—	＜7.0	＜5.0	＜2.5	＜1.0
	园路及铺装场地	—	—	15～25	15～25	10～30	15～30
$2\leqslant A_1<5$	绿化	—	＞65	＞70	＞65	＞65	＞65
	管理建筑	—	＜2.0	＜1.0	＜1.0	＜0.5	＜0.5
	游憩建筑和服务建筑	—	＜12.0	＜7.0	＜5.0	＜2.5	＜1.0
	园路及铺装场地	—	10～20	10～20	10～25	15～30	15～30
$5\leqslant A_1<10$	绿化	＞65	＞65	＞70	＞65	＞70	＞70
	管理建筑	＜1.5	＜1.0	＜1.0	＜1.0	＜0.5	＜0.3
	游憩建筑和服务建筑	＜5.5	＜14.0	＜5.0	＜5.0	＜1.5	＜1.3
	园路及铺装场地	10～25	10～20	10～20	10～25	10～25	10～25
$10\leqslant A_1<20$	绿化	＞70	＞65	＞75	＞70	＞70	—
	管理建筑	＜1.5	＜1.0	＜1.0	＜0.5	＜0.5	—
	游憩建筑和服务建筑	＜4.5	＜14.0	＜4.0	＜3.5	＜1.5	—
	园路及铺装场地	10～25	10～20	10～20	10～20	10～25	—
$20\leqslant A_1<50$	绿化	＞70	＞65	＞75	＞70	—	—
	管理建筑	＜1.0	＜1.5	＜0.5	＜0.5	—	—
	游憩建筑和服务建筑	＜4.0	＜12.5	＜3.5	＜2.5	—	—
	园路及铺装场地	10～22	10～20	10～20	10～20	—	—
$50\leqslant A_1<100$	绿化	＞75	＞70	＞80	＞75	—	—
	管理建筑	＜1.0	＜1.5	＜0.5	＜0.5	—	—
	游憩建筑和服务建筑	＜3.0	＜11.5	＜2.5	＜1.5	—	—
	园路及铺装场地	8～18	5～15	5～15	8～18	—	—
$100\leqslant A_1<300$	绿化	＞80	＞70	＞80	＞75	—	—
	管理建筑	＜0.5	＜1.0	＜0.5	＜0.5	—	—
	游憩建筑和服务建筑	＜2.0	＜10.0	＜2.5	＜1.5	—	—
	园路及铺装场地	5～18	5～15	5～15	5～15	—	—
$A_1\geqslant 300$	绿化	＞80	＞75	＞80	＞80	—	—
	管理建筑	＜0.5	＜1.0	＜0.5	＜0.5	—	—
	游憩建筑和服务建筑	＜1.0	＜9.0	＜2.0	＜1.0	—	—
	园路及铺装场地	5～15	5～15	5～15	5～15	—	—

注：①“—”表示不作规定；上表中管理建筑、游憩建筑和服务建筑的用地比例是指其建筑占地面积的比例。

②本表引自《公园设计规范》（GB 51192—2016）。

(3) 公园内用地面积计算　公园内用地面积计算应符合下列规定。

①河、湖、水池等应以常水位线范围计算水体面积，潜流湿地面积应计入水体面积。

②没有地被植物覆盖的游人活动场地应计入公园内园路及铺装场地用地。

③林荫停车场、林荫铺装场地的硬化部分应计入园路及铺装场地用地。

④建筑物屋顶上有绿化或铺装等内容时，面积不应重复计算，可按表8-1-2的规定在备注中说明情况。

⑤展览温室应按游憩建筑计入面积，生产温室应按管理建筑计入面积。

⑥动物笼舍应按游憩建筑计入面积，动物运动场宜计入绿化面积。

2. 公园设施的设置

(1) 公园设施项目的设置应符合表8-1-4的规定。

表8-1-4　公园设施项目的设置

设施类型	设施项目	陆地面积A_1/hm^2						
		$A_1<2$	$2\leqslant A_1<5$	$5\leqslant A_1<10$	$10\leqslant A_1<20$	$20\leqslant A_1<50$	$50\leqslant A_1<100$	$A_1\geqslant 100$
游憩设施（非建筑类）	棚架	○	●	●	●	●	●	●
	休息座椅	●	●	●	●	●	●	●
	游戏健身器材	○	○	○	○	○	○	○
	活动场	●	●	●	●	●	●	●
	码头	—	—	—	○	○	○	○
游憩设施（建筑类）	亭、廊、厅、榭	○	○	●	●	●	●	●
	活动馆	—	—	—	—	○	○	○
	展馆	—	—	—	—	○	○	○
服务设施（非建筑类）	停车场	—	○	○	●	●	●	●
	自行车存放处	○	●	●	●	●	●	
	标识	●	●	●	●	●	●	●
	垃圾箱	●	●	●	●	●	●	●
	饮水器	○	○	○	○	○	○	○
	园灯	●	●	●	●	●	●	●
	公用电话	○	○	○	○	○	○	○
	宣传栏	○	○	○	○	○	○	○
服务设施（建筑类）	游客服务中心	—	—	○	○	●	●	●
	厕所	○	●	●	●	●	●	●
	售票房	○	○	○	○	○	○	○
	餐厅	—	—	○	○	○	○	○
	茶座、咖啡厅	—	○	○	○	○	○	○
	小卖部	○	○	○	○	○	○	○
	医疗救助站	○	○	○	○	○	●	●
管理设施（非建筑类）	围墙、围栏	○	○	○	○	○	○	○
	垃圾中转站	—	—	○	○	●	●	●
	绿色垃圾处理站	—	—	—	○	○	●	●
	变配电所	—	—	○	○	○	○	○
	泵房	○	○	○	○	○	○	○
	生产温室、荫棚	—	—	○	○	○	○	○
管理设施（建筑类）	管理办公用房	○	○	○	●	●	●	●
	广播室	○	○	○	●	●	●	●
	安保监控室	○	●	●	●	●	●	●
管理设施	应急避险设施	○	○	○	○	○	○	○
	雨水控制利用设施	●	●	●	●	●	●	●

注：①“●”表示应设；“○”表示可设；“—”表示不需要设置。

②本表引自《公园设计规范》(GB 51192—2016)。

（2）公园内不得修建与其性质无关的、单纯以盈利为目的的建筑。公园内便于游人使用的餐厅、小卖店等服务设施规模应与游人容量相适应。

（3）游人使用的厕所数应按公园占地面积及游人容量情况设置（表8-1-5）。厕所服务半径不宜超过250m，各厕所内的厕位数应与公园内的游人分布密度相适应。公园内的厕所应考虑儿童、老人、残疾人等不同人群的特点，设置方便其使用的专用厕所。例如，在儿童游戏场所附近，应考虑设置便于儿童使用的厕所。

表8-1-5　公园内部厕所数量

公园面积／hm^2	设置厕所厕位（含小便斗位数）数／个	备注
<10	$C\times1.5\%$	男女厕所比例宜为1 ： 1.5
≥10	$C\times2.0\%$	

注：①C代表公园游人容量。

②本表参照《公园设计规范》（GB 51192—2016）。

（4）公园内一切休憩建筑、构筑物中的条凳、座椅、美人靠等，其数量应按游人容量的20%～30%设置，应考虑游人需求合理分布，休息座椅旁应设置轮椅停留位置，其数量不应小于休息座椅的10%。

（5）停车场（包括私家车、大巴停车场与自行车存车处）应在各公园出入口附近，不得占用出入口内外广场。公园配建地面停车位指标应符合表8-1-6的规定。

表8-1-6　公园配建地面停车位指标

陆地面积A_1／hm^2	停车位指标／（个／hm^2）	
	机动车	自行车
$A_1<10$	≤2	≤50
$10\leqslant A_1<50$	≤5	≤50
$50\leqslant A_1<100$	≤8	≤20
$A_1\geqslant100$	≤12	≤20

注：①不含地下停车位数；表中停车位为按小客车计算的标准停车位。

②本表引自《公园设计规范》（GB 51192—2016）。

（6）园路宽度、纵断面设计应符合表8-1-7、表　8-1-8的规定。

表8-1-7　园路宽度设计要求

园路级别	公园总面积A／hm^2			
	$A<2$	$2\leqslant A<10$	$10\leqslant A<50$	$A\geqslant50$
主路	2.0～4.0	2.5～4.5	4.0～5.0	4.0～7.0
次路	—	—	3.0～4.0	3.0～4.0
支路	1.2～2.0	2.0～2.5	2.0～3.0	2.0～3.0
小路	0.9～1.2	0.9～2.0	1.2～2.0	1.2～2.0

注：①本表引自《公园设计规范》（GB 51192—2016）。

②公园面积小于10hm^2时，可只设三级园路。

表8-1-8　园路纵断面设计要求

园路级别	路面形式	坡度/%		备注
		纵坡	横坡	
主路 次路	一般	<8	<3	不宜设梯道，必须设时，纵坡宜<36%
	粒料路面		<4	纵、横坡不得同时无坡度
	山地区域	<12		>12%应做防滑处理
	积雪或冰冻区域	≤6%	1%～1.5%	
支路 小路		<18%		纵坡>15%时，路面应做防滑处理；纵坡>18%，宜按台阶、梯道设计，台阶踏步数不得少于2级；纵坡>50%的梯道，宜做防滑处理，并设置护栏设施
自行车专用道		<2.5%	<2.5%	

注：本表参照《公园设计规范》(GB 51192—2016)。

(7) 公园游人出入口宽度应符合下列规定。

①单个出入口的宽度不应小于1.8m。

②举行大规模活动的公园应另设紧急疏散通道。

3. 公园游人容量计算　公园的游人容量是指游览旺季高峰期时同时在公园的游人数量。公园设计首先必须确定公园的游人容量，作为计算各种设施的规模、数量以及进行公园管理的依据。游人容量的计算公式如下：

$$C = A_1/A_{m1}+C_1$$

式中：C——公园游人容量（人）；

A_1——公园陆地面积（m^2）；

A_{m1}——人均占有公园陆地面积（m^2/人）；

C_1——公园开展水上活动的水域游人容量（人）。

人均占有公园陆地面积指标应符合表8-1-9中规定的数值。

表8-1-9　公园游人人均占有公园陆地面积指标

公园类型	人均占有陆地面积/m^2
综合公园	30～60
专类公园	20～30
社区公园	20～30
游园	30～60

注：①人均占有公园陆地面积指标的上下限取值应根据公园区位、周边地区人口密度等实际情况确定。

②本表引自《公园设计规范》(GB 51192—2016)。

公园有开展游憩活动的水域时，水域游人容量宜按150～250m^2/人进行计算。

第二节　设计案例

一、足下文化与野草之美——中山岐江公园设计

首席设计师：俞孔坚

主要参与设计人员：庞伟、李健宏、邱钦源、凌世红、胡海波

（一）概况

中山岐江公园位于广东省中山市区中心地带，东连岐江河，西邻中山路，南靠中山大桥，北临富华酒店，占地面积11hm^2，原有工业建筑面积3 000m^2，湖水面积3.6 hm^2，整个公园邻江含湖、湖江相融（图8-2-1）。

公园基址为中山市著名的粤中船厂旧址。该厂始建于1953年，历经了中华人民共和国成立、“大跃进”、“文化大革命”、改革开放等漫长的历史发展与时代变迁时期，在中山市的工业发展史上具有重要地位。随着城市建设的快速发展，粤中船厂已不能满足现代造船事业的发展需求，并濒临停产。由于该厂位于岐江西岸较为繁华的商业地带，而破旧的厂房显然已与周边环境的风貌格格不入，所以市政府决定将该船厂拆迁，并将原基址规划为公园绿地，命名为岐江公园。

到底建造一个什么性质的公园？这是令中山市政府比较困扰的一个问题。基址内现存不少造船厂房、船坞、水塔、烟囱、龙门吊、变压器、铁轨等设施或设备，且荒草丛生、残破败落（图8-2-2）；城市与岐江公园之间没有围墙，城市道路、岐江河自然地成为公园的“边界线”；岐江河因受到海潮的影响，日水位变化可达1.1m。

可以说，场地现状给景观设计者提出了不小的困难甚至是挑战。大量的破旧厂房、水塔等设施或设备，虽然是中山市工业化的见证和城市记忆的沉淀，但不能作为文物被保护，因其缺乏艺术价值和科学价值；作为废铁以吨计价，又是一种资源的浪费；作为景观却与普通民众的审美观相距甚远，因其多数已残破不堪。除现存的工业遗迹外，还有水位变化的水面、冠大荫浓的古榕树、长势良好的野草（地带性植被）……这些饱含历史沧桑记忆的“东西”，要全部推倒重新规划吗？

面对这些疑问以及设计风格形式的三大类型：具有地域特色的岭南园林风格、与“华侨城市”之称相符的西方古典规整式园林风格和西方环境主义“生态恢复、城市更新”的设计形式。景观设计者又该如何选择？

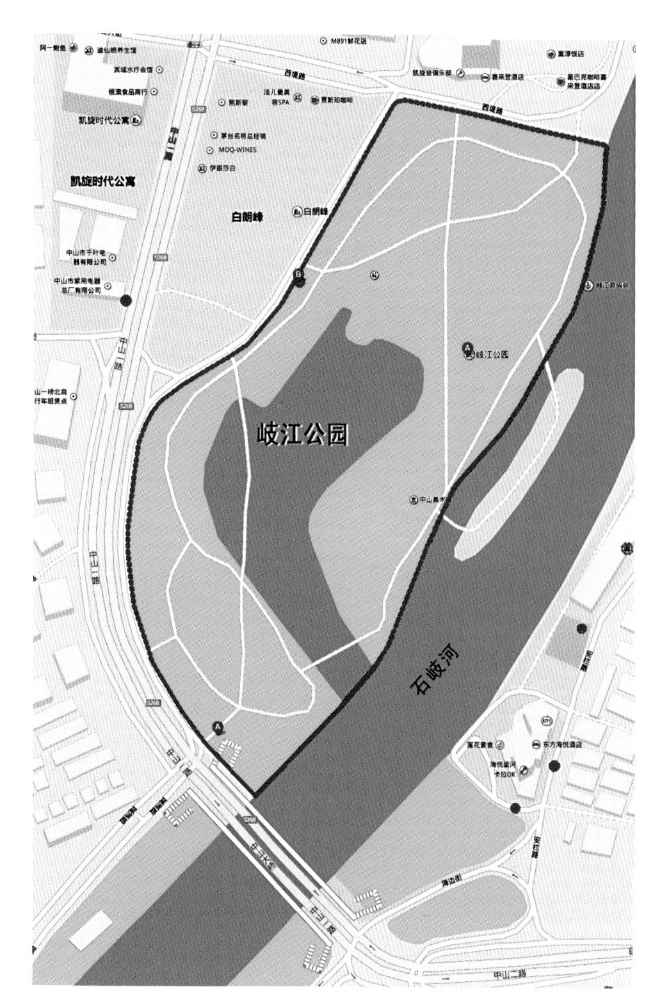

图8-2-1　岐江公园位置图

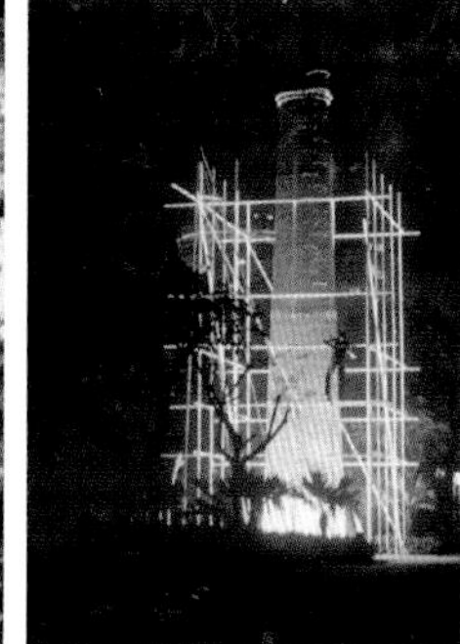

图8-2-2　被岁月侵蚀、写尽历史沧桑的现状

在“退二进三”[1]的城市产业有机更新过程中，工业遗址中那些已经锈迹斑斑的钢铁厂棚、废弃搁置的铁轨与吊桥、破旧不堪的烟囱与水塔等，是我国工业繁荣发展与时代变迁的见证，是经历过那个历史时期的一代人最为深刻的回忆，也是未曾经历过那个时代的当代人所探寻与畅想的空间……而这些，不也正是设计者所要挖掘的地方文脉与人文精神吗？所以，经过再三斟酌与考虑，结合西方国家“生态恢复、城市更新”的设计形式，设计者提出了建造以“工业遗址”为设计主题的公园，即在现状的基础上尽可能地保留、改造与再现自然的、生态的工业文明（图8-2-3）。

图8-2-3　岐江公园总体鸟瞰

公园于2000年8月开始动工，2001年10月主体部分建设完成并投入使用，2002年11月，园内由废旧工厂改造而成的中山市第一个美术馆也正式对外开放。公园成功的设计，使岐江两岸景观得以融合并充满生机与活力，更为重要的是，岐江公园为忙碌奔波的市民提供了一处生机盎然、环境优美并充满地域特色与文化气息的娱乐、运动、休憩、观光、旅游的滨水空间。当然，该项目也因此获得了诸多的奖项，包括2002年的“全美景观设计年度荣誉奖”、2008年的“世界滨水设计最高奖”、2009年的ULI“全球杰出设计与开发奖”等。

（二）总体规划设计

1. 设计理念与定位　在“尊重足下文化、崇尚自然之美、尊重人的心理需要”设计理念的指导下，通过合理地保留与利用基址内废旧工厂设备、设施以及自然植被与水系，再现旧船厂的“昔日光辉”，使得人、建筑与自然植物、水系得以相融共生与可持续发展。

（1）设计理念。

①尊重足下文化。即对特定地域与文化的珍视。运用现代设计手法将基址内具有代表性的厂棚、船坞、水塔、龙门吊桥等建筑物与构筑物进行艺术处理，让这些具有时代内涵的东西，去串联一段历史，去讲述一个故事……

②崇尚自然之美。即对现状自然植被体系与水系的合理保护与开发利用。利用本土的水生、湿生、旱生植物的本真美与蜿蜒水系的自然美诠释新时代的价值观与审美观，以此唤起人们对自然环境的珍视。

③尊重人的心理需要。考虑到人类具有亲水性的特点以及岐江水位多变的现状，在公园内设置不同形式的栈桥、滨水平台以及亲水生态护岸等设施。基于保护人们好奇心、童心的考虑，公园中保留并再利用铁轨铺装，让人们在穿越铁轨、沿铁轨步行时，体验那份童真、乐趣。

（2）设计定位。打破一般性公园或园林的常规做法，园区不设围墙，规划一个视野开阔、可达性强的、具有群众性文化教育、休憩娱乐、健身运动、旅游观光等功能的城市开放性空间，并能很好地体现时代特征、地域特色以及特有的历史文化风貌，故将岐江公园定位为综合性城市公园（图8-2-4）。

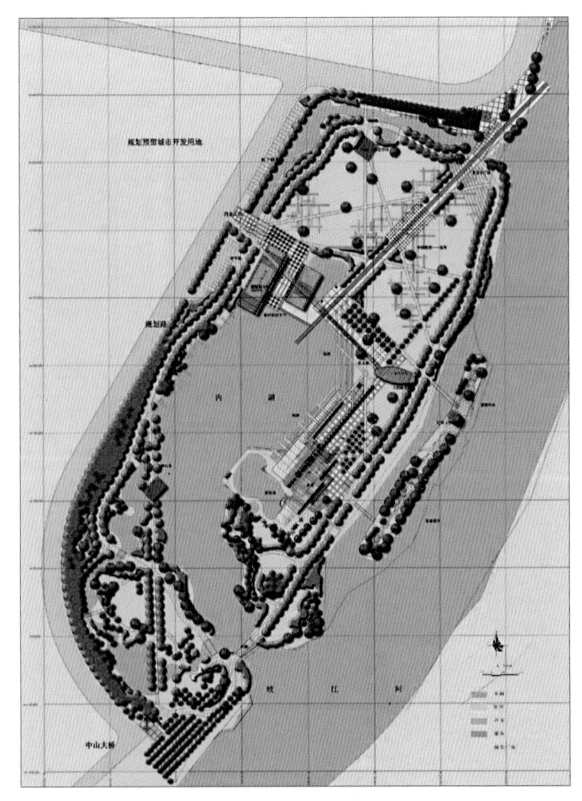

图8-2-4　总平面图

[1]“退二进三”是指第二产业从市区退出，发展商业、服务业等第三产业。

2. 功能类型与布局 设计强调场所性、功能性、生态性与经济性的原则，采用保留、改造与再现的设计方式，将公园划分为北、中、南三个功能区域，并且中部水系将南部的自然生态区与北部的工业遗产区巧妙地进行分割与联系，形成一阴一阳、虚实环抱的空间格局（图8-2-5）。

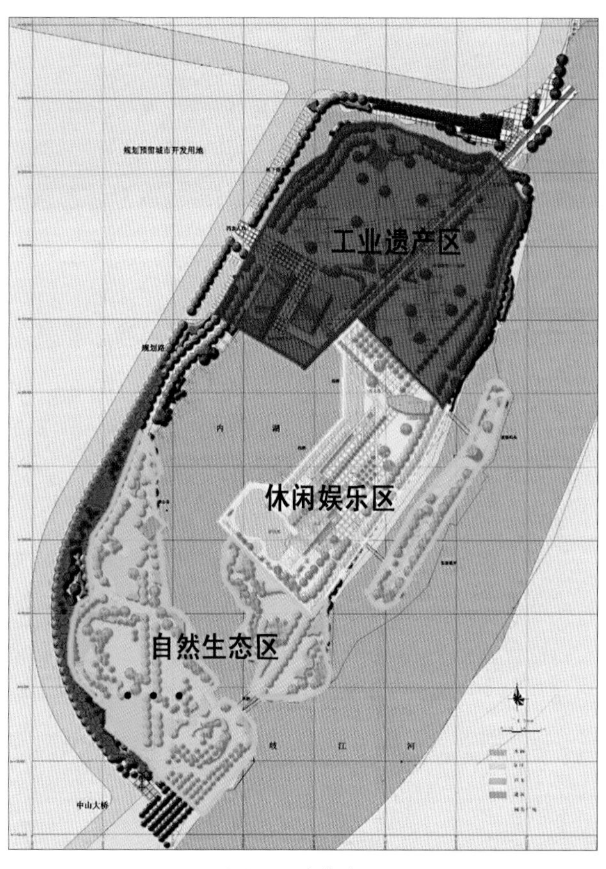

图8-2-5 功能分区图

①将基址北部旧船厂厂房较集中的区域（图8-2-5中红色区域）划定为工业遗产区，保留、改造的厂房等设施、设备大多分布在这一景区，该景区主要体现出公园景观与城市历史、场地功能相融合的时代文化特征。

②将基址中心水域面积较大的区域划定为休闲娱乐区（图8-2-5中黄色区域），并将这一区域的大型厂房改造为中山美术馆。

③将基址南部自然的水系、地形与长势良好的植物空间划定为自然生态区（图8-2-5中绿色区域），主要供游赏者嬉戏、散步之用。

3. 道路系统规划 园内道路的布置形式既不是“园无直路”的中国古典园林式，也不是西方古典园林的几何对称式，而是结合各功能分区的特点，利用直线与曲线型的园路将工业时代与现代巧妙地沟通、联系（图8-2-6）。

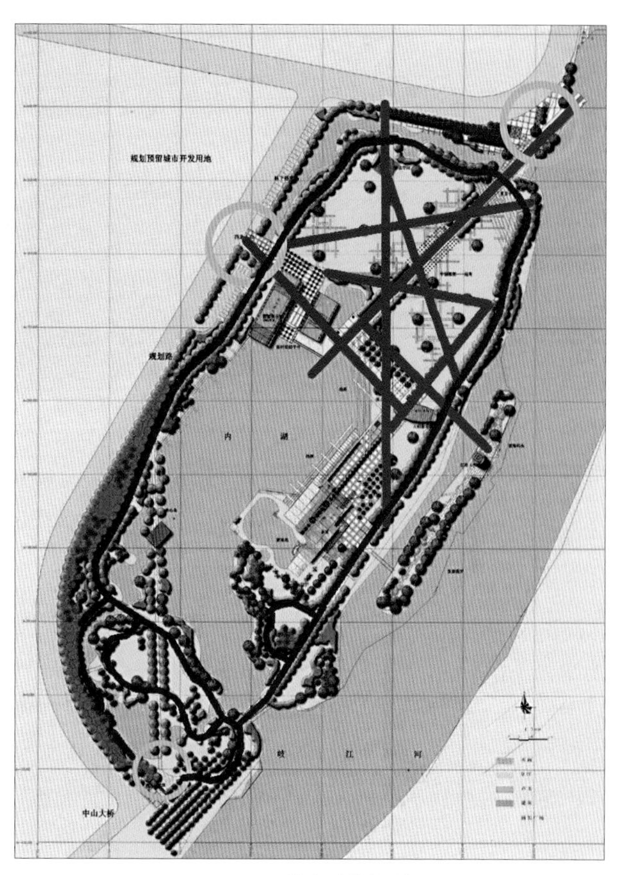

图8-2-6 道路系统规划图

①园区共设北、西、南三个出入口（图8-2-6中橘色圆圈），并与4.5m宽的一级主环路（图8-2-6中几何形蓝线）顺次连接，满足消防、园务管理等行车要求，平时主环路不通车。

②北部工业遗产区设计2.2m宽的网状直线型步行道（图8-2-6中红线）连接主要出入口与各功能空间，用充分提炼出的工业时代的线条、肌理，体现那一时代高效而快速发展的步伐。铁轨则是工业时代的标志，是对外发展的主要运输方式，也是昔日造船厂高速发展的印证（图8-2-7）。

③南部结合自然生态区的特点，设计1.7m宽的流线型道路（图8-2-6中蜿蜒曲折的蓝线）组织空间，并与北部直线型道路形成鲜明的对比，满足人们漫步、嬉戏等需求。

4. 水系规划 公园充分利用现状水系，统一整理湖水驳岸并在公园西北边界引流设溪，从而使得整个园区形成完整的水系结构。溪水以自来水作为水源，

图8-2-7　改造再利用的铁轨道路

形成内外相对独立的水系统，并使园内水位维持在比较稳定的高度（1.9m），从而免受岐江水位变化和水质变化的影响。

（1）驳岸处理。公园内湖与岐江相连，由于受到海潮影响等原因，水位日变化可达1.1m。水位高时，湖水抵岸，岸上植被与水面相接壤，形成良好的视觉景观效果；然而，水位低时，驳岸裸露、湖底淤泥显露，景观性差且水际的可达性差。那么，采用何种方法使湖岸适应水位的日变化，保证生态性、美观性的同时，又能满足观者恒有的亲水体验？针对此问题，公园设计尝试采用了“栈桥式亲水湖岸”的处理方法。具体措施如下：

①在最高水位与最低水位之间修3～4段挡土墙，对墙体围合成的空间回填淤泥，形成梯田式种植台，种植台在水位不同时淹没高度不同。

②种植台之间搭建网格式的临水栈桥，在不同水位高度下，呈现部分淹没或全部淹没的景观。

③结合水深、水位变化，从水中向岸边设计由水生、湿生、中生植物形成的水际式植物群落带，且以野生的乡土植物为主，如菖蒲、茭白、荷花等水生植物；芦苇、灯心草、白茅等湿生与中生植物。游赏者在不同水位时期选择站在不同高度的临水栈桥上，能时刻感受到大自然的清新、野趣之美（图8-2-8）。

（2）水系处理。按照中山市水利部门的意见要求，过水断面应达到80m才可满足防洪要求。要达到这一目标，就需要将岐江沿岸拓宽20m，而拓宽20m就意味着要将园内东部江边十余株古榕树砍掉或移栽，这不符合设计的生态保护性原则。故根据动力学原理，设计师提出了开挖内河建立“生态岛”的解决办法，使沿岸生长有古榕树群的地块形成岛屿，这样既能满足防洪要求，又起到保护大自然古树遗产的作用，同时形成了一个相对私密的、可“隔江望江”的安静休息空间（图8-2-9）。

图8-2-8　水际式植物群落带的营造

图8-2-9　生态岛

5.植物规划　植物规划依据营造丰富生境、发挥生态效能、保护地域特色与实现可持续发展的原则，摒弃造园常用的艺术花木，以基址现状长势良好的白茅等乡土野草为主，结合不同的功能空间选择符合其氛围特色的栽植方式。

（1）工业遗产区内植物以简洁明快的草坪、修剪低矮的灌木为主，用以营造工业时代的产业氛围。当模数化的工业设计产品通过不同组合应用于城市建设中，就产生不同的功能与生命力，故设计通过提炼模块的格式化语言，强调场所的文化与精神内涵，营造不同性质的功能空间。

例如，绿房子空间（图8-2-10）中绿房子是用垂枝榕树篱围合成的5m×5m的方格空间，绿房子设计标高为3m，造型与工业时代的职工宿舍类似，可以像房子一样为朋友、情侣等提供私密交往的安全空间。再如栈桥式亲水湖岸、骨骼水塔周边等的绿化也是通过规整的方格式种植来体现工业时代的场所精神（图8-2-11、图8-2-12）。

（2）休闲娱乐区以大面积草坪为衬底，其上点缀些乡土乔木，以营造清新、自然、舒适的林荫环境（图8-2-13）。

（3）自然生态区以自然野生的乡土植物为主，力求营造生态、自然、和谐的氛围（图8-2-14）。

图8-2-10　绿房子

图8-2-11　栈桥式亲水湖岸绿化

图8-2-12　骨骼水塔周边绿化

图8-2-13　休闲娱乐区清新舒适的环境

图8-2-14　自然生态区自然野趣的环境

（三）部分景观景点设计

1. 保留设计　保留乡土植物长势良好的驳岸、有历史感召力的船坞码头（图8-2-15、图8-2-16）。

图8-2-15　保留的驳岸

图8-2-16　保留的船坞码头和琥珀水塔

2. 改造与再利用设计

(1) 西船坞。西船坞位于工业遗产区内，紧靠岐江内湖西北角。设计利用抽屉式形式巧妙地将游船码头、公共服务设施插入西船坞钢架结构内，并通过内部龙门吊桥的再利用、旧钢架结构的细化与美化处理，使得两者有机结合，给西船坞赋予新的活力与生命力，使现代文明与过去工业文明形成对接（图8-2-17）。

图8-2-17　改造后的西船坞

（2）东船坞。东船坞位于休闲娱乐区内，与西北角的西船坞遥相呼应。东船坞的改造与西船坞不同，其借助厂棚柱、钢结构在内部与外部同时做文章，最初改造是用作主题茶室，后成为中山美术馆。改造后的东船坞建筑面积为2 500m^2，外立面造型采用柠檬黄色的水泥立柱，加以青色的工字钢钢架，并以落地窗填充其中，内部改造仍将工业元素延续，整个建筑犹如一个工厂车间（图8-2-18）。

图8-2-18 中山美术馆外部环境

（3）琥珀水塔。琥珀水塔位于生态岛的古榕树群附近，是由一座极为普通的、有50～60年历史的废旧水塔改造而成的。设计构思源于琥珀，只因一只昆虫不经意凝固在树脂之中，而成为一枚璀璨绚丽的珍宝，与此类似，废弃的水塔也可以借助现代科学技术的玻璃盒，得以“凝固”保留甚至重生。设计师在水塔顶部设置一发光体，它的作用是利用太阳能将地下的冷空气抽出以降低玻璃盒内部的温度，而这种空气流动恰好成为玻璃盒外侧时钟摆动的动力。到了夜晚发光体还可满足夜间照明以及引航的需要（图8-2-19）。

（4）骨骼水塔。如果说琥珀水塔采取的是“加法”设计，那么紧靠内湖东北角的骨骼水塔则采取的是“减法”设计，即将水塔的水泥“外衣”剥离，以结构骨架的形式展示给人们，其实质是工业建筑的戏剧化再现，突出强调场所的文化内涵（图8-2-20、图8-2-21）。

图8-2-19 琥珀水塔

图8-2-20 骨骼水塔

图8-2-21 从西南方向远望骨骼水塔和琥珀水塔

（5）机器设备、建筑拆除构件等材料的再利用。将大型的龙门吊桥、旧烟囱、变压器等予以保留，并结合等比例写实工人铜像、铁轨、脚手架等元素的设置或是通过色彩处理等方法，使工业时代与现代，人与环境再次碰撞、融合直至完美结合。这些材料的保留与再利用，无形中可以将历史续写、文化传递，能给游赏的人们提供更为丰富的场所体验（图8-2-22）。

图8-2-22　机器设备、建筑拆除构件等材料的再利用

3. 再生设计

(1) 红盒子。红盒子又称“红色记忆”。从公园北入口进入，首先映入眼帘的便是这红盒子（图8-2-23），设计这一红色装置的缘由是呼唤社会主义建设时期粤中船厂青年们艰苦奋斗所代表的红色文化。人们在游览红盒子时可以唤起很多回忆，例如“革命不是请客吃饭”“忘记过去，就意味着背叛”……

红盒子由3m高的红色钢板围合而成，从北门直穿红盒子的一条道路，无情地将其分割，并形成两条交叉的直线型道路，一条指向琥珀水塔、一条指向骨骼水塔（图8-2-24）。

红盒子内设有面积不大的清水池，在倒映红盒子

图8-2-23　由北入口平视红盒子

图8-2-24　由北入口鸟瞰红盒子

物像的同时，也可以弱化钢板的生硬、冰冷，为空间增添美感与温暖（图8-2-25）。

（2）万杆柱阵。在设计万杆柱阵时，设计师更多的是想借助现代的表现手法与形式，来展现工厂员工在创业乃至发展时期的自力更生、艰苦奋斗、不怕苦累的集体主义精神。所以，设计师将180根白色细钢柱排列形成气势磅礴的柱阵，期望此装置能激发游览者的想象力，使其深刻体会那个年代人们的集体主义观念、无私的革命理想以及众志成城的创业气势（图8-2-26）。

图8-2-25　红盒子内的清水池

图8-2-26　万杆柱阵与周边环境

（3）野草之美。设计充分利用现状长势良好的野草（图8-2-27）形成较为稳定的自然生态群落，并通过自然野趣、长势繁茂的野草所形成的乡土环境与人工修剪、造型精致的植物色块所形成的人为环境形成鲜明对比，旨在突出并强调场所的历史文化与生态氛围。

图8-2-27　野草的再利用

（四）总结

岐江公园作为工业废弃地再利用的案例，无论是从最初的设计构思到最终的设计施工完成，还是从整体的功能定位、生态恢复到最终的景观效果来讲，无疑是一个较成功的尝试。当然，在岐江公园的设计与建设中，也有许多的遗憾。设计之初力求将所有被拆除的厂房或宿舍的红砖、青砖等建筑材料作为铺装材料；拆卸下的木材作为环境小品或设施的用材；景观建筑全部在废弃的建筑物、构筑物的基础上进行改造再利用……但这些设想最终因工期紧张、施工不方便或是存在安全隐患等问题，未能完全实现，从而失去了更为深刻的改造与利用的意义。

而随着岐江公园建成后十余年的发展，出于其他方面的考虑与要求，有些设计景观已经改变了最初的设计功能，有些小品也因自然侵蚀而逐渐褪去以往的光彩。但是，对工业废弃地改造或是恢复性设计探索的脚步不能停留，未来的景观设计也一定是朝着生态可持续、文化传承与人文关怀的方向发展，只有这样才能让每一个景观作品、每一个场所空间都具有继承、传达与弘扬场地文化精神的深刻意义。

二、“滩”的回归——上海世博园后滩湿地公园环境景观设计

首席设计师：俞孔坚

主要参与设计人员：凌世红、袁天远、金圆圆、俞宏前、方渊

（一）概况

2006年12月上海后滩公园开始招标，北京土人景观规划设计研究院（简称“土人设计”）以“滩”的回归的核心理念赢得设计权。公园于2007年1月开始设计，2009年10月建成，次年5月正式对外开放，2010年荣获美国景观设计师协会颁发的设计杰出奖。建成后的后滩公园是2010年上海世界博览会（Expo 2010）的核心景观绿地之一，也是上海市的公共开放绿地。

该公园占地面积$14hm^2$，位于上海世博园区西南角，黄浦江之东岸与浦明路之间，西至倪家浜，北望卢浦大桥。沿黄浦江的岸线长约1.7km、宽50～80m，是一个典型的狭长形滨江地带（图8-2-28）。

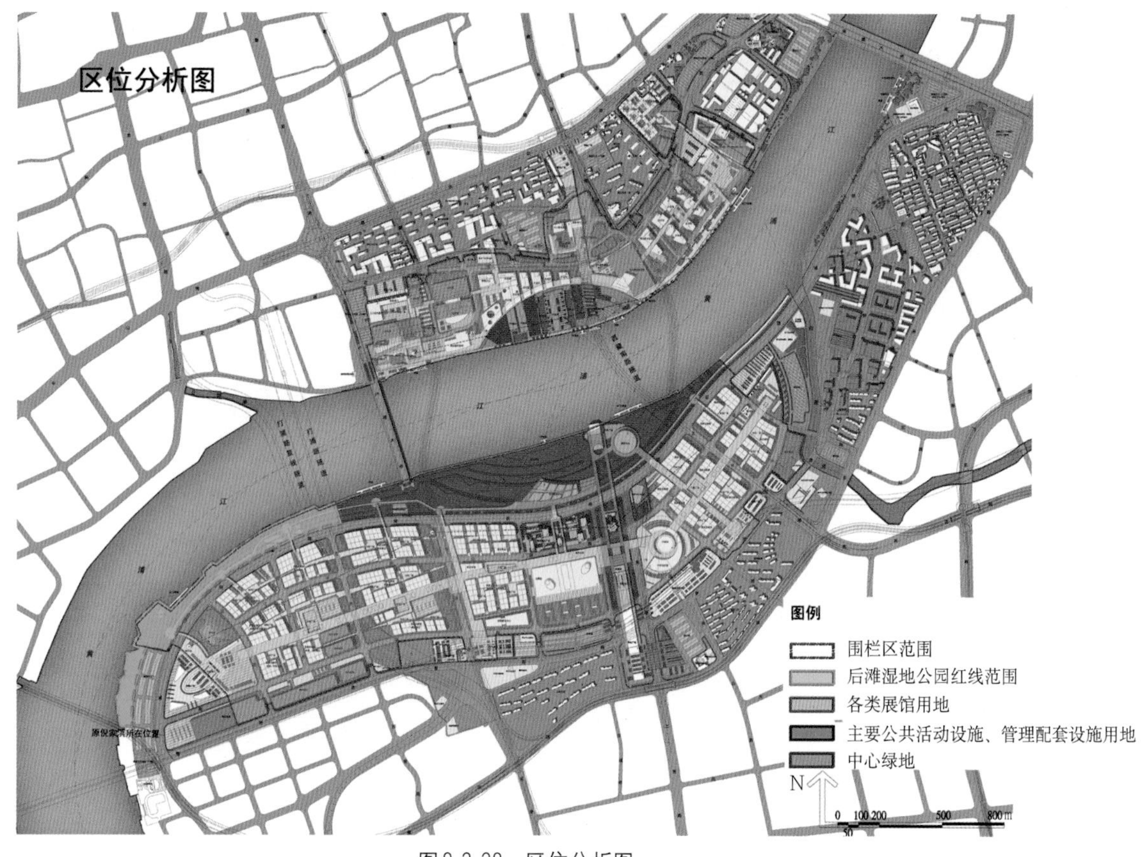

图8-2-28　区位分析图

（二）总体规划设计

1. 场地挑战

（1）严重的污染。场地为上海浦东钢铁（集团）有限公司的废旧钢铁厂及后滩船舶修理厂旧址，工业痕迹明显（图8-2-29），是重度污染的工业棕地。基址现状工业固体垃圾和建筑垃圾遍地且埋藏很深，已造成土壤pH普遍偏高，局部地区土壤的重金属含量也已超标，部分土壤甚至不符合公共绿地用地标准。更严重的是黄浦江水污染严重，水质已达劣V类，既不能用于游泳等娱乐项目，也不能满足水生生物繁衍生息的需求。独特的地理区位与场地环境，加上“城市让生活更美好”这一具有特殊意义的世博理念，无疑让设计充满了诸多的挑战。

（2）滨江防洪需求。世博园总体规划要求防汛墙的设计标高应为千年一遇的防洪标准6.70m。而事实上，黄浦江的平均潮位仅为2.24m，平均低潮位仅为1.19m，即便是平均高潮位也不过3.29m。那么，如何解决满足场地防洪标准的防洪堤与黄浦江水之间高达3.4～5.5m的高差问题就成为设计所面临的第二大问题。

（3）场地的双重需求。世博会期间与会后场地的人流量和功能定位有极大的不同，人流量方面应考虑在会展期间人流量大且集中的情况下，如何合理地组织交通并进行分流；功能定位方面应考虑如何在会展期间满足生态城市理念的展示、安全疏散、等候等功能要求，同时又能在会后满足日常游憩、互动交流等公共绿地的功能需求，这些会时与会后场地的双重要求便成为设计所面临的第三大问题。

（4）湿地生境的恢复。场地位于滨江地带，具有大面积的滨江湿地（图8-2-30），但民族工业的发展等使湿地生境受到不同程度的干扰与破坏。如何恢复、重建、保护并利用湿地生境，提高其自然生产力，发挥湿地生境自我调节、净化、修复等再生功能，进而提高其生物多样性水平就成为设计所面临的第四大问题。

图8-2-29　现状重要建筑、构筑物及景观元素

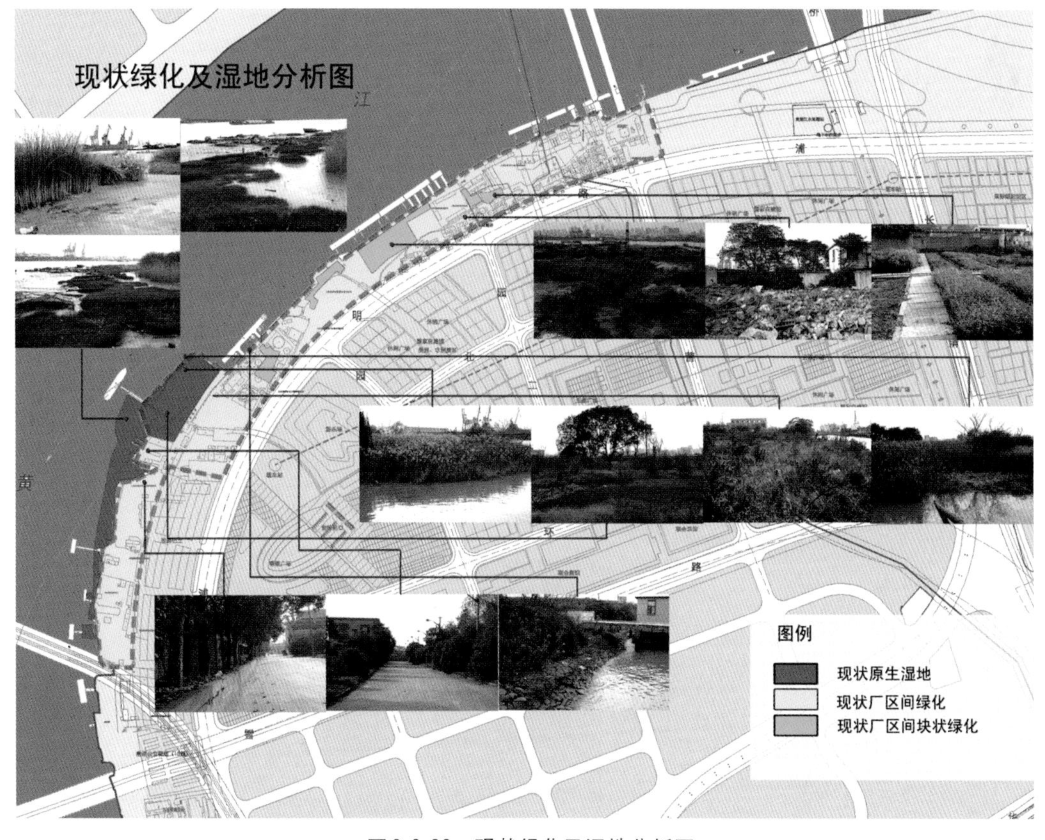

图8-2-30　现状绿化及湿地分析图

（5）狭长的空间。场地为长约1.7km、宽50～80m的狭长形滨江空间，最窄处只有30m，在这样一个狭窄的场地内如何安排与组织满足多种功能需求的公共空间便成为设计所面临的第五大问题。

（6）场地的文化特色。场地历经千年历史变迁，目睹了黄浦江畔农耕经济的几度兴衰起落，见证了近代民族工业的艰难发展历程，默默注视着上海成为现代化国际大都市，是一处具有悠久历史、浓郁文化底蕴的宝贵绿地。因此，如何挖掘场地固有的文化内涵与特色来展现世博主题就成为设计所面临的第六大问题。

2. 设计理念　后滩湿地公园位于上海市中心地带，不仅要满足安全疏散、停留、等候、休憩等需求，而且承担着科普教育、生态观赏、湿地保护等功能。基于场地各方面的挑战，后滩湿地公园将“滩”的回归作为设计的核心理念，即将景观作为一个有机的生命系统，为城市提供全面而综合的生态服务，包括传承历史文化、控制并减少碳排放、建立自然生态体系、净化被污染的土地和水体、为乡土物种提供生存栖息地以及保护物种多样性等，并最终成为世博会展示新型生态文明的独特场所（图8-2-31至图8-2-34）。

3. 设计方法与实施策略　设计方法体现在水平空间结构与垂直空间结构的设计中。

（1）水平空间结构设计。通过开挖内河、适当改造地形形成滨江芦荻带、内河净化湿地带、梯地禾田带、原生湿地保护区等湿地系统，使得黄浦江与世博展览区之间的这一狭长地带在水平空间结构上被自然分割为不同的植被体验带，以满足多种功能的需求（图8-2-35）。同时，这种湿地系统既可作为江水的过滤、沉淀与净化带，又可成为二十年一遇和千年一遇的可淹没区域与弹性空间，满足生态防洪要求，有效解决防洪堤岸与黄浦江面的高差问题。

图8-2-31　总平面图（会中）

图8-2-32　总平面图（会后）

图8-2-33　总鸟瞰图（会中）

图8-2-34　总鸟瞰图（会后）

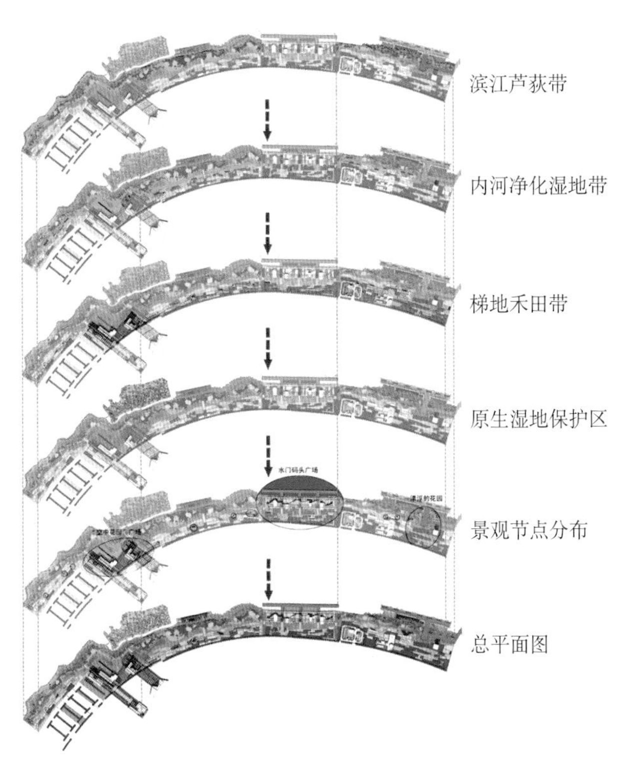

图8-2-35　水平空间结构示意图

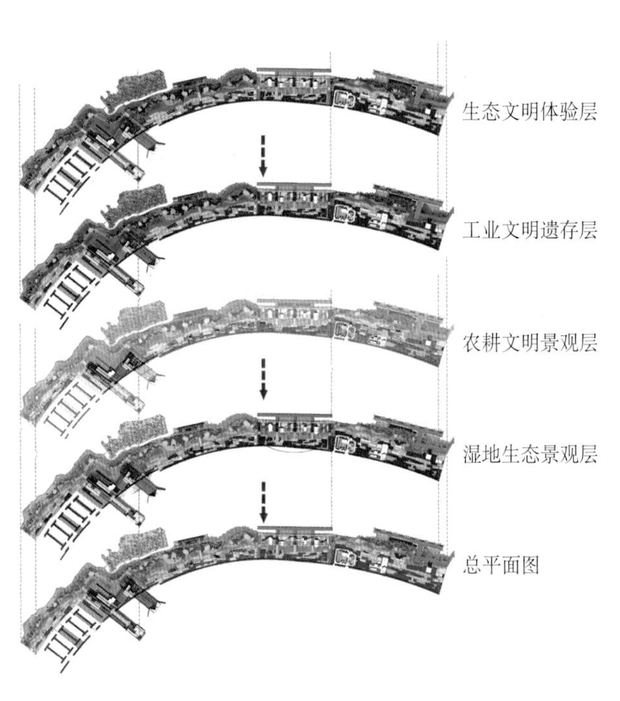

图8-2-36　垂直空间结构示意图

（2）垂直空间结构设计。在垂直空间结构上，设计以后滩场地所特有的时间脉络、空间序列和场所背景作为线索，在湿地生态景观的自然基底上，采用立体分层的设计方法，叠加了农耕文明景观、工业文明遗存和生态文明体验三个层面的景观信息，层层剖析与演绎着场地的过去与未来，着重刻画具有独特个性的场所空间，并为解决场地所面临的困难、挑战寻找切实可行的办法（图8-2-36）。

（三）部分功能空间与景观节点设计

1.田园的回味　后滩湿地自唐代到1843年开埠之前经历了约千年兴衰起落的农业社会时期，这无疑激起了人们对田地的追忆，故在公园内河净化湿地与浦明路之间的过渡区域设置了梯地禾田带。并且在梯地禾田带内的田地中种植各类粮食作物、具有净化水体功能的水生植物以及经济作物等，不仅丰富了区域景观类型、提高了植被的多样性，也使得这一区域景观随着季节的变化，呈现出一番别样的田园风貌（图8-2-37）。

图8-2-37　田园的回味

除此之外，梯地禾田带的设置在功能上解决了不少设计中客观存在的难点问题。一方面高低错落的田地非常自然地解决了原有地形3～5m的垂直高差问题（图8-2-38），减少汇入内河湿地的雨水径流；另一方面利用太阳能提取内河江水灌溉田地，使黄浦江水沿着表面凹凸不平、有地形变化的岩石墙逐级跌落，这一动态过程使得劣Ⅴ类水得以沉淀、曝气、层层过滤，并最终被净化成为Ⅲ类净水（图8-2-39），净化水量约为2 400m^3/d。净化后的水不仅可供给公园作为水景循环用水，还能满足公园自身与世博公园中心绿地的绿化灌溉、道路冲洗和其他生活杂用水的需求。

图8-2-38　垂直高差的自然处理

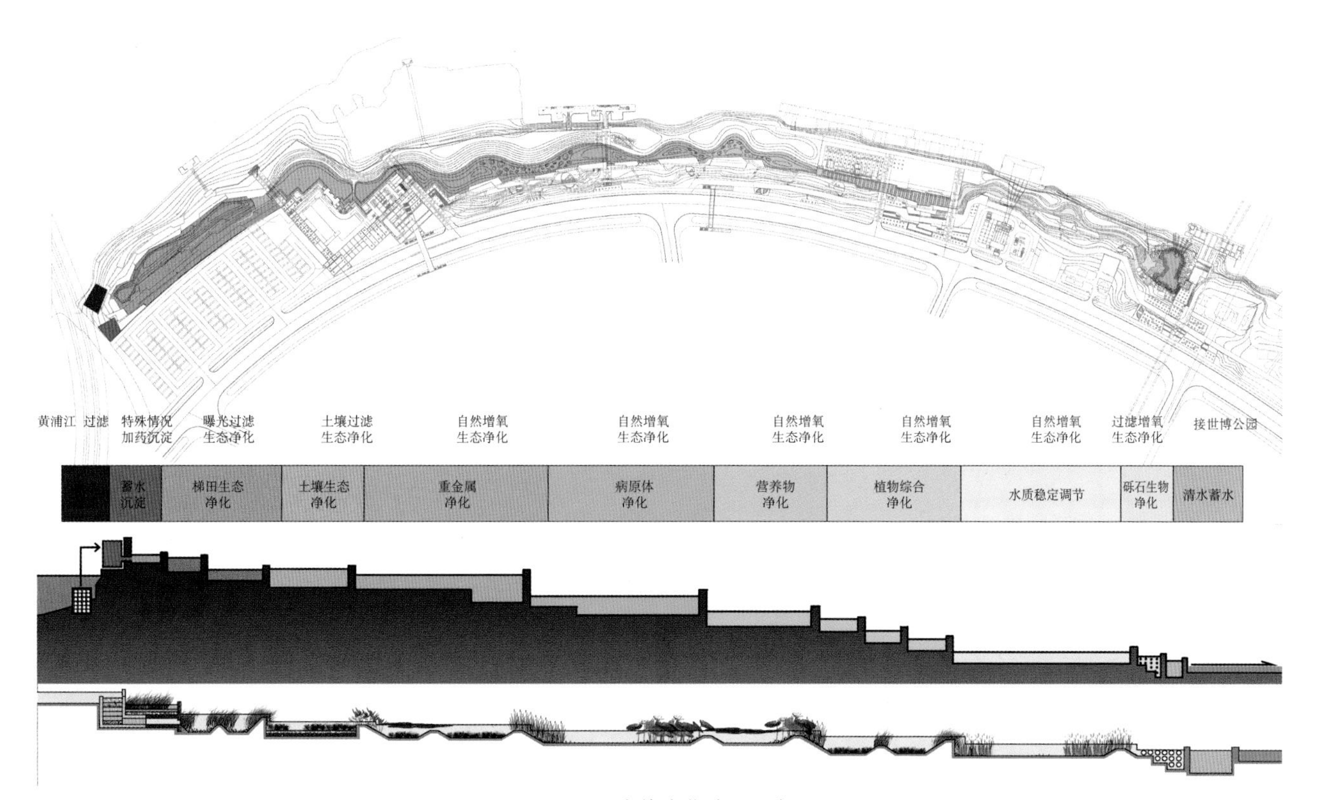

图8-2-39　水体净化处理示意图

2.工业的记忆　后滩湿地公园主要有车间、厂房、货运码头等工业遗存，设计时依据低碳环保和科学利用的原则，综合运用各种造园手法，将工业遗存中的诸多建筑与构筑物得以保留、利用与再生，赋予公园纪念上海后滩工业文明发展历程的深刻意义。

（1）车间的改造。将型钢厂三个车间改造为“空中花园”，作为后滩公园的园务综合服务中心，为了满足游客的休憩需求与休闲愿望，在空中花园内还布置了各类茶吧、茶座等休闲设施（图8-2-40）。

（2）货运码头的改造。将原有的、已不具备装卸货物功能的货运码头，改造成芦荻台码头遗址花园。此区域位于后滩公园的中部且与原生湿地保护区相距不远，游人可以在此领略黄浦江原生的自然湿地景观，眺望对岸上海市的天际线景观，体验城市中的大自然风光（图8-2-41）……

（3）工业材料的回收利用。将原场地内的钢板等旧材料进行回收再利用，或再生为一种铺装材质与木栈道镶嵌，或再生为一座艺术雕塑挺立在公园中，兼具装置艺术、庇护性景观或框景的功能，既成为内河净化湿地中具有现代特征的活跃因子，又能展现出一种超越形式与功能的、以材料艺术来表现工业记忆的和谐之美（图8-2-42）。

图8-2-40 园务综合服务中心

图8-2-41 芦荻台码头遗址花园

图8-2-42 旧钢板再利用为艺术装置

3. 生态文明展望 后滩湿地公园作为后工业时代对生态文明的展望和探索，强调建设与后期维护过程中的低碳环保、低成本与可持续发展的生态理念。

该理念集中体现在水体生态净化处理系统中，这一系统使内河湿地的水体与土壤得以净化，同时创建了一个低碳环保、低成本的公园管理模式。在这种模式下，公园后期的管理维护，不再需要消耗大量的人力、物力、财力，而是通过自然做功实现环境的自我净化，为当下我国乃至世界环境问题的解决提供了一个成功的、可参考的样板。

除此之外，设计在植物规划中大量采用乡土树木、野生草本与农作物（图8-2-43），以保证物种的适应性、多样性与丰富度。设计充分利用旧砖瓦、旧铁板等废弃材料以及可降解的竹材作为大面积的硬质铺装（图8-2-44），以降低造价，实现低成本维护等生态目标。

图8-2-43 内河湿地野草之美

图8-2-44　废旧材料的再利用

（四）总结

后滩湿地公园建立在黄浦江滩与内河湿地的自然基底之上，在保留并重新利用工业废旧建筑及构筑物展现工业记忆与地域文化的同时，利用梯田的自然肌理让自然做功，不仅使湿地恢复原有的生机与生态功能，实现自我净化与调节，而且巧妙地解决了高差问题与防洪问题。可以说，后滩湿地公园的成功设计，不但建立了一个可复制的水体生态净化处理系统，而且给人们指明了如何建立低碳环保、低成本的公园后期管理模式，为解决当下我国乃至世界的环境问题提供了可参考的样板。

第九章
CHAPTER 9
城市广场环境景观设计

第一节　城市广场环境景观设计概论

城市广场作为城市空间体系的重要组成形态，具有漫长而悠久的发展历史。从形式上看，它是一个以硬质铺装为主的、可以布置一定草坪、树木、雕塑或装饰艺术品的场所，而且机动车不得进入，主要为市民漫步、休憩、聊天、运动或观察周围世界的“自我领域空间”；从特点上看，它是城市外部公共空间体系中最具公共性、最具开敞性、最具艺术性，也是公共建筑最为集中、人们在其中参与活动最为频繁的场所，是最能展现城市文化风貌、城市景观特色与城市内涵的开放空间；从功能上看，它具有交通集散、组织集会、组织市民观赏游览与活动休憩等作用。

所以，城市广场环境景观设计，不仅要深刻把握当地的自然地理、社会政治、历史文化、区域特色等方面的特点，还要密切关注市民的心理需求与行为特点，设计一个有利于社会生活信息传达的、人们可参与的、安全与舒适的人性化特色场所空间。

一、城市广场的定义与功能作用

城市广场是吸引人们聚集的城市公共空间，其典型特点就是地面铺装面积较大，由建筑物或是由街道界定抑或与建筑、街道产生联系的、有吸引力的、围合感较强的、能满足一定人群聚集或集散的空间，而且每个广场都是同时具有三维特征、时间特征的场所空间。

《中国大百科全书：建筑　园林　城市规划》一书对城市广场（city square）的定义是：“城市广场是城市中由建筑物、道路和绿化带围绕而成的开敞空间，是城市公众社会生活的中心。”

古代的城市广场是人们举行祭祀、宗教仪式或开展集会等活动的场所，这与当时的社会制度、城市生产以及生活方式是密不可分的。而现代的城市广场是为了满足人们娱乐、交往、休憩、健身等多样的城市生活需求而建设的，其主要的功能与作用可以概括为以下几个方面：

①组织交通，城市广场作为城市道路的一部分，

是人、车通行与驻留的场所，具有汇集、分散人流和组织交通的作用。

②为市民日益增长的社会交往、休憩娱乐、户外休闲、集会等活动需求提供场所。

③减小城市建设密度，增加城市绿地面积，提高城市景观空间品质，从而起到改善和美化城市环境的作用。

④彰显城市特色风貌，为城市增添魅力与生机。

⑤带动城市土地开发，组织城市商业贸易交流活动。

⑥防灾减灾，在发生火灾、地震等灾害时为市民提供方便的避难场所。

二、城市广场的发展与演变概述

城市广场可谓是现代城市开放空间体系中的闪光点，具有主题明确、功能综合和空间多样等诸多特点，备受广大市民的青睐。城市广场从最初的诞生开始，经历了比较漫长的发展、演变与不断成熟的过程。

广场一词源于古希腊，在古希腊奴隶制度下，统治者们通过兴建广场来举办城邦的公共活动。古希腊人把广场称为“Agora”，表示“集中”的意思，其最初的作用是议政和进行市场交易，同时也是人们户外活动与社交的场所，其特点就是松散与不固定。从古罗马时期开始，广场的功能逐步由集会、进行市场交易扩大到举办宗教、礼仪、军事、司法、审判、竞技、庆祝、社交、娱乐等活动，广场也开始被固定为某些公共建筑前附属的外部场地。这一时期比较经典的广场为：具有罗马共和制特色的罗曼努姆广场（Forum of Romanum）、具有纪念性质的凯撒广场（Forum of Caesar）和奥古斯都广场（Forum of Augustus）以及具有帝国议事功能的图拉真广场（Trajan' s Forum）。最有趣的是这些广场相互穿插交织在一起，形成一个广场群，即便按照今天的审美观来看，这些广场也具有很高的艺术价值。

到了中世纪，广场已经发展成为意大利城市空间的“心脏”，甚至有学者认为：“如果离开了广场，那么意大利城市就不复存在了。”此时的意大利广场按照功能可划分为市政广场、商业广场、宗教广场以及综合性广场等类型。中世纪的广场大多位于城市的中心，是独立不附属于其他建筑的空间，有较好的围合特性。伴随着教堂、修道院与市政厅的建设，人们才逐渐意识到应配套建设开放性的空间来满足现有的功能要求，这种在原有建筑的基础上进行外部局部空间的拓展所形成的具有良好视觉效果的场地，便是现代广场的雏形。典型实例有阿西西的圣弗朗西斯广场（Piazza Saint Francis）（图9-1-1）、意大利南托斯卡纳锡耶纳坎波广场（Piazza del Campo）（图9-1-2）等。

图9-1-1　阿西西圣弗朗西斯科广场

图9-1-2　意大利南托斯卡纳锡耶纳坎波广场

14～16世纪的欧洲文艺复兴时期，人们无论是在城市建设中还是在对中世纪保留下来的广场的改造中，都追求一种视觉上的秩序性、庄严性，目的是体现人文主义的价值。此时，广场设计开始遵循透视、比例等法则，因此其更具有科学、理性色彩，而这些美学规范在当今的广场空间设计中仍具有现实的指导意义。如闻名遐迩的威尼斯圣马可广场（Piazza San Marco）（图9-1-3）就是这一时期的作品。

图9-1-3　威尼斯圣马可广场

图9-1-4　圣彼得大教堂

图9-1-5　圣彼得广场

圣彼得广场是欧洲巴洛克建筑风格的代表作之一。17世纪中期，新的广场设计在教堂原有的梯形广场前面增加了一个由两边的弧形柱廊围合而成的椭圆形广场，弧形柱廊犹如张开的双臂，迎接着前来朝圣的信徒，极富象征意义。

巴洛克时期，城市广场空间最大限度地与城市道路体系结合形成连续的整体，广场已不再是某个建筑的附属物，而是成为整个道路网络与城市所形成的动态空间序列。这一时期的广场是欧洲城市最重要的政治中心与象征。如圣彼得大教堂前的圣彼得广场（Piazza San Pietro）、米兰大广场（Duomo’s Square）、罗马波波洛广场（Piazza del Popolo）、俄罗斯冬宫广场（Winter Palace）等（图9-1-4至图9-1-7）。

我国城市的发展历程与欧洲国家截然不同，奴隶社会时城市缺乏公共活动性场所，在长达2 000余年的封建社会进程中，受到皇权至上的思想、封建的等级制度、中央集权的政治体系以及特有的文化背景等因素的影响，我国古代城市空间格局进一

图9-1-6 米兰大广场

图9-1-7 罗马波波洛广场

步朝封闭、内向的方向发展，像西方那样作为社会交往与活动的开放性广场空间几乎不存在。茶馆、酒楼、会馆、商铺等这种传统的公共空间形式，更倾向于是为特定人群服务的私密空间，并不具备广场最初的功能和意义。到了宋、元时期，街市空间成为城市生活的中心，集会是老百姓最乐此不疲的休闲方式，这种线性的街市空间便成为广场的雏形。明清时期，北京城出现了一个T形宫廷广场，即现在的天安门广场，广场整体由横街与纵街构成，纵街两侧建有千步廊，主要是六部、王府和军机事务的办公之地，广场的三面入口均设有重门，目的是禁止市民入内。

中华人民共和国成立后，由于特定的历史条件，开放性的城市空间并未发展起来。虽然，当时我国在苏联专家的指导下建成些许城市广场，但其大多为政治集会之用，一般规模较大、缺乏一定的装饰与植物配置，显得空旷而单调，并非真正意义上能容纳多种功能以及为广大市民服务的、生活性的广场。改革开放后，随着社会主义市场经济体制的建立，我国更加关注民生需求，城市广场作为市民的日常交流活动场所，如雨后春笋般在各地纷纷涌现。

无论是东方还是西方的城市广场，其形式、功能都与宗教信仰、政治制度、商业经济、文化特点等有着密不可分的联系，从某种程度上来讲，广场是国家社会体制下的价值主题与价值观的体现。城市广场经历了曲折多变的发展历程，形成了丰富多样的形式，为现代城市广场的设计留下了宝贵的财富，并且其大多数的理论、建设实例仍具有一定的指导意义。

了解城市广场的发展历程，有助于我们更深刻地理解与把握城市空间发展与演变的社会内因，挖掘城市广场的本质，认清当今设计师所要承当的重要任务与使命——以普通民众为主体，尊重场地特征与人性特点，寻回广场的本性。

三、城市广场的分类

城市广场已有数千年的发展历史，从早期开放的市场到如今的多功能立体式广场，呈现出多种多样的类型特征。广场在城市中的位置、活动内容、周围建筑物及其主体标志物等内容，决定着广场的功能与性质。

现代城市广场的类型通常是按照广场的功能性质、构成要素、空间形态、等级等方面来划分的，但这种分类是相对的，每类城市广场都或多或少兼有其他类广场的某些功能。最为常见的是根据城市广场的功能性质进行分类，大体可分为市政广场、纪念性广场、商业广场、交通广场、文化广场、宗教广场、多功能综合性广场等七大类。

1. 市政广场　市政广场一般位于城市的核心地段，通常是市政府的所在地，其上一般布置具有城市特色或是能代表城市形象的建筑或大型雕塑。如北京

天安门广场、美国旧金山联合广场（Union Square）、罗马市政广场（Piazza del Campidoglio）等（图9-1-8）。

市政广场一般具有以下特点：

①占地面积较大，以硬质铺装为主，可满足大量人群集会、举办大型节日庆典等活动。

②往往选址在城市主轴线上，与城市主干道相连，具有合理组织交通的功能。

③多用于举行庆典、检阅军队、开展政治集会、庆祝传统民间节日等活动。

④设计上多采用规则式，甚至是中轴对称的形式，以大面积的草坪与花卉为衬底，采用简洁、规则的树木栽植形式，营造一种庄严、肃穆的气氛。

图9-1-8　罗马市政广场

罗马市政广场也称为卡比托利欧广场，位于罗马行政中心的卡比托利欧山丘上。广场中心是罗马皇帝的骑马铜像，周围有市政厅、博物馆等建筑物。这座广场在古罗马时代就已存在，后经米开朗琪罗重新设计改造。

2. 纪念性广场　纪念性广场是指具有特殊纪念意义的广场，纪念题材宽泛，可以是某些人物，也可以是某些事件。通常在广场中心或轴线上设置纪念碑（塔、柱）、雕塑（或雕像）、纪念性建筑或纪念物等作为广场主体（图9-1-9），结合现状地形布置适当的停留空间以供瞻仰、纪念或是进行教育活动。

纪念性广场的规模没有严格的要求，只要纪念主题突出、整体比例协调、具有感染力、能达到纪念效果即可。广场的选址应远离商业区、娱乐区等喧闹繁华地段，只有宁静的环境气氛才能突出其深刻的文化内涵与严肃的纪念主题。

图9-1-9　哈尔滨防洪纪念塔广场

3. 商业广场　商业广场是城市广场中最为古老的类型之一，是为商业活动提供必要的综合性服务的场所。商业广场的形态、空间、布局等没有固定的模式，应充分考虑人们购物、娱乐、餐饮、休闲等方面的需求，结合功能定位、城市道路等级、周围公共交通站点的分布情况、人流量大小、周围建筑环境特点等内容进行规划设计，合理协调人流与车流的关系。由于现代大型商业中心人流量大，设计往往采取商业广场和商业步行街相结合的形式，在广场中布置各种休憩座椅、垃圾桶、树池、景观小品、游乐设施等物品，不仅为人们提供必要的休憩、交流、娱乐等空间，而且对广场起到装饰、美化的作用（图9-1-10）。

图9-1-10　香港中环交易广场

4. 交通广场　交通广场是道路的连接枢纽，起到交通疏导、人群集散、空间联系与过渡、停车等作用，设计时既要考虑美观性与实用性，又要保证人、车高效、快速与安全地通行。交通的组织方式、交通量以及车辆行驶路线等，是影响交通广场面积大小的重要因素。交通广场应设置必要的交通指示系统，包括指示牌、交通标线等。

交通广场可分为两类：一类是城市中多种交通方式汇合、转换的疏散场所，如火车站、长途汽车站、飞机场、港口码头等的站前广场（图9-1-11、图9-1-12），设计时应考虑行人与客、货车辆的分流、行人主要滞留区与车辆通行区的分置以及到站与离站人车的分流处理，必要时可采取建造人行天桥或人行地下通道等手段，尽快疏散人流，避免交通混杂；另一类是城市干道交汇处形成的交通广场，即常见的环形交叉口、交叉环岛、立体交叉环岛等，这类广场在设计时对于植物的选配上，应以低矮的灌木、花卉为主，尤其在广场与道路衔接处，一定要确保驾驶员的安全行车视距，同时也可设置具有地标性或地域性特点的建筑小品等。

5. 文化广场 顾名思义，文化广场是与文化活动

图9-1-11　天津火车站前世纪钟广场

图9-1-12　世纪钟细部

有着密切联系的广场。文化广场大体分为两类，一类是以某种具体文化为主题或是各种艺术家聚集活动的场所。如以中国画为元素，运用西方的设计手法创建的深圳翠竹文化广场（图9-1-13）；将不同阶层、背景的人群与社区文化相融合而形成的华伦希尔广场；大连海之韵文化广场。另一类是周围有较为著名的文化建筑或设施的广场。如博物馆、图书馆、文化艺术中心、美术馆、歌剧院、音乐厅、名人故居等的广场。

6.**宗教广场**　宗教广场是布置在宗教性建筑前，用于举行宗教庆典、集会、交流、休息的广场。宗教广场设计应以满足宗教活动为主，展现宗教建筑的美感与宗教文化的氛围，一般设有明显的轴线，景物对称布置，广场上设有供宗教礼仪、祭祀、布道用的平台、台阶或敞廊（图9-1-14、图9-1-15）。

图9-1-13　深圳翠竹文化广场

图9-1-14　海南三亚南山寺广场

三亚南山寺广场轴线的南端是三面观音立像，观音立像伫立于海中，由宽阔的长桥与陆地相连。

图9-1-15　修道院前广场

7. 多功能综合性广场　多样化的城市生活模式，势必需要完善的城市功能，以满足人们生活的需求。用地紧张、交通拥挤是城市发展面临的主要困境，为了有效缓解并解决这一问题，提高各空间的利用率，使城市最大限度地为人们服务，现在很多大中型城市采用场地的多功能设计方法，即通过地上地下的道路交通，巧妙地将不同高度、不同功能性质的商业、文化、纪念等空间有机组合，形成更为便利、快捷的立体交通通道与疏散空间。如巴黎卢浮宫广场（图9-1-16）、上海静安寺广场（图9-1-17）、南京火车站站前广场、南京新街口商业街的莱迪广场等均属多功能综合性广场。

图9-1-16　巴黎卢浮宫广场

图9-1-17　上海静安寺广场

四、城市广场空间设计的要点

城市空间结构离不开周围实体建筑物的支持，否则就不能称之为“空间”了，空间只有通过这种虚实的图底关系才能得以呈现。在城市广场设计中，对空间的把握与处理是最重要的事情之一。而作为一个“空间”，其自身是由平面的形状与尺寸、立面的围合程度构成的。所以，针对广场这类特定的空间形态，在设计时必须解决以下两个方面的问题：广场的规模与尺度、广场内部空间的限定与围合，只有这样才能设计出更为符合场地特点的、人性的、合理化的场所空间。

（一）规模与尺度

城市广场规模与尺度处理得好坏，直接关系到城市广场空间设计的成败。从人的行为与心理特点来分析，一般对于规模大而形式单一的广场，人的本能反应是排斥的，这种场地使人缺乏安全感；而规模小又局促的广场，会给人压抑的、束缚的感觉；尺度适宜的广场，往往具有亲切感、吸引力。但对一些功能性质比较特殊的广场需根据现实需求确定广场规模，如交通广场的规模取决于交通量、车流运行规律与交通组织方式等；而影剧院、展览馆等周围文化性的集散广场的尺度，应在允许的时间内满足人流、车流的集散需求。通常情况下，广场的规模与尺度应从以下三个方面来把握：

1. 广场的适宜尺度　广场的尺度应与广场的功能以及人们的活动要求相匹配。一个满足功能、美感要求的广场应既要足够大给人以视野开阔而又稳定、放松的感觉，又要足够小给人以相对封闭而又舒适、安全的感觉。

车行道、停车场等设施的尺寸应根据广场所在区域人流量、出行交通工具的使用情况以及交通工具的尺度要求等确定。广场上的踏步、台阶、人行道的宽度等应结合地形特点、人体工程学尺寸与人的行为特点而定。

一般广场的尺度与整个城市的规模、规划是相协调的，按照《关于清理和控制城市中脱离实际的宽马路、大广场建设的通知》（建规〔2004〕29号）的规定，广场的规模原则上要符合表9-1-1的要求，广场在数量与布局上也要符合上位规划中城市总体规划以及人均绿地规范等的相关要求。

表9-1-1　广场规模的要求

城市性质	广场规模	备注
小城市、镇	≤ 1 hm^2	城区常住人口50万以下
中等城市	≤ 2 hm^2	城区常住人口50万～100万
大城市	≤ 3 hm^2	城区常住人口100万～200万
特大城市	≤ 5 hm^2	城区常住人口500万～1 000万

卡米诺·西特（Camillo Sitte）在《城市建设艺术》一书中提到："广场的适宜尺度约为142m×58m，且广场的大小取决于人在广场上的主要活动方式。人与人之间感到亲切的距离为12m，而相互之间能感受到的适宜距离则为24m，超过140m时，人对广场边缘的把握已不再强烈。"芦原义信、凯文·林奇（Kevin Lynch）等理论家也表达了类似的观点，他们普遍认为能观看人的面部表情的视距为20～25m，而能观察人体活动的视距为70～100m，能观看群体和大轮廓的视距为150～200m，因此一个大型广场的边长不宜超过200m。

2. 广场的长宽比例关系　广场的空间效果与其长宽比有密切的关系（图9-1-18、表9-1-2）。以矩形作为基本图形，广场的长（*L*）宽（*W*）比值小于1/2或大于3/2，所形成的空间缺少场所感，难以被人们以广场的形式感知；当广场的长（*L*）宽（*W*）比值为1/2～3/2时，广场有较好的视觉效果，而45°～60°为人的最佳观景视域。

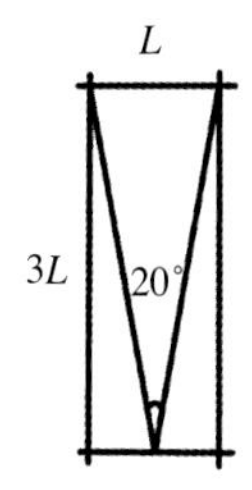

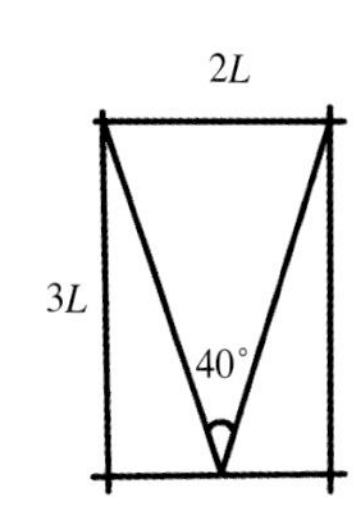

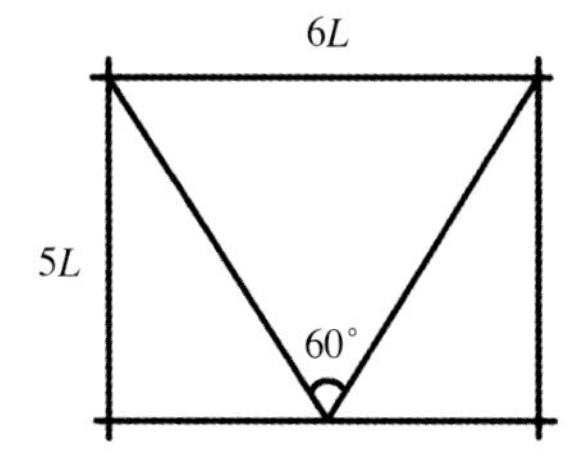

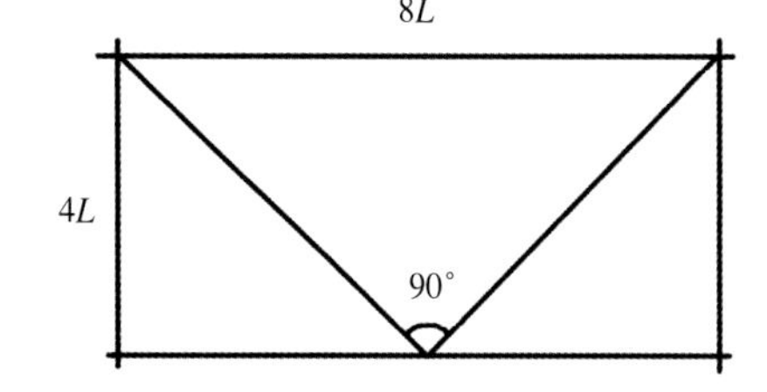

图9-1-18　广场长宽比例示意图

表9-1-2　广场长（*L*）宽（*W*）比例关系

长宽比例关系（*L*/*W*）	形成的水平视角（α）	产生的效果
L/*W*＞3	α<20°	更像街道（通道），难以产生场所感
3/2＜*L*/*W*≤3	20°≤α＜40°	观察范围狭窄，空间的压迫感强；视野内的景物非常集中
1/2＜*L*/*W*≤3/2	40°≤α＜90°	广场有较好的视觉效果
L/*W*≤1/2	α≥90°	更像街道（通道），难以产生场所感

3. 视距与实体界面高度比例关系　城市广场是由周边实体（建筑等）围合而形成的，实体界面是构成广场空间的要素，所以在设计城市广场时，除了要考虑广场空间自身的尺度外，还要考虑周边实体这一客体的高度对人的视觉感官与心理活动的影响（图9-1-19、表9-1-3）。

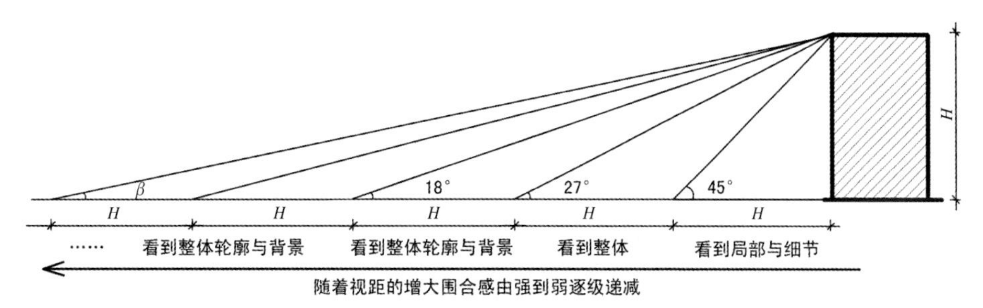

图9-1-19　视距与实体界面高度比例关系示意图

表9-1-3 视距与建筑高度的比例关系

视距与建筑高度的比例关系（D/H）	形成的视角（β）	人对实体的视觉感官效果	产生的空间效果
$D/H<1$	$\beta>45°$	细部清晰	围合感强但压抑、不稳定、无安全感
$D/H=1$	$\beta=45°$	细部清晰	围合感强但不压抑，空间氛围浓烈；具有内聚性、安定性
$D/H=2$	$\beta=27°$	整体清楚	围合感强，空间感适中；具有内聚性、向心性且无离散感
$D/H=3$	$\beta=18°$	看到建筑大轮廓、感受到建筑与环境的关系	围合感变弱，空间感淡薄；具有围合性差、空间离散的特点
$D/H>3$	$\beta<18°$	只看到建筑天际线	无围合性、空旷、冷漠

由表9-1-3可以得出，当$1\leqslant D/H\leqslant 2$（即视角为27°～45°）时城市广场的围合感强、尺度适宜，形成的空间整体性较强，具有内聚性、稳定性与亲切感。

综上所述，对于城市广场的设计，可以依据前人的设计理论、尺度经验并结合城市规划的要求、基址的周边环境关系以及广场自身的功能特点等，定性、定量地调控广场的尺度规模，使城市广场成为亲切、宜人且富于生机活力的城市公共空间。

（二）广场内部空间的限定与围合

建筑空间是由地、顶等水平要素与墙、柱等垂直要素所限定与围合的空间，而广场空间与建筑空间有所不同，它是一个没有顶的"建筑"，是一个仅由"地""墙"所限定与围合的场所。具体来讲，限定广场空间的手法有：设置物体、围合、覆盖、基面抬高、基面托起、基面下沉、基面倾斜等（图9-1-20）。

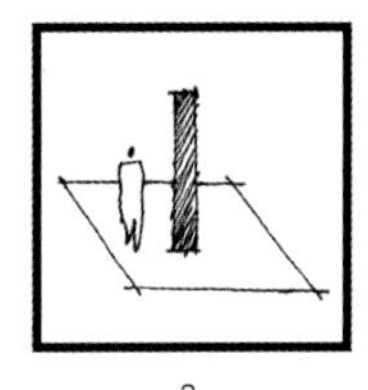
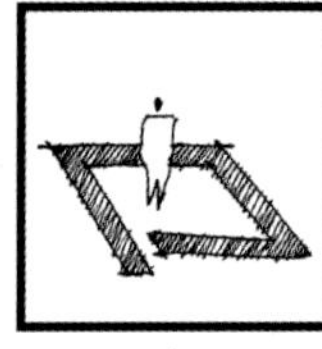

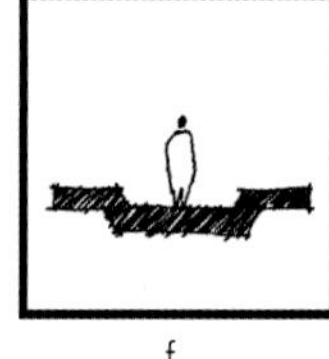

图9-1-20 广场空间的限定手法

a.设置物体 b.围合 c.覆盖 d.基面抬高 e.基面托起 f.基面下沉 g.基面倾斜

1.设置物体 包括点、线、面的设置，也称中心限定。在广场中间设置标志物是典型的中心限定。

2.围合 用墙、植物、建筑等要素限定所需的空间，不同的要素及围合方式产生强与弱、实与虚、封闭与开敞等不同的空间感觉（图9-1-21）。图9-1-21中的围合要素若为植物，那么所形成的空间感觉会有很大的不同。

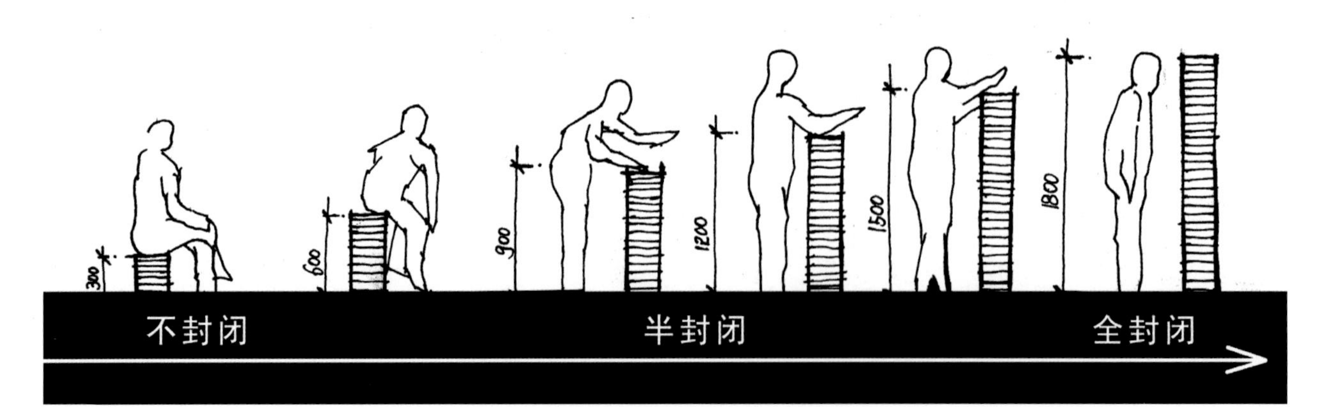

图9-1-21 "墙"所形成的不同性质的空间

3. **覆盖**　运用某种物件如布幔、网纱或构架遮盖空间，形成弱的、虚的限定（图9-1-22）。

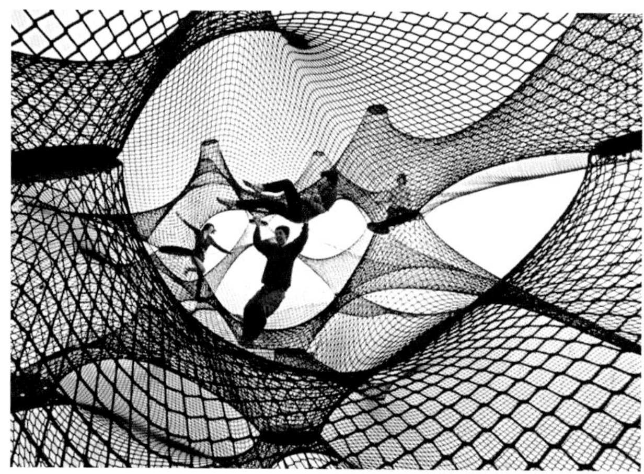

图9-1-22　日本横滨广场“互动式的充气空间”

Numen设计的互动式的充气空间造型如同巨大的白色泡泡，依靠充气后的内部张力支撑，内部由黑色网状材料相互交织而成，参观者可以进入这个球状空间攀爬、玩耍，即便到了晚上，里面的任何动作如同皮影戏般可以在外面被看得一清二楚。

4. **基面抬高**　在同一标高位置将地面抬高一部分，产生高差变化，从视觉上强调该范围与周围空间的分离，起到加强空间效果的作用。设置台阶是联系被抬高空间的常用手法（图9-1-23）。

5. **基面托起**　与基面抬高相似，在被托起基面的正下方形成从属空间（图9-1-24）。

图9-1-23　悉尼达令港城市广场

图9-1-24　墨西哥普埃布拉战役150周年纪念碑广场

6. **基面下沉**　在同一标高位置将地面局部下沉，形成两部分空间，将下沉空间从原来完整的空间中限定出来，加强区域独立性。与基面抬高的外向性不同，下沉空间暗示空间的内聚性与保护性。

7. **基面倾斜**　依据基面地形的高低变化实现空间的联系、穿插、围合与限定。

第二节　设计案例：内蒙古乌拉特后旗“天工广场”设计

设计者：白杨

（一）概况

内蒙古乌拉特后旗位于内蒙古自治区巴彦淖尔市西北部，与蒙古国接壤，地广人稀，是一个以蒙古族为主体民族的边境地区。过去全旗经济以传统的牧业为主，近年来，铜、铝等矿业开采创造出巨大的经济效益，已经成为全旗的支柱产业。为适应发展的需要，乌拉特后旗政府所在地由过去的赛乌素镇，搬迁到如今的巴音宝力格镇。

《乌拉特后旗巴音宝力格镇中心区详细规划》提出要建设市政广场，以期新的旗政府所在地能尽快聚集人气。规划广场位于巴音宝力格镇的中心、旗政府党政办公大楼以南，用地呈长方形，东西长400m，南北宽145m，总占地面积5.8hm²。

（二）设计指导思想

规划建设的旗政府党政办公大楼与广场位于辽阔的荒地上，当地的气候与地质条件并不适合进行丰富的植物造景，因此该广场的设计主要以硬质景观来达到综合的场所功能——不仅要满足休闲、聚会等功能要求，还要反映当地的历史文化风貌，并且需要考虑广场日后与周边不断进行城市化发展而变化的环境的关系。为此景观设计提出了以下追求目标：

①满足中心广场的多功能要求。

②创造具有浓郁民族风格的景观艺术效果。

③运用现代的设计手法和形式、新的工艺技术体现环境景观的时代气息。

④尊重人的心理需求，提供亲切、优美、舒适的场所空间。

⑤与北边党政办公大楼相呼应，突出镇中心区域的标志性景观效果。

⑥建立既与周边有所联系，又相对独立的景观格局，以此来避免日后的城市化发展给广场所带来的各种不确定性的视觉影响。

（三）广场的总体设计

为了与北侧的旗政府党政办公大楼形成一个完整的空间体系，景观设计首先确定了广场应该与大楼同样采用中轴对称的布局。在深入研究用地平面后，发现长条形场地东西方向的空间感远远强过南北方向的，而场所的特性要求强调南北的正向地位；另外东西方向400m的长度超过了人对空间尺度的正常感知。因此，设计需要选择一种南北方向的形式对长条形的空间进行分割，否则，一个大而无当的空间会使置身其中的人茫然而无所适从。于是党政办公大楼的中轴线在广场上的形式逐渐清晰起来，在这条中轴线的位置上设置一条南北方向的阶梯台地将广场一分为二，这样就使东、西两个空间的尺度感趋于合理。

将广场一分为二的中轴造型由两部分构成——北侧较矮的条形台地和南侧较高的圆形台地。基面抬升较低的北侧条形台地保证了广场的隔而不断；基面抬升较高的南侧圆形台地则与党政办公大楼遥相呼应，形成了广场的视觉中心。边界的阶梯考虑到人休憩与行走的需要，设计了大小两种台阶。条形台地上方还设计有大型旱地喷泉，与圆形台地上方的不锈钢喷泉、跌水池一起增加了广场的中轴向心力。

确定了大的空间格局后，还需要丰富各个空间区域的景观内容，也需要解决好整个广场与周边环境的关系。

广场中心的台地与其两侧大面积的硬质场地满足了人们节庆集会、休闲、游览、观光等不同需求。围绕着中心的硬质场地，广场四周设计有规则的绿地，特别是在东南角和西南角设计了两个面积较大的安静游园区。这些绿地植物的围合与屏障作用使广场空间本身具有相对的独立性，也保证了日后广场的景观不会过多地受到周边环境改变所造成的视觉影响。绿地与绿地之间形成多个出入口，这样就使广场在交通和空间上，与周围的城市有了良好的交流。环绕广场四周特别是广场的北侧设计有较为宽阔的步行空间，可以满足日后城市大量的停车需要（图9-2-1、图9-2-2）。

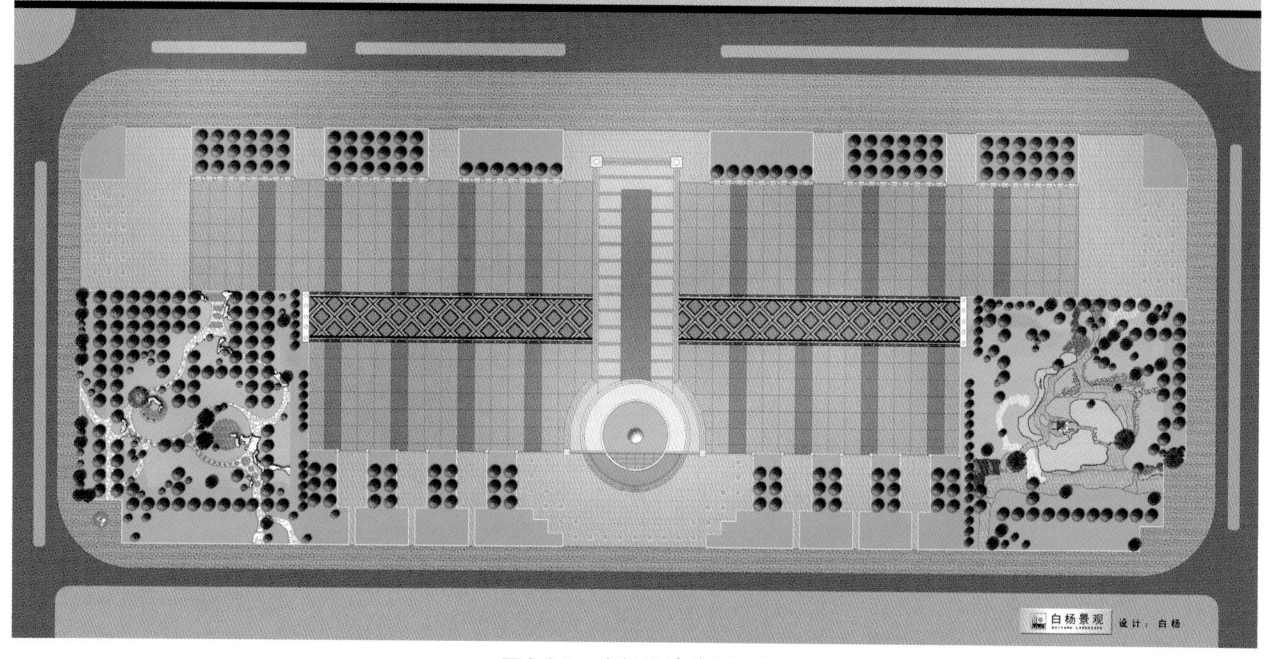

图9-2-1　广场设计总平面图

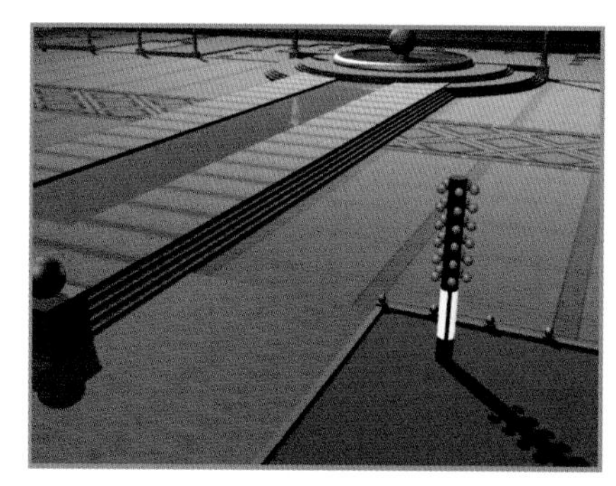

图9-2-2　广场中轴景观设计效果图

（四）景观设计的文化立意

蒙古语“乌拉特”的意思是“能工巧匠”，因此，景观设计给巴音宝力格镇中心广场取名为“天工广场”。为了具体表现出巧夺天工的含义，在广场上精心设计了很多石雕构件。最具代表性的是广场中心轴线上的主题景观——“祈祥”，“祈祥”景观由一个直径为5m的浮雕大石球、悬挑不锈钢大水盘以及两根高大的石灯柱构成。此景观设计借鉴了德国柏林波茨坦广场（Potsdamer Platz）的某些造型元素（图9-2-3），在体现景观现代感的同时，采用具有祭祀感的筑坛形式，创造出独具特色的蒙古族风格景观（图9-2-4）。

图9-2-3　德国柏林波茨坦广场索尼中心景观

图9-2-4　广场视觉中心主题景观“祈祥”设计效果图

浮雕大石球上设计有六组主题画面，其南面浮雕取名为“展翅腾飞”，画面上一只雄鹰提举哈达展翅高飞，象征着乌拉特后旗人民广迎四方来宾的宽广胸怀和使本地区经济腾飞的坚定信念。北面浮雕取名为“生生不息”，由蒙古族男女双人共舞与鸿雁编队盘旋构成，这是对草原儿女顽强生命力的歌颂（图9-2-5）。大石球东西两面共有四幅有框画面，分别是“男儿射艺”“红绸舞风”“马头琴曲”和“盅碗绝技”（图9-2-6），衬托画面的背景是草原上盛开的鲜花与流云图案，鲜花与歌舞画面共同表现出吉祥草原与欢乐歌舞的主题。每幅画面配有两行诗句，连在一起便是一首完整的诗：

男儿三艺当自强，骑马射箭摔跤王。
红绸舞风佩玲珑，一曲回香遍四方。
古老民族新神光，马头琴声述悠长。
盅碗绝技舞双肩，草原儿女爱故乡。

中心景观东西两侧各有8根铜碗柱呈“一”字排列，铜碗柱和石灯柱是将蒙古族藏传佛教的经幢结合汉式华表而创作出的新浮雕柱形式。柱身龙浮雕的图案来自北海公园九龙壁上九条龙的造型，设计将盘龙、行龙、升龙、降龙等长短不一的原始图样全部再度创作为用于圆柱浮雕的二方连续图案（图9-2-7至图9-2-9）。向天陈列的铜碗柱犹如蒙古族的长明灯，体现出对自然的敬仰和薪火相传的寓意。

汉式华表源于尧、舜时期的“诽谤之木”，相传当时在交通要道和朝堂上竖立木柱，方便人们在上面书写谏言，针砭时弊，诽谤之木的作用就是提醒、警示。后来其形式被艺术化，改称华表。鉴于此，将铜碗柱和石灯柱设立在党政办公大楼前面，还暗含了一个希望政府工作清正廉洁并且广泛听取群众意见的美好祝愿（图9-2-10至图9-2-13）。

图9-2-5　在1：10的石球模型上绘制的南北方向的浮雕画面

图9-2-6　在1：10的石球模型上绘制的东西方向的浮雕画面

图9-2-7　北海公园九龙壁

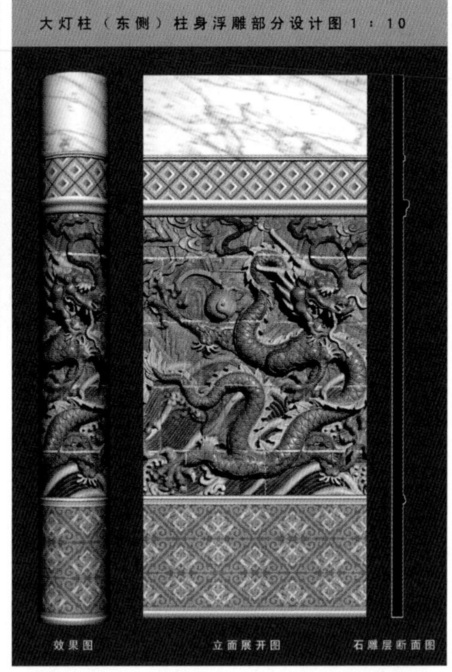

图9-2-8　石灯柱二方连续浮雕图案设计稿

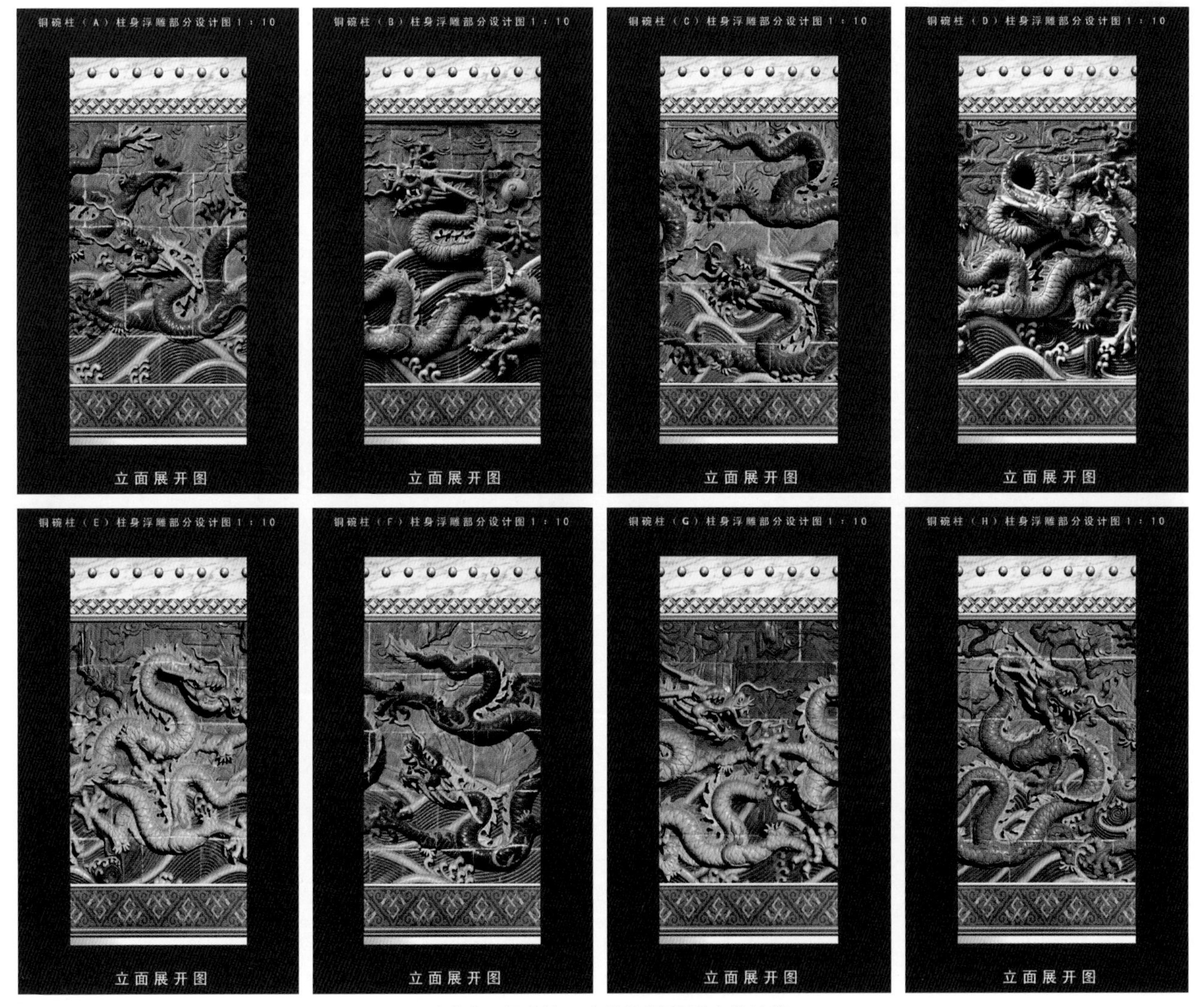

图9-2-9　铜碗柱二方连续浮雕图案设计稿

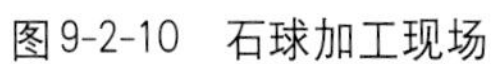

图9-2-10　石球加工现场

图9-2-11　石柱加工现场

图9-2-12　施工现场

图9-2-13　广场完工后照片

（五）总结

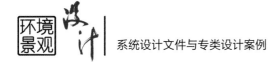

内蒙古自治区地域辽阔，总面积约占全国陆地面积的1/12。草原文化和黄河文化、长江文化共同构成了中华文明的三大源头。20世纪70年代以来，在全球生态危机及工业文明危机的背景下，与人类四大文明古国中的农业文明迥然相异的中北亚游牧文明闯入了人们的视野，成为学界关注的热点。其中以游牧文明为主导的蒙古草原文化，被誉为草原文化的典型代表和集大成者。继承和发展蒙古族传统文化的优秀成分，打造内蒙古地区环境艺术的民族特色，对丰富中华文明的内涵和构建社会主义和谐社会，具有巨大的推动作用和重要的现实意义。

伴随着国家经济的整体腾飞，内蒙古自治区有些地区的经济水平已经在全国名列前茅。体现内蒙古各个地区风格和特色的环境建设自我意识正在觉醒，然而，在具体设计创作中却不免流露出昔日传统与时代现实在接轨上的困惑和无奈。现在的很多设计无法脱离古老的蒙古族文化中的形式元素，可是那些元素，诸如勒勒车、套马杆、苏鲁锭等，全部反映的是过往的生活和古老的样式，与新的时代很难对话。

蒙古族人民在漫长的历史长河中创造了很多灿烂的文化瑰宝，例如史诗、歌舞、服装、民族图案、生活与宗教的工艺品等。但是，居无定所的游牧生活恰恰使该民族在环境艺术上没有形成范围广泛的系统模式。正是因为没有传统的束缚，所以现在可以大胆地去借鉴世界上的各种艺术形式和设计手法，如何继承传统，如何去创新——这正是设计师需要认真研究的问题。

既然历史上没有，所以现在出现的体现蒙古族特色的环境设计，应该称为新蒙古风格。新风格的创建需要的是对民族文化在血脉深处的继承，以及对综合时代特征的天才把握。称为“新”，就需要去创造，如果只知道学习他人，因循守旧是不会具有创造力的。应当明白，只有当古老的文化重获新生，并且能够不断壮大，实现日新月异的发展，这样才是现实的艺术，才会成为真正具有生命的文化。以新蒙古风格的理念为指导，开展一系列的设计，或许可以为各民族传统文化的继承与发展提供某种方法上的启示。

第十章
CHAPTER 10
居住区环境景观设计

第一节　居住区环境景观设计概论

居住是人类在地球上生存最根本的需求之一，原始人类的居住环境最初只能够满足遮风挡雨和躲避野兽攻击等的基本要求，后来世界各地的先民们因地制宜地选择或建造了洞穴、地窨、树巢、茅棚、窑洞、毡包、帐篷等作为人居场所，即使到现在，在世界上还有很多地方可以看到那些远古的人居方式（图10-1-1至图10-1-10）。人类对居住环境的选择、改造与建设是伴随着人类文明的进步而不断变化的，现在人类的居住环境与过去的相比已经发生了很大的改变，这

图10-1-1　北京延庆古崖居遗址

图10-1-2　山西临县碛口镇李家山村

种变化还将继续下去，可以断定，将来人类的居住环境也绝不会是今天的样子。人类对理想栖居环境的追求始终没有停止过，我们的理想就是更好地生存，然而，如何才能够更好地生存？什么样的环境形式适合人的居住？这些始终应该是景观设计师需要去认真思考的命题（图10-1-11、图10-1-12）。居住涉及的问题有很多，但是不难看出，从古至今人类居住环境的形式是由人的生活方式与生存状态所决定的（图10-1-13至图10-1-16）。

图10-1-3　巴西埃纳韦尼-纳维人的部落

图10-1-4　南非民族村的居住环境

图10-1-5　印第安部落的居住式样

图10-1-6　非洲古龙西部落的泥土住宅

图10-1-7　适合游牧生活的蒙古包

图10-1-8　适合游牧生活的藏式帐篷

图10-1-9　巴布亚新几内亚科罗威人的树屋远离地面

图10-1-10　宠物与人类共同在树屋里生活

图10-1-11　现代人制造的树屋

图10-1-12　三亚亚龙湾鸟巢度假村

鸟巢度假村藏于丛林之中，云雾袅袅，人们在此可以望海观天，看日出日落，听虫唱鸟鸣，呼吸纯净的空气，又可以享受现代生活的一切便利与五星级酒店的服务。现代人对树屋的钟爱或许是因为它们贴近自然，能够唤醒人们最原始的居住理想。

图10-1-13　四川甘孜藏族自治州五明佛学院

佛教徒虽有“七众弟子”的分别，但在团体生活上有一个共同的标准，这个标准称为“六和敬”，即身和同住、口和无诤、意和同悦、戒和同修、利和同均、见和同解。这六点要求使大家生活在互相敬重、和谐平等、清净快乐的环境之中。

图10-1-14　福建客家土楼

客家土楼也称客家土围楼、圆形围屋。客家人原是中原一带汉民，因战乱、饥荒等各种原因被迫南迁。在背井离乡、流离漂泊的过程中，他们经历了千辛万苦，许多情况下都得依靠自家人团结互助、同心协力才能够共渡难关。因此，他们每到一处，本姓本家人总要聚居在一起生活。这样客家人便营造出对内具有凝聚力、对外具有防御性的城堡式建筑住宅——土楼。

图10-1-15　安徽宏村

图10-1-16　安徽呈坎村

安徽省的宏村始建于南宋绍兴年间（1131—1162），距今约有900年的历史；呈坎村始建于东汉三国时期（220—280），距今约有1 800年的历史。两个如同“桃花源”的古村都是皖南徽派民居村落的典型代表，村落的选址布局都深刻地留有风水文化的烙印。宏村村落全面规划由海阳县（今休宁）的风水先生何可达制定，素有“中国画里的乡村”之美誉；呈坎村则按《易经》“阴阳八卦”理论选址布局，阳为呈，阴为坎，唐末易名“呈坎”，曾经是朱熹笔下的“江南第一村”。它们都有科学的村落水系设计，利用地势落差，把村外的溪水引入村中，各户皆有水道相连，家家门前有清泉，为居民生产、生活用水提供了方便，还解决了消防用水问题，也调节了气温，水的灵性也使静谧的山村有了动感和生机。人杰地灵并非偶然，两村落历经千年能够保持环境的良好与人的适居，与该村落人们重视道德修养与文化教育是分不开的。强烈的宗族观使各姓人聚族而居，自觉遵守的规章习俗使人与人、人与自然能够长期和谐共处。另外徽商的财力也使村落的建设立足长远，前人优质的工程建设才能够荫泽后人。

当下我国由房地产开发商兴建的居住区景观如同商品房一般，充斥了太多过度包装的现象。这种现象一方面是开发商通过销售房屋谋取利益的结果；另一方面，购房置业者浮华与虚荣的心理也促使开发商极力去迎合他们的口味。于是诸如表现“英伦风情”“法兰西特色”“西班牙风格”等的楼盘一时间如雨后春笋般拔地而起，令人眼花缭乱（图10-1-17）。栽种奇花异草、打造异域风情能够成为我国楼盘景观建设的风尚也与设计师不无关系，对西方艺术设计的长期学习与向往，对我国传统人文精神的疏远与背离，都导致设计师在表现支离破碎的外国式样方面更为得心应手，而在继承与光大自己传统文化方面却一筹莫展。

图10-1-17 大量出现在我国居住区景观中的异域式样

一、现代居住区景观设计的问题与定位

居住区的文化风格是人居环境的灵魂，从场所精神和环境印象两方面来讲，居住区都应该给人以“家”的感觉，这个“家”是人内心的回归和自身的定位与认同。我国传统居住文化崇尚自然，强调人内心的平衡，以及人与自然环境的和谐共处，传统的住宅有着美好的意境，也形成了一系列环境营造的技术方法。

我国有许多古老的村寨与城镇，那里屋舍俨然、民风淳朴，在经历漫长的历史岁月后，环境依然保持良好，它们所传承的文化是有大智慧的，是现在的景观设计师需要认真研究并虚心学习的。判断环境好坏的标准应该是能否让人们世世代代生活下去，成功的环境景观设计也应该力求长远，避免那些“短命”的行为和做法。虽然在当今急功近利的社会环境下，商业化的居住区景观建设很难顾及真正意义的生态与可持续，也缺少对人的精神关怀，但是，作为从事景观工作的每一个设计师都应该知道什么才是环境景观设计的真正价值。

（一）我国居住区环境景观建设目前存在的问题

如今我国居住区的景观建设虽然发展速度很快，但是存在很多问题。相对于居住区环境景观日后的使用功能，开发商更看中景观给购房者所产生的视觉冲击力，这种强烈的视觉印象可促进楼盘的销售，而环境景观深层次的价值往往不被重视，目前居住区景观存在的问题具体表现在以下若干方面：

1. 只有物质形式，缺乏精神内涵 居住区环境景观浓妆艳抹、矫揉造作，过多关注物质的享受和感官的体验，对文化重视不够。装潢华丽的构筑物此起彼伏，景观形式只是“加法”的堆砌，缺乏“减法”的运用；只是式样的躯壳，没有精神的内涵。各种景观

之间缺乏文化的关联性，甚至形式上也彼此冲突，所表达的思想脱离场所的精神，牵强附会，暴露出文化修养的欠缺与艺术审美的低俗。

2.泥古不化与崇洋媚外　只有发展的文化才有生命力，很多仿古的景观设计恰恰不懂得这一点，或者说没有能力在继承的基础上进行创新，结果生硬仿古的景观形式与现代化的城市面貌格格不入，古代园林的内向性与私有化的特点也无法满足新时代开放性与公众性的功能要求。

在我国异域风情的居住区景观除了能够满足猎奇与崇洋媚外的心理外，并不能让居民找到文化的归属感和认同感，那些所谓的“欧式园林”仅是在形式上对西方古典园林的表面模仿，最多只是制造华丽的外表，并不能给居民提供全方位的景观服务。

3.华而不实的形式背离环境功能的基本需求　对居民的生活细节重视不够，漠视平常性的活动，缺乏对老人、小孩等活动主体人群的关怀是此类景观的通病。华而不实的景观对资源与金钱的耗费很大，如宏大的水景、绚烂的夜景照明、大量需要人工整形的绿化种植等。然而，当这些虚有其表的形式被创造出来的时候，一般不会注重平常性的基本功能，景观更本质、更重要的服务功能很可能因此而丧失。即使最初给购房者留下了强烈的视觉印象，但当他们真正开始在小区中生活后，背离使用者需求的景观，还是无法得到业主的最终认可。

居住区的景观应该满足人对环境的需求，纵观人类的居住史，居住者的需求是随着社会发展而不断变化的。马斯洛需求层次理论（Maslow’s hierarchy of needs）阐述了人的需求分为五个层次：生理需求、安全需求、爱与归属的需求、尊重需求和自我实现需求，这体现出一种从无到有、由弱到强、逐步提升的发展过程。照此来看，人的居住需求可以分为基本需求、改善需求、品质需求、精神需求这几种逐步递增的需求。随着人们生活水平的日益提高，居住者对居住环境的需求也在变化、充实和提高。随着我国在世界上的崛起，中国人的自信心也在不断增强，对自己的传统文化也越来越重视，所以体现中国人自己民族身份的思想必将成为景观建设的主流。目前居住区的景观设计与建设对残疾人、老年人等特殊人群的关心还很不够，无障碍设计还需要加强。

4.景观缺乏使用主体的参与　形式主义的景观注重景观的视觉观看效果，忽视景观的其他功能价值。环境景观设计对使用者的参与性、互动性考虑不足，不能给居民带来更多的环境体验。如小孩在成长过程中需要通过玩水戏沙、观察一年四季的花开花谢等互动参与性活动去感知世界，而严格的物业管理与“禁止入内”的居住区景观无法给他们提供快乐成长的环境。景观设计需要给居民提供真实的活动场地，像装饰花瓶一样的雕塑小品不应该成为景观设计的重点。以人为本的设计必须从满足人对环境的各种需要出发，是对人的行为与心理的全面规划与设计。

5.景观缺乏地方特色　商业上所吹嘘的高档、豪华的景观往往缺乏对当地乡土文化的尊重，而那些低劣模仿的外来景观也通常只是对流行的追逐，缺少因地制宜的特色创造，更无真正的思想内涵，因此那些蜂拥而起的高档楼盘往往也是彼此雷同的。

解读地方特色文化是景观规划和设计前期的重要环节，它使设计师能够更为透彻地、更深层次地了解地方的文化特点和风俗。这样做可以启发设计，帮助设计师创造体现地方场所精神的特色景观。

6.缺乏邻里交往的场所　在现代城市的居住区中人与人的关系疏远，虽然住在同一个小区，见面也如同陌路。很多上岁数的人怀念过去的邻里关系，因为那时候人们之间的关系真正能够符合“远亲不如近邻”。当然，这种现象的出现有多种原因，其中居住区的环境缺乏交往与互动的空间也有一定的责任。居住区的景观设计应该创造一些集体活动的空间，这样可以给居民提供更多的交往机会。

（二）居住区环境景观设计应坚持的原则

1.坚持社会性原则　通过美化生活环境，赋予环境景观亲切宜人的艺术感召力，体现社区文化，促进人际交往和精神文明建设，为构建和谐社区创造条件。要遵循以人为本的原则，提倡公众参与，调动社会资源，取得良好的环境、经济和社会效益。

2.坚持经济性原则　以建设节约型社会为目标，顺应市场发展需求及地方经济状况，注重节能、节水、节材，合理使用土地资源。提倡朴实简约，反对浮华铺张，并尽可能采用新技术、新材料、新设备，达到优良的性价比。

3.坚持生态性原则　应尽量保留现存的良好生态

环境，改善不良的生态环境。提倡将先进的生态技术运用到环境景观的塑造中去，实现人类的可持续发展。

4. 坚持地域性原则　应体现所在地域的自然环境特征，因地制宜地创造出具有时代特点和地域特征的空间环境，避免盲目"移植"外来异域景观形式。

5. 坚持历史性原则　要尊重历史，保护和利用历史性景观，对于历史保护地区的居住区景观设计，更要注重整体的协调统一，做到保留在先，改造在后。

二、居住区的类型

2018年12月，《城市居住区规划设计标准》(GB 50180—2018) 正式实施，其中提出十五分钟、十分钟、五分钟生活圈居住区和居住街坊作为居住空间概念，取代了此前沿用多年的居住区、居住小区和组团的三级分类。

1. 十五分钟生活圈居住区（15-min pedestrian-scale neighborhood）　以居民步行十五分钟可满足其物质与生活文化需求为原则划分的居住区范围；一般由城市干路或用地边界线所围合，居住人口规模为50 000 ~ 100 000人（约17 000 ~ 32 000套住宅），配套设施完善的地区。

2. 十分钟生活圈居住区（10-min pedestrian-scale neighborhood）　以居民步行十分钟可满足其基本物质与生活文化需求为原则划分的居住区范围；一般由城市干路、支路或用地边界线所围合，居住人口规模为15 000 ~ 25 000人（约5 000 ~ 8 000套住宅），配套设施齐全的地区。

3. 五分钟生活圈居住区（5-min pedestrian-scale neighborhood）　以居民步行五分钟可满足其基本生活需求为原则划分的居住区范围；一般由支路及以上级城市道路或用地边界线所围合，居住人口规模为5 000 ~ 12 000人（约1 500 ~ 4 000套住宅），配建社区服务设施的地区。

4. 居住街坊（neighborhood block）　由支路等城市道路或用地边界线围合的住宅用地，是住宅建筑组合形成的居住基本单元；居住人口规模在1 000 ~ 3 000人（约300 ~ 1 000套住宅，用地面积2 ~ 4hm^2），并配建有便民服务设施。

三、居住区景观设计的注意事项

我国目前指导居住区环境景观设计的重要文件是《居住区环境景观设计导则》。该导则遵循国内现行的《城市居住区规划设计标准》(GB 50180—2018)、《住宅设计规范》(GB 50096—2011) 和其他法规，并参考国外相关文献资料编制，具有适用性和指导性。

1. 一些相关公式

容积率=总建筑面积/居住区用地面积

住宅建筑面积毛密度=住宅建筑面积/居住区用地面积

住宅建筑面积净密度=住宅建筑面积/住宅用地面积

绿地率=绿地总面积/居住区用地面积×100%

2. 需要了解并注意的事项

(1) 对于光环境设计需要综合考虑人们对沐浴阳光与遮阴纳凉的需要，居住区小品不宜采用大面积的金属、玻璃等高反射性材料，避免产生眩光，减少光污染。在满足基本照度要求的前提下，居住区室外灯光设计应营造舒适、温和、安静、优雅的生活气氛，不宜盲目强调灯光亮度。在单元出入口、无障碍设施等重要位置，或者有缆柱的地方需要有功能性的照明（表10-1-1）。

表10-1-1　照明分类及适用场所

照明分类	适用场所	参照照度/lx	安装高度/m	注意事项
车行照明	居住区主次道路	10 ~ 20	4.0 ~ 6.0	灯光应选择带遮光罩向下照明形式；避免强光直射到住户屋内；光线投射在路面上要均匀
	自行车棚、汽车场	10 ~ 30	2.5 ~ 4.0	
人行照明	步行台阶（小径）	10 ~ 20	0.6 ~ 1.2	避免眩光，采用较低处照明；光线宜柔和
	园路、草坪	10 ~ 50	0.3 ~ 1.2	
场地照明	运动场	100 ~ 200	4.0 ~ 6.0	多采用向下照明方式；灯具的选择应有艺术性
	休闲广场	50 ~ 100	2.5 ~ 4.0	
	广场	150 ~ 300		

（续）

照明分类	适用场所	参照照度／lx	安装高度／m	注意事项
装饰照明	水下照明	150 ～ 400		水下照明应防水、防漏电，参与性较强的水池使用12V安全电压；禁止使用或者少用霓虹灯和广告灯箱
	树木绿化	150 ～ 300		
	花坛、围墙	30 ～ 50		
	标志、门灯	200 ～ 300		
安全照明	交通出入口（单元门）	50 ～ 70		灯具应设置在醒目位置；为了方便疏散，应急灯设在侧壁为好
	疏散口	50 ～ 70		
特写照明	浮雕	100 ～ 200		采用侧光、投光和泛光等多种形式；灯光色彩不宜太多；泛光不应直接射入室内
	雕塑、小品	150 ～ 500		
	建筑立面	150 ～ 200		

（2）城市居住区的白天噪声允许值宜≤45dB，夜间噪声允许值宜≤40dB。靠近噪声污染源的居住区应设置隔音墙、人工筑坡、植物绿篱、水景喷泉、建筑屏障等减弱噪声。居住区背景音乐宜轻柔舒缓，为了避免噪声，人工瀑布落差宜在1m以内。

（3）环境景观配置对居住区温度会产生较大影响。北方地区冬季要从保暖的角度考虑硬质景观设计；南方地区夏季要从降温的角度考虑软质景观设计。居住区的相对湿度宜保持在30%～60%。

（4）居住区内部应引进芳香类植物，避免种植散发异味、臭味和引起过敏、感冒的植物。垃圾收集装置需要设置在合适的位置。

（5）景观设计不能与大的建筑环境脱节，可以将建筑环境作为景观设计的依托或背景，不应该脱离建筑楼群的色彩、样式去设计不和谐的景观。

（6）景观设计元素是组成居住区环境景观的素材。设计元素根据其不同特征分为：功能类元素、园艺类元素和表象类元素（表10-1-2）。

表10-1-2　景观设计元素分类表

序号	设计分类	设 计 元 素		
		功能类元素	园艺类元素	表象类元素
1	绿化种植景观		植物配置、宅旁绿地、隔离绿地、架空层绿地、平台绿地、屋顶绿地、绿篱设置、古树名木保护	
2	道路景观	机动车道、步行道、路缘、车挡、缆柱		
3	场所景观	健身运动场、游乐场、休闲广场		
4	硬质景观	便民设施、信息标志、栏杆、扶手、围栏、栅栏、挡土墙、坡道、台阶、种植容器、入口造型	雕塑小品	
5	水景景观	自然水景：驳岸、景观桥、木栈道；泳池水景；景观用水	庭院水景：瀑布、溪流、跌水、生态水池、涉水池；装饰水景：喷泉、倒影池	
6	庇护性景观	亭、廊、棚架、膜结构		
7	模拟化景观		假山、假石、人造树木、人造草坪、枯水	
8	高视点景观			图案、色块、色调、色彩、层次、密度、阴影、轮廓
9	照明景观	车行照明、人行照明、场地照明、安全照明		特写照明、装饰照明

（7）公共绿地指标应根据居住人口规模分别达到：居住组团不少于0.5m²/人，居住小区（含居住组团）不少于1m²/人，居住区（含居住小区或居住组团）不少于1.5m²/人。新区建设绿地率应≥30%，旧区改造绿地率宜≥25%，种植成活率≥98%。

（8）绿化植物与建筑物、构筑物、管线最小间距的规定如表10-1-3、表10-1-4所示。

表10-1-3　绿化植物与建筑物、构筑物的最小间距

建筑物、构筑物名称	最小间距／m	
	至乔木中心	至灌木中心
建筑物外墙（有窗）	3.0 ~ 5.0	1.5
建筑物外墙（无窗）	2.0	1.5
挡土墙顶内和墙角外	2.0	0.5
围墙（2m高以下）	1.0	0.75
铁路中心线	5.0	3.5
道路路面边缘	0.75	0.5
人行道路面边缘	0.75	0.5
排水沟边缘	1.0	0.5
体育用场地	3.0	3.0
测量水准点	2.0	1.0

表10-1-4　绿化植物与管线的最小间距

管线名称	最小间距／m	
	至乔木中心	至灌木中心
给水管、闸井	1.5	不限
污水管、雨水管	1.0	不限
燃气管	1.5	1.5
电力电缆、电信电缆、电信管道	1.5	1.0
热力管（沟）	2.0	1.0
地上杆柱	2.0	不限
消防龙头	2.0	1.2
弱电电缆沟	2.0	不限

（9）平台绿化一般要结合地形特点及使用要求设计，平台下的空间可作为停车库、辅助设备用房、商场或活动健身场地等。平台上种植土厚度必须满足植物生长的要求，对于较高大的树木，可在平台上设置树池栽植（表10-1-5）。

表10-1-5　种植土控制厚度

种植物	种植土厚度最小值／cm		
	南方地区	中部地区	北方地区
花卉、草坪	30	40	50
灌木	50	60	80
小乔木、藤本植物	60	80	100
中高乔木	80	100	150

（10）居住区内必须有不小于3.5m宽的消防车道，其路边距建筑物外墙宜大于5m，道路上空如有障碍物时，障碍物的净高不应小于4m。消防车道下的管道和暗沟应能承受大型消防车辆的压力。穿过建筑物的消防车道，其净宽和净高均不应小于4m，如穿过门垛时，其净宽不应小于3.5m。

如果消防车道与人行道、院落车行道合并使用时，可设计成隐蔽式车道，即在4m宽的消防车道内种植不妨碍消防车通行的草坪花卉，旁边铺设人行步道，平日作为绿地使用，应急时供消防车使用，这样可以有效地弱化单纯消防车道的生硬感，提高环境和景观效果。

坡道是交通和绿化系统中重要的设计元素之一，直接影响到使用和视觉效果。居住区道路最小纵坡不应小于0.3%，最大纵坡不应大于8%；园路不应大于4%；自行车专用道路最大纵坡控制在5%以内；轮椅坡道纵坡一般为6%，最大不超过8.5%，并采用防滑路面；人行道纵坡不宜大于2.5%（表10-1-6、表10-1-7）。

表10-1-6　居住区道路宽度

道路名称	道路宽度
居住区内各级城市道路	居住区内道路应符合现行国家标准《城市综合交通体系规划标准》（GB/T 51328）的有关规定。支路的红线宽度宜为14 ~ 20m，人行道宽度不应小于2.5m
居住街坊内附属道路	主要附属道路至少应有两个车行出入口连接城市道路，其路面宽度不应小于4.0m，其他附属道路的路面宽度不宜小于2.5m，人行出口间距不宜超过200m
宅间小路	路面宽度不宜小于2.5m
园路（甬路）	路面宽度不宜小于1.2m，但考虑到轮椅的通行，可设定为1.5m以上，有轮椅交错通行的地方其宽度应达到1.8m

表10-1-7 道路及绿地最大坡度

道路及绿地		最大坡度
道路	普通道路	17%（1/6）
	自行车专用道	5%
	轮椅专用道	8.5%（1/12）
	园路	4%
	路面排水	1%～2%
绿地	草坪坡度	45%
	中高乔木绿化种植	30%
	草坪修剪作业	15%

（11）为了使休闲娱乐广场上的活动不扰民，广场位置需要距离楼房的窗户10m以上。

为小孩提供的玩耍设施有：沙坑，3～6岁小孩适宜；滑梯，3～6岁小孩适宜；秋千，6～15岁小孩适宜；攀登架，8～12岁小孩适宜；跷跷板，8～12岁小孩适宜；游戏墙，6～10岁小孩适宜；轮滑场，10～15岁小孩适宜；迷宫，6～12岁小孩适宜。

（12）居住区便民设施包括大门处的信息栏、音响设施、自行车架、饮水器、垃圾容器、座椅（具），以及书报亭、公用电话、邮政信报箱等。景观设计需要将它们布置在合适的地方。

居住区信息标志可分为4类：名称标志、环境标志、指示标志、警示标志。信息标志的位置应醒目，且不对人行交通及景观环境造成影响（表10-1-8）。

表10-1-8 居住区主要标志项目表

标志类别	标志内容	适用场所
名称标志	标志牌、楼号牌、树木名称牌	
环境标志	小区示意图	小区入口大门
	街区示意图	小区入口大门
	居住组团示意图	组团入口
	停车场导向牌、公共设施分布示意图、自行车停放处示意图、垃圾站位置图	
	告示牌	会所、物业楼
指示标志	出入口标志、机动车导向标志、自行车导向标志、步道标志、定点标志	
警示标志	禁止入内标志	变电所、变压器等
	禁止攀登、践踏标志	假山、草坪

（13）水景的设计除了满足人们的亲水性，还应该考虑安全性要求，无护栏的水体在近岸2.0m的范围内水深不应大于0.5m。可涉入式溪流的水深不应大于0.3m，以防止儿童溺水，同时水底应做防滑处理。

溪流的坡度应根据地形条件及排水要求而定。普通溪流的坡度宜为0.5%，急流处为3%左右，缓流处不超过1%。溪流宽度宜为1～2m，水深一般为0.3～1m，超过0.4m时，应在溪流边设置防护措施（如石栏、木栏、矮墙等）。

儿童游泳池深度为0.6～0.9m为宜，成人游泳池深度为1.2～2m。两者可统一考虑设计，一般将儿童游泳池放在较高的位置，水以阶梯式或斜坡式跌水的形式流入成人游泳池，既保证了安全又可丰富泳池的造型。

（14）木栈道由表面平铺的面板（或密集排列的木条）和木方架空层两部分组成。木面板常用桉木、柚木、冷杉木、松木等木材，其厚度要根据下部木方架空层支撑点的间距而定，一般为3～5cm，板宽一般为10～20cm，板与板之间宜留出3～5mm宽的缝隙，不应采用企口拼接方式。面板不应直接铺在地面上，下部至少要有2cm高的架空层，以避免雨水的浸泡，保持木材底部的干燥通风。设在水面上的架空层其木方的断面厚度要经计算确定。

第二节 设计案例：里仁为美——呼和浩特市学府花园环境景观设计

设计者：白杨

（一）概况

学府花园住宅小区位于呼和浩特市赛罕区，整个工程分三期建设，小区占地面积12hm²，总建筑面积16hm²，2003年全部建成（图10-2-1）。开发商将其取名为“学府花园”是因为小区周围毗邻三所高等院校，以及几个著名的中小学，城市教育文化气息较为集中。在本景观规划设计之前，小区景观建设已经开工，但在建设过程中，开发商发现景观效果不能够体现“学府”之名的内涵，于是大胆废除了之前的景观设计。因此，打造“学府”之名就成了此规划设计的一项重要任务。“里仁为美”是本设计所提出的景观主题，语出《论语·里仁》，意思是居住在仁爱的邻居乡里中才是美好之事。

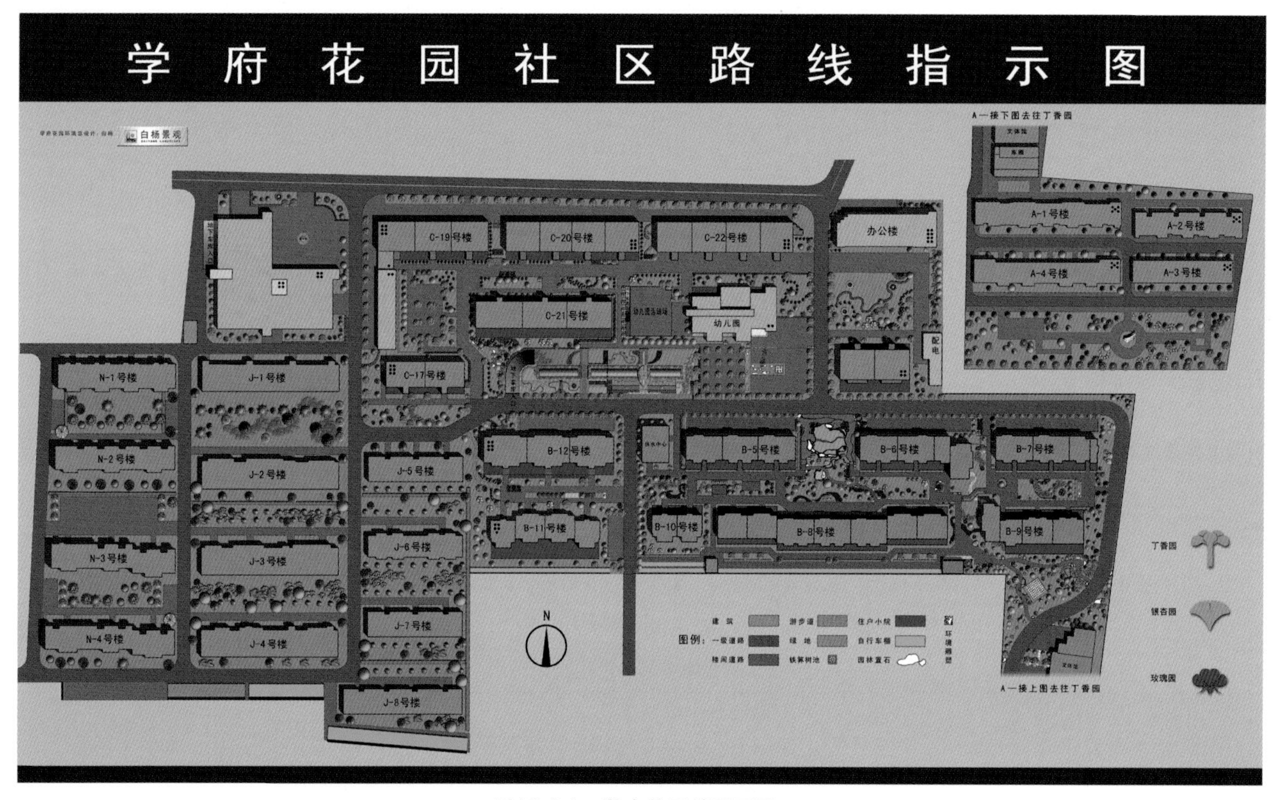

图10-2-1 学府花园总平面图

研究现状以及楼宇空间的环境关系是景观设计首先要做的工作。改造性的设计与全新的设计有所不同，改造设计需要更多地考虑原有环境中的各种关系，从专业技术的角度去发现问题、分析利弊，争取最大程度地利用好原有的各种资源，变废为宝，避免浪费（图10-2-2至图10-2-8）。

图10-2-2 主入口处场地现状

主入口道路所对的区域是小区的重点形象景区，原先这里是几颗石球围合的圆形水池，这种只有形式却没有思想的设计无法体现小区名称的文化内涵。此处最终被设计为学府花园的点题景观“智仁永乐”。几颗石球也重新被安排，使它们各得其所。

图10-2-3　自行车棚现状

原先自行车棚位于楼间，虽然方便居民的日常出行，但是景观效果很差，又不利于安全管理。最终设计将自行车的停放进行集中管理，使它们隐藏在偏僻的角落和幼儿园活动场的地下，以提升楼间的景观品质。

图10-2-4　场地绿化现状

原先的环境景观缺少地形高低变化，道路的分级也不明确

图10-2-5　道路尽头景观现状

照片中是同一条路两端的景象，反映出原先的环境设计没有对景的意识，无力调控行人眼前的景色。最后将这里设计为“逍遥景区”，道路变直为曲，实现步移景异，让围墙在视线中消失，改自行车管理房为“君子情缘”景点。

图10-2-6　场地道路现状

原先的道路设计并不人性，斜路就是行人自发开辟的便道。后来的景观设计将这里改造为一个三角形的硬化广场，在四周植物郁闭的环境里创造出一块开阔的空间。

图10-2-7　场地楼房现状

原先两栋楼之间的道路都是居中设置，这其实并没有认真研究环境的关系，如果注意观察就会发现，楼房一侧是开窗的，而另一侧则无窗。针对这种情况，最终的景观设计将道路都移向了无窗那侧的楼房，使得另一侧有了更多的景观用地。照片中两楼之间的空地最终设计为“入境”景墙。

图10-2-8　置石造景

之前房地产开发商储备了两块房山石，不知道如何安置。设计最终将它们都合理地布置在景观环境之中，一块取名“古龙石”，一块取名“望归石”。

（二）总体规划设计

1. 指导思想与实现手段

（1）建立整体环境空间意识，将楼体、围墙、道路、楼宇中间空地、绿地等景观要素通盘考虑，导入环境空间VI（视觉识别系统）设计理念。在环境VI部分确定了标准色彩识别系统——以深紫红、灰蓝为基本色（楼体主色），以黑色、白色、金色、银色等为辅助色；设计了丁香园、银杏园、玫瑰园三区的标志（图10-2-9），该标志在楼房各单元入口处使用，以方便视觉识别与增强记忆；另外对环境中的公共标牌进行了统一的视觉语言设计，确定了标准字体，强化了对学府花园的形象认同，有助于标准化、正规化物业管理的理念深入人心。

丁香园

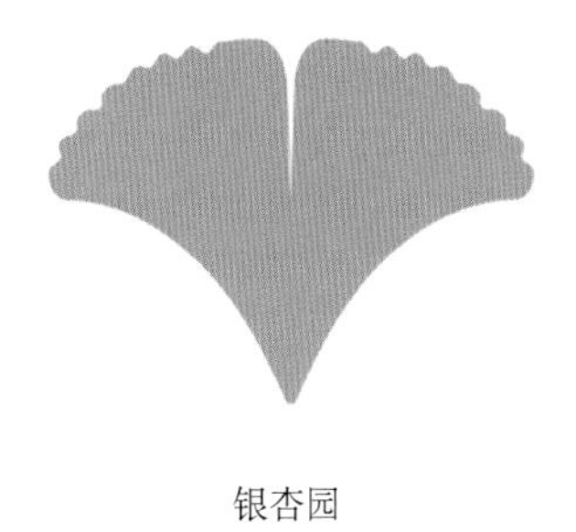

银杏园

玫瑰园

图10-2-9　三区标志设计

（2）对环境空间划分区域分别进行设计，外围空间设计体现开放的思想，向里则注重强调庭院封闭的感觉。环境设计有开有合，流畅自如，形成丰富的空间层次，满足居民更多的心理需求。

（3）绿地环境设计从分析楼宇之间不同的空间性质出发，分别采用列植、群植、孤植等不同的绿化种植形式，作好乔木、灌木、花卉、草坪和地被植物的平面与立面配置设计。在这一思想的指导下，通过分析楼房的开窗、朝向等特征，很多空间采用了不对称的设计形式。例如只从平面维度来研究，两栋楼之间的一条路很可能居中而设，这样道路两边难免采用相同的列植绿化方式；然而从立体维度来看，两侧的楼房性质未必绝对一样，当道路偏向一侧，另一侧就留出了更大的空间，则可采用群植绿化的方式，如此一来，环境的空间效果就会丰富许多。

（4）增加竖向变化，丰富游步道高低起伏的体验感，不同空间环境的硬化铺装图案均各具特点，作好衔接与过渡处的细部设计。为达到理想的视觉效果，铺装所用的彩砖没有直接选用厂家现有的色彩，而是在色彩识别系统的指导下，全部按设计要求让厂家专门加工。

（5）道路设计需考虑对景与景观引导的要求，实现步移景异。

（6）增加人性空间和环境家具的设计，为居民户外游憩提供更多的活动场地。

（7）注入适宜的文化要素，提升环境建设品位，体现出浓郁的书香气息。

（8）作好细节处理，让环境建设少留遗憾。

2. 环境分区　学府花园建设工程分三期进行，分别命名为“丁香园”“银杏园”和“玫瑰园”。

（1）丁香园。作为一期建设工程，出于对楼盘经营的考虑，环境建设不追求奢华，满足基本审美要求即可。此区域通过自然式风格，营造恬静、惬意的人居环境。

（2）银杏园。一期楼盘的抢购一空，让开发商坚定了在二期工程银杏园中花大力气营建良好的环境景观的信心与决心，也对挖掘学府花园之“学府”内涵提出了更高的要求。因此银杏园的总体立意便是体现我国传统文化精神，为学府花园营造书香氛围。银杏园分为三个主要景区——儒雅景区、禅意景区和逍遥景区（图10-2-10、图10-2-11）。

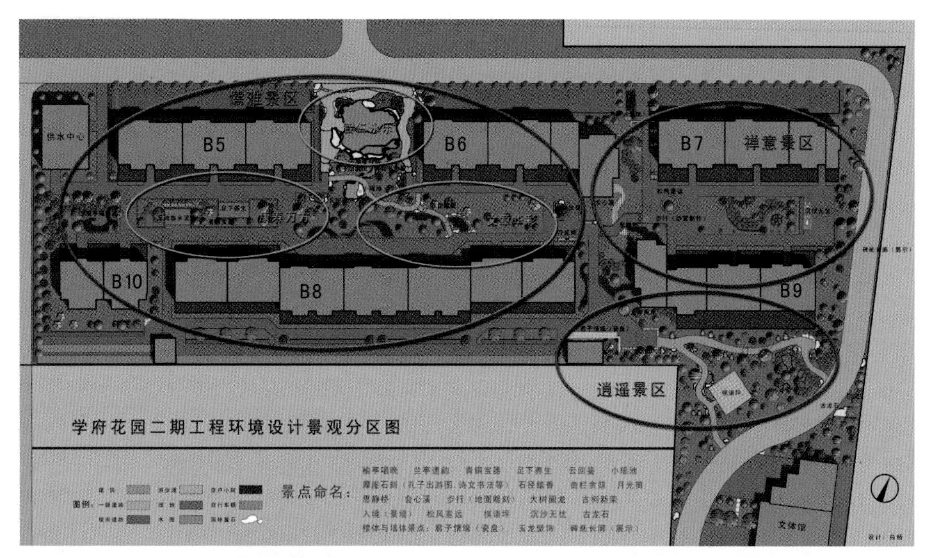

图10-2-10　银杏园平面分区图

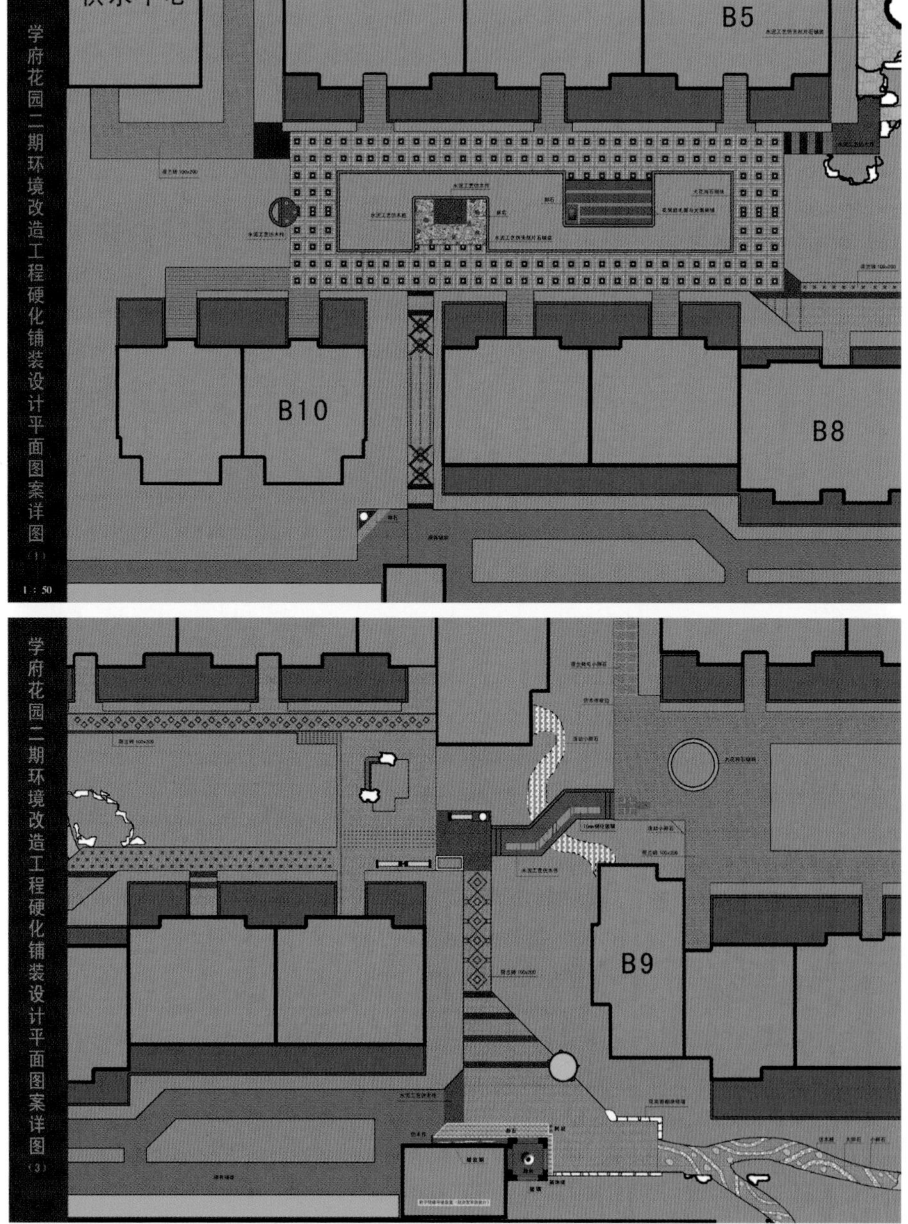

图10-2-11　银杏园局部硬化铺装图案设计平面图

儒雅景区体现我国传统儒家文化精神，主要景点有：“榆亭唱晚”“兰亭遗韵”“足下养生”“智仁永乐”“曲栏贪荫”和“君子情缘”等。

禅意景区体现佛家文化境界，主要景点有：“入境”景墙、“思静桥”“松风意远”和“沉沙无忧”等。

逍遥景区体现我国道家文化逸趣，环境建设追求浑然天成、道法自然之美（图10-2-12），主要景点有：“大树圈龙”“棋语坪”“古龙石”“闲暇一方”等。

图10-2-12 体现道法自然的逍遥景区

需要说明的是：呼和浩特市在此之前并无银杏，开发商大胆引种栽植，目前所植银杏皆已经成活，银杏园也因此名副其实。

（3）玫瑰园。三期工程开发建设的玫瑰园位于学府花园的外围，是进入学府花园的门户。设计指导思想是用现代设计手法创造开放、前卫的环境空间。玫瑰园主要由以下几块较大的景区所组成，分别为：“水晶广场”“路回景区”“双亭景区”“童趣广场”“无极广场”和“华翠广场”（图10-2-13）。

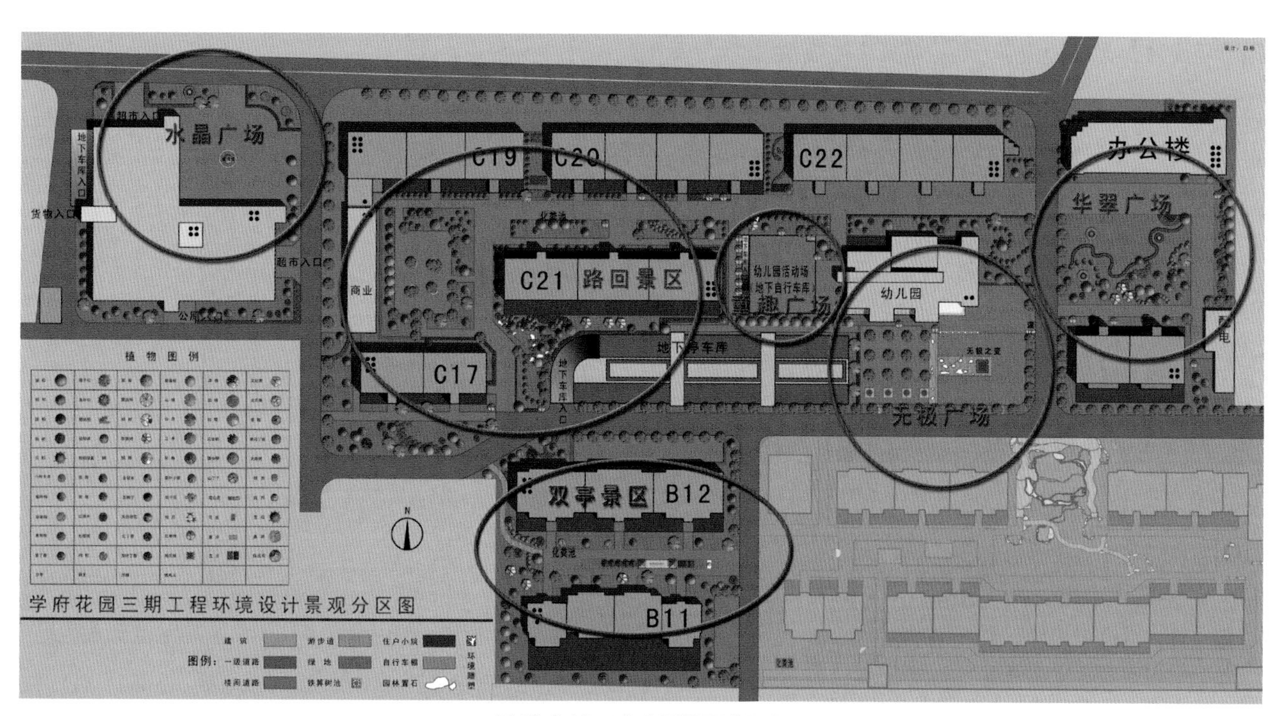

图10-2-13 玫瑰园平面分区图

（三）部分景观景点设计

1.智仁永乐 “智仁永乐”是学府花园入口主干道前方的一处标志性对景景观。景观名语出孔子《论语·雍也》：“智者乐水，仁者乐山。”孔子乃我国伟大的教育家和思想家，又有“山水圣人”之称，以孔子语录扣“学府”主题十分贴切，用山水取意又给景观设计找到了非常重要的造型依托。

“智仁永乐”景区的主体景观是一组三级叠水的假山构筑，由于主干道中轴与此处空间的中心线不在同一直线上，所以山形的设计采用了左低平、右高起的态势，这样的处理弥补了实际景观空间偏斜的不足，给人均衡有序的视觉感受（图10-2-14）。在山前叠水下面是一个较大的水面，水面从深度上又分为靠内的深水区和靠外的浅水区，浅水区水面平静，池底专门设计有种养水生植物的预制槽。山体后方还设计有“小瑶池”和“回云鉴”，“小瑶池”为一块上面有一捧“千年不涸”清水的大石头，小孩不停地舀水，不一会儿水面又回到了原位，其乐无穷；“回云鉴”位于大石头旁，是一潭静水设计，取意“半亩方塘一鉴开，天光云影共徘徊”的诗句，此水看似平静，但不是死水，在其出水口设计有一条蜿蜒的小溪，水流从人造的小石洞中回旋而过，流入前面的大水池（图10-2-15）。

图10-2-14 学府花园主题景观“智仁永乐”

图10-2-15 “回云鉴”与“小瑶池”

“智仁永乐”的水景设计，采用了一泵带三水的方法，首先由泵将水提到假山的最高处形成叠水，第一层叠水平台有暗管与“小瑶池”相连，控制了大石头上的水面；第二层叠水平台也设计有暗管与“回云鉴”相连，形成一定的高差，又不至于使水流产生明显的动荡，保证了静水的效果（图10-2-16）。

图10-2-16　“智仁永乐”景区平面图

2.兰亭遗韵　此处景点设计在B5、B10两楼之间，是一个高出地面一个台阶的游憩平台。平台上设计有仿竹木书简铺地图案，书简上刻有王羲之的《兰亭集序》。全国各地表现流觞曲水景观的做法有很多，但大多离不开水，这里的设计借鉴了日本枯山水的表现手法，水流的意向是通过白水泥嵌卵石平铺在仿石底子上表现的，在每个水湾处都设计有水泥仿木工艺的树桩图案，其中有几个树桩抬高，形成座凳，当今人坐于其上，可以遥想古人“修禊事也”的雅趣（图10-2-17）。

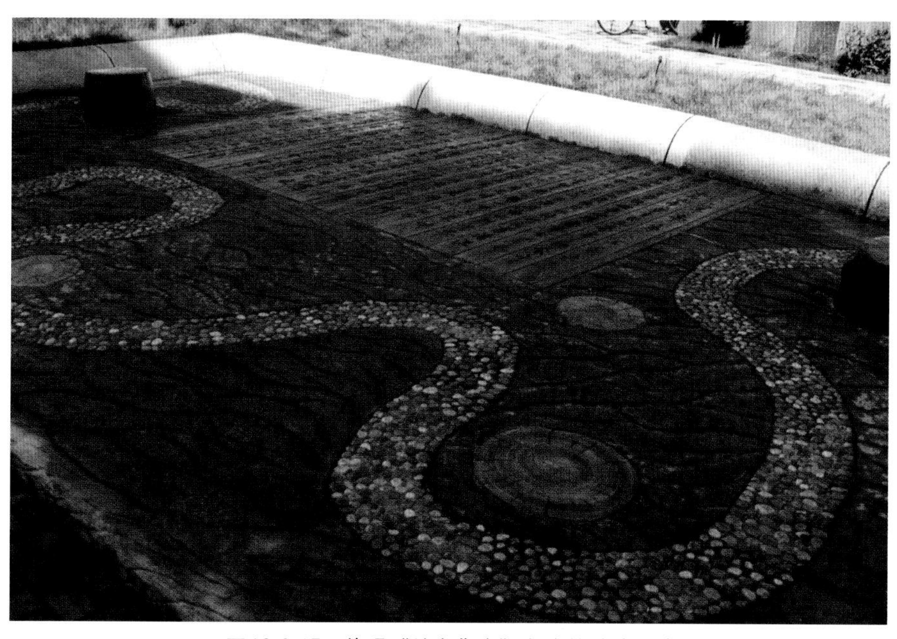

图10-2-17　体现《兰亭集序》意境的铺地设计

3. 君子情缘 在B8、B9两楼之间有一块较宽阔的空间，在设计之前此处曾有一条南北向的直路，然而行人并不愿意走直角，而是选择抄近路，人走多了便形成了一条斜路。为了更好地满足人性化的要求，将这里设计为一块三角形的小型硬化广场，将原有的直路重新调整，使其远离开窗的楼房，这样开窗楼前的空间一下子开阔起来，取得了很好的艺术效果（图10-2-11）。小广场南边，即直路的对面是一间自行车棚的管理门房，"君子情缘"景点便是用现代装置设计手法对门房进行的艺术处理。门房的墙面用白水泥镶嵌卵石平铺在仿石底子上做成，将螺纹钢焊成的网状物悬于距离墙面10cm之处，网上挂有直径为1.4m的四个大瓷盘。门房左侧用钢网骨架抹灰工艺做了一个仿石框架结构，框架为开放式，上面是仿木工艺的"井"字形梁格，在框架的四个立面中，有两个远离视线的立面嵌有大型落地玻璃，框架下面的平台上摆放有一个高度超过2m的玉壶春瓷瓶，瓷瓶在两块背景玻璃的衬托下显得流光溢彩，与右边的四个大瓷盘交相辉映，创造出一处很有新意的景致。四个大瓷盘上面分别绘有梅、兰、竹、菊的写意花鸟画，"君子情缘"也由此得名（图10-2-18）。

图10-2-18 体现梅兰竹菊"四君子"主题的装置艺术设计

4. "入境"景墙 B7、B9两楼之间是禅意景区，为了更好地表现庭院空间的禅宗意境，在两楼之间设计了一道折线景墙，为使景墙与两边楼体浑然天成，设计在细部上下了一番功夫——景墙色彩与楼体色彩相同，墙头亦仿照楼顶双坡起脊的形式，只是选用了一种尺度更为合适的薄片瓦；景墙两端与楼体衔接处也做了精心设计，楼房的花岗岩勒脚有60cm高，如果把它直接顺延到景墙上，就会使景墙的立面比例不协调，为了解决这一问题，在景墙两端设计了仿花岗岩垒石的过渡带，在过渡带内则将勒脚降低到合适的高度；两端的垒石处理又有所不同，其中一端在墙檐之下，另一端却高过墙头，高出的这端正好将楼房外的雨水管遮挡，满足了视觉审美的要求。

这道景墙的设计除起到营造区域环境空间的作用之外，还具有框景、障景的功能，景墙两边的硬化设计并不相同，墙内为与门洞正对的步道，墙外却是更宽的小广场，之所以这样处理，是为了在门外广场上形成一个精准的墙上景窗框景——此框景将近景的

“思静桥”与远景“君子情缘”有效地收入画面，同时利用窗洞上面的一段墙体对小区外不太美观的其他建筑的天际线进行了障景，这样便使框景中的画面更为理想（图10-2-19、图10-2-20）。

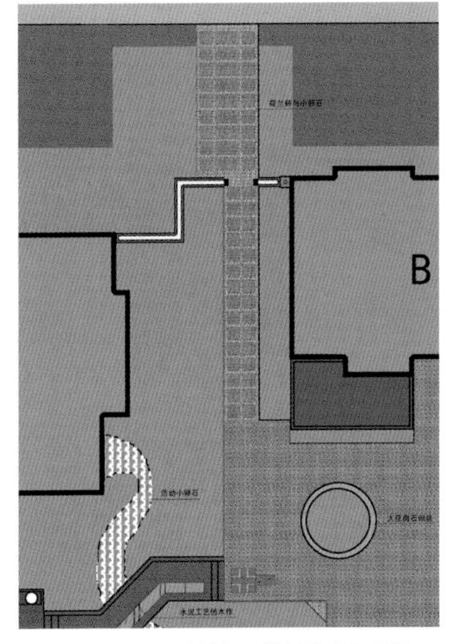

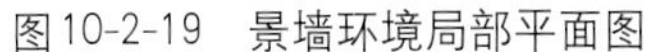

图10-2-19 景墙环境局部平面图

图10-2-20 “入境”景墙

5. 思静桥 楼房B6、B7、B8、B9之间相互错位，道路连接非常困难，设计时突发灵感，在这里的草地上设计了一座三曲桥，作为从儒雅景区到禅意景区的过渡。曲桥采用仿木工艺做成，两边设计为坡道形式方便车辆通过（主要为垃圾车），曲桥的设置还对空间朝向作出定位，其北侧有座凳式栏杆，方便居民在此停留观景（图10-2-21）。

图10-2-21 在“思静桥”处可见“神兽台”和“松风意远”景观

6. **沉沙无忧** “沉沙无忧”是禅意景区东侧入口的对景，其采用枯山水的设计手法，在稍微下沉的池中放满了豆绿色、米黄色和白色的小粒水刷石，其上散置几块单独的大石头，水刷石形成的色带与大石头摆放位置的相互变化可形成丰富的构图画面，由此构成了此处景点（图10-2-22）。

图10-2-22 “沉沙无忧”景观

7. **大树圈龙** “君子情缘”前设计有一块三角形广场，其斜线边正好与原场地已有的一棵大龙爪槐冲突，为解决这一矛盾，围绕龙爪槐设计了一个雕塑般的大圆圈花池，在有效保护龙爪槐的同时，“大树圈龙”的景点也就诞生了（图10-2-23、图10-2-24）。“大树”概念的提出还有更深的寓意——这里便是进入逍遥景区的前奏，这一寓意出自《庄子·逍遥游》：“今子有大树，患其无用，何不树之于无何有之乡，广莫之野，彷徨乎无为其侧，逍遥乎寝卧其下。不夭斤斧，物无害者，无所可用，安所困若哉？”

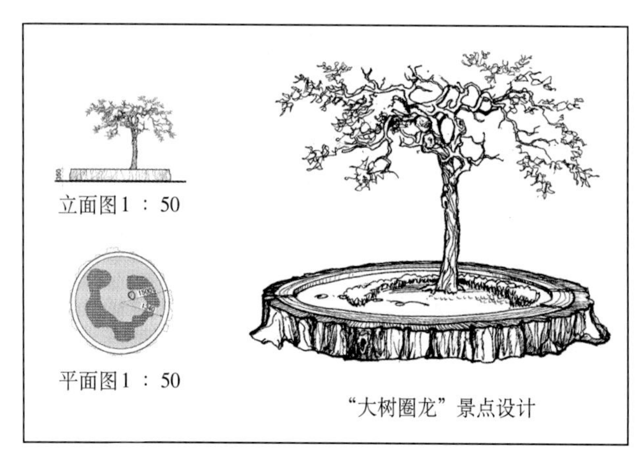

图10-2-23 “大树圈龙”景观设计施工图

图10-2-24 “大树圈龙”景观

8.双亭景区　双亭景区位于B11、B12楼房之间，这里楼体间的空间设计与二期环境有所不同——硬化道路远离单元门口，集中到了楼体中间，这样便形成了比较宽阔的硬化空间，体现出三期环境设计的指导思想。为使大面积的硬化场地不显得死板，在靠近其中轴线的位置增加了一条双亭景观带，亭子用金属与玻璃做成，形式上极具现代感（图10-2-25、图10-2-26）。

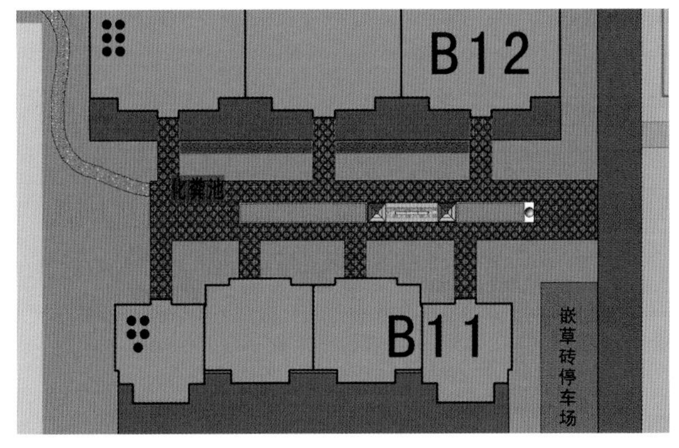

图10-2-25　双亭景区平面图

图10-2-26　双亭景观

9.半地下停车场　半地下停车场是三期建设的重点工程，由于停车场高出地面，呈长条形，东西长度超过100m，其对环境景观设计形成了很大的挑战。为打破长条单调的感觉，设计对空间区域采取了分段处理的做法，将停车场西段的南北通道设计成一个名为“书光廊”的金属廊架；停车场东段的上方则设计成一个名为“雨虹”的水景广场。将停车场上方的采光板用仿石花池围合，在保证安全的同时又美化了环境，整体工程完工后，这里已很难看出是一个半地下的停车场了（图10-2-27至图10-2-29）。

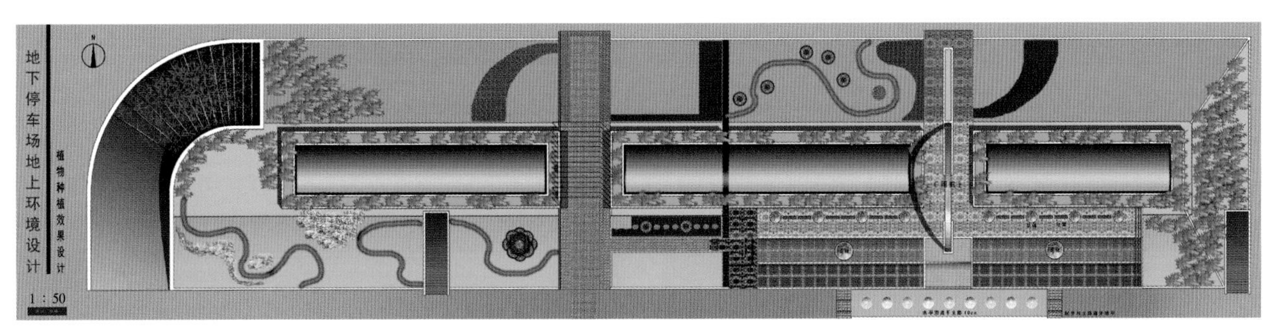

图10-2-27　半地下停车场上面环境景观设计平面图

图10-2-28　半地下停车场上面环境景观设计效果图

图10-2-29　半地下停车场上面环境景观

10. **无极广场** “无极广场”是小区内面积最大的硬化广场，为了取得丰富的艺术效果，广场在竖向、材质、软硬景观的设置上做了许多变化。广场用地呈长方形，在其南北轴线上设计了一条超过2m宽的阶梯地台，将广场分割成东西两块场地。东边的广场用花岗岩火烧板嵌方格亮线铺装，在其中部设计了一个下沉式空间，下沉池中满铺卵石，卵石之上再散置大山石，山石表面镌刻有阴山岩画的图案，其构图与下沉池东侧的一个名为“无极之变”的硬质雕塑盒相协调。“无极之变”利用镜面反射的原理创造出无限深远的影像，它的外围材质采用玫瑰花岗岩抛光板，内部用玻璃、镜子等材料制作，里边藏灯，夜晚可呈现水晶般的光影效果。西边的广场用青色与褐色两种毛面铁锈石铺装，设有阵列排布的树池，树池上覆盖有铁箅子，其与四周硬化连为一体。值得一提的是，在“无极广场”东北角台阶与旁边绿地的交汇处设计有一座很有新意的雕塑，雕塑取名“邃”，由不锈钢和玻璃制成，这里的玻璃由外向内一块紧贴一块，重达6t，其上有连续变化的图案，图案由外向里形成深邃的渐变，每层图案组成的各种形体悬浮于空中，夜晚在灯光的照射下，其景色更加奇妙（图10-2-30至图10-2-33）。

图10-2-30 “无极广场”设计效果图

图10-2-31 环境雕塑“邃”设计效果图

图10-2-32 “无极之变”硬质景观

图10-2-33 小区东入口人行步道处景观

（四）总结

任何景观设计都具有时代的特征，很多材料与形式也会随着流行的变化而改变，但是人类对美好生活的追求却是永恒的主题。“以人为本”不应该只是口号，更需要通过具体的设计去体现。研究人的各种活动，以及人对物质环境与精神的需求，是开展设计的原动力与指挥棒，有了这些客观的要求和依据，景观设计就不是妄想的活动，而是“天道”使然。

在景观环境的各种要素中，硬质景观往往会随着时代的变迁而渐渐落伍，廉价的材料与粗糙的工艺也很难经得起时间的考验，学府花园的景观用到了水泥仿石、仿木的工艺，如今看来，当时新颖的景观设计难以抵抗风霜雨雪的侵袭，有些已经破败了。实践经验告诉我们，真材实料永远应该是工程建设的基本要求，只有坚持这个原则，工程建设才能在岁月的洗礼中焕发光彩。让人欣慰的是：环境景观中还有植物，它们是有生命的东西，当硬质景观变得陈旧破损的时候，环境中的树木却越长越好。以下是学府花园建成10年后的景观照片（图10-2-34至图10-2-41）。

图10-2-34　“回云鉴”与“小瑶池”景观

图10-2-35　三角形广场

图10-2-36　“曲栏贪荫”景观

图10-2-37　“思静桥”景观

图10-2-38 “君子情缘”景观

图10-2-39 逍遥景区入口处景观

图10-2-40 楼间道路景观1

图10-2-41 楼间道路景观2

第十一章
CHAPTER 11
企业园区环境景观设计

第一节　企业园区环境景观设计概论

一、工业的繁荣与生态环境

在人类文明发展的漫长历史长河中，自然界物质和能量的交换贯穿于整个人类的生产与生活活动中，人类活动不断地影响着、改变着周边的自然环境。特别是18世纪后工业革命的不断推进，人类逐步建立了庞大的社会经济系统，工业化发展最直接的结果就是大批企业逐渐建立起来。

在18世纪中叶工业革命的影响下，企业得到了迅猛长足的发展，其发展大致经历了三个阶段：从最初的小规模作坊形成——简单的生产阶段；到手工企业形成——生产规模扩大、出现技术分工；再到具有一定规模的企业形成——具有资本主义性质的生产组织形式。这三个阶段企业的发展在给城市带来了广泛的就业机会和社会财富的增长的同时，对环境的破坏也达到了前所未有的程度，美国著名的学者刘易斯·芒福德（Lewis Mumford）曾在其著作《城市发展史》一书中将这一时期的城市形象地描述为“焦炭城”，因为当时城市的主要组成部分为工业企业、铁路和贫民窟。当时的城市管理者从未对城市建设进行统一规划，也未考虑城市的功能分区，也不要求企业集中建设在某一特定的地区，企业之间“自由竞争”的选址结果通常在靠近河流或铁路线等交通运输便利的地区，那些污染严重、噪声大的企业也没有远离居民住地或者专门对其隔离。

这一时期，凡是在以工业为主导的城市里，居住生活、商业活动和企业生产三者混合在一起。追求利益的最大化主宰着管理者的思想，再加上当时工业技术水平有限及人们对环境认知的不足，造成整个城市环境的巨大破坏。这种情况在随后的第二次工业革命后仍未改变，因为当时以能源原材料开采、加工制造为主导的工业结构过度依赖自然资源，虽然人们已经开始将企业纳入管理范畴，但环境的破坏仍然没有引起足够的重视。

第二次世界大战以后，全球进入相对平稳的发展时期，此时美国、英国等发达国家已经逐渐认识到大规模的工业化虽然促使经济快速增长，但也带来了一系列的环境问题："三废"的过量排放和超标排放使大气、水体、土壤污染严重，噪声污染、辐射危害、化学品泄漏等问题日益突出，由此引发了区域性的水土流失、土地荒漠化、生物多样性丧失、生态破坏等现象，而且还造成酸雨、气候变暖、臭氧层出现漏洞等全球性的一系列环境问题，严重损害了人们的身体健康和破坏了生存环境。全球关于可持续发展、保护我们赖以生存的自然环境的呼声日益高涨，人们的环境意识越来越强，各个国家通过制定严格的环保法律法规，促使每一个企业必须将生产与环保有机结合起来。

20世纪90年代以后，探索工业经济发展与生态环境保护相协调的可持续发展的现代工业新模式，是各国政府、环境保护界和工业界共同面临的迫切任务。1991年世界工业环境管理大会审议了《工业持续发展宪章》，同年，联合国工业与发展组织(United Nations Industrial Development Organization)在"生态可持续性工业发展"的构想中，明确指出"生态可持续性工业发展"就是"在不损害基本生态进程的前提下，促进工业在长时间内给社会和经济效益做出贡献的工业化模式"，把生态发展的要求作为工业发展模式的基本内容，并将"生态可持续性工业发展"作为一种对环境无害或生态系统可以长期承受的工业发展模式。该组织还在丹麦哥本哈根召开了生态可承受的工业发展部长级会议，讨论了工业应当采取的发展模式和达到"生态可承受的工业发展"应所采取的行动与措施，从而大大推动了工业生态化运动的发展。

时至今日，世界各国对环境的重视上升到了前所未有的高度，"节能减排""减少温室气体排放""低碳经济"成为世界各国制定经济政策所需要思考的首要问题。于2009年12月7日至18日在丹麦首都哥本哈根召开的哥本哈根联合国气候变化大会上，工业化国家碳排放成为世界各国关注的焦点，与会的192个国家的环境部长和其他官员们在此共同商讨《京都议定书》一期承诺到期后的后续方案，就未来应对气候变化的全球行动签署了新的协议。这是继《京都议定书》后又一具有划时代意义的全球气候协议书，毫无疑问，对地球今后的生态环境、气候变化走向产生着决定性的影响。这是一次被喻为"拯救人类的最后一次机会"的会议。2010年上海世界博览会（Expo 2010）确立了"城市，让生活更美好"的主题，并提出了三大和谐的中心理念，即"人与人的和谐，人与自然的和谐，历史与未来的和谐"。而其中人与自然的和谐，表现为"人""城市""自然"三者共存。

可以预见，绿色企业将引领世界各国企业建设的潮流，环保产业是实现经济可持续发展的新引擎，绿色、生态和环保的企业环境规划将逐渐成为各大企业的建设重点。

自我国实行经济改革以来，我们从一个欠发达的国家跃升至世界几大经济体前列，同时也从孤立状态转变为与世界众多国家建立外交关系，中国的崛起已成为近年来全球最重要的事件之一。时至今日，我国企业无论在数量上还是规模上都在日益壮大，一些自主品牌企业更是取得了前所未有的业绩和发展，很多企业由原来的单一产业向集团化、多元化、国际化的综合型企业发展。

出于历史的原因，在我国民营经济得到充分发展之前，绝大多数的企业属于国有企业，一直以来重视生产，忽视对企业环境的保护和建设，如今越来越多的企业已经逐渐认识到企业环境景观建设的重要性(图11-1-1)。

图11-1-1　某工业园区内环境景观的营造

对环境景观进行准确定位是企业园区景观设计首先需要解决的问题，这里的景观设计和环境的内容应该体现出与其他场所不同的特点。若能在企业规划阶段，即通过景观设计的提前介入，对企业所在区域整体的环境进行合理的规划，就能使企业的环境景观与

功能要求相协调，最终实现企业的文化效益、经济效益、环境效益和社会效益的相统一。为此，企业景观设计也需要汲取中外景观设计的优点，并综合运用规划学、园林学、景观生态学、心理学、环境行为学、景观游憩学等多学科原理。

二、企业景观的构成与特点

企业景观的概念可以概括为：在企业建设范围内，内部生产办公环境与外部相邻部分（如企业主次入口、围墙周边等）所包含的生态环境。高品质企业景观具有与企业文化相符合的审美形象，它是包含一定观赏游憩功能、文化体验功能和对外交流功能的多元化空间。

企业景观设计的主要内容就是对企业整体环境各个构成因素的营造，包括生态环境与景观审美形象的塑造，以及对外交流空间、文化体验空间和一定的观赏游憩空间的创造等。

（一）企业景观的构成

1. 企业文化　企业文化是企业的精神提炼，是企业景观的无形构成，有形的景观只有在无形精神的作用下才能得到提升。企业文化对外具有展示企业形象的作用，对内能提高职工的凝聚力和增进职工的自豪感。而企业景观环境可以赋予企业更多、更深的人文内涵和个性化特色。

2. 建筑、构筑物　企业建筑是企业中各种生产性建筑物、生活性建筑物、办公（行政）管理性建筑物、交通运输性建筑物、能源性建筑物、储存性建筑物等的总称。此外，企业中纵横错杂、数量种类繁多的管道线路，给企业的景观营造带来了很多的不便，然而这往往也成为企业景观的一大特色。在现代的企业建筑艺术中，管线可以体现企业的工业特征，对景观空间有加强线性三维构成艺术效果的作用，对景点分散的景观带则起着加强连接和相互联系的作用，还可作为分割空间的隔断物。经过艺术处理的很多其他构筑物如混凝土柱架、金属柱架可形成门洞框景，起到分割空间的作用。

3. 道路　在满足企业生产要求、保证企业内交通运输的畅通和安全的同时，企业道路是企业景观不可或缺的一个重要构成部分。企业道路尽头的对景与两侧景观的设计，可以组织整个企业的景观和展示企业形象。

4. 地形　地形地貌在景观空间设计中有很重要的意义，地形的设计直接影响着众多的景观因素，这些因素包括植物、铺装、水体和建筑等，它们的设置都在某种程度上依赖地形。由于企业用地条件的特殊性，企业中常常具有一定高差的场地或者不规则的地形地貌，可以利用这些条件营造景观。

5. 植物　植物是所有景观营造中最重要的构景元素，可以说一个企业景观生态功能的发挥，主要依靠其绿色植物种群的生态特性。多样性植物的美学特性是提升与丰富企业景观效果的重要途径。

6. 小品等硬质景观　在提升企业景观风貌、丰富企业文化内涵的过程中，景观小品等硬质景观起着画龙点睛的作用。一方面可以将企业精神融入景观小品等中来体现企业的文化，另一方面可以应用企业的特色原料或产品制作小品来体现企业特色，如轮胎制造企业可以利用废弃的轮胎、汽车厂可利用废弃的汽车部件等富有企业特色的原料来塑造景观（图11-1-2）。

图11-1-2　上海红坊创意园区中用工业零件制作的雕塑

（二）企业景观的特点

通过对企业景观概念的界定、对企业用地类型和特殊性进行的研究和企业景观发展状况的分析，企业景观建设主要有以下三大特点：

1. 生态防护性　企业的景观环境是企业生产的大环境，植物景观能为企业提供高质量的空气，洁净的水体，合理的植物配置可为企业提供一定的避灾与防火功能，也为企业周边环境的水土资源保持等起到重要的生态防护作用，生态防护性是绿色景观最基本的特点。

2. 工业审美性　企业景观的审美特点主要是通过其外在形象来体现的，随着绿色企业环境形象的建设和人们审美意识的不断加强，审美性的特点将进一步突出。工业企业主要突出其工业美学和机械美学的特色。与自然风景区的天然生态环境相比，企业内部景观有很多人工的痕迹；与其他景观环境，如庭院景观的小尺度精致设计相比，企业景观更注重较大尺度的整体效果。

3. 闲暇游憩性　企业良好的环境景观可以为在企业工作和生活的人们提供适当闲暇游憩的场所，为外来参观者提供游览的环境。

（三）企业景观营造的地位和作用

企业景观营造在整个企业建设中的地位是极其重要的，其作用是显而易见的。主要体现在以下三个方面：

1. 为企业提供一定的生态防护功能　企业景观除了一般绿化景观所具有的生态作用和防护功能以外，还应满足企业生产环境的特殊功能要求。如针对企业在生产过程中产生的各种有害气体和噪声，利用恰当的景观植物可以起到吸收有害气体、阻隔和减弱噪声、杀灭细菌等作用；根系发达的植物对稳定和加固土壤有良好的作用，可避免水土流失。此外，植物群落还具有改善环境小气候、调节温湿度、阻滞粉尘、监测污染、防火等功能，对恢复自然环境、保持生态平衡、减轻工业有害物质对环境的危害等都有很好的作用。经过科学设计的企业绿地系统可以有效地改善企业环境，保证企业内职工的作业安全和维护员工的身心健康；同时也可降低企业生产对附近居民所造成的不良影响；还能够阻挡外来物质污染办公或车间环境。

当企业遭到如地震、火灾等突发灾害时，企业中的景观绿地可以为职工提供紧急疏散、防火避灾的场所。由于绿地空间的存在，降低了建筑密度，因而也就降低了灾害的破坏程度。

此外，某些植物的枝叶不易燃烧，例如珊瑚树即使枝叶全部烤焦也不会产生火焰，由这类树种组成的绿化带，可以有效地阻隔火势的蔓延，避免火花飞散。具有防火作用的树种还有海桐、山茶、大叶黄杨、夹竹桃等。因此，利用阻燃树种进行工矿企业绿化，是一举两得的好方法。

2. 塑造企业文化与社会形象作用　企业环境景观品质的高低是一个企业管理水平、经营水平高低和员工精神风貌好坏的侧面反映。高品质、富有内涵的企业景观可以提升消费者对企业的信任度，反映企业的经济实力与文化品位，为企业树立良好的社会形象，对于引进外资、吸引人才能够起到积极的作用。良好的工作与生活的环境还可以增加企业员工的凝聚力，让他们心情愉快、充满干劲，尤其是体现企业文化的景观，能够让他们拥有主人翁的自豪感。在开展工业旅游的时候，园区的景观就是展示企业形象的最好媒体，直观上起到宣传企业的作用，对增强企业的社会影响力，提高企业的知名度都会有所帮助。

3. 景观游憩作用　企业园区的景观环境还具有休闲游憩的作用，为紧张忙碌工作的人们提供一个户外的游憩体验空间。研究表明，自然的景观元素——阳光、水、绿色植物、岩石等，可以使人们平静放松、心情舒畅，同时景观环境中高含量的负氧离子起到了快速消除疲劳的作用。"以人为本"的景观设计就是要从研究人的行为活动出发，让工作与生活在其中的人的行为活动更加高效便捷；与此同时，让环境景观更加优美宜人。

三、企业环境景观的设计方法

（一）企业景观设计要素的提炼

1. 符合企业特点、满足生产要求的要素　企业之首要任务是生产，通常来说，工业生产流程的组织会让企业园区内适合造景的用地很零碎，且常有很多管线布设于地上、地下。这些生产设施虽然很不雅观，但它们也是环境的必要组成，因此，园区的景观设计

就应当以此为前提，保证生产的安全，使地上、地下管道、线路及交通系统畅通，不能影响生产厂房的采光及防火间距等。

企业环境景观风格的定位要与企业的特点相协调，设计要灵活运用传统造园中“巧于因借，精在体宜”的思想（图11-1-3），这里的因借之物不再是青山秀水，很有可能就是工业的高炉与厂房，我们要在这样的环境中发现“美”，这个“美”就是工业之美（图11-1-4）。

图11-1-3　首钢集团环境景观设计

曾经位于北京石景山区的首钢集团的环境景观设计没有跳出“传统园林理想”的禁锢，在工厂的环境中设计了体现皇家园林特点的亭台楼阁，这样生硬地拼接，使得代表不同文化背景的景观形式产生了强烈的冲突，结果传统园林高雅的美感荡然无存，现代工业的景观也变得不伦不类。

图11-1-4　德国鲁尔区博物馆

德国鲁尔区博物馆（Ruhrland Museum）坐落于埃森（Essen）市，以前是煤炭生产工厂，后经过改造成为博物馆，环境景观设计对工业审美元素进行了发掘，找到了准确的风格定位。

对于同时包含办公、生产、员工住宿等多个功能区域的企业园区，其景观规划设计需要考虑不同分区、不同生产环节的环境特点，以人的特定活动需求来定位景观功能，从而明确景观设计的环境内容与形式风格。

2. 符合人性化的设计定位与空间塑造的要素　企业景观的一个重要功能是在高强度、快节奏、长时间的工作之余，为员工提供人性化的休憩空间，能让身处其中的人感到自由、舒适、愉悦、安全和充满活力。企业景观空间的塑造，需要围绕员工的心理和行为特点，以改善员工的视觉环境和工作环境、缓解疲劳、促进员工之间的交流、提升工作效率为目的。

3. 可持续发展的景观生态设计要素　经济发展与城市扩张使得越来越多城市的周边绿地被侵蚀，企业的景观建设，特别是大型企业的景观建设，对整个城市的环境改善有着举足轻重的作用。企业的景观设计应尽量维持项目所属建设地块的生态平衡、保护生物多样性。因此，在企业景观规划设计之初要根据企业性质的不同，充分了解其工业流程，掌握其用地和污染情况。通过科学合理的空间布局和基于适地适树原则的树种选择，可以使有限的景观资源发挥最大的生态效益，从而改善企业的生态环境。运用景观生态学的原理，建设多层次、多结构、多功能、科学的植物群落，优化企业景观结构，建立生态完善的企业绿地系统，提升企业对自身环境的净化和对外环境影响的抵御能力，减少工业污染，保证大气、水系、土壤洁净，实现企业的生态目标和可持续发展。

4. 整体协调、细节多样的景观视觉效果要素　整体协调要求对企业景观环境从整体进行把握，处理好内部空间与外围环境的协调统一的关系。这种统一不仅体现在形式上，还包括功能上的统一。而细节多样的视觉景观效果体现在根据企业不同的建筑属性和功能空间属性来营造不同的景观，这样的景观设计就如同“环境的医生”去诊断企业环境景观的问题，环境的问题可能来自方方面面，需要对每一个细部从美观与生态的角度进行审视，只有发现了景观的问题，才有可能“对症下药”（图11-1-5）。

图11-1-5　某企业园区环境景观设计建议书（设计：白杨）

5. **蕴涵文化**　体现特色的要素　只有蕴涵文化的景观才是具有生命力和独一无二的。无论是企业所在地的地域文化，还是企业自身的企业文化，它们都是长期积累的产物，是能够作用于人们心灵的东西，是景观形式背后的“精神”。在企业景观设计过程中，应当充分挖掘和利用企业的文化资源，以及地理、地质条件和物质资源，从而突出企业的景观特色，提升企业的文化内涵，让景观去展示企业形象。

（二）设计构思与功能定位

景观设计首先要充分了解项目概况，认识建设场地特征，结合场地特征分析企业生产与工作流程，进行合理规划。选择舒缓的平地建设厂房、实验室等，减少建设工程量，选择有一定地形地貌的区域营造景观，并结合企业总体规划合理设置路网，划分厂前区、生产区、生活区等功能分区。

在专业研究分析的基础上确定造景方案，例如确定如何借景与障景、与周边环境的协调与衔接、园区内部各种形式的秩序控制，研究地形地势、道路走向等。总之，正确的设计立意需要根据场地环境和企业原始景物特点来确立，其中应该始终贯穿“系统”的思想，企业场所往往因为强调基本的生产与工作功能，对景观环境疏于规划，而使环境的视觉形象杂乱无章，其生产与工作流程也可能存在交叉现象，这些都是景观设计需要通过完善各种环境系统去解决的问题（图11-1-6、图11-1-7）。

图11-1-6 某企业园区环境景观设计建议书中针对标牌系统提出的建议（设计：白杨）

图11-1-7 某企业园区环境景观设计建议书中针对建筑系统提出的建议（设计：白杨）

四、企业特色景观空间的塑造

（一）企业边界景观

企业的边界界定了企业的用地范围，具有隔离污染，阻隔视线、灰尘，减弱噪声等生态功能。边界景观可隔离企业外围嘈杂的环境，改善企业内部区域工作环境，边界景观又是企业与外界景观交流的媒介，可以为企业塑造良好的外部形象。企业边界景观设计要与企业的社会定位相协调统一，要与周边环境形成一个和谐的有机整体。企业边界景观的构成元素多为栏杆、围墙、防护隔离林、小品等，设计时通过这些元素的合理组织，并结合地形变化，从而形成植物种群多样、层次丰富、色彩多变的半开放的生态边界绿地，既营造出美丽的景观与独特的园林意境，增强企业外部形象的展示作用，又减少了外界对企业内部环境的干扰。在核心景观区域采用外低内高的植物种植设计方式，以加强企业核心景观区域与周边景观的交融。在一般景观区域或涉密区域，采用内低外高的植物配置方式，以阻挡外部视线。同时，可以通过企业标志性构筑物如旗杆、雕塑等的布置，或者采用高低错落的种植设计，打破景观天际线平直、单调的乏味感，使园区景观能够与周边大的背景环境相得益彰。

（二）企业不同区域景观设计

1. 厂前区景观　企业厂前区景观设计范围包括企业主入口、企业行政办公与生活辅助设施建筑外环境以及厂前区与生产区之间的过渡地段等。厂前区是企业整体景观环境的核心和视线焦点区域，是企业所有内部人员及外来人员集散之地，同时也是企业整个空间序列的开始，更是企业形象的重要室外展示空间。其景观特点与其他景观空间有很大的不同，企业厂前区一般受生产工艺流程的限制较小，离污染源较远，受污染的程度比较低，空间集中，景观营造条件相对优越。由于厂前区特殊的地理位置和使用性质，因此对其进行景观设计的要求也很高。企业厂前区景观设计应体现以下要点：

①与企业周边的整体环境融为一体。

②体现企业社会形象，注重企业景观环境的多元化与特色景观的营造。

③让人有亲切之感，具有园林意境，使人愿意停留接近。

④视距合理，有一定的景观廊道。

⑤能提供行人、车辆集散的场地和布置相应的设施，能对交通进行疏导。

在此设计的基础上，体现现代环境景观的时代风貌，或者具有传统园林的清静幽雅，营造特色鲜明、大气包容的厂前区环境，使之成为代表企业生产性质的名片与展示企业精神风貌的窗口。

2. 生产区景观　生产区是指企业从事各项生产经营活动的主要场所，主要包含企业厂房、仓库等生产建筑，是企业员工生产和工作的核心区域，也是工作人员较多、较为集中的地方。此处景观设计的重点首先是需要符合工作与生产的流程，空间布置能够将各种人员的活动进行有序组织；其次景观设计还应该提升员工的工作环境品质、抑制并减弱噪声、净化空气、减轻和消除车间污染物对周边环境的影响。

企业在生产的过程中，可能会释放出一定的污染物，再加上造景条件差、绿化用地分割零碎、地上地下管线纵横等因素，因而企业生产区的景观设计是整个企业景观设计的重点和难点。对生产区进行景观设计时必须调查了解企业的工作特点和工作环境对景观的要求，在空间布局满足基本工作要求的前提下，重点提升景观水平和档次。由于受到生产区用地性质和周围环境的限制，景观营造的重点一般集中在厂房周边的绿地设计上，植物配置以草坪为主，种植抗污染、生命力强的乡土树种，植物搭配层次清晰、形式简洁。条件允许的话，可适当布置一些景观小品。生产区环境景观表现形式不宜喧宾夺主，应该简洁明快。

3. 生活区景观　企业生活区景观设计的目的是为职工提供一个休憩、交流、满足生活所需的空间环境，使员工在紧张的工作之余，能有一个快速消除疲劳，并且可以丰富业余生活、恢复体力的休闲环境。生活区景观的设计要有体现以上要求的环境内容，例如有体育运动设施、晾衣场、停车场、自行车棚、传达室、小卖部等。重点设计区域一般包括宿舍楼前景观绿地、内庭景观、食堂周边的景观等。生活区景观营造往往以美观、富有生活气息的绿地景观为主，绿化布局形式也灵活多样，景观设计可在此一显身手。

五、企业园区景观构成要素的特殊要求

（一）道路景观

在企业景观环境中，道路设计需要满足交通、物流、疏散等功能，有时候是企业开展工作活动的重要组织场所，因此，景观设计需要在研究企业的工作流程，进而分析人、车的运动流线的基础上，提出合理的道路布置，然后才对道路周边的景观进行设计。

大型企业园区内的人流高峰往往集中在上下班时间，此时人群按一定的顺序集结、流动、疏散，呈现出一种显而易见的时序性，此时也是企业员工对企业户外空间环境接触时间最长、感受最深的时刻。因而，园区道路景观设计需要符合这种阶段性的功能要求，道路需要具有足够的宽度，景观空间的设计要体现出序列感，符合人的生理与心理节奏。可以将特色景点组织进这一景观序列中，让停留场地与观景空间的设置符合序列中人流活动的节奏。

（二）景观小品

企业景观小品要根据企业工业特点和员工心理诉求进行创意设计。好的景观小品会让企业景观环境更加富有趣味，更加引人入胜，有利于提升员工对企业的认可度。企业景观小品的设计需要体现以下原则：

1. 与环境协调　景观小品本身的尺度、体量、比例、色彩乃至风格都需要与周围的企业原始景观环境相协调，使景观小品在环境空间中的存在自然而合宜。以圆雕为例，企业原始的景观环境应该可以成为引入雕塑的良好背景；否则，孤立地说雕塑设计的好坏则是毫无意义的（图11-1-8）。

图11-1-8　景观雕塑与环境背景不太协调

某企业园区内的雕塑与环境的关系看起来不太协调，背景中挺拔向上的形式与金属质感的东西太多了，一飞冲天的金属雕塑因此也变得无足轻重。

2. 立意明确　景观小品的立意必须有一定的深度和行业的认知度。企业景观小品是为了提升景观品质、促进企业交流、满足员工和游客的各种活动而设计的，特别是艺术小品，要能传达企业文化内涵、价值取向、精神风貌，对员工要有鼓舞、激励、启示的作用，否则就成为可有可无、无足轻重的物件，甚至

还会画蛇添足。

3. 实用美观　企业景观小品要有一定的实用价值，例如与宣传栏、种植池、环境座椅、指示牌等相结合，可以提高人的参与度与使用频率，增加员工的企业认同感。企业景观小品的设计应注意其体量、尺度与空间环境相适宜，宜量少而质精，指示标识设计应简洁醒目。照明设施除了满足企业夜间照明的要求，还要注重景观的视觉审美效果，体育器械须符合人体工程学和安全要求。

（三）植物种植

植物种植设计要注意树木种植的位置与高度，设计之前需要认真调查园区内的地上、地下管线，保证植物与地下管线和空中线路的安全距离，尽量选择耐修剪的常绿植物。

每个企业的地理位置、企业文化、生产性质、成长历史等都各有差异，因此，企业景观中的植物种植设计要根据不同企业的特点，挖掘企业的特色，营造属于这个企业的特色植物景观。把企业景观营造和企业的文化建设有机结合，从而提升企业绿色景观的文化内涵。

企业园区的种植设计需要发挥不同植物的生态功能，根据企业生产工艺与生产环境的特点和要求，可以选择防污染、抗逆性强的植物。某些企业在生产过程中难免会排放出一定的污染物，为了起到生态防护的作用，种植设计应该选择能够吸收污染的植物；药厂、食品加工厂、精密仪器制造厂、电子设备制造厂等，都要求企业内部环境空气洁净、灰尘少，种植设计就应该选择那些不飞毛、飞絮的植物品种，避免种植如杨树、柳树、悬铃木等特定季节飞絮的树种；对于企业外围维护，可选择榆树、刺楸等滞尘能力较强的树种；对仓库等防火要求级别较高的区域，可选择含树脂少、枝叶含水量多、萌发再生力强，即使发生火灾，也无火焰的防火树种，如珊瑚树、蚊母、银杏等。

（四）色彩环境

由于生产的主体功能要求，企业园区不能够提供太多的用地专门用于景观建设，但设计可以对园区内错综复杂、纵横交错的管道、管线，工业建筑物、构筑物，如冷却塔、通风设施等以色彩营造的形式进行景观改造，如果经济条件允许，这些设施都可以成为表现美丽色彩场景的理想载体。因此，色彩环境设计是企业园区景观设计需要特别注意的一个方面，夜晚还可以用色光去营造绚烂的环境景观（图11-1-9、图11-1-10）。

图11-1-9　企业园区内的色彩环境

图11-1-10 夜晚企业园区内的彩色照明

第二节 设计案例：内蒙古伊利集团呼和浩特市金川工业园环境景观设计

设计者：白杨

（一）金川工业园概况

内蒙古伊利实业集团股份有限公司金川工业园位于呼和浩特市西北方，大青山南麓，金川工业开发区境内。如今的金川工业园由新旧两个园区组成，总占地面积约为53hm²，相当于企业“心脏”的伊利集团总部就位于园区的东北角（图11-2-1）。

旧园区是伊利集团从一个地方企业走向全国的发源地，由于历史原因，旧园区是伴随着企业发展壮大的过程而逐渐形成的，所以并没有一个较好的规划，更谈不上有什么景观设计。与伊利集团的接触是从旧园区的景观改造开始的，对旧园区的改造，设计的主要工作是完善环境的功能，艺术景观的设计内容并不多（图11-2-2）。

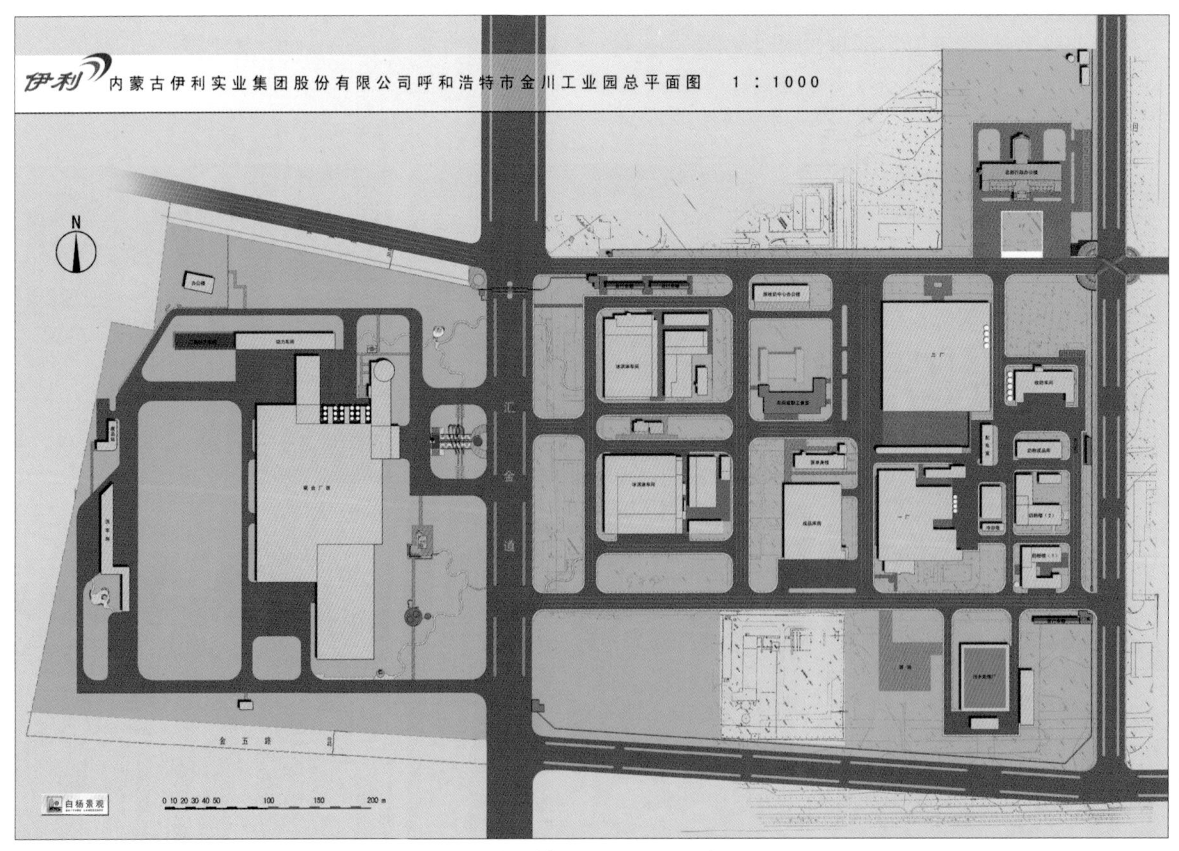

图11-2-1 伊利集团金川工业园总平面图

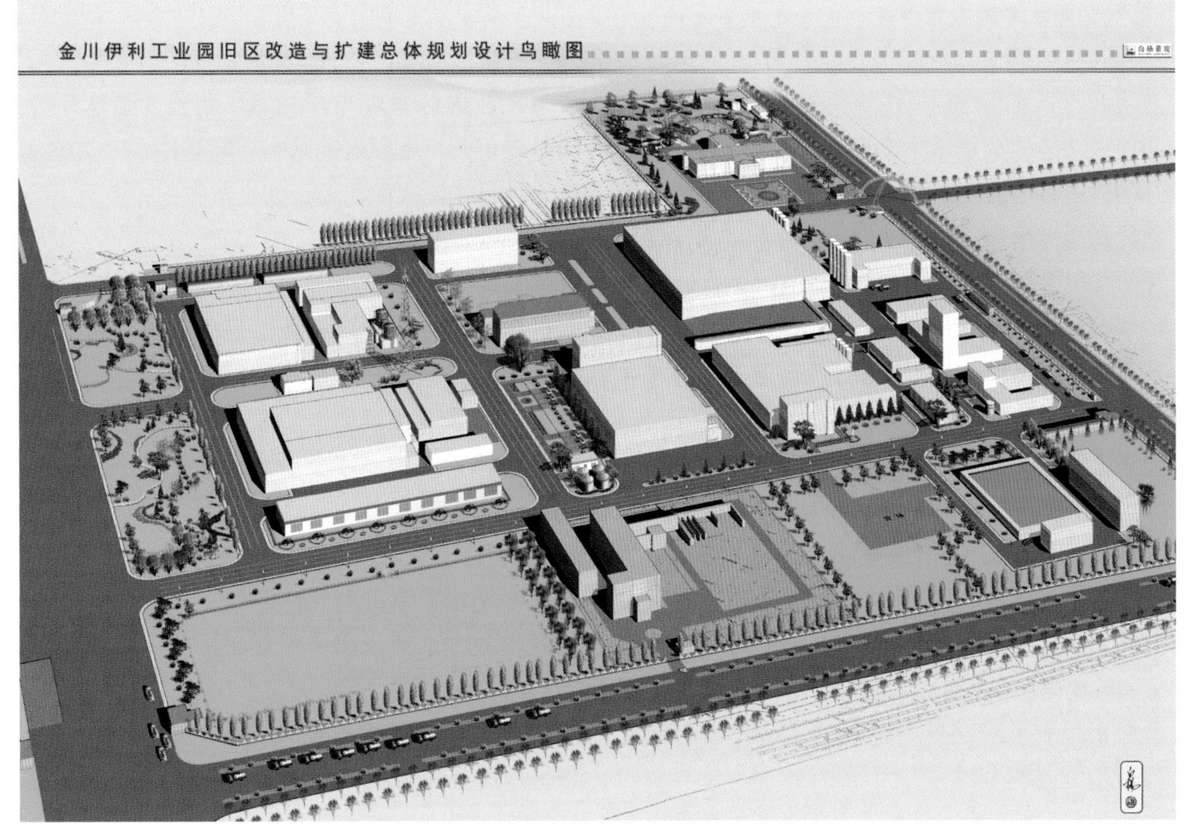

图11-2-2　伊利集团旧园区环境改造设计总鸟瞰图

能够让景观艺术设计有较大发挥空间的是新园区，新园区位于旧园区的西边，两者中间只隔一条汇金道，新园区在系统的景观设计开始之前，已经有一些不成功的景观，但是大部分还是空地，这也便于景观设计统筹考虑（图11-2-3）。如今新旧园区已经连成一个整体，汇金道也成为厂区内的主干道，从宏观大格局来看，也是整个园区的中轴线。按照景观设计对场地布局的规划，将来伊利工业园的标志性大门就设在汇金道的北端。

图11-2-3　系统景观设计之前的伊利集团新园区原貌

（二）新园区环境景观设计

新园区生产的主要产品是“液态奶”，厂房是根据生产流线与作业特点进行系统规划布局的。由于厂区空间使用功能的设置已经较为完善，当开始环境景观设计的时候，不需要过多地考虑园区生产流线的组织与功能布局的问题了，所以，工作的重点就转移到了景观的文化挖掘与艺术的设计之上。

1. 景观设计的指导思想　研究新旧园区的格局，结合旧园区景观环境改造的经验，新园区的环境景观设计重点确立了以下六点指导思想：

①环境景观设计创意体现伊利集团的企业文化。

②总体设计从工业园区的根本功能着手，通盘考虑人流、物流以及今后工业旅游的路线与环境空间要求。

③从内蒙古自治区及呼和浩特市地方的特点与民族历史的文化积淀出发，寻找适合的设计元素，创造伊利集团的环境景观特色。

④突出伊利乳业品牌特色，并且与呼和浩特市“中国乳都”的称号相结合。

⑤创造真正与伊利品牌相符合的，同时考虑未来发展，具有前瞻性的工业园区景观环境。

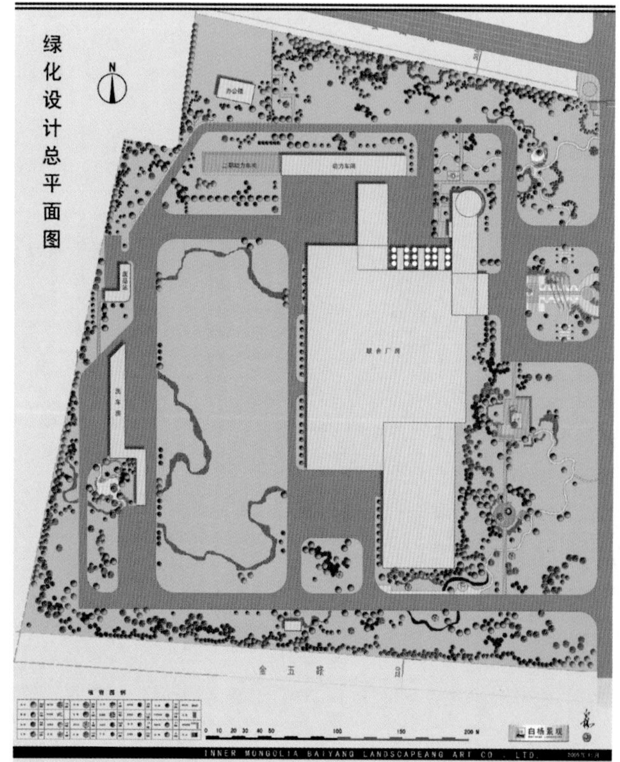

图11-2-4　新园区绿化设计总平面图

⑥绿化设计除了体现艺术效果之外，要选择不会对工业生产造成污染的植物品种（图11-2-4）。

2. 新园区景观布局构思　新园区总体环境景观设计考虑到工业园区的基本功能与日后工业旅游的需要，在已经建成的主要是为生产服务的主干道路框架的基础上，又适度增加了供人活动的游步路线与特色环境景观空间。

作为享誉国内外的乳业品牌，伊利企业的环境景观品质也是设计所重点关注的方面，在确保创造一个良好园区环境的基础上，只有将企业文化和地区特色注入其中，才会给园区环境赋予真正的“灵魂”。设计采用设置主题空间、雕塑小品等手段实现了“伊利”“乳”“内蒙古”“乳都——呼和浩特市”这几个主题概念的转化，并在工业园区环境景观的表现形式上，体现出“现代化”与“国际化”的艺术追求。

新园区的环境其实是围绕着一个占地2.7hm²的大型联合厂房展开的。厂房的前面（东侧）是环境景观设计的重点部分，此处的景区、景点串联形成日后工业旅游的外环境观光路线，也为伊利企业形象的展示创造出良好的景观环境。在这个区域依次设计有新园区的主要景区、景点，分别有：园区入口处的前景空间、“利乐包”雕塑、“乳都飞虹”主题景园、企业文化广场、“健康岛”和“伊利奥运园”等。联合厂房的其他三面的景观设计以绿化为主，考虑到与厂区外周边环境的协调统一，围墙四周绿化以植物组团形式进行种植，模糊直线形的围墙边界，对北面的大青山进行借景，使工业园处于青山绿树的大背景之中（图11-2-5）。

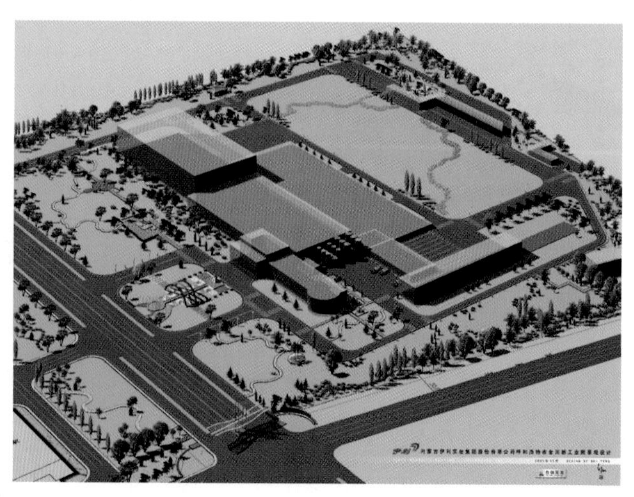

图11-2-5　新园区景观设计全景鸟瞰图

3. 新园区部分特色景观设计

(1) 工业园主入口两侧环境空间。伊利的品牌文化中始终贯穿着一条“纯天然、无污染”的主线，这也是其能够不断成长、飞速壮大的一条生命线；“道法自然”是中国传统文化的精髓，将这两种理念以后现代主义的设计手法相结合，融入国际上一些艺术表现形式，便确立了伊利工业园主入口两侧环境空间的自然风格。这样的风格定位也有利于表现内蒙古“草原风光”的地区特色，特别是将游步道设计成为曲线的形式，就如同草原上蜿蜒流动的河流（图11-2-6）。

图11-2-6　新园区主入口两侧的环境空间——“草原风光”

(2)“乳都飞虹”主题景园。“乳都飞虹”主题景园位于新园区联合厂房建筑正门前，其平面构图采用中轴对称的形式，立面结合地形高差，采用三步错层台阶，将步道、叠水等景观元素合理地放置其中。《道德经》讲：“道生一，一生二，二生三，三生万物。”三步错层台阶的设计也有着“步步高升，发展无尽”的寓意。地面的主体铺装采用白色石材，设计成具有流动感的图案形式，配合中轴水景的液体感，使“白色”“流动”“液体”等概念要素同时出现，令人在意象上产生“牛奶”的联想，这正是环境艺术设计对伊利产品的景观化诠释（图11-2-7）。

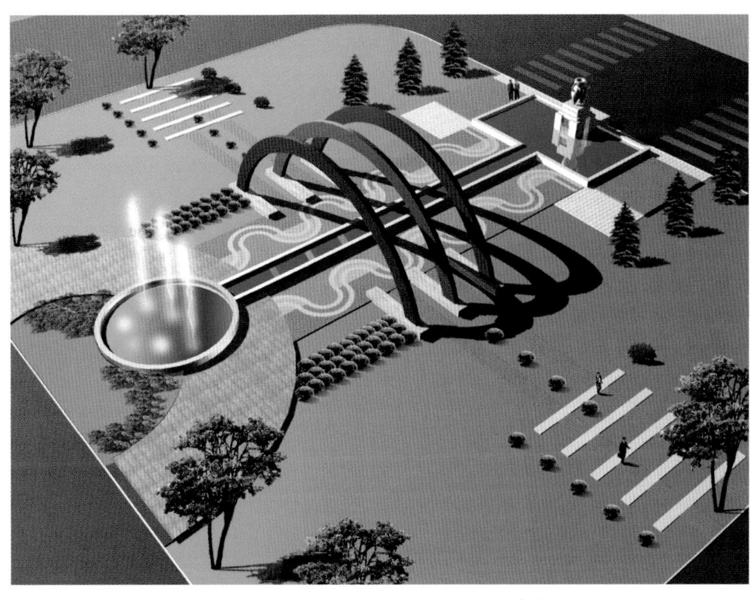

图11-2-7　“乳都飞虹”主题景园设计效果图

“乳都飞虹”主题景园的设计概念包括了“乳都”和“伊利”品牌两部分含义。其中横跨上空的三道“彩虹”的设计灵感源于伊利企业品牌标志中月牙的造型，颜色采用企业红、绿、蓝的标准色。三道“彩虹”采用金属骨架，外层由2mm厚拉丝不锈钢板包裹，表面再喷涂色漆。由于圆拱跨度很大，考虑到运输与施工安装的方便，其结构设计采用了分体组装的方法。为了达到最佳的抗风效果，在三道组装缝处，又用镜面不锈钢管进行了加固连接（图11-2-8）。

图11-2-8 “乳都飞虹”主题景园施工现场

位于联合厂房建筑正门前的雕塑基座的设计借鉴了呼和浩特市“中国乳都”雕塑面向四方的建造形式，象征着伊利产品走向全国，其上方“牛乳”造型的雕塑代表伊利乳业的主题特征，两者相互结合形成一个属于伊利的新雕塑——乳尊。巧妙的是：“乳”“尊”二字横向排布，读成“乳尊”或“尊乳”都符合伊利的企业性质（图11-2-9）。

图11-2-9 “乳尊”雕塑及其上文字字体设计效果图

中国新石器时代出土的文物中就有一类三足鼎立、形似牛乳的“三足鬲”彩陶，内蒙古地区也有许多这种文物的出土。伊利“乳尊”用古代器物的造型与汉白玉的材质体现“乳”的概念；同时在设计中加入了蒙古族图案，从而体现了地区特色。雕塑创新采用了黄色石材与汉白玉相互镶嵌的工艺，为了减轻重量，石雕采用了中空的结构。这样，“伊利乳业”的概念便集中于此处景观雕塑之中，加上象征伊利集团标志的“彩虹”，“乳都飞虹”主题景园由此诞生（图11-2-10至图11-2-13）。

图11-2-10　“乳都飞虹”主题景园完工后照片

图11-2-11　三道“彩虹”照片

图11-2-12　“彩虹”圆拱形成的框景

图11-2-13　“乳尊”照片

(3)“利乐包”主题雕塑。“利乐包”主题雕塑的设计灵感源于伊利牛奶的包装——“利乐包”。1997年伊利对“利乐包材”的引进具有划时代的战略意义，这一历史性的大举措使得沉寂的乳制品市场骤然开启，伊利牛奶的保质期从短短的数天延长到半年，运输范围也从方圆百里拓展到全国各地。环境雕塑以“利乐包”为主题，应该说非常具有企业的行业特征与纪念意义。

“利乐包”主题雕塑为一个由不锈钢与玻璃构成的现代雕塑。雕塑由玻璃一块贴一块重叠组成，通过计算玻璃的透光率，确定出合理的玻璃累加厚度，如同CT断层图像可以显示被遮挡的内部结构，巧妙设计每块玻璃上的图案，使得前后玻璃上的图案具有连续变化的关系，这样由平面图案就创造出了立体的造型，由外向里形成深邃的渐变，表现出液体的流动感

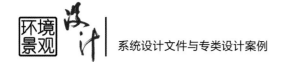

和伊利系列果品牛奶添加物的形状与色彩。每当夜晚来临，雕塑在内打灯的照射下，各种形体悬浮于其中，呈现出一片流光溢彩、奇妙无比的景象（图11-2-14至图11-2-16）。

图11-2-14 “利乐包”雕塑前期概念设计效果图

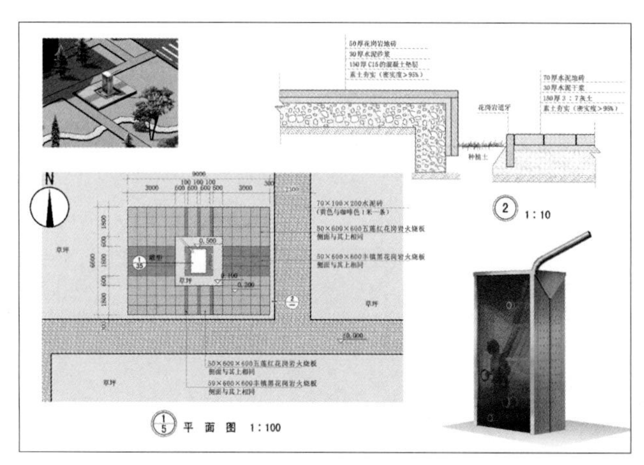

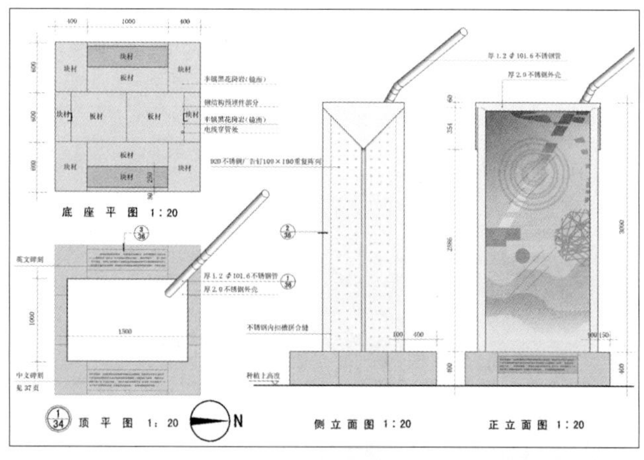

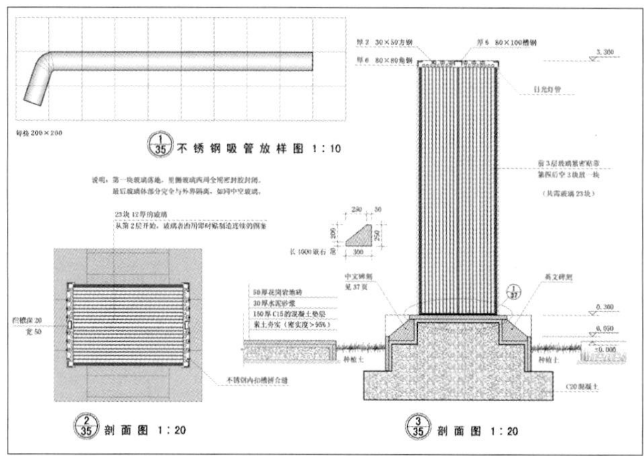

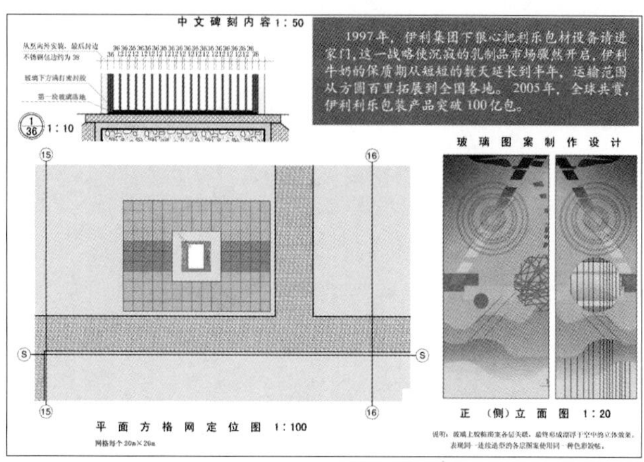

图11-2-15 “利乐包”雕塑施工图

图11-2-16 “利乐包”雕塑建成照片

（4）企业理念文化广场。考虑到将来开展工业旅游，联合厂房前需要在生产交通系统之外再开辟一条游览步行路线，由于路线较长，所以在步行道路中段有必要设置一个较大的停留空间，除了布置景观休憩设施之外，此处场所还可以集中展示伊利的企业文化，这样“文化广场”的设计构想自然就诞生了。景观设计在此选择用“书法”的形式来表现企业文化中那些抽象的内容，在认真研究伊利的企业文化之后，最终提炼出一些代表性的文字，用阴刻或阳刻的形式镌刻于花岗岩铺地之上，在体现中国书法与印章篆刻美的同时，使人对伊利的成功之道也会有所感悟（图11-2-17）。

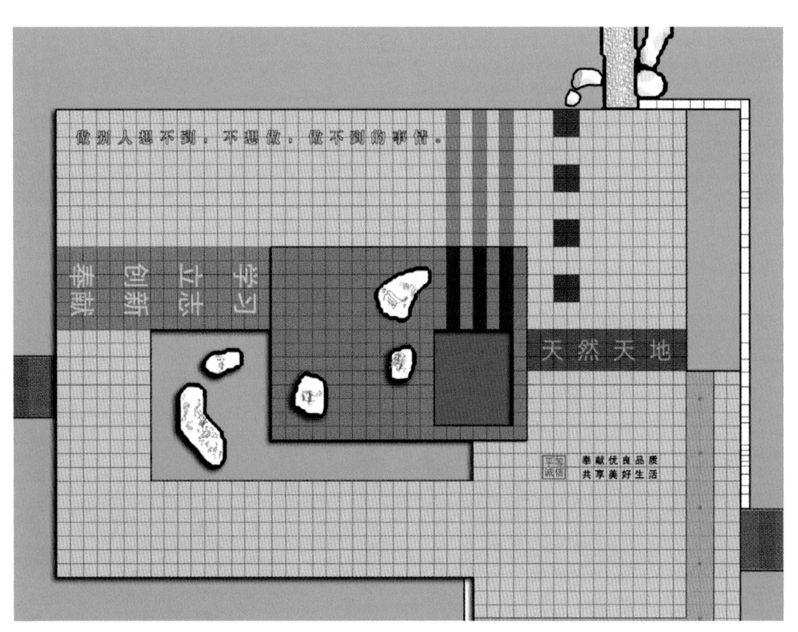

图11-2-17 “文化广场”设计平面图

在环境空间上文化广场用硬质的玻璃廊和文化石墙体，以及软质的侧柏绿篱形成相对独立的景观围合场所，广场上的几块大石上雕刻着体现内蒙古地区特色的阴山岩画，透过岩画的某些内容，人们可以了解内蒙古地区乳业生产的历史渊源。玻璃廊在广场上起到了标定尺度、围合空间和沟通内外的作用。突破传统的廊下座凳与廊柱连接的常规做法，本设计采用了分离式的具有现代感的创新形式（图11-2-18至图11-2-21）。

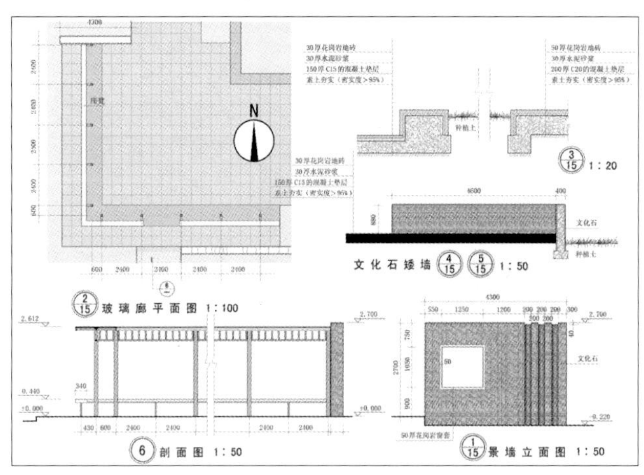

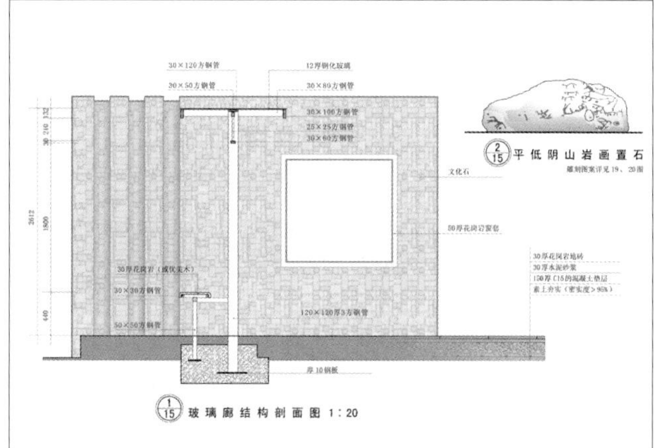

图11-2-18 玻璃廊施工图

图11-2-19 广场上的玻璃廊照片

图11-2-20 大石上的阴山岩画

图11-2-21 文化广场照片

(5) 健康岛。这处景点由一个奇特的椰壳形零售卖点小建筑和六个人物铜像构成（图11-2-22）。设计采用场景定格形式，艺术地展现了以下内容：伊利产品的零售卖点、佩戴有伊利标志的售货女郎、三个外国观光客和正在喝伊利乳品的两个运动员，其中男运动员的人物原型是“中国飞人”刘翔（图11-2-23）。这样一处场景构成其实是在传达如下的设计思想：伊利成为2008年北京奥运会指定赞助商，伊利产品健康向上的理念和企业走向世界的远大理想（图11-2-24）。

图11-2-22　“健康岛”前期方案设计效果图

图11-2-23　“健康岛”人物形象设计雕塑泥样

图11-2-24　“健康岛”建成后照片

(6) 草坪灯箱。在工业园区的道路旁边设计有重复出现的草坪灯箱，该设计将草坪灯照明功能与广告形式相结合，具有雕塑美。当时为了配合2008年北京奥运会的召开，景观设计还将体育比赛和伊利精神相结合，设计了一套灯箱画面，灯箱的画面内容可以表现伊利的企业文化、标语和口号（图11-2-25）。与画面内容相对应，提炼出以下广告语（图11-2-26）：

①伏下身是为了更有力地起步。

②最早入水的未必是最终的赢家。

③漫长的赛程必须迈好每一步。
④协调一致是最后取胜的关键。
⑤伊利同样需要如飞的速度。
⑥伊利的勇气——领跑中国乳业。

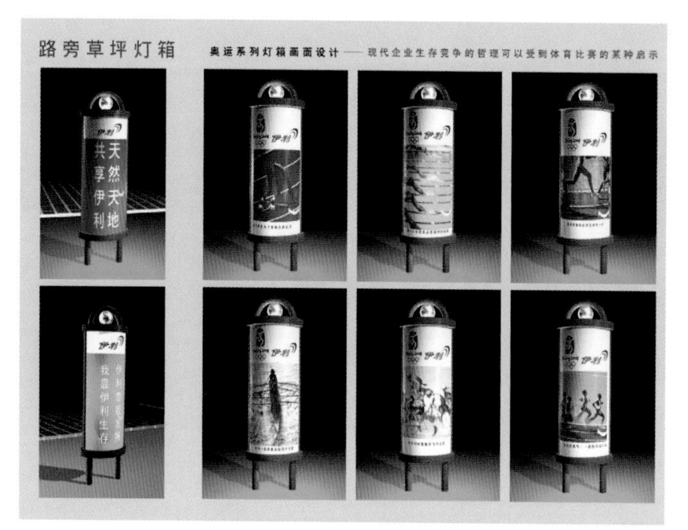

图11-2-25　草坪灯箱设计效果图

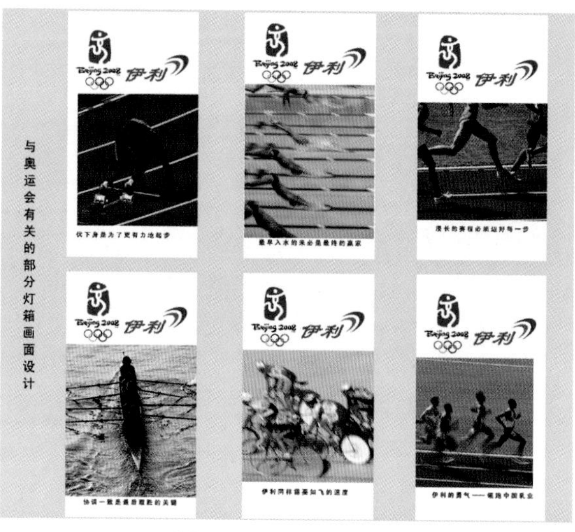

图11-2-26　草坪灯箱上“奥运”概念画面设计图

(7) 伊利奥运园。为了纪念伊利在众多的竞争对手中脱颖而出，成为北京2008年奥运会乳制品赞助商，甲方要求在园区内设计一处体现“奥运”主题的展示空间。研究环境后，景观设计选择在新园区北侧的空地，以小游园的形式设计出一个“伊利奥运园”(图11-2-27、图11-2-28)。虽然甲方强调的是展示性，但是“功能至上”的要求告诉我们，游园的综合性服务功能一定会比应时的展示性功能更具有长久的生命力。所以景观设计并没有将这里简单定性为“奥运”相关物品的展览空间，而是制造出一处功能完善、空间丰富的小游园。实际上，小游园的框架结构形式是一种隐形的“展廊”，借助这些结构，具有展览与说教作用的灯箱画面有机地融入了整体的环境之中，北京奥运会的某些符号也巧妙地用景观要素的形式在环境场景中得以表现(图11-2-29)。

图11-2-27　“伊利奥运园”对外入口处

图11-2-28　“伊利奥运园”对内入口处

图11-2-29 “伊利奥运园”照片

（三）总结

在为伊利集团进行环境景观设计的过程中，设计者曾经提出过不少大胆有创意的方案，其中大部分如今已经建成；还有一些想法因为甲方觉得过于超前而没能得到实现。例如：“乳都飞虹”主题景园之前曾经有个“天国四河”的抽象设计没得到甲方认可，“草原风光”上具有“敖包”和“嘛呢堆”意象的白石堆设计等都被取消了。这种现象也比较普遍，往往最终能够实现的方案不会是个性过分强烈的。

我国的许多企业在生存创业初期，一般都将全部人力、财力、物力集中于生产经营方面，以便得到快速发展，但是，当企业成长达到一定的规模后，企业的自身形象、文化理念等更深层次的软实力就显得非常重要了。随着伊利工业园环境景观的全面建成，体现伊利企业文化的景观设计将要接受各方的审视，希望良好的园区环境建设能够进一步体现出伊利对其产品一贯的质量追求。像伊利这样的国际化大企业，重视厂区的环境建设，无疑也会对企业的良性发展产生更加深远的意义。

第十二章 CHAPTER 12 纪念性景观设计

第一节 纪念性景观概论

纪念性景观作为一种古老而有生命力的景观类型，是人类社会化情感的物化形式，是时代政治、经济、文化的综合体现。传统模式已不再适应当代的社会观念与精神需求，所以纪念性景观从单一纪念物占主导地位的设计模式转向对整体环境与空间的塑造，注重观者的心理体验，刻意营造感人的纪念性气氛。

纪念性景观在人类历史上占有重要地位。黑格尔指出，建筑艺术起源于进行宗教活动的公共广场、埃及的方尖碑、狮身人面像等，它们是与有具体用途的事物相分离的纯时代精神的产物。因此对纪念性景观的研究也远远超出了景观自身的范畴。

随着人类社会经济的不断发展、政治的日趋民主、文化的日益繁荣，纪念性景观的营建模式与以往的传统模式越来越不同。现代自然科学和人文科学的发展也为纪念性景观的演变提供了新的思路和新的方法。一方面在纪念空间的设计上，常常不再追求高大的体量、恢弘的规模，而更重视纪念寓意和象征，形式上趋于简约抽象。如美国首都华盛顿的越战纪念碑(Vietnam Veterans Memorial)，它没有被设计成传统的高耸的构筑物，而是采用高不过3 ~ 6m，两翼各长66m的黑色花岗岩碑体呈“人”字形伏于草地上，却产生了震撼人心的纪念效果。另一方面，现代纪念性景观更重视体验者与参观者，强调人与纪念性景观的对话和沟通，竭力体现人的纪念行为、方式和心理感受。如华盛顿越战纪念碑，铭刻着人名的黑色花岗岩墙体在映射参观者的身影时使参观者产生跨越生死界限的感觉，在这种环境中仿佛能与死者进行对话。纪念性景观要有深刻的思想性，思想的共鸣会使人们对时间、空间产生深刻的体验。正如凯文·林奇强调的：“我们生活在有时间印记的场所中……每一个地点，不但要延续过去，也应展望未来。”纪念、记忆本身便是时间、空间的延续和发展。另外，当代科学技术的发展也为纪念性景观获得新的表现方式提供了可能性。

在国外，尤其是欧美国家在纪念性景观的实践上走在世界的前列，近年来不断涌现出优秀的作品，如华盛顿纪念碑（Washington Monument）、越战纪念碑、肯尼迪纪念广场（Kennedy Memorial Plaza）、"9·11"国家纪念广场（The National September 11 Memorial and Museum）等。

我国建筑师和景观设计师一直在纪念性建筑和景观领域上不断地进行着实践探索，涌现出许多优秀的作品，如南京中山陵、侵华日军南京大屠杀遇难同胞纪念馆、淮安周总理纪念馆、上海鲁迅公园等。在理论方面进行研究的多为建筑师，他们多从纪念性建筑的形式、空间以及创作主题、构思等方面进行研究。但无论是纵观历史发展还是横向比较国外的实例，所谓的纪念性建筑都不仅仅是纪念性建筑单体和建筑的外环境，而是广义的纪念性元素构筑的环境——包含了地形、水体、植物、建筑物或构筑物的环境综合体，更确切地应该称为"纪念性景观"。

一、含义与特征

《现代汉语词典》对"纪念"一词的解释是："用事物或行动对人或事表示怀念。"通过这个解释，我们可以认为纪念是一种人类行为，它具有与其他人类行为共同的三要素：目标、途径和手段。纪念是通过物质的建造或精神的延续，或者二者的结合等手段达到回忆与传承历史的目的。纪念作为人类的高级行为，是人类社会的产物，这种行为在很大程度上受到社会政治、经济和文化的影响。

（一）含义

人类自古以来，就对心目中的神和建立丰功伟绩的帝王有建造纪念物进行纪念的观念和习惯。其中有的是人们为纪念神灵或祖先而建造的类似图腾的景观，有的是后人缅怀一个时代伟大人物或重大事件而建立的碑或陵。这种纪念性景观的建造是人类纪念行为的主要表现，并通过观赏者、事件精神和物质景观的反复组合表达或传承纪念的意义。如太平洋复活节岛上巨大的纪念雕像群摩艾石像（Moai）、埃及金字塔（Pyramids）、英国威尔特郡史前巨石阵（Stonehenge）、我国明十三陵等。

通过对纪念性景观等词的解释，以及对古今中外这些纪念性景观的分析，我们将纪念性景观作如下的界定：纪念性景观是一个能够使人回忆或传承历史的区域环境的综合体，可以包括道路、建筑、水体、植物等。

事实上，当人类的纪念性情感被寄托在环境景观中的时候，景观就成了纪念性景观。纪念性景观是人类纪念性情感在景观上的物化形式，它与其他景观的根本区别就在于它具有独特的回忆、缅怀、反省、追思等精神性的价值。它是为满足人类纪念的精神需要而存在的，它的精神功能超越了物质功能而成为景观的第一要义。

纪念性景观往往与当地的历史密切相关。例如美国纽约自由女神像（Statue of Liberty）是法国人为了纪念当年欧洲人逃离帝王专制统治奔向新大陆的历史而建造的。纽约是这个自由国度的重要港口，作为纪念美国独立100周年而赠送给美国的礼物，它于1886年在纽约落成。自由女神站立在高47m的基座上，高举火炬，象征自由与光明。自由女神像高大雄伟地矗立在纽约的港口上，不仅成为纽约市的标志，也是美国历史发展的标志物（History Landmark），成为"自由"的写照（图12-1-1）。又如日本为纪念广岛原子弹爆炸造成成千上万人的死亡这一惨痛历史事件及其毁灭性结果，在广岛市原子弹爆炸处建造了和平纪念公园（Hiroshima Peace Memorial）。在和平纪念公园死难者纪念碑的设计中，设计师野口勇采用曲面结构设计了一个马鞍形穹顶，以不熄的火炬及水景融入整体设计中，将纪念性理念用景观设计来表达，而不是仅仅建筑一个纪念碑（图12-1-2）。这种与环境密不可分的关系，使参观者留下了深刻的"地方"（site）或"场所"（place）的意象（image）。

图12-1-1　美国纽约自由女神像

图12-1-2 日本和平纪念公园死难者纪念碑

纪念性景观又是一种文化的表征，反映了一定的社会文化特色。公元前2 600多年前，古埃及人便在尼罗河平原建造了举世闻名的金字塔，今天，这种方锥形的巨大陵墓已经成为人类文明的标志。我国明清时期的陵墓具有很强的文化特色，体现一定礼制的长达数千米的神道与分立神道两侧的石象生等内容表达出庄严伟大的纪念性，这是我国封建文化的表征。

纪念性景观在历史与现实中穿梭。它为人们提供了一个体验历史的场所，但它不同于历史书籍和电影，后两者有准确的历史历程及事件发生的时间。在纪念性景观中，人们也追求准确的史料，却更强调直接的感官震撼与心灵的深刻思索。纪念性景观设计要求从物质形象中表现历史，获得人们情感的认同，并追求在顺理成章的形式之上出乎意料的奇特效果。新的纪念性景观既要体现千百年来的人类传统习俗，又要有新的技巧和鲜明的个性。它要求站在历史与现实的高度去对待设计，要体现深厚的文化底蕴和艺术追求，更要使景观具有纪念性应有的精神内涵。

（二）特征

1. 象征性（symbol） 纪念性景观的象征性就是景观表现的形式与被其所表现的事物之间所建立起的某种寓意。黑格尔在《美学》第二卷对象征性艺术的论述中有这样的描述："象征里应该分出两个因素，第一个是意义，第二个是这个意义的表现。意义是一种观念或对象，不管它的内容是什么，表现是一种感性存在或一种形象。"象征性在纪念性景观上的运用是非常普遍的，古埃及金字塔旁边的狮身人面像和我国古代帝王陵墓前的石像有异曲同工之妙，都是象征帝王生前的仪仗。南京中山陵的设计者吕彦直的构思出发点是以钟为象征形式，将孙中山先生遗嘱中"唤起民众"的警句作为表现内容，不仅中山陵总体平面似钟形，而且祭堂的造型也很像钟。美国海军为了纪念第二次世界大战中日军偷袭珍珠港时阵亡的2 000多名官兵，于1980年在原来战舰沉没处的水面上设计建造了亚利桑那纪念馆（USS Arizona Memorial）。56m长的由白色大理石和钢筋混凝土建造的拱桥状纪念馆横卧在港口的海面上，象征一座永不沉没的海上舰艇（图12-1-3、图12-1-4）。

图12-1-3 亚利桑那纪念馆外观

图12-1-4 亚利桑那纪念馆内部纪念墙壁

2. 自明性（identity） 人们对于环境的认知表现为观赏者与被观赏者的互动关系，这种关系借视觉和记忆便产生了环境意象（environmental image），而意象的产生则需要该个体的特质（qualities identification）来完成，这就是所谓的"自明性"。一个被观看的物体应该具有其独立的特性，与其他的物体有所不同，可以清楚地被分辨出来。纪念性景观必须有这种自明性，每当人们在埃及看到一望无际的沙漠上矗立着的

巨大方锥形的建筑物，马上就可以辨认出那就是金字塔。这种巨大的方锥形状已经成为金字塔的身份证明，还有意大利比萨斜塔的倾斜特征也成为其自明性的标志。

3. 标志性（landmark）　特征明显的标志物往往与它周围的背景成对比的关系，一目了然是其最大的特性。美国著名规划师凯文·林奇在其《城市意象》一书中即把标志物（landmark）和道路（path）、边界（edge）、区域（domain）、节点（note）并列为城市意象的五大元素。标志物可能有不同的尺度，但是它的造型往往具有很强的个性或者地点的代表性。纪念性景观通常有这种标志性，在欧洲的城市中，广场是城市主要的标志。自古以来，在设计纪念性景观时，也莫不将标志物作为设计追求的目标。

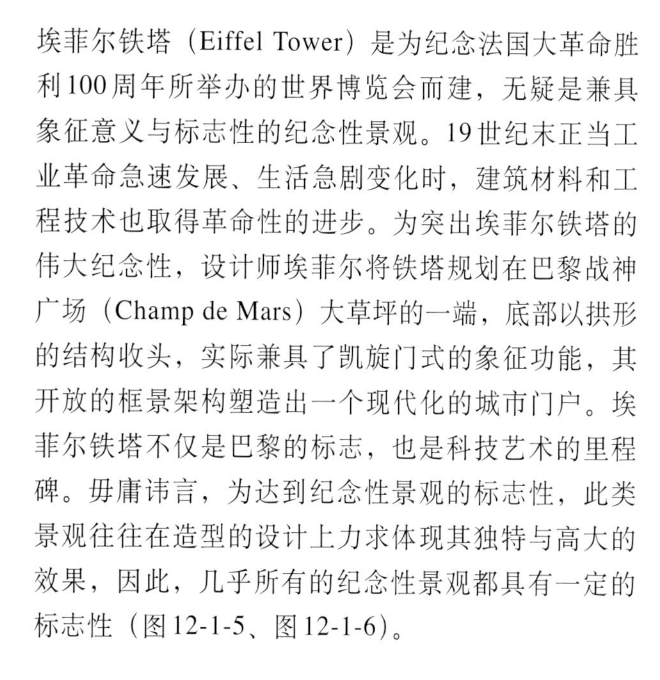

埃菲尔铁塔（Eiffel Tower）是为纪念法国大革命胜利100周年所举办的世界博览会而建，无疑是兼具象征意义与标志性的纪念性景观。19世纪末正当工业革命急速发展、生活急剧变化时，建筑材料和工程技术也取得革命性的进步。为突出埃菲尔铁塔的伟大纪念性，设计师埃菲尔将铁塔规划在巴黎战神广场（Champ de Mars）大草坪的一端，底部以拱形的结构收头，实际兼具了凯旋门式的象征功能，其开放的框景架构塑造出一个现代化的城市门户。埃菲尔铁塔不仅是巴黎的标志，也是科技艺术的里程碑。毋庸讳言，为达到纪念性景观的标志性，此类景观往往在造型的设计上力求体现其独特与高大的效果，因此，几乎所有的纪念性景观都具有一定的标志性（图12-1-5、图12-1-6）。

图12-1-5　埃菲尔铁塔

图12-1-6　埃菲尔铁塔夜景

二、发展沿革

（一）纪念性景观发展的四个阶段

1. 为神的纪念　在远古蒙昧时期，人类科学技术极不发达，适应自然和改造自然的能力很低，充满了对自然的敬畏和崇拜，人屈居于神的脚下，是神的奴仆，甚至有时是神的牺牲品。此时的纪念性景观是一些近似图腾的表现形式，例如南太平洋复活节岛上的石像体量巨大、充满神秘色彩，据说正是岛上居民争相建造更大的雕像，致使生态环境被严重破坏，最终导致了那里人类文明的消失。从某种意义上来说，那时的纪念性景观是献给神灵或自然的一道祭品。还有的如位于英格兰威尔特郡索尔兹伯里平原上的巨石阵（Stonehenge），建于公元前2300年左右，至今我们对当时人类建造远远超越自己生产能力的浩大工程的动机依然充满了疑问（图12-1-7、图12-1-8）。

图12-1-7　英国史前巨石阵

图12-1-8　复活节岛巨型石像

图12-1-10　泰姬 · 玛哈尔陵

2. 为君王的纪念　这一阶段大体上处于奴隶社会后期和封建社会的漫长时期，此时期纪念性景观往往通过严整对称的形式、明显的中轴线来体现统治阶级至高无上的权力和等级森严的制度，另外常常通过表现崇高、伟大特性来实现道德的教化，纪念的对象多为王公贵族。此时的纪念性景观无不是君王们、权贵们权欲、占有欲和炫耀欲的反映。而普通老百姓却在高大的建筑物、巨大的广场和纪念大道面前，如同微不足道的蚂蚁。文艺复兴将人从神权中解放出来，却为他们带上了君权的桎梏，人同样是祭坛上的奴仆或牺牲品。这一时期纪念性景观的代表有明十三陵、泰姬 · 玛哈尔陵（Taj Mahal）等（图12-1-9、图12-1-10）。

图12-1-9　明十三陵定陵

3. 为机器的纪念　工业革命以后，随着工业文明的兴起，城市景观发生了深刻的变化。人们似乎征服了自然，挣脱了神的约束，推翻了君主的统治，但普通人受奴役、被鄙视的处境并没有改变。人们用自己的双手创造了另一个主宰自己生活的东西——机器，其生活、工作、居住、娱乐等被解剖成一个个功能独立的零件。此时的纪念性景观多集中在城市里，且延续了古典美的某些形式特征，同时具有了机器时代的物质功能，如矗立着巨大雕塑的交通转盘、规模宏大的景观大道等。小沙里宁（Eero Saarinen）设计的美国圣路易斯大拱门（Gateway Arch）体量高大，而且可以供人乘坐缆车登顶游览，巴黎的埃菲尔铁塔也是如此。

4. 为事件及人的纪念　20世纪中叶以来随着社会经济的发展、社会文化意识的进步，人们逐渐意识到：为神和君王建造的纪念性景观是神秘的、巨大的、恢宏的，为机器设计的纪念性景观是唯美的、高效的，但它们离普通人的纪念都是遥远的，人们应该寻求人性化的纪念性景观，纪念伟人更纪念普通人。此时的纪念性景观无论是在纪念观念、纪念空间形式还是在设计思路和手法上均有所进步，纪念对象也趋于广泛。如华盛顿越战纪念碑、侵华日军南京大屠杀遇难同胞纪念馆、柏林欧洲被害犹太人纪念碑（Memorial to the Murdered Jews of Europe）等（图12-1-11至图12-1-14）。

图12-1-11　侵华日军南京大屠杀遇难同胞纪念馆外警钟

图12-1-12　侵华日军南京大屠杀遇难同胞纪念馆外纪念柱

图12-1-13　柏林欧洲被害犹太人纪念广场

图12-1-14　柏林欧洲被害犹太人纪念碑

景观设计通过众多的混凝土体块，营造沉重的参观体验和感受，让人们反思那场历史悲剧。

（二）纪念性景观的形式沿革

1.纪念碑（monument stone）和纪功柱（monument column）景观　在石头或石碑上刻上符号或文字，并竖立在事件发生或人物埋葬的地方作为标志进行纪念的方式，是人类自有文明以来，使用最普遍的纪念方法之一，古今中外对于人死后丧葬筑坟都采用墓碑即为一例。乾陵位于陕西省咸阳市乾县城北6km的梁山上，是唐高宗李治和武则天的合葬陵，陵前并立着两块巨大的石碑，西侧的一块叫“述圣碑”（或称“述圣纪碑”），5 000余字为高宗歌功颂德的碑文由武则天亲自撰写，东侧的就是武则天为自己竖立的无字碑，或许武则天认为她的治世功绩不能用文字所穷尽，或是其他的原因，所以她采用了这种让人迷惑的形式（图12-1-15）。这些都是较为原始的纪念碑形式。在西方，人们也常在城市广场上竖立直立碑或柱来纪念君主或将军的辉煌功绩，这种传统从古希腊和古罗马时期就开始了，至今还经常可以在欧洲的城市里看到广场中央矗立着纪功柱，每根柱的建造背后都有一段历史故事。纪功柱常为方尖碑（obelisk）的造型，也有圆柱形的纪功柱（column）。例如罗马的图拉真圆柱（Trajan's Column）是古罗马人为纪念图拉真大帝的丰功伟绩而建造的，是现存最古老的圆柱形纪功柱，柱直径达3.70m，高35m，柱顶上立着图拉真大帝的雕像（图12-1-16）。这种纪功柱在文艺复兴时期和巴洛克时代被欧洲各大城市广为应用。广场是欧洲城市的“客厅”，而广场中央高耸着的纪功柱成为城市空间中的视觉焦点。

图12-1-15 唐代乾陵无字碑

图12-1-16 罗马图拉真圆柱

以柱状的建筑物或构造物作为纪念性景观环境的主体，是西方特有的纪念形式。在东方的纪念性景观里则很少有这种形式，不过在我国古代的建筑里，常会看到石标、广场柱、华表等，独立石柱辅以雕刻装饰，立在桥梁、宫殿、城垣或陵墓前作标志和装饰之用。与西方的纪念柱有所不同，它虽然也有一定的纪念性，但却不是纪念性景观中的主角。清代东陵神功圣德碑楼外四角的汉白玉华表即是一例，它的设置意在突出碑楼的华贵与崇高，其本身并不是纪念性景观的主体（图12-1-17）。

图12-1-17 清代东陵汉白玉华表

2. 纪念性雕像景观（memorial statue） 自远古时期以来，人类就有竖立雕像纪念神灵或祖先的传统。西方自古罗马时代以来，更是热衷于竖立雕像来纪念伟大的君主或将军。在欧洲的城市里，此类纪念性景观有很多，几乎存在于所有的城市广场中。如佛罗伦萨的米开朗琪罗广场（Piazzale Michelangelo）上有米开朗琪罗制作的大卫雕像，法国凡尔赛宫（Chateau de Versailles）前广场上有路易十四的铜像。在西方早期的广场中，雕像是最重要的景观要素，后来逐渐被纪念柱取代而退居次要地位，占据广场一角。然而雕像本身就是一件很有艺术价值的作品，放置于城市的广场或公园中，不仅具有纪念性功能，也是一件优秀的户外艺术品，环境景观的内涵和品质都因之增色不少。

18 ~ 19世纪工业革命开始以后，随着城市的急剧膨胀，人们对城市规划逐渐重视起来，同时，为了满足城市车辆交通的分流需要，主要干道的交叉点往往以圆环的方式进行处理，让来自四周的车流通过圆环实现分流。而这种圆环交通也提供了广场之外的另一种设立纪念柱或雕像的场所。除了依附某种环境功能，独立的纪念性雕像景观也有很多，如美国纽约自由女神像，和拉什莫尔山四总统雕像都是著名的纪念性雕像景观。

3. 陵墓景观（memorial tombs） 陵墓不仅是达官贵人死后舒适安息的场所，同时也是生与死的超度，以及死后生命的继续存在形式——灵魂的一种象征。不论是东方还是西方的人对此都有着相同的观念，由

于这种对生死问题的认知，人类自有文明以来，尤其是在封建社会里，帝王们都不惜耗费巨大的社会财力与人力为其营建永恒的灵魂世界。

远在公元前2 600多年前，世界文明古国埃及就开始建造人类有史以来最具规模的陵墓——金字塔，古埃及第四王朝的法老胡夫（Pharaoh Khufu）动员10万奴隶以及成千上万的技工、测量师和数学家，在尼罗河西岸的吉萨（Giza）建造了方锥形的金字塔，至今仍然是世界七大奇迹之一。胡夫金字塔（Pyramid of Khufu）的底面达230m见方，锥体高达146.6m（图12-1-18）。

图12-1-18　古埃及金字塔

陵墓景观因各地的文化习俗不同而各有千秋，有的简单，有的复杂；有的崇尚自然，有的则注重礼制。当古埃及法老在修建金字塔的时候，我国尚未有厚葬的习俗，直至封建社会开始后才渐渐有巨大的陵墓出现。自秦代以来，帝王之墓开始出现封土为坟的做法（图12-1-19），许多皇帝如汉武帝的陵墓都是巨大无比的。韩国在6～7世纪时的新罗王朝建国于东南部的庆州，至今庆州还保留有圆形土丘的陵墓，一座座人造的山丘下面是君王的陵墓，著名的天马冢就是一例。这种仿造自然山丘的帝王陵墓是一种非常崇尚自然的纪念形式，期望陵墓如山一样永恒，这反映出东方人的理想追求。

我国明清时代已经发展出了完整而严谨的葬制，陵墓不仅是死者安葬的地方，也是死后灵魂生活的地方。北京昌平的明十三陵及河北遵化与易县的清东、西陵，是我国现存陵墓建筑最完整的典范。明清时代皇陵的布局和建筑群的布置原则相当一致，从五间六柱十一楼的牌坊、陈列神道两旁的石象生，到摆放有镌刻功绩石碑的碑亭、碑楼和祭祀的殿宇等均有一定的形制和排列秩序，其规模宏伟、气宇非凡，是一种具有很高文化和艺术价值的纪念性景观（图12-1-20至图12-1-22）。

图12-1-19　秦始皇陵

图12-1-20　清东陵神道

图12-1-21　清东陵牌坊1

图12-1-22　清东陵牌坊2

与我国明清时代几乎同时期的印度莫卧儿王朝，在世界陵墓史上也有重要的地位，在当时印度的都城阿格拉，莫卧儿王朝第五代皇帝沙贾汗为纪念他的爱妃而建造了泰姬·玛哈尔陵，1631年动工，耗时22年完工，陵墓建筑和陵园浑然一体，泰姬·玛哈尔陵前长条形水池衬托出建筑独特的伊斯兰风格，是世界七大奇迹之一。随着时代的发展，封建君王制度逐渐消亡，此类陵墓已很少见到，但也有为纪念伟人而建的陵墓景观，如南京中山陵就是为纪念我国民主革命的伟大先行者孙中山先生而建立的（图12-1-23）。

图12-1-23　南京中山陵

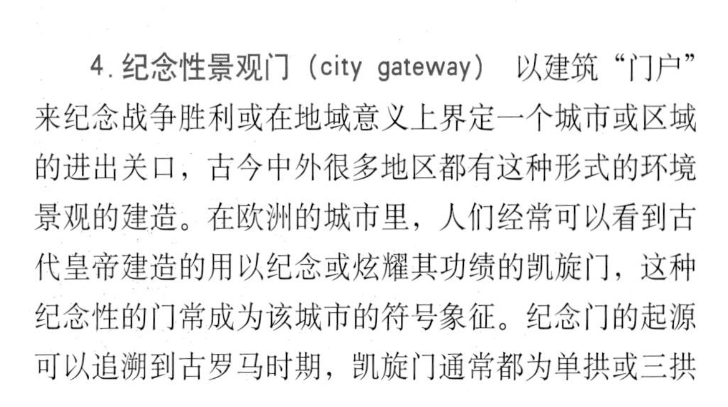

4. **纪念性景观门（city gateway）**　以建筑“门户”来纪念战争胜利或在地域意义上界定一个城市或区域的进出关口，古今中外很多地区都有这种形式的环境景观的建造。在欧洲的城市里，人们经常可以看到古代皇帝建造的用以纪念或炫耀其功绩的凯旋门，这种纪念性的门常成为该城市的符号象征。纪念门的起源可以追溯到古罗马时期，凯旋门通常都为单拱或三拱的拱券门洞，拱肩及上楣部分装饰浮雕，每个皇帝都想将其功绩刻在凯旋门上。如罗马皇帝图密善为纪念其兄长提图斯于公元81年所建造的提图斯拱门（Arch of Titus）（图12-1-24）是一座双向单拱券的凯旋门；君士坦丁大帝在公元315年所建的君士坦丁凯旋门（Arch of Constantine）（图12-1-25）为双向三拱券（一大两小）的典范，这些凯旋门至今仍保存完好。

图12-1-24 提图斯凯旋门

图12-1-25 君士坦丁凯旋门

西方人对拱门情有独钟，即使到了近现代，在城市规划中也常用门作为标志或是景观的焦点，以及意象上的门户。如美国圣路易斯大拱门（Gateway Arch）、法国巴黎拉德芳斯“新凯旋门”都是西方人把凯旋门的形式应用到新城市建设中的例子。

在东方，人们对纪念门户的处理方式则有别于西方，我国的牌楼和日本的鸟居都起源于门的形式，只是牌楼和鸟居更具象征意味，它代表神社、寺庙、陵墓等场所的入口，而不像西方的凯旋门是为纪念战争胜利而建造的。我国的牌楼大都为五门六柱十一楼样式的石牌坊，常作为通往重要建筑物前的标志，如明十三陵和清东陵前的牌坊。牌楼的存在和应用具有很好的景观效果，在国外许多中国城（唐人街）利用牌楼来界定通道的起始点，同时也带有地域文化特色。日本的鸟居大多利用木材建造，在跨距上受限，规模也就不能和我国的牌楼相比，但是它具有鲜红的色彩，以及轻巧独特的韵味，是日本景观的一大特色（图12-1-26）。

图12-1-26 日本的鸟居

5.纪念性公园 在古代，纪念园实际上是纪念性建筑的附属，如印度的泰姬陵园。在近代有一些陵园也有了公园的性质，如美国的一些国家陵园和墓园。1976年美国设计师Josiah Meigs设计的纽黑文墓园（New Haven Cemetery），一扫传统坟地和教堂墓地的荒凉气氛，成为美国第一个经过设计的墓地景观。1831年马萨诸塞州园艺协会在波士顿建造了第一个乡村花园式墓园——奥本山墓园（Mount Auburn Cemetery），主要设计者雅各布·比奇洛博士（Dr. Jacob）受英国花园构筑物的启发设计了埃及复苏门、哥特式小教堂和诺曼式塔楼。俄亥俄州辛辛那提的园艺家在1845年根据建筑师Howard Daniels的设计建造了春树林墓园（Spring Grove Cemetery），1855年景观设计师阿多夫·斯卓驰（Adolph Strauch）成为春树林墓园“风景草坪规划”项目的总监督后，将自己对“墓地要开放、舒展”的观点称为“风景式草坪风格”，他把杂乱的园塔、石头和观赏植物改为大片的草坪、湖、石碑，形成新的景观。他的“风景草坪规划”使美学品味成为墓园设计的原则之一，并成为19世纪后半叶美国墓园设计的主流风格，这些墓园的设计将对死者的纪念同公众的休闲活动结合起来。另外美国近代陵园的设计也开始追求民主与平等，如美国盖茨堡国家陵园（Gettysburg National Cemetery），设计师将战争中牺牲的将士名字刻在形状各异的石头上，所有这些石头围绕主雕塑排成一个圆圈放置在草地上，无论是将军还是士兵，不分贵贱，刻有他们名字的石头与雕塑的距离都相等。

真正达到民主式纪念高度的是罗斯福纪念园（The FDR Memorial Park），多年来，传统的纪念碑多从图腾、神像、庙宇和陵墓中演变而来，摆脱不了高高在上、以巨大的体量让人产生敬畏的模式。但随着时代的发展、民主思想的深入人心，这种风格的纪念碑越来越不受欢迎。劳伦斯·哈普林（Laurence Halprln）设计的罗斯福纪念园与周围的环境融为一体，以一系列花岗岩墙体、喷泉跌水和植物创造出四个室外空间，代表了罗斯福总统执政的四个时期和他宣扬的四大自由。设计师在红色花岗岩墙体上镌刻着罗斯福总统的名言，以雕塑表现每个时期的重要事件，用岩石与水的变化来烘托各个时期的社会气氛。整体用一条自由曲折的步道，配上凹凸有序的墙体和人工瀑布，创造出一个生趣盎然的户外空间，环境景观设计用这样具有浪漫气息的公园来纪念罗斯福，在表达纪念的同时，为参观者提供了一个亲切而轻松的游赏和休息环境，体现了一种民主的思想，也与罗斯福总统平易近人的性格相吻合。哈普林的思想在当时确实是开创性的，为纪念性景观的设计提供了一种新思路（图12-1-27）。

图12-1-27　罗斯福纪念园

（三）当代纪念性景观的发展趋势

1.纪念目的的变化　现代的纪念性景观不再像从前一样只是为了彰显神灵、君王或机器的力量和功绩，而更是为了满足普通人的纪念性精神需求——回忆与传承历史。纪念目的的变化造成了纪念对象的多元化，以往的纪念对象多是神灵或王公贵族，现在的纪念性景观不仅纪念伟人，更有纪念普通人甚至动物的。如美国旧金山艾滋病纪念园（National AIDS Memorial Grove）、日本某医学院内的青蛙纪念碑等。还有纪念事件的，如香港回归祖国纪念碑、洛杉矶纪念体育场（Los Angeles Memorial Coliseum）等。这种变化也使纪念物从与观众分离对立的关系逐渐走向与人相互融合的关系。

现代的纪念方式注重观众的参与，引导人们思考，而不是以表面化的叙述来达到感化和教育的目的。哈普林的罗斯福纪念园打破了以往纪念性景观需要人们按照规定路线进行参观的做法，让前来瞻仰的人们犹如进入一个花园，可以来回往返，走走停停，在美的环境中、在休息过程中来纪念罗斯福总统，从中体会罗斯福其人其事。越战纪念碑同样把问题的答案留给观众，让人们在对空间的体验中判断历史的是非功过。然而现在仍有许多纪念景观设计手法贫乏，缺乏思想深度，场所的形式还是无法摆脱文字性的说教，也有的偏离场所特性，不见标题，不知其纪念的内容是什么，或玩弄谐音与数字游戏，让参观者心生厌烦，或者索然无味。

2.纪念途径与手段的变化　从单一的高大纪念物的设计转向纪念性空间、纪念性场所的塑造，注重观众的心理体验，刻意营造感人的纪念性气氛，是此类景观新的发展趋势。德国鲁尔工业区的数个景观公园通过对一批废弃工厂遗址的改造和再利用以保留历史与时间的积淀，体现了场所的精神，使鲁尔工业区近百年的经历不但可以成为城市记忆的一个重要部分，也折射了整个欧洲工业这一阶段的发展历程。该方案同时使用了景观设计中的生态复育、污水雨水分流处理、新能源开发等全新的途径与手段。使用新的环境技术修复与再现历史环境，使其融入现代生活，也是表现历史事件、取得纪念性效果的好方法。

第二节　纪念性景观的空间结构与形态

一、纪念性景观的空间结构

（一）道路

道路是进入纪念性景观空间的通道，也是纪念性景观意象的主导元素。人们正是在道路上行走的同时观察着纪念性景观，其他纪念性元素也是沿着道路展开布局，因此也与道路密切相关。凯文·林奇认为特定的道路可以通过多种方法变成重要的意象。

1.抬高的路　抬高的路是带有明显人工痕迹的通道。这种通道可以有意让使用者注意到被抬高的结果，也可以为了一些目的而故意使使用者忽视这种结果。前者道路两旁露出标高较低的地面，使人居高临下，由于感觉更趋近了天空，暗示一种神圣感；后者需通过道路两旁密植的植物来遮掩低标高的地面，由于视觉上景物的纯净性使人把注意力更加集中在行进的方向上。抬高的路应有一定的长度才能达到以上的设计目标，这种道路形式最成功的应用案例首推我国古代的天坛。天坛从祈年殿往南通向圜丘的是一条高于地面4m多的砖筑甬道，称为丹陛桥。甬道宽约30m，长约360m（图12-2-1）。

图12-2-1　天坛丹陛桥

2.水边的路　水边的路是一种边缘感很强的通道形式，这是因为道路的质感与水面的性质相差很大。

根据这一特点又可将水边的路分为三种：第一种是另一边为开敞地面的路；第二种是另一边也是水的路；第三种是另一侧是封闭的垂直面的路。之所以将水边的路划分成以上三种形式，是由于人们在这三种路上行走时的心理感受差别很大。另一边为开敞地面的临水的路是人们在日常生活中最常接触的，如许多滨水的城市都有在水边的路，这些路也是所有城市道路中最吸引人的部分。由于细节丰富（水的反射、水波、水中生物等）和原始性（这种路是最原始的路的形式之一）等特点，水边的路显得亲切、随和、具有灵活性。在纪念性景观中这种路通常用于过渡和休息。

3. 爬升的路 上升的方向自古以来便被认为是通向神明的方向。上方具有崇高、神圣、尊严的意义，这种意义几乎人人都认可。故爬升的路是非常严肃而神圣的，在世界上有几种类型的金字塔，如古埃及金字塔、古玛雅金字塔等，这些都代表了对这一向上意识的强调和对上天的崇拜。其实在纪念性景观中，上升与爬升都只是一个感觉，并不是越高或台阶越多越好，爬升的路只要表达出了主题的含义就已足够了。如浙江绍兴鲁迅文化广场就是巧妙地先将部分地基下沉，再用几个上升踏步就将鲁迅铜像在环境中所处的地位表达出来了（图12-2-2）。

图12-2-2　绍兴鲁迅文化广场爬升的路

4. 拉长的路 作为能给人留下完整印象的纪念性景观，一个适当的仪式场所和一个寓意深远的象征物同样都不可缺少。在有的情况下，基地原始条件不允许纪念物的仪式场所占地过多，也有的情况下，纪念主题要求有一个较长的供人逐步品味的仪式场所，此时就可以运用被拉长的路来进行景观设计。如美国景观设计师劳伦斯·哈普林设计的罗斯福纪念园打破了纪念性景观设计的常规，把仪式场所设计成了一个风景优美、空间多样的通道。

（二）边界

边界是景观设计中的线性要素，但和道路不同，它通常是两个区域的交界线，是连续过程中的线性中断，如围墙、水岸、用地界线等。这些边界可能类似于栅栏，或多或少可以互相渗透，同时将区域之间区分开来；也可能类似于接缝，将沿线的两个区域相互关联、衔接在一起。对纪念性景观来说，边界是区分

并联系纪念性区域与非纪念区域的线性要素。

（三）节点

节点是观赏者能够进入的具有景观战略意义的点，是人们来往行程中的集中焦点。某些是连接点，如交通线路中的休息站、道路的交叉或汇聚点、从一种结构变为另一种结构的转换处，其位置的特殊性决定了节点的重要性。某些是集中点，为一个区域的中心和缩影，其影响由此向外辐射，它们因此成为一个区域的象征，被称为核心。许多节点兼具连接和集中两种特征。节点与道路的概念相互关联，因为典型的连接点就是道路的汇聚点；节点同样也同区域的概念相关，因为典型的核心就是区域的集中焦点和中心。

在纪念性景观中节点空间有围合和开敞之分。凯文·林奇认为："节点的边沿如果是封闭的，并且每条边又很明确，那么它就更肯定……如果它还有一个向心的空间形式，就将极其有力了，这正是形成静态外部空间的传统方式。"节点由于聚合人流及人在其中逗留观察的特点，节点中材料的质地、质感和光影效果等就显得非常重要。在城市纪念性景观中，占主导地位的节点往往是纪念性广场。

（四）标志物

标志物是另一种类型的点状存在物，观察者只能位于其外部而不能进入其中。标志物通常是一个定义简单的有形物体，即许多可能元素中的一个突出元素。标志物的关键特征是在某些方面具有唯一性，或在整个环境中让人难忘。标志物是形成纪念性景观意象特征的重要元素，纪念碑、纪念柱、纪念门、纪念性雕塑等都可以是纪念性景观中的标志物。

二、纪念性景观的空间形态

（一）基本形态

纪念性景观是一个"整体"的概念，不可能有哪个因素能单独发挥作用，分开进行讨论是为了分析的方便，设计时就需要将它们综合起来考虑。构成各种几何图形的基本形式有三种，即正方形、正三角形和圆形。这三种图形自身都相当独立和完整，具有简约合宜的特质，从而给人以明确、肯定的感觉，这本身就是一种秩序和统一。由这三种平面图形所构成的立体图形——正方体、棱锥体和球体，也具有同样的性质。这些基本图形作为一种组织要素，给了设计创作一个想象的起点，更复杂与细致的形式可以由此展开。勒·柯布西耶（Le Corbusier）赞美这些图形时说："正方体、圆锥体、球体、圆柱体或者金字塔式的棱锥体，都是伟大的基本形式，它们明确地反映了这些形状的优越性。这些形状对于我们是鲜明的、实在的、毫不含糊的。由于这个原因，这些形状是美的，而且是最美的。"

1. 正方形　正方形被认为是一种人类创造出来的而非自然界存在的图形。它代表着一种纯粹与合理性，给人庄重、稳定的感觉。由正方形构成的正立方体，仍然表现出相当的稳定性与完整性。在纪念性景观空间中，立方体式空间常常暗示着一种驻留、静思的状态。

在西方古典建筑中，正方形作为人类理性的象征成为纪念性题材的重要表现手段。从古罗马时代发展起来的凯旋门基本上采用了正方形构图，例如位于巴黎戴高乐广场的雄师凯旋门（Arc de Triomphe）是拿破仑为了庆祝东征胜利而建造的，其立面轮廓是方形，中间是券柱式拱门，具有高高的基座和女儿墙，两边有精美的高浮雕作装饰，整个构图给人以稳定、雄壮的感觉。在东方，正方形也常被用来塑造庄重、肃穆的空间，如印度的泰姬·玛哈尔陵。

在现代造型艺术中，正方形的构图经常被构成主义、立体主义所采用。阿尔多·罗西（Aldo Rossi）为纪念在第二次世界大战中被法西斯迫害的死难者所设计的圣卡塔尔多墓园（San Cataldo Cemetery）就是一个置于"十"字形岩石基座上的由金属骨架构成的正方体建筑。

在我国传统的观念中，正方形象征着"方正""中和""正直""四面八方"，成为崇高人格的代名词。齐康设计的淮安周恩来纪念馆就是采用两个45°错位的"方方正正"的正方体形成外呈四方，内为八角形的建筑，其坐落在一片辽阔的清池正中。正方形的高大基座、四个角上四根巨型角柱支撑着的方锥体的屋顶等，使人产生古希腊神庙似的联想。然而中央纪念大厅将正方体旋转了45°，这种旋转形成了一个实的正方体和一个虚的正方体，两者交合为一。形体的变换破除了过于厚重的建筑体量感，使正方体处于动感之中，也使纪念馆与周围的环境更加和谐统一（图12-2-3）。

图12-2-3 淮安周恩来纪念馆

2.三角形　最直接、最明显类似于三角形的自然物即山岳，它使人联想到雄峻和艰险，产生崇高感，这种山岳崇拜的心理情结几乎是全人类共有的。我国人民很早就用山丘来构筑皇陵，以壮其威严，秦始皇陵、乾陵都是我国古人智慧的结晶；古埃及人也早在5 000年前就采用简洁的三角形赋予金字塔很强的表现力和纪念性，取得震撼人心的效果；在美洲大陆上，玛雅人也建造出山岳形的金字塔作为宗教和纪念的建筑。

除了能满足人类追求垂直感的心理需求外，三角形还具有稳定而永恒的意味，因而在景观中极富表现力。

3.圆形　圆形是一种极为均衡的图形，圆周上任何一点到圆心的距离都相等，由此引出了圆形的基本象征——“圆满”。弗朗茨博士把圆形或球体解释为自我的象征，圆形体现出自我个体的每一个方面及其组成的整体，包括人与自然的关系。无论圆的象征是出现在原始的太阳崇拜中还是现代宗教中，出现在西藏喇嘛所画的曼陀罗中还是城市设计平面图中，它永远都表明了生活的终极完满。罗马万神庙（Pantheon）就是以近乎完美的圆形构图成为建筑史上的杰作（图12-2-4）。圆的这一特性也可以隐喻平等，如美国葛底斯堡国家公墓（Gettysburg National Cemetery）。

图12-2-4 罗马万神庙

在我国古代，人们的宇宙观是“天圆地方”，因此圆形和穹顶也就象征着“皇天”。天坛是皇帝祭天的场所，其平面自然就被建造成圆形，当皇帝登上三层汉白玉台基，踩在圆的中心上时，看到的是苍茫林海之上无比宽广开阔的天宇，一种似乎“与天通灵”的奇妙感觉油然而生。

圆形还具有极强的向心性，画出一个圆周，甚至只画出一段圆弧，都暗示出圆心的位置。伊斯坦布尔的圣索菲亚大教堂（Hagia Sophia）虽然内部中心没有祭坛，但高大宽阔的穹顶仍然强调出了中心的位置所在（图12-2-5）。哈尔滨防洪胜利纪念塔以一个完整的半圆形柱廊，十分自然地把人们的视线引向处于圆心处的主碑身上，使碑体的中心地位得到突出，周围的柱廊起到陪衬作用，总体构图完整（图12-2-6）。

图12-2-5 圣索菲亚大教堂

图12-2-6 哈尔滨防洪胜利纪念塔

4. **基本形的组合** 正方形、三角形和圆形都是十分完整的具有“永恒”意味的几何形式，当由这样的纯净形体所构成的空间按某种秩序组合在一起时，又会产生一种特别神秘的心理感受。

阿尔多·罗西在意大利摩德纳圣卡塔尔多墓园的设计中运用了正方体、三角形和圆锥体等纯净的形体，并使它们具有深邃的象征意义。墓园场地的三角形构图象征着人的脊柱，“脊柱”的端部是一个圆锥体，用作公共墓地。三角形的底正对着用于供奉第二次世界大战中死难烈士的圣坛，这是一个四面墙上遍布1m见方窗洞的圣洁的立方体，没有屋顶，没有楼板，也没有窗户，犹如未完成的被废弃的房屋。周围是一片空旷的场地，空气中弥漫着神秘主义的气氛（图12-2-7）。

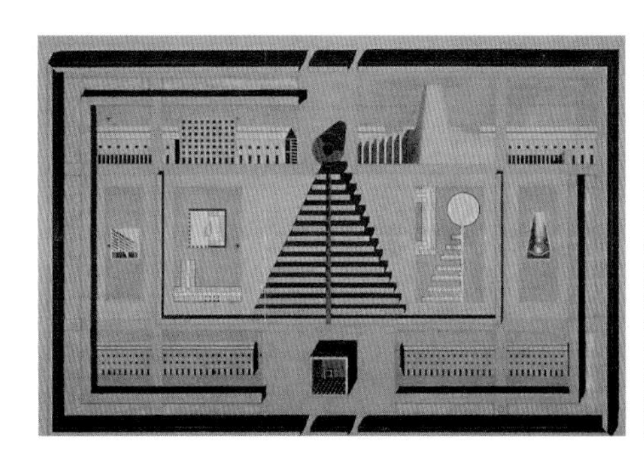

图12-2-7 圣卡塔尔多墓园

除了几何形体的叠加外，纪念性也可以通过几何形体的“相减”而获得。阿尔多·罗西也设计过一个纪念性喷泉，在一个高10.2m的立方体中央切出一个倒立的锥体，泉水从顶部三边滴下，造型很别致，也富有纪念意义。通过几何形体的完美特征求得空间的永恒意义，是纪念性景观常常采用的办法。

（二）尺度、比例、方向

1. **尺度** 尺度不等于尺寸。尺度是人们对景观的大小尺寸的认知和感受，因此，它是一种相对的概念。现代以前的纪念性景观崇尚巨大的建筑体量，然而夸张的尺寸并不一定能给人们带来相应的尺度感。

以凯旋门的发展历程为例。建于公元81年古罗马时期的提图斯凯旋门高14.4m，宽13.3m，拱券跨度为5.35m，是单拱券凯旋门的典例，它的构图完整，比例匀称，基座浑厚有力，虚实对比分明，显得庄严雄伟；法国拿破仑时期建造的雄师凯旋门高度达50m，宽度约45m，以4个巨大的石墩为支柱，显示出不可摧毁的军事力量，是拿破仑炫耀其武力与政绩的产物，它的体量约是提图斯凯旋门的5倍，然而却没有因为其尺寸的变大而增加其伟大性；平壤凯旋门是迄今为止世界上最大的凯旋门，高达60m，宽度为50m，深度达到36.1m，体量庞大而缺乏亲切尺度的细部，因此其艺术性比雄师凯旋门更逊色一些，给人的宏伟感受并不能与它超常的体量成正比（图12-2-8）。

图12-2-8　平壤凯旋门

人们对建筑尺度的感知存在于对比之中。胡夫金字塔高度为146.6m，因为它必须与广袤无际的沙漠相匹配，体现崇高精神，故采用超大的尺寸。与金字塔相比，古罗马图拉真广场上的纪功柱高35m，由于广场空间的狭小而显得非常高大。

尺度的相对性来源于三个方面：第一个方面为与人体的比较，这是尺度最根本的意义；第二个方面则为与环境的比较；第三个方面为景观整体与局部的关系。金字塔前狮身人面像的存在起到了衬托金字塔宏伟尺度的作用。不同尺度的空间，对人的情绪的影响是截然不同的。

巨大的尺度使人产生一种强烈的震撼，这是由于人对巨大的体量有本能的敬畏。古代纪念性景观几乎都采用大尺度的空间以营造纪念气氛，甚至出现了“纪念性尺度”这一概念。美国圣路易斯的大拱门（杰弗逊国家扩张纪念碑）为不锈钢贴面的巨型拱券，总高度达192m，其超大的尺度因处于气势宏伟的密西西比河畔而显得与环境十分协调。拱券的断面呈中空式三角形，腹中有电缆车可供游人登高游览。这个超级拱门以现代技术的成就表现不朽的纪念性，以其夸张轮廓装点城市，成为独特的地标纪念物（图12-2-9、12-2-10）。

图12-2-9　美国圣路易斯大拱门远景

图12-2-10　在美国圣路易斯大拱门上俯瞰城市

中等尺度是人活动的正常尺度，相比巨型的尺度，中等尺度给人以适中与归属的感觉。如果是小于使人产生舒适感的尺度，在纪念性景观中常用来表现压抑的气氛，并通过空间的封闭来加强这种感觉。值得强调的是，尺度的大、中、小之间并没有明确的界限划分，只是相对而言的，它们的效果也有可能因环境的不同而改变。例如，一般来说，高层建筑在城市中是突出的，但是在纽约市，尺度的效果则反过来了，在华尔街区鳞次栉比的摩天大楼中间，那座小小的三一教堂（Trinity Church）在周围环境中反而居于主导地位。

在纪念性景观的设计中，特别是纪念伟人的景观设计，常常会出现尺度矛盾的问题。也就是说，既需要大尺度来产生纪念性的高大感和力量感，又需要中等尺度和细部使它也具有真实性与亲切感。解决这种矛盾常常采用双尺度的手法，在巨型尺度之下套入人体尺度，既衬托出宏伟壮观的气势，又体现了平易近人的风格。

视错觉现象也常常被用来改变纪念性空间的尺度感。路易斯·康（Louis Kahn）在罗斯福岛上设计建造的富兰克林·罗斯福四大自由纪念公园（The Franklin D.Roosevelt Four Freedoms Park）是一个平面狭长的园苑，纪念碑坐落在长213m的梯形场地的顶端，人们从梯形场地的底向纪念碑走去时透视的错觉使这段路途显得相当遥远，纪念碑也显得格外高大。由花岗岩石墙围成的纪念空间在江面背景的衬托下，具有神圣、庄重的气氛。

同样，重叠、遮挡等中国古典园林中的惯用手法也是改变空间尺度感的好办法。“园林与建筑之空间，隔则深，畅则浅，斯理甚明。”人对空间大小的认识是相对的，是对空间边缘感受的心理过程进行综合分析判断的结果。中国古典园林正是利用这一特点，对空间进行合理的分隔处理，促使观者产生心理感受上的多次转换，在有限的空间中创造无限的情趣，以小见大，以少胜多。

2.比例　比例就是指要素本身、要素之间、要素与整体之间在量度上的一种制约关系。任何空间，无论它是何种形状，都具有长、宽、高三个维度的量度，这三种量度间的关系就形成一定的空间比例；在每一个立面或者平面内，各个要素之间也存在比例关系。

自古以来，关于形式美的理论几乎都致力于完美比例的研究，从黄金分割比、文艺复兴时期的艺术理论到现代模数制……所有这一切，都是为了在空间可见要素中建立一种秩序感、一种和谐美。虽然人们对空间序列有一定的感知，但这种感知由于透视和距离的影响以及文化渊源等因素，不可能是准确无误的，但是通过一系列的反复体验，空间要素所产生的视觉秩序还是可以被感知、接受，以至得到公认的。

和谐的比例所带来的庄重、典雅感在纪念性景观中被认为代表着一种高尚的情趣，它给人带来的视觉上的愉悦是十分宝贵的。古希腊帕特农神庙（Parthenon Temple）被证明是运用黄金分割比例取得优美造型的典范，它的正面以无可挑剔的精确比例和细部处理塑造了一个古典美的化身。

另一种经典的协调比例的办法是：使整体特别是外轮廓以及内部各主要分割线的控制点，符合或接近圆形、正三角形等具有确定比例的简单的几何图形，就会由于其几何的制约关系而产生和谐统一的效果。巴黎雄师凯旋门立面整体轮廓为一正方形，其上若干控制点分别与几个同心圆或正方形重合，比例十分严谨（图12-2-11）；罗马万神庙以圆形与三角形相结合的构图取得和谐优美的比例（图12-2-12）。

图12-2-11　巴黎雄师凯旋门

图12-2-12　罗马万神庙和谐的比例

现代纪念性景观也往往利用古典的比例关系来获得观者的认同。诺曼底美军官兵公墓牺牲者的墓碑都是一个拉丁十字架（图12-2-13），十字架的比例是黄金分割比，组成肃穆整齐的阵队，可谓借助古典语言传达了现代精神。

图12-2-13　诺曼底美军官兵公墓牺牲者墓碑

不同比例的空间使人们产生的心理感受也不同，存在着异质同构的关系。芦原义信通过对室外空间的宽度D和围合物高度H之间比例的分析，建立了一套室外空间比例与人的心理反应之间关系的理论，对纪念性景观的设计有借鉴作用。

当$D:H$约为1时，观者可以看清实体或界面的细部，空间内聚又不至于让人感到压抑，有亲切感；当$D:H$约为2时，观者可以看清实体或界面的整体，形成向心的空间，有安全感；当$D:H$约为3时，观者可以看清实体的整体与背景，空间则会产生实体排斥，形成离散的空间，给人的感觉是放松的，但空旷漠然；如果$D:H$的值再继续增大，空旷或荒漠的感受就相应增加，从而失去空间围合的封闭感；$D:H$的值越小于1，则内聚的感受越强以至产生压抑感。总而言之，空间比例在人心理上所起的作用相当微妙，需要设计者细心地体验，用心地塑造，方能达到预想的效果。

3. 方向　在长、宽、高三个方位上形成的空间比例，可能有两种表现形式：一种是各个方位相对平衡，另一种是某个方位占主导地位。在古典与现代的各种空间中，经常可以看到一种方位占主导地位的情况，则称这种空间具有向度。严格来说，几乎没有空间能在各个方位上保持绝对平衡，判断空间是否具有向度主要是看它的这种方向感的强度是否足以改变人们对空间整体形态的感知并引起情感的波动。

不同的空间向度也具有不同的象征意义。水平的向度往往同大地、大海联系起来，因而具有宽广、平静的意味；垂直的向度则与高山、天际联系在一起，因而具有崇高、伟大的意味。随着这种主导方位与其他方位对比的增强，这种感觉就越来越明显。

“高”作为纪念性景观表达纪念性的语言之一，常给人以接近天的神秘想象力，这是由于古人崇拜天而形成的传统观念。“高”除了表达雄壮形象外，还被视为权威、希望和理想的象征。古代埃及的方尖碑为由整石做成的尖顶方柱体，用以崇拜太阳，其高宽比一般为10：1，最高者达30m。美国的华盛顿纪念碑，以古埃及方尖碑为蓝本，高达169m，巍巍直耸云霄，表现了至高的权威性。宽而平的空间使人产生侧向广延的感觉，利用这种空间可以形成开阔、博大的气氛；纵深方向占主导地位的空间使人产生深远的感觉。除了以上三种典型的空间向度外，狭长的弧形空间可以产生一种导向感，诱导人们沿着空间的轴线方向前进。

在纪念性景观中巧妙地利用空间的尺度、比例、向度等特点，可给人以某种精神感受，把人的情感引导在正确的方向上。

（三）空间序列

纪念性空间的宗旨是通过空间与环境的塑造与氛围的渲染，引导观者的思绪与情感，使他们最终领悟纪念的主题，空间序列设计的好坏经常成为决定纪念性景观设计成败的重要因素。好的纪念性景观大多通过若干层次的空间，一步步引导观者，使他们逐步抛开旁念，从而升堂入室，最后以具有强烈纪念意义的主题标志物震撼观者的心灵，使其永生难忘。这犹如一首优美的乐曲，有引子、发展、高潮、尾声，其中重点主题贯穿乐曲始终，不断地敲击着听众的思绪，加上中间的变奏与副主题的交织，最终形成层次丰富、主题鲜明的优美乐曲。我国传统陵墓建筑往往运用空间序列的手法形成良好的效果。例如，吕彦直设计的南京中山陵，以广场为序曲，牌坊为开端，墓道和大台阶为发展，中间穿插着陵门前广场作为空间的变奏，碑亭作为空间的小高潮，最终以雄踞于台阶尽端的祭堂作为整个空间的高潮。观者沿着轴线步步登高，带着生理上的疲劳和心理上的渴望，抵达祭堂

时，几经情感的“净化”，自然产生一种肃穆的拜谒情绪。但也有例外，华盛顿罗斯福纪念园用四个空间来表达罗斯福总统著名的“四大自由”：言论和表达自由、宗教信仰自由、免于匮乏的自由和免于恐惧的自由，这四个空间是平等的，没有主次之分，罗斯福纪念园以一系列叙事般的、亲切的空间组成纪念场地，没有喧哗与炫耀，以一种近乎平凡的手法创造了一个值得纪念的、难忘的空间。

空间序列大体上可分为两类：线性序列（或称程序式序列）和非线性序列（或称非程序式序列）。

线性序列通过明确的路线设计，强制性地安排观者的参观路线，也就是说观者只能将设计者所规定的程序作为唯一的选择，才能达到预定的效果。例如位于柏林特雷普托公园中的苏维埃战争纪念碑（Soviet War Memorial，Treptower Park）就是典型的单一轴线对称式的布局，其空间序列可分为三个段落，自入口拱门到母亲雕像为第一段，为空间序列的开始，是情感的酝酿阶段；自母亲雕像至旗门为第二段，是空间序列的引导，所表现的主题是哀思，至旗门处为空间的收束；过了旗门进入第三段，是空间序列的高潮与终结，所表现的主题是胜利。这三个段落有明确的先后顺序，任何逆转与穿插都会使纪念效果大打折扣。

非线性序列则是以空间的主从关系而不是以时间的先后顺序来组织游线，没有唯一的参观路线，观者可以在空间与空间之间自由来往与驻留，不受限制地体验空间，感受纪念性氛围。

大部分的纪念性景观往往根据需要将这两种空间序列有机地组合起来。例如上海龙华烈士陵园，既有严谨的中轴对称的空间序列，在中央轴线两侧又有自由公园式的游览区，一些纪念雕塑、纪念遗址和烈士墓地点缀其间。

第三节　纪念性景观的空间特色

除了空间结构与形式外，纪念性景观空间的特色是由更为具体的要素及其状态决定的，这些要素包括地形、水、植物、构筑物以及它们的质地、色彩等，纪念性景观对这些要素与自然中的光影、声音等也有一些较为特别的处理。纪念性景观要素可分为物质要素和人文要素，前者作为相对独立的成分参与空间塑造，后者则是以文化和社会习俗的形式渗入空间形态与结构的各个环节，转化为传达情感的形式或符号，为参观者所感知。物质要素与人文要素是一体的、完整的、相辅相成的。

一、物质要素

（一）地形

大范围的地形包括山谷、高山、丘陵、平原等；范围小一些的可以包括土丘、斜坡、平地等。地形在纪念性景观中有重要意义，因为它直接联系着众多的景观要素，此外，地形也能影响区域美与特征，影响空间构成和空间感受。

1. 地形建造的功能

（1）分隔空间。可以通过不同地形的塑造来创造和限制空间。如通过提高或降低平面来创造或改变空间。

（2）控制视线。利用地形可控制视线，这种设计手法常被称为“断续观察”或“渐次显示”。当一个赏景者仅看到了一个景物的一部分时，对隐藏部分就会产生一种期待感和好奇心，而想尽力看到其全貌，但他不改变位置是不能看到整个景物的，在这种情形下，赏景者将会带着进一步探究的心理，竭力向景物移动，直到看清全貌为止。设计师利用这种手法，创造一个连续性变化的景观来引导人们前进，许多陵墓景观便采用了这种手法。

2. 地形的类型与纪念性景观的设计

（1）平坦的地形。平坦的地形没有遮拦，使人们在相当远的距离上一览无余。任何一种垂直线性元素在平坦地形上都会成为视线焦点，古埃及金字塔、华盛顿纪念碑等即是此例。

（2）凸地形。山丘是凸地形的典型，是最原始的一种景观要素，许多民族都认为山是天与地的交界，因而有山岳崇拜的历史。在我国，山往往是神仙居住的地方，《穆天子传》记载西王母居住在昆仑之巅。山所呈现出来的三角形状具有的稳定性和高大的永恒感都使山本身具有了强烈的纪念性，可以作为纪念性景观中的主体形象和背景。如古埃及的金字塔等都是在山的形象中加以提炼形成的。

（3）凹地形。凹地形具有封闭性和内向性，可以形成一个不受外界干扰的空间。在古代纪念性景观中很少用凹地形，但现代纪念性景观却常用其来表达特别的意义。如越战纪念碑使用凹地形创造了一个内向的空间，同时还隐喻了战争的创伤。

地形变化万千，因此在构思纪念性景观时，应根据具体需要加以设计使用。根据纪念的内容和性质，或藏或露、或开放或含蓄，使之与纪念性景观的具体性格和谐统一。

（二）水

水是自然界中最具灵性的物质。它变幻不定、无色无形，又具有无限的包容性。它可以是涓涓细流也可以是汹涌巨浪，可以是宁静的小池也可以是浩瀚的大海。在古今中外的许多文化中，不同形态的水都被赋予不同的意义，有着很强的象征性，在纪念性景观中的运用也非常多，水运用的好与坏对整个纪念性景观的品质具有重要的影响。

与其他要素比较，水有其特殊性，是纪念性景观中具有丰富效果的要素，它能形成不同的形态，如平展如镜的水池、流动的水和喷泉等。由于水是液体需要容器来盛放，因此容器的形状、尺寸以及质地也会对水景产生影响。另外，水声也会对观者的感受产生影响。

（三）植物

植物是极其重要的素材，它不仅是纪念性景观中的景观元素，而且还有着许多重要的功能。

1. 植物的象征意义　植物有象征性作用，古今中外，人们都借用不同的植物来表达特殊的情感。例如，垂柳在我国被赋予了一种依依惜别的情调，在西方其实也有类似比喻，称垂柳为泣柳，松柏自古以来便代表亘古长青之意，枫树代表晚年的能量，银杏象征稳固持久的事物，等等。以上含义都是家喻户晓的，所以用这些植物可以烘托特定的纪念气氛，甚至连苔这种微不足道的植物在纪念建筑中也被赋予丰富的内涵。在台北“二二八”事件纪念碑竞赛中，有一个佳作方案名“苔苑”，构思十分巧妙，设计在基地中切出一块接近菱形的地块种植青苔，取得“梅风地溽，虹雨苔滋”的古诗意境。青苔象征着平凡的生命——民生，需要细致的爱护与滋养。盛夏雨过，虹现天际，青石苔润，凭吊者在此，俯仰天地，观察万物，顿生追古思今的情怀。

2. 植物的形体功能

（1）构成空间。地被植物和矮灌木可以用来暗示空间的边界，植物还可以在垂直面和顶面影响空间感，不同干型、叶色、质感的植物可以形成不同品质的空间。日本建筑师坂仓准三设计的德国石油大王纪念苑围绕一个路线进行设计，用树丛来围合苑的空间，人们在路线上行走时始终有树的背景映在眼中，使人感到十分的自然，使环境有一种主导气氛。

（2）障景。植物材料像直立的屏障，能控制人的视线，将所需的景色收到眼中，而将与整体纪念氛围不相符合的其他景物阻挡在视线之外。

3. 植物的观赏特点　植物的大小、色彩、形态、质地以及与总体布局和周边环境的关系等都能对纪念性景观设计产生影响。

植物在纪念性景观中有特殊用途，有植物的空间可以带来生气，相反，不用植物或运用死去的植物可以表达一些特殊的气氛。在齐康先生设计的侵华日军南京大屠杀遇难同胞纪念馆中便使用了大面积的卵石，寸草不生，不仅象征累累的白骨而且产生了令人恐怖的荒凉感，使人仿佛穿越时光看到当时悲惨的场景。美国某艾滋病纪念园中，设计师用死去的乔木作为纪念园中的主景，象征那些因为身患艾滋病而逝世的人。植物的荣枯以及季相的变化在特定条件下可以将参观者的感受同生死轮回的循环联系起来。

（四）人工构筑物

1. 墙　不同的墙体具有不同的质感及肌理效果，可以围合出大小、明暗不一的空间背景，这些空间的戏剧性的变化可以影响人们的参观感受。石墙是现代很多纪念性景观中的常用元素，竖立的光滑石墙常用来表达对死者的纪念，如越战纪念碑中黑色的花岗岩墙能隐隐约约映射参观者的身影，恍惚中，仿佛两个世界的人可以进行交流。在这里，石头坚硬的自然属性已被类似镜子的人工特征所代替。

引导人们的参观线路。人们在参观中往往只注意观察周围的事物并进行思考，而不注意脚下的路，这时路如果有剧烈的方向变化会给人带来不舒服的感受。用墙作为背景在视觉上诱导人们的行动，就可以避免以上问题。如侵华日军南京大屠杀遇难同胞纪念馆即采用了此方法。

墙体还有分隔场地的作用，太大的空间有时不符合纪念主题的要求，用墙分隔后就可以解决这个问题。

2. 巨石构筑物　巨石以其巨大的体量和重量在空

间与气氛上影响参观者的心灵感受，在纪念性景观的设计中往往以巨石巨大的尺度代表超人的能力和不可知的神秘力量。如英国史前巨石阵、古埃及金字塔等。

3. **碑与柱**　古代的陵墓纪念碑等许多纪念性景观是由石头构成的，石头的耐久特性使人们相信将文字或符号记录到石头上会永远流传下去，古人常以"树碑立传"的手法将伟人的功绩镌刻其上以期永传后世，如方尖碑、纪功柱等。

（五）其他自然要素

"万物有灵"是人类最初对世界的认知，这种思维使自然界的每一种客体都被赋予特定的精神，因此自然界的风、雨、雷、电等要素也在纪念性景观上有所运用，这些景观因素使人造的景观与永恒的自然之物之间形成了联系，从而也产生了美感。

1. **光与影**　因为有了光的存在，我们才能看见并认识世界，光影效果使人们得以分辨对象的立体感与层次感。在纪念性景观中，自然光已经不仅仅只是单纯地用来照明，而是更多地用作空间构图的要素去烘托环境气氛，创造纪念性的情调，表现出新颖的空间格调和艺术内涵。自然光线从早到晚的强度与角度都在不断地变化，这种光线的变化在纪念性景观中不但会产生戏剧性的效果，而且能成为设计者制造仪式象征的重要手段。

有光便有影，光和影是自然界最为丰富的"语言"和最动人的"表情"，也是纪念性景观的情感表现经常使用的重要元素。现代设计往往利用并控制太阳光，以各种手段对光影效果进行"加工剪裁"，通过实体元素表现光影的形态变化和色调，以展示自然光与环境空间相互作用而产生的丰富效果与艺术魅力。

除了光影的造型效果外，光的象征意义也为人所重视。黑暗并不是光明的缺席，而是与光明对立的独立要素。光明与黑暗对各个民族来说，都象征着善与恶的两种对立，不论是在西方的《圣经》中，还是在我国的远古神话中，光明都被用来象征天神、真理和美德，而黑暗却被用来象征妖魔、邪恶与悲剧。

2. **声音**　人凭借自身各种各样的感官来感知这个世界，其中听觉系统占了很大的比例。在来自纪念性景观的各种信息中，当然也应该包含听觉信息，所以在设计纪念性景观的时候不应只局限在视觉上，应充分挖掘听觉感受的巨大潜力。对于纪念性环境，声音的设计可以分为两类：一类是对自然声音的处理，另一类是引进人工发音器。自然界中存在着许多美妙的声音，只是人们太习以为常了才过分忽视了它们，这些声音被庄子称为"自然的箫声""最美之乐"。日本神奈川县的聂耳纪念碑选址在鹄沼海滨，不但指明了这位音乐家离开人世的地点，而且使美妙的海涛声永远地伴随着这位创作了美好声音的人。与此不谋而合的是，建在我国上海的聂耳纪念园也运用了听觉因素，只是这里运用的是第二类声音，在坐落着纪念像的小广场后的弧墙内利用人工设备播放聂耳谱写的《义勇军进行曲》，增强了纪念气氛。

3. **色彩**　许多纪念性景观利用人对色彩的心理感受创造出各具特色的纪念性空间，如刻着名字的黑色石头已经成为战争纪念园内最常用的要素。南京大屠杀遇难同胞纪念馆运用了灰白色的卵石象征累累白骨，用灰褐色的墙创造出压抑的气氛。在中山市岐江公园中，俞孔坚设计了许多由钢铁组成的红色空间，很好地表达了对我国那段红色年代的回忆。这些色彩的使用取得了很好的效果。

二、人文要素

纪念性景观不但需要借助形态塑造手段与自然环境因素来达到纪念的目的，而且此目的的实现与当地的人文环境也有着相当大的关系。人文环境从若干方面影响着纪念性景观的情感表现与空间体验，主要表现为三个方面：一是地域空间上的关联，二是历史与文化的延续，三是纪念仪式的参与。纪念性景观应成为场地空间网络与历史脉络坐标中的一个有机的成分。

1. **基地的选择**　纪念性景观即是一种群众举行纪念活动的场合，其特殊的功能决定它应有一个较为适宜的气氛，应根据其内容选择合适的环境，如果周围环境车水马龙、一片混杂，就难以达到理想的纪念效果。所以纪念性景观既要选择与群众接近的场所，又要确保纪念性气氛不受干扰。

南京中山陵的选址应该是成功的，它位于城市东部紫金山南麓，交通比较便捷，环境也相当幽静，中山陵风景区重峦叠翠、古树参天，也为纪念陵园所需要的气氛打下良好的基础。南京雨花台烈士陵园选址在革命烈士英勇就义的地方，历史上也有众多名人在此安息，因此纪念意义更得到了加强。

城市环境中对纪念气氛有利的因素，我们应尽量地利用；对纪念气氛不利的因素，我们应尽量地隔离减弱。例如，上海的龙华烈士陵园附近有一座千年古塔——龙华寺塔，设计者运用了借景的手法，使古塔成为陵园景观的组成要素，增强了环境的历史感与场所感；而对于城市交通这种不利于纪念气氛营造的因素，则采用了障景的办法，设计者特地保留了入口处的一组大香樟树丛，使人在穿过这个树丛时获得一种进入感，如同脱离喧闹的城市来到了一片"净土"中。

2. 文脉的延续 纪念本身的意义即包含着对历史的见证，它记录了人类创造历史的进程，因而具有鲜明的历史性。社会历史活动所创造的成果沉积而成为人类的文化，不同时代或不同地域都会产生不同的文化，各个民族因为其社会活动与传统的差异也表现出不同的文化特性。纪念性景观既是文化的组织者也是记录人类历史文化的载体，具有延续性特征。这种延续性首先表现为对历史遗迹的保留与恢复，许多纪念性景观利用遗址作为建筑基地，然后根据构思和设计的要求对遗址环境进行适当的整理和改造，往往可以取得很好的纪念与教育效果。如德国达豪纳粹集中营纪念馆（Dachau Concentration Camp Memorial Site）保留原集中营的布局和建筑物，修复了大量的原有设施，观者如同身临其境，给人留下深刻的印象。当纪念性景观无法建造在遗址上时，可以采用符号移植与象征的手法激发观者的想象力而还原历史的氛围，从而达到一种历史的延续性。华盛顿的（犹太人）大屠杀纪念馆（United States Holocaust Memorial Museum）运用大量建筑符号来模拟集中营的空间意象，有效地制造出压抑、恐怖、悲惨的气氛，捉住了观者的内心。这种手法效果的好坏很大程度上取决于体验者对这种文化符号解读能力的高低，因此，教育民众也应该是纪念性景观责无旁贷的功能。历史与文化的延续性最重要的表现方式是传承文脉（context），也就是说纪念性景观与其所处的城市与地段的历史需要具有一种上下文式的联系，这有利于人们认识到历史事件的背景，并始终被具有历史感的场所包围，产生良好的纪念气氛。南京的中国共产党代表团梅园新村纪念馆与绍兴的鲁迅文化广场就是在这方面取得成功的典范。

梅园新村纪念馆建造在1945年以周恩来为首的中国共产党代表团与国民党政府谈判的地点——梅园新村。代表团住宿的几幢房屋已被修复作为供参观的遗迹，设计者十分注意新建的纪念馆与老建筑之间的协调统一，从体量、色彩、材料到建筑细部都来源于老建筑，特别是周恩来当年住过的梅园新村30号。所有的建筑自然朴素，在环境中十分得体，很好地表现了纪念的主题。

鲁迅文化广场建于绍兴解放路与鲁迅路的交汇口，这里是鲁迅故迹的集中保护区，大家很熟悉的鲁迅故居、三味书屋、咸亨酒店、恒济当铺等都在附近。因而设计需要考虑新旧环境的相互影响，保持建筑传统的延续性，在方案中，设计者首先引进了几个具体的要素：水、舟、桥、廊、阶、石地等，正是这些要素使难以言传的文化环境被牢牢地限定下来，并给参观者提供了一个具象的鲁迅先生文学中"故乡"的场景。由于广场的尺度亲切宜人，吸引了许多当地的居民前来休息游玩，这些居民在无意之中为"故乡"的场景增添了现实生活中的人物，使"故乡"更加生动真实。整个广场如同一组质朴的风情诗，让人们总能感受到"小桥流水人家"般的文学氛围。

3. 纪念仪式的参与 将纪念性景观与特定的纪念仪式联系起来，有助于参观者纪念性情感的升华，许多纪念性景观的设计者将可参与性的仪式精心组织起来。每年8月6日，人们从世界各地赶到日本广岛和平纪念公园纪念那些在原子弹爆炸中死去的人，哀悼仪式常常有日本学生一起参加，傍晚时用烛光晚会来结束纪念活动，千万如豆的烛光像夜晚无数颗闪动的星星，象征人们心中不灭的和平的希望。在这个仪式中人们将对死者的纪念升华为对和平的承诺。

三、设计案例

（一）华盛顿的越战阵亡将士纪念碑

美国华盛顿的中心区域是城市总体规划中的纪念景观区，在这里，著名的纪念性景观星罗棋布。1982年10月，越战纪念碑主体也在这里落成。其设计人是耶鲁大学的华裔学生林璎（Maya Lin），在1980年举办的全国公开征集纪念碑设计方案竞赛中，她的方案从1 421件参赛作品中脱颖而出。

华盛顿的越战阵亡将士纪念碑（Vietnam Veterans Memorial）是20世纪70年代大地艺术与现代公共景观设计结合的优秀作品之一。场地按照等腰三角形被

切去了一大块，形成一块微微下陷的三角地，象征着战争造成的创伤。"V"字形的长长的挡土墙由磨光的黑色花岗岩石板构成，一望无际，其上刻着57 692位阵亡将士的名单，形成"黑色和死亡的山谷"，镜子般的石墙映射了周围的树木、草地、山脉和参观者的脸，让人感到一种刻骨铭心的义务和责任。"V"字形墙的两个边分别指向华盛顿纪念碑和林肯纪念堂，将这种纪念性的意义带入整个历史长河之中。正如设计者林璎所说，这个作品是对大地的解剖与润饰。这个"V"字形的纪念碑构想震惊了美国的整个设计界，因为它是对传统的纪念形式的彻底反叛。当时评判委员会的主任委员十分欣赏这个设计，认为在基地地形调整之后，该设计未来呈现的风貌是纪念环境面向着广阔的天空，加之其与邻近的华盛顿和林肯的纪念建筑的关系，它们将提供一个很动人的环境体验。他特别提出，传统的纪念碑已无法满足纪念的象征性需要，走向景观式的设计方案（landscape solution）是将来的必然趋势（图12-3-1）。

图12-3-1　华盛顿的越战阵亡将士纪念碑

竞赛的结果立刻引起许多争论，褒贬不一的巨大声浪几乎要把设计者所吞噬。有人认为它庄严高贵，让人印象深刻，但也有人无法转变对纪念碑设计的传统观念而觉得它是对美国和战死者的侮辱。林璎自己解释她的构想是“代表地球上的一道裂缝——一条长而黑的墙从地表冒出来又下陷到地底下去”。她希望整个纪念碑及其环境“应是一个非常平静且公园化的地方，让人可以在此进行反省和自我赎罪，全体和个人在越战中的损失也可以在这里被人们永远惦记着”。

历经坎坷之后，越战纪念碑于1982年最终落成了。建成后，每年有数百万人造访这座纪念碑，证明了它的成功。原先反对最激烈的退伍军人也转怒为喜，曾被指责“耻辱与悲哀”的“黑色伤痕”也变成了团结各方、抚慰心灵的地方。

（二）美国“9·11”国家纪念广场

“9·11”国家纪念广场（The National September 11 Memorial and Museum）是美国纪念“9·11”事件最主要的场所，旨在探寻这一重大历史事件的含义、搜集并记录这一事件所带来的冲击和影响、让世人铭记并持续地思考“9·11”事件的意义（图12-3-2至图12-3-4）。

图12-3-2　美国“9·11”事件之前纽约市世界贸易中心双子大楼高高耸立的天际线

图12-3-3　美国“9·11”事件双子大楼爆炸与倒塌瞬间

图12-3-4　纽约新世贸大楼

“9 · 11”事件之后，针对如何对待世贸中心双子大楼的残迹这一问题，美国各界异议纷纭，最终各方还是达成一致意见，决定在大楼遗址上建造纪念馆，使被摧毁的双子大楼遗址成为一个神圣的场所。2002年，纽约市与纽约州共同组建了曼哈顿下城开发公司，负责世贸中心双子大楼所在地曼哈顿下城地区的重建与恢复工作。2003年，曼哈顿下城开发公司发起了世贸中心纪念广场的国际设计竞赛。2004年1月，第一阶段概念设计竞赛结束，由建筑师迈克·阿拉德（Michael Arad）提出的名为“空之思”（reflecting absence）的方案，在来自63个国家的5 200余个参赛方案中脱颖而出，与其他7个入选方案进入第二阶段的竞赛。在第二阶段竞赛时，参赛者需按竞赛要求进一步完善设计概念并提出实践方案。评委们虽然认可了迈克·阿拉德“虚池”的构思，但觉得其景观设计难以达到集纪念和户外休闲于一体的目的，建议他找一家景观公司合作。此时，有丰富都市广场设计经验的PWP景观设计事务所受到评委会的邀请加入到第二阶段的设计竞赛中。PWP景观设计事务所在8个第一阶段胜出的方案中相中了迈克·阿拉德的“空之思”方案，双方密切合作赢得了竞赛，并完善了最终的实施方案。

“9 · 11”国家纪念广场占地约3.2hm²，坐落在面积约6.4hm²的世贸中心双子大楼原址的中心，是世贸中心重建工程的一部分。它既是一处缅怀死者、寄托哀思的神圣场所，也是一个精心营造的绿色空间，对周边的城市环境也起到了积极的改善作用。纪念园由3个主要部分组成：纪念池、纪念广场及纪念展览馆（图12-3-5至图12-3-7）。

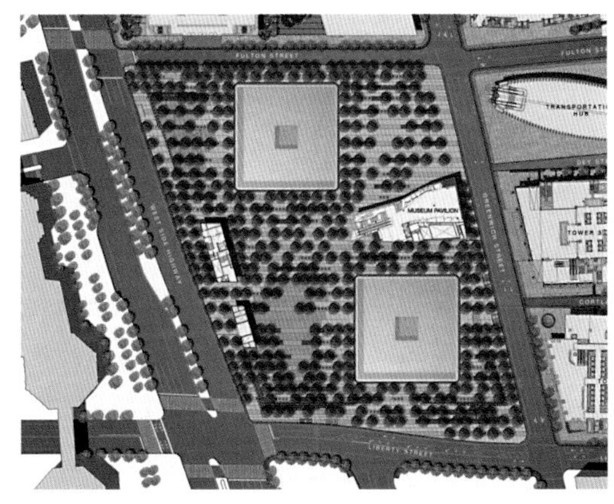

图12-3-5　美国“9 · 11”国家纪念广场设计平面图

图12-3-6　美国“9 · 11”国家纪念广场设计效果图

图12-3-7 “9·11”国家纪念广场所在地环境谷歌卫星地图

纪念广场的核心部分是建在原世贸中心双子大楼位置的两个巨大的边长约60m、面积约0.4hm²的水池——“虚池”（voids），池深约9m，周边由瀑布环绕。瀑布倾泻而下注入池中，声如雷鸣，在水池的中心部分是个看似无底的正方形“深渊”，象征着那永远无法弥补的损失。环绕“虚池”边沿的金属面板上镂空镌刻着“9·11”事件中在纽约、华盛顿、宾夕法尼亚，以及在1993年世贸中心爆炸案中所有约3 000位罹难者的名字，入夜时分，从面板内部透出的光亮使得这些名字熠熠生辉。人们在池边看着滚滚逝水跌入池中、消失在深渊的时候，念诵、抚摸、拓写着亲人的名字，以寄托哀思。

为得到理想的瀑布景观，PWP景观设计事务所同它的长期合作伙伴——瀑布设计师Dan Euser一起建造了实物尺度的模型，用来测试瀑布的效果。Dan还改进了流水槽的锥形，在取得最高的用水和能源效益的同时得到了最佳的视觉效果。加上灯光设计师Paul Marantz的照明设计，使得瀑布在夜晚也清晰可见。

环绕纪念池四周的是一个占地约3.2hm²的纪念广场。广场的设计理念是“平整”。它为死难者的亲人及参观人群提供一个有沉思、纪念氛围，但不压抑的集会和休息空间。

追求平整效果的纪念广场上人工栽植的416株橡树，隔离了城市环境的喧嚣和繁华，在“虚池”周边营造出一个可以沉思冥想的神圣区域，在树林间零散但不失规律地布置了石凳，为参观者提供了相对安静的休息场地。树林里留出的一片草坪用来举行各种纪念仪式，而在平日，这个柔软的绿色空间是能让人享受宁静的地方。设计者希望在离开“虚池”穿过这片橡树林返回城市时，来访者的心灵能够得到一点点慰藉。为了充分渲染庄重安详的空间感觉，整个设计没有用过于复杂的材料：单一品种的树木、石材、草皮、地表植被和金属栅栏板，目的都是强化这种平整、单一却不单调的效果。

如今这里是一片宁静、美丽、和谐的开放空间。在纽约市的中心，在这座充满活力、朝气蓬勃的城市中心，这里提供了一处让人们沉思与回忆的地方。景观设计的成功之处就是用设计的语言让人们去反省，为曾经逝去的人和事默哀。景观设计所制造的场所画面感十分突出，具有动感的落水方坑让人强烈地感受到双子大楼曾经的存在，水不断地流去象征生命的逝去，轰隆隆的瀑布声音使人联想起大楼崩塌的场面。设计师用不多的语言，让人们充分感受到场地的属性，跌落瀑布的震撼与橡树林的宁静使景观环境具有了调动人们情绪的戏剧化的效果。

该设计还运用了节能环保的技术措施，景观设计可持续性的思想一直贯穿其中。环境景观的单元构件都容易更换和维修；路面由可再生材料铺设；高效的雨水利用系统、树林灌溉系统以及广场的水循环系统都实现了用水的平衡。虽然采用单一树种的绿化形式，但是合理种植密度的树林在各个季节都营造出了令人舒适的小气候环境（图12-3-8至图12-3-10）。

Evan Hunter Gillette
Linda June Sheehan
Douglas Jason Irgang
James Lee Connor
James Andrew O'Grady
Joseph Lostrangio
Hemanth Kumar Puttur
Sanford M. Stoller
Santos III
Anne T. Ransom
Esposito
Thomas
Matthe
Joseph

图12-3-8　美国“9·11”国家纪念广场的环境景观

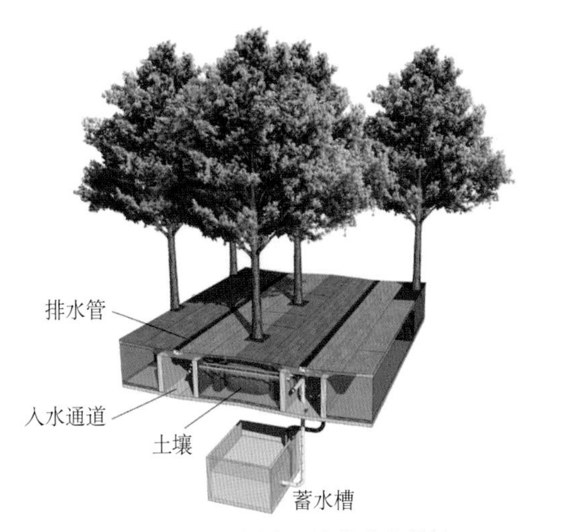

图12-3-9　为树木设计的节水措施

图12-3-10　美国“9·11”事件纪念墙浮雕

四、总结

进入20世纪以来，西方众多的设计师开始反对脱离普通人精神需求的高大的、唯美的古典纪念形式而努力探求适应时代发展的新的纪念形式。到了20世纪60年代，西方政治、经济的动荡与变革促使景观设计进入了反思和转变的时期，设计思想更加广阔，手法也更加多样。纪念性景观由于特定的精神因素，它的变化尤为引人注目。从劳伦斯·哈普林设计的罗斯福纪念园到林璎设计的华盛顿越战纪念碑，每一次都会引起人们的众多争论，但随着这些纪念性景观的建成，人们对现代纪念性景观设计的认识也在发生着变化。

为谁而纪念？怎么去纪念？这些问题随着时代的进步也在悄然发生着变化。社会的进步已经使人将关注人类共同的命运作为全球最重要的事情；相反，对神灵或个人的顶礼膜拜与臣服，或许将成为历史。前事不忘，后事之师，纪念曾经的人与事的最大价值是让现代的人与将来的人不忘历史的教训，学会感恩先辈与回报社会，从而明确自己的前进方向。人类对自我行为的反省能力让我们看到了理性的光辉，人类的未来因此才会变得更加光明。

从20世纪末到21世纪初，我国的景观设计行业进入了飞速发展的时期，景观无论在内容上还是在形式上都在发生着巨大的变化。在纪念性景观设计中，世界各国优秀的技术方法都值得我们去学习，以景观的形式去纪念历史，其思想内容与形式表现始终需要设计师不断去探索，但形式毕竟是表面的东西，思想的高度才是纪念性景观设计的核心追求。

第十三章 CHAPTER 13 风景区环境景观设计

风景区也称风景名胜区，是指风景资源集中、环境优美、具有一定规模和游览条件，可供人们游览欣赏、休憩娱乐或进行科学文化活动的地域。

风景资源也称景源、景观资源、风景名胜资源、风景旅游资源，是指能满足审美与欣赏活动需求，可以作为风景游览对象和风景开发利用的事物与因素的总称。

风景区具有生态效益、社会效益和经济效益。风景区的社会公益性质，具有以下功能：

①保护风景名胜资源，维护自然生态系统稳定，保存历史文化信息。

②发展旅游事业，丰富文化生活。

③开展科研和文化教育，促进社会进步与国民素质提高。

④通过合理开发，实现生态效益、社会效益和经济效益的协调发展。

风景区规划与景观设计所需要掌握的技术非常多，这里只简单介绍一些基本的常识，希望可以为人们深入了解这方面的知识提供一个可参考的路径。

第一节　风景区规划设计概述

一、风景区规划设计的产生

国外对风景区的规划早于我国，从17世纪开始，英国就将贵族私园开辟为公园。19世纪中叶，欧洲国家及美国、日本开始规划设计与建造公园，标志着现代公园的产生。国家公园萌发于1832年，一般认为国家公园的概念是由美国艺术家乔治·卡特林（Geoge Catlin）首先提出的。美国于1872年通过《黄石国家公园法案》，并成立了世界上第一个国家公园，又于1916年成立国家公园管理局，同时制定了美国《国家公园基本法》。在我国，1985年全国人民代表大会常务委员会批准我国加入联合国教科文组织《保护世界文化和自然遗产公约》，国务院于1985年6月7日发布《风景名胜区管理暂行条例》，2006年《风景名胜区条例》通过并予以公布。

世界文化遗产的标准为：①代表一种独特的艺术成就，一种创造性的天才杰作；②在一定时期内或世界某一文化区域内，对建筑艺术、纪念物艺术、城镇规划或景观设计方面的发展产生过重大影响；③能为一种已消逝的文明或文化传统提供一种独特的至少是特殊的见证；④可作为一种建筑或建筑群或景观的杰出范例，展示出人类历史上一个或几个重要阶段的成就；⑤可作为传统的人类居住地或使用地的杰出范例，代表一种或几种文化，尤其在不可逆转之变化的影响下变得易于损坏；⑥与具特殊普遍意义的事件或现行传统或思想或信仰或文学艺术作品有直接或实质的联系（只有在某些特殊情况下或该项标准与其他标准一起作用时，此款才能成为列入《世界遗产名录》的理由）。

世界自然遗产的标准为：①构成代表地球演化史中重要阶段（如寒武纪、白垩纪等）的突出例证；②构成代表进行中的重要地质过程（如冰河作用、火山活动等），生物演化过程（如热带雨林、沙漠、冻土带等生物群落），以及人类与自然环境相互关系（如梯田农业景观）的突出例证；③独特、稀少或绝妙的自然现象、地貌或具有罕见自然美的地带（如河流、山脉、瀑布等生态系统和自然地貌）；④尚存的珍稀或濒危动植物物种的栖息地（包括举世关注的动植物聚居的生态系统）。

申请设立风景名胜区应当提交包含下列内容的有关材料：

①风景名胜资源的基本状况。

②拟设立风景名胜区的范围以及核心景区的范围。

③拟设立风景名胜区的性质和保护目标。

④拟设立风景名胜区的游览条件。

⑤与拟设立风景名胜区内的土地、森林等自然资源和房屋等财产的所有权人、使用权人协商的内容和结果。

《风景名胜区总体规划标准》(GB 50298—2018)指出：风景区规划应分为总体规划、详细规划两个阶段进行。大型而又复杂的风景区，可以增编分区规划和景点规划。一些重点建设地段，也可以增编控制性详细规划或修建性详细规划。

风景区总体规划必须坚持生态文明和绿色发展理念，符合我国国情，符合风景区的功能定位和发展实际，因地制宜地突出本风景区特性。并应遵循下列原则：

①应当依据现状资源特征、环境条件、历史情况、现状特点以及国民经济和社会发展趋势，统筹兼顾，综合安排。

②应优先保护风景名胜资源及其所依存的自然生态本底和历史文脉，保护原有景观特征和地方特色，维护自然生态系统良性循环，加强科学研究和科普教育，促进景观培育和提升，完整传承风景区资源和价值。

③应充分发挥景源的综合潜力，提升风景游览主体职能，配置必要的旅游服务设施，改善风景区管理能力，促使风景区良性发展和永续利用。

④应合理权衡风景环境、社会、经济三方面的综合效益，统筹风景区自身健全发展与社会需求之间的关系，创造风景优美、社会文明、生态环境良好、景观形象和游赏魅力独特、设施方便、人与自然和谐的壮丽国土空间。

风景区规划应与国民经济和社会发展规划、主体功能区规划、城市总体规划、土地利用总体规划及其他相关规划相互协调。还应该符合国家现行有关标准与规范的规定。

二、规划术语与名词

1. 景物（scenery）　景物是指具有独立欣赏价值的风景素材的个体，是风景区构景的基本单元。

2. 景观（landscape）　景观是指可以引起视觉感受的某种景象，或一定区域内具有特征的景象。

3. 景点（scenic spot）　景点是由若干相互关联的景物所构成、具有相对独立性和完整性、并具有审美特征的基本境域单位。

4. 景群（scenery group）　景群是由若干相关景点所构成的景点群落或群体。

5. 景区（scenery area）　景区是在风景区规划中，根据景源类型、景观特征或游赏需求而划分的一定用地范围，包含有较多的景物和景点或若干景群，形成相对独立的分区特征的空间区域。

6. 风景线（scenery line）　风景线也称景线，是由一连串相关景点所构成的线性风景形态或系列。

7. 公园（park）　公园是由政府或公共团体建设经

营，供公众游玩、观赏、娱乐的园林，具有改善城市生态、防火、避难等作用。

8. **国家公园**（national park） 国家公园的概念起源于美国，指一些本质上洋溢着大自然粗犷气息与原始风味，并随处呈现自然奇观的一片辽阔土地。设立国家公园能够发挥以下功能：提供保护性环境，保护生物多样性，提供国民游憩地、繁荣地方经济，促进学术研究及国民环境教育。

9. **地质公园**（geo park） 地质公园是以具有特殊地质科学意义、稀有的自然属性、较高的美学观赏价值、具有一定规模和分布范围的地质遗迹的景观为主体，并融合其他自然景观与人文景观而构成的一种独特的自然区域。

10. **森林公园**（forest park） 森林公园是具有一定规模和质量的森林风景资源和环境条件，可以开展森林旅游，并按法定程序申报批准的森林地域。

11. **自然保护区**（natural conservation area） 自然保护区是指经政府部门批准设立的，是国家为了保护自然生态环境和自然资源，对具有代表性的不同自然地带的环境和生态系统、珍贵稀有动物自然栖息地、珍稀植物群落、具有特殊意义的自然历史遗迹地区和重要的水源地等，划出范围界限，并加以特殊保护的地域。

三、风景区类型

根据《风景名胜区分类标准》(CJJ/T 121—2008)，风景名胜区按照其主要特征可分为14类：历史圣地类（Sacred Places）、山岳类（Mountains）、岩洞类（Caves）、江河类（Rivers）、湖泊类（Lakes）、海滨海岛类（Seashores and Islands）、特殊地貌类（Specified Landforms）、城市风景类（Urban Landscape）、生物景观类（Bio-landscape）、壁画石窟类（Grottos and Murals）、纪念地类（Memorial Places）、陵寝类（Emperor and Notable Tombs）、民俗风情类（Folk ways）和其他类（others）。风景名胜区类别代码应采用“SHA”和阿拉伯数字表示，如：SHA1是历史圣地类，SHA14是其他类。

根据《风景名胜区总体规划标准》(GB/T 50298—2018)，风景区按用地规模可分为小型风景区（20km²以下）、中型风景区（21～100km²）、大型风景区（101～500km²）、特大型风景区（500km²以上）。按等级特征分为市、县级风景区，省级风景区和国家级风景区。

四、规划与设计的具体内容

风景区规划应该执行《风景名胜区总体规划标准》(GB/T 50298—2018)，对于规划设计的很多具体内容可以从中找到依据，必须严格执行。同时需要参见《中华人民共和国文物保护法》《中华人民共和国环境保护法》《中华人民共和国水法》《中华人民共和国森林法》《中华人民共和国土地管理法》《旅游规划通则》(GB/T 18971—2003)《风景名胜区条例》《旅游景区质量等级的划分与评定》(GB/T 17775—2003)《旅游资源分类、调查与评价》(GB/T 18972—2017）等法规与条文，以及地方性的相关规定。

风景名胜区规划分为总体规划和详细规划，起到控制、协调、优化和保障的作用。风景名胜区总体规划的编制，应当体现人与自然和谐相处、区域协调发展和经济社会全面进步的要求，坚持保护优先、开发服从保护的原则，突出风景名胜资源的自然特性、文化内涵和地方特色。风景名胜区详细规划应当根据核心景区和其他景区的不同要求编制，确定基础设施、旅游设施、文化设施等建设项目的选址、布局与规模，并明确建设用地范围和规划设计条件。风景名胜区详细规划，应当符合风景名胜区总体规划。

风景名胜区规划的编制程序包括调查研究阶段、制定目标阶段、规划部署阶段、规划优化与决策阶段以及规划实施监管与修编阶段。

风景名胜区规划的主要任务是：风景名胜资源的保护与培育；风景名胜资源的开发与利用；风景名胜资源的经营与管理。风景名胜区总体规划应当包括下列内容：

①风景名胜资源综合分析与评价。

②生态资源保护措施、重大建设项目布局、开发利用强度，明确禁止开发和限制开发的范围。

③研究游客容量，统筹部署风景名胜区的功能结构和空间布局，明确风景区的发展方向、目标和途径，展现景物形象、组织游赏活动、挖掘景观潜能。

④综合安排风景游览主体系统、旅游设施配套系统、居民社会经营管理系统和主要发展建设项目。

⑤有关风景名胜区的专项规划。

⑥提出实施步骤和配套措施（表13-1-1）。

表13-1-1　风景区总体规划图纸规定

图纸资料名称	比例尺				制图选择			图纸特征
	风景区面积／km^2				综合型	复合型	单一型	
	20以下	20～100	100～500	500以上				
1.区位关系图	—	—	—	—	▲	▲	▲	示意图
2.现状图（包括综合现状图）	1：5000	1：10000	1：25000	1：50000	▲	▲	▲	标准地形图上制图
3.景源评价与现状分析图	1：5000	1：10000	1：25000	1：50000	▲	△	△	标准地形图上制图
4.规划总图	1：5000	1：10000	1：25000	1：50000	▲	▲	▲	标准地形图上制图
5.风景区和核心景区界线坐标图	1：25000	1：50000	1：100000	1：200000	▲	▲	▲	可以简化制图
6.分级保护规划图	1：10000	1：25000	1：50000	1：100000	▲	▲	▲	可以简化制图
7.游赏规划图	1：5000	1：10000	1：25000	1：50000	▲	▲	▲	标准地形图上制图
8.道路交通规划图	1：10000	1：25000	1：50000	1：100000	▲	▲	▲	可以简化制图
9.旅游服务设施规划图	1：5000	1：10000	1：25000	1：50000	▲	▲	▲	标准地形图上制图
10.居民点协调发展规划图	1：5000	1：10000	1：25000	1：50000	▲	▲	▲	标准地形图上制图
11.城市发展协调规划图	1：10000	1：25000	1：50000	1：100000	△	△	△	可以简化制图
12.土地利用规划图	1：10000	1：25000	1：50000	1：100000	▲	▲	▲	标准地形图上制图
13.基础工程规划图	1：10000	1：25000	1：50000	1：100000	▲	△	△	可以简化制图
14.近期发展规划图	1：10000	1：25000	1：50000	1：100000	▲	△	△	标准地形图上制图

注：①▲表示应单独出图，△表示可作图纸，—表示不适用。
②图13可与图4或图9合并，图14可与图4合并

五、风景区的管理与审批

风景名胜区应当自设立之日起2年内编制完成总体规划。总体规划的规划期一般为20年。风景名胜区规划编制完成后，根据《风景名胜区条例》关于风景名胜区规划实行分级审批的规定，各级风景名胜区总体规划和详细规划的审批，须遵循如下规定：

①国家级风景名胜区的总体规划，由省、自治区、直辖市人民政府审查后，报国务院审批。国家级风景名胜区的详细规划，由省、自治区人民政府建设主管部门或直辖市人民政府风景名胜区主管部门报国务院建设主管部门审批。

②省级风景名胜区的总体规划，由省、自治区、直辖市人民政府审批，报国务院建设主管部门备案。省级风景名胜区的详细规划，由省、自治区人民政府建设主管部门或直辖市人民政府风景名胜区主管部门审批。

③风景名胜区规划经批准后，应当向社会公布，任何组织和个人有权查阅。风景名胜区内的单位和个

人应当遵守经批准的风景名胜区规划，服从规划管理。风景名胜区规划未经批准的，不得在风景名胜区内进行各类建设活动。

④经批准的风景名胜区规划不得擅自修改。确需对风景名胜区总体规划中的风景名胜区范围、性质、保护目标、生态资源保护措施、重大建设项目布局、开发利用强度以及风景名胜区的功能结构、空间布局、游客容量进行修改的，应当报原审批单位批准；对其他内容进行修改的，应当报原审批单位备案。

⑤风景名胜区详细规划需要修改的，应当报原审批单位批准。政府或政府部门修改风景名胜区规划对公民、法人或者其他组织造成财产损失的，应当依法给予补偿。

第二节　设计案例：包头市石门风景区景观、景点规划设计[1]

设计者：白杨

（一）概况

石门风景区位于内蒙古自治区包头市以北的山谷之中，这里古称“中道”，是连接阴山南北的重要通道，相传“昭君出塞”就曾经过这里。如今的石门风景区是在包头市昆都仑水库的基础上经过旅游开发而逐步形成的（图13-2-1），为使水库能持久发展、永续利用，进一步增强它的旅游功能，应包头市水利局之托对整个风景区建设做了具有长远指导意义的规划（图13-2-2）。

图13-2-1　石门风景区水库大坝现状全景

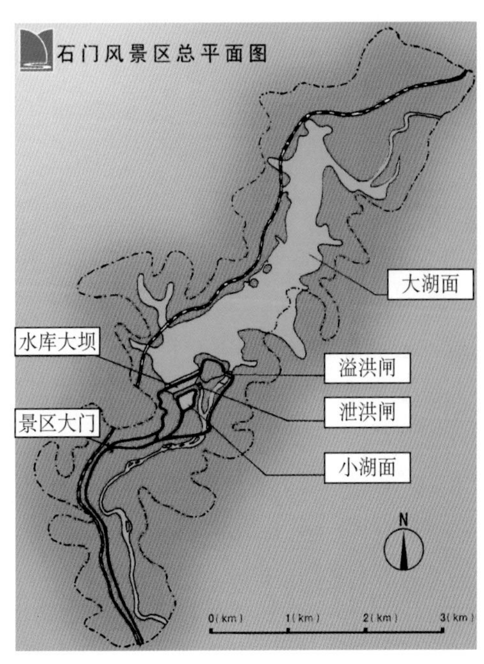

图13-2-2　石门风景区总平面图

此次规划的主要目的有三个：其一是风景区旅游度假经营的文化策划；其二是确定水库境内风景区的旅游线路；其三是完成今后几年内将要建设的景观、景点的设计方案。在文化宣传策划上设计了景区的VI系统，特别是为风景区设计了标志（图13-2-3），其形式简洁直观，寓意为承续历史文脉，正所谓：

山如石门相对开，绿草欣荣涧水蓝。

曾经古道连朔漠，今现平湖起幽岚。

图13-2-3　石门风景区标志设计

[1]本次设计方案图以钢笔速写方式绘制

（二）总体规划设计立意

我国传统的园林设计可谓思想精深、手法高超，其理论体系在世界景观创造上也独树一帜，有着极高的地位，特别是在人类活动与自然环境的关系处理上能够达到“天人合一”的完美境界。然而，就现代化大型人类工程的景观审美定位与游览经营开发方面，到目前为止国内可供借鉴的优秀范例并不是很多。这样就决定了此次规划设计将是艰难的、具有挑战性的，另外也是全新的、富于创造性的。在进行了大量缜密的前期调查和资料收集的基础上，景观规划设计秉承我国“巧于因借，精在体宜”的经典设计思想，最后提出了此次规划设计的三大方向定位。

①以大型水库工程与自然山水地貌作为规划设计的主体空间背景，创造能够反映时代特点，并符合现代人类生活志趣的全新景观环境。

②挖掘有关的历史文化积淀，从汉唐时代人文精神中寻找大气、自由的创造灵感，选取有用的设计素材，提炼可供使用的设计符号，将其有效地组织到设计作品当中。

③在景观创造上，使用藏传佛教艺术素材，蒙古族装饰、图案，阴山岩画等诸多设计元素，体现地区与民族的特点，开发具有蒙古族民风、民俗特质的旅游景点与经营项目。

（三）景观分区

此次规划将风景区划分为五个区域：入口前区、入口后景观区、大坝与小湖中心景区、大湖面水上旅游景区和东山度假村与山体旅游景区（图13-2-4）。各景区设计的景点名称最后全部概括为四字词语：

①入口前区的景点有：景区路标、广告标旗、景区大门。

②入口后景观区的景点有：石门开泰、路肩设计、林荫游步。

③大坝与小湖中心景区的景点有：汀步过河、铁索穿林、蒙王大寨、鱼廊卧波、驳岸设计、水磨山庄、古龙下坡、坝上凉棚、黄河渡过、天象问易、栈道飞空、图腾景园、悠然临波、金塔方阵、天纲网淼、铁桥通天、龙虎行风、新建船坞、蹦极惊魂、水道泳池（图13-2-5）。

④大湖面水上旅游景区的景点有：双岛连珠、蟹坡戏沙、石门客栈、客栈店幌。

⑤东山度假村与山体旅游景区的景点有：度假村落、路棚北望、趣味雕塑、神秘石刻、敖包幡影、翠谷听音、观音石壁、硕鼠石峰、岩画古趣、文人题刻、凭栏观城、昆仑转盘。

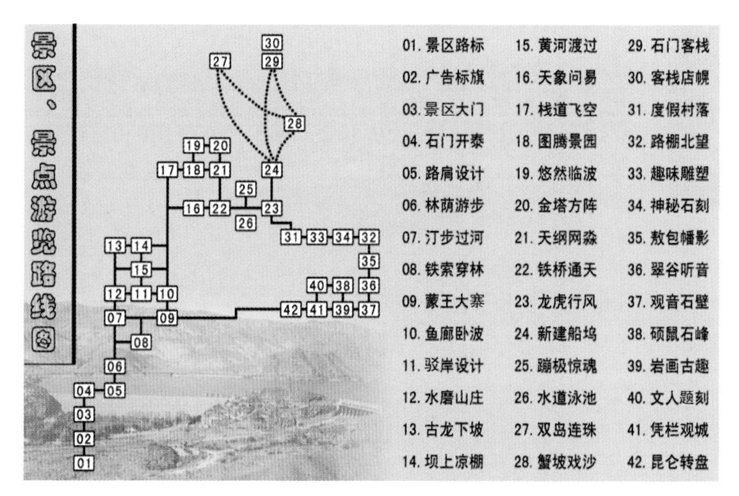

图13-2-4　风景区景区、景点游览路线规划图

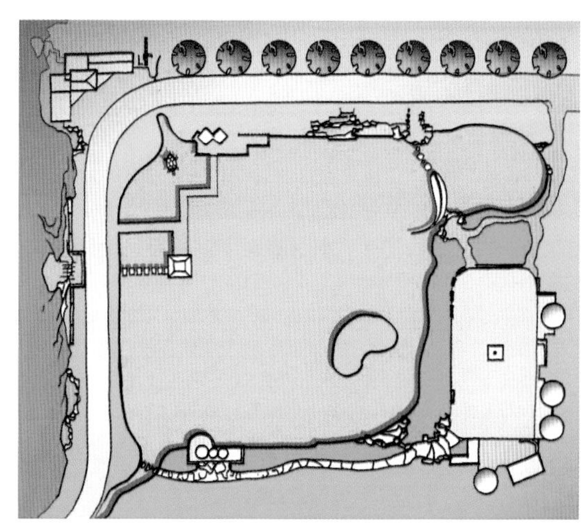

图13-2-5　大坝下方小湖景区环境景观规划平面图

（四）部分景观、景点设计方案

此次规划设计共提出景观、景点建设方案40多个，全部用钢笔速写辅助铅笔渲染的方式来表现。以下是部分景观、景点的设计。

1. 景区大门　景区大门是整个风景区的脸面，本设计力图通过不同材料材质的对比，用象征“山”的简洁几何造型与悬索结构的施工技术创造出一个现代感极强的园门形象，以此来预示水库景区的特质和风貌（图13-2-6）。

图13-2-6　景区大门设计图

2. 铁索穿林　水库大坝南侧有一个小湖，四周景色俨然，小湖南边有一片树林低地，在此设计了一处曲线道路与山石、座凳、绿化相结合的游憩空间。其中最具创意的是一架穿越林冠的铁索桥，相信当游人从桥上游览穿行时，感受着周围伸手可及的枝叶，一定会得到一种不同寻常的快乐体验（图13-2-7、图13-2-8）。

图13-2-7　小湖南面下沉林地环境现状

图13-2-8　“铁索穿林”设计图

3. 蒙王大寨　“蒙王大寨”景点位于小湖的东侧，本设计是在原有蒙古包建筑的基础上进行更专业的景观特色定位，使用了有关的蒙古族图案、装饰和民族生活符号，用后现代主义的设计语言创造出一处带有军戎意味的餐饮、娱乐经营场所（图13-2-9、图13-2-10）。

图13-2-9　“蒙王大寨”环境现状

图13-2-10　“蒙王大寨”设计图

4. 鱼廊卧波　鱼廊的设计可谓是小湖水面造景的点睛之笔。中国古典园林中的游廊与汀步在此被巧妙合理地进行了象形处理，显得极具创意。鱼廊的布置还具有划分湖面母子空间，联系两岸交通和湖面观景等多种功能作用（图13-2-11）。

图13-2-11　跨越水面的鱼廊设计图

5.驳岸设计　本方案设计将小湖四周不同地段的驳岸都进行了特定的处理。图13-2-13是小湖北岸的设计，用传统园林理石的手法，增加地坪变化，结合一些座凳的布置，使驳岸也成为一处休憩观景的地方。另外，小湖北岸现有一条很宽的广场性道路，路面设计采用彩色地砖硬化铺装，通过图案的变化可以形成不同的虚拟空间，以加强道路的分流与引导功能（图13-2-12、图13-2-13）。

图13-2-12　小湖岸边环境现状

图13-2-13　小湖驳岸设计图

6.水磨山庄　"水磨山庄"是一组有古代特征的餐饮建筑，也是环湖道路在西北角的转角对景，建筑的标志性景观是一个由水流推动的大水车。在建筑周围有三处水流来源：一是人工造景在西侧崖壁上设置的飞瀑；二是水库放水在地下形成的一个大涌泉；三是水库层压渗水自然形成的一道清流。这三种水流形态、方位不同，极具审美观赏价值，将它们组织进建筑环境空间，可以使建筑物活化与生动起来（图13-2-14）。

图13-2-14　"水磨山庄"设计图

7.坝上凉棚　水库大坝主体部分工程浩大，是石门风景区游览观光必到的地方，所以，此处的游览设施规划及景观设计都应给予高度的重视。水库大坝上有三个停留平台，这三个平台在未来的建设中应当选用优质的彩色花砖作硬化铺装。考虑到坝体的水利维护要求，其上方适宜建设成趣味雕塑景区，雕塑制作应当体现"以人为本"的设计理念，给游人留下参与其中进行再度创作的机会。

大坝最上方的平台是游人前往频率最高的地方，也是观赏库区风光较好的地点之一，可在这里搭建柔性遮阳凉棚以供游人小憩（图13-2-15、图13-2-16）。

图13-2-15　大坝顶部环境现状

图13-2-16　大坝顶部的凉棚设计图

8. 天象问易　在水库大坝和溢洪闸之间有座孤山，孤山周边也是风景区旅游的中心地区，本次规划对孤山上西边的一处山顶平台，孤山北面地区及孤山东、西断壁等处做了重点设计。对孤山上原有的水文观测塔在不影响功能的前提下进行了镜面包装装饰。

"天象问易"是在孤山西边平台上设计的一处科普建筑。建筑设计反映出我国古代天文、数术、哲学的文明之光；室内是用现代高科技表现手段介绍各种自然、宇宙奇观，矿藏、宝物和民族风情的展厅（图13-2-17）。

图13-2-17　"天象问易"设计图

9. 栈道飞空　孤山北侧的环山路西边有一断崖对景。断崖非自然形成，而是在建路时人为破坏的结果，很不美观。视觉景观审美要求对此处进行美化，但采用何种方式是一个难题，此处无土，因此不适宜绿化；若采用摩崖造像，又显得不够自然。围绕"人工开凿"这个现状条件，设计者突发灵感，在断壁上设计了一个残破栈道的雕塑景观，可谓"峰回路转，栈道翼然"，这样便给山体的斧凿之憾找到了一种非常恰当的造景方式（图13-2-18、图13-2-19）。

图13-2-18　"栈道飞空"创意景点的环境现状

图13-2-19　"栈道飞空"设计图

10. 图腾景园　"图腾景园"位于孤山北侧崖壁至环山路之间的空地之上，本设计采用回填种植土的方式将这块空地改造成地形起伏、适宜草木生长的开放式园林用地。园内设有各民族和各地区有代表性的图腾雕像，花草种植形成古典夔龙、拐龙的图案，设计力图创造出一块古朴、新奇的游玩观赏空间（图13-2-20、图13-2-21）。

图13-2-20　孤山北侧环境现状

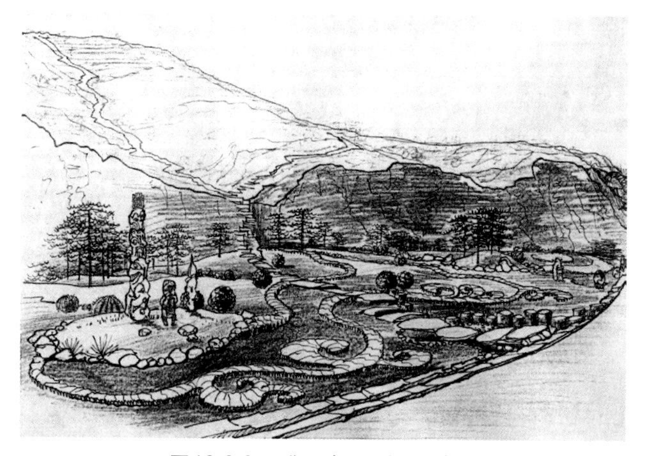

图13-2-21　“图腾景园”设计图

11. 悠然临波　从孤山北面环山路到大水面之间有一个下沉平台，图13-2-22是此处设计后的效果展示。为满足湖面观景之需，此处的主体景观是一组现代造型的水榭建筑，景点取名“悠然临波”，语出张孝祥《念奴娇·过洞庭》：“素月分辉，明河共影，表里俱澄澈。悠然心会，妙处难与君说（图13-2-22）。”

图13-2-22　大水面观景水榭设计图

12. 天纲网淼　在溢洪闸西端的硬化平台上有一块三角形的空地，本规划在此设计了一座名为“苍穹”的抽象雕塑。雕塑由螺纹钢焊连成网状，不锈钢制成的“五彩石”点缀其中，这一抽象造型蕴含了东方哲学的宇宙观；网状的设计语言又与水波淼淼的意向建立起联系。此雕塑在辽阔的水面背景之下显得灵动和飘逸，是游客摄影留念的好地方（图13-2-23、图13-2-24）。

图13-2-23　溢洪闸西端平台环境现状

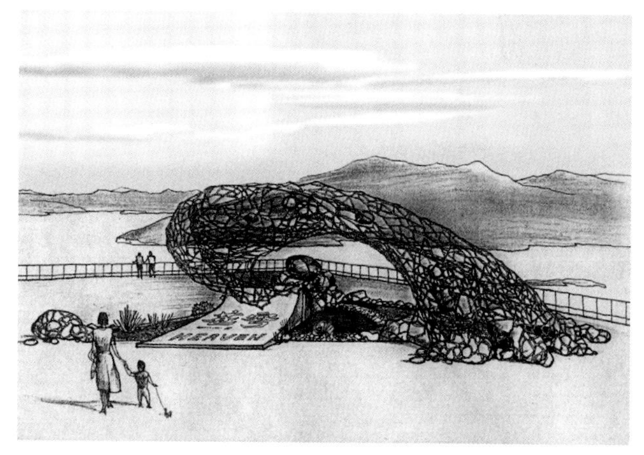

图13-2-24　“苍穹”环境雕塑设计图

13. 铁桥通天　溢洪闸南侧道路西端正对着山体被切断留下的残破崖壁。本设计对崖壁进行了改造处理：崖壁下方设计了一个挡土墙，可以起到装饰的作用，墙内填充种植土以便栽种花灌木；崖壁上通过开凿山洞营造出新奇的效果；铁桥的设计既是一种对景视觉审美的要求，又起到了联系上下交通的作用（图13-2-25、图13-2-26）。

图13-2-25 溢洪闸南侧道路西端对景环境现状

图13-2-26 “铁桥通天”设计图

14. 水道泳池 此处是对溢洪闸下方游泳池周边地区景观所做的规划设计。因为游泳池售票、更衣等场所在崖壁上方，而游泳池在溢洪道内，两者相距较远，所以合理的交通方式和路线组织是极为必要的。目前，溢洪道两边地带杂乱无章，在以后的建设中还需做大量精细的景观处理（图13-2-27、图13-2-28）。

图13-2-27 溢洪闸环境现状鸟瞰

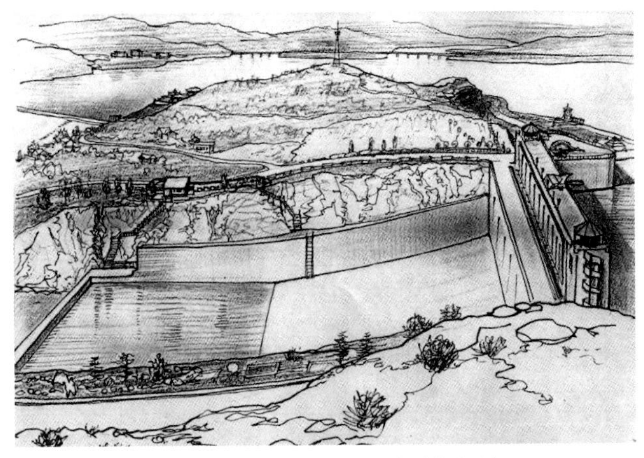

图13-2-28 溢洪闸“水道泳池”设计图

15. 蟹坡戏沙 大湖面东侧的岸边有一大片细沙地，本规划在此设计了既有雕塑形象又兼具亭子功能的添景仿生建筑，在大环境空间中形成趣味焦点，以吸引游人来此戏沙娱乐（图13-2-29）。

图13-2-29 仿生造型的亭子设计图

16. 石门客栈 “石门客栈”位于大湖水面深处的东山脚下，游客需乘船到达，这里原来有户以放羊为生的人家住在窑洞中，封山禁牧后，这户人家已经搬走，仅留下山坡上的羊圈。经过考察后发现，此处有不亚于陕北窑洞的土质，这便坚定了在此开展窑洞人居文化旅游的决心。

在保留原有环境面貌的基础上，将这里以窑洞建筑的形式开辟成一处有田园牧歌情调的度假胜地。“石门客栈”的店幌设计造型采用我国古代寨旗的形式，传达出“石门客栈”神秘、野逸、返璞归真的经营特色（图13-2-30、图13-2-31）。

图13-2-30　“石门客栈”设计图

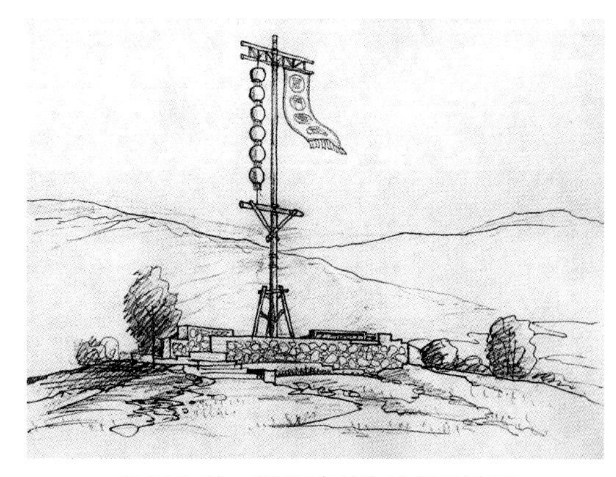

图13-2-31　“石门客栈”店幌设计图

17.登山旅游　登高望远是风景区旅游必不可少的项目，本规划在东山通过标志性景观设计，组织起一条使游人兴趣盎然的山体旅游路线。

除路棚、敖包等较大型的供游人驻足的设施点之外，沿路还设有“阴山岩画”和“趣味雕塑”等小品进行适当的点缀，以使游人在不断发现惊奇的过程中努力攀登（图13-2-32至图13-2-34）。

图13-2-32　东山旅游线路上的环境现状

图13-2-33　东山旅游线路上的趣味雕塑设计图

图13-2-34　东山旅游线路上的岩画设计图

18. 昆仑转盘　在东山的视线最高点处规划设计了一处名为“昆都仑大转盘”的标志性建筑物，其是整个风景区山体部分的制高点，也是登山方位的重要指示体（图13-2-35、图13-2-36）。

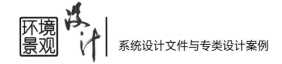

图13-2-35　从中心旅游区向东眺望的环境现状

图13-2-36　“昆都仑大转盘”远景设计图

19. 凭栏观城　“昆都仑大转盘”的设计带有浓郁的民族特点，站在这里可以眺望包头市区全景，故将此景点命名为“凭栏观城”（图13-2-37）。

图13-2-37　“昆都仑大转盘”近景设计图

（五）总结

本案例依托地域、历史和民族文化，对人工水库工程所在地区的环境进行了风格定位和景观设计，探讨了如何兼顾风景区保护与大型人造工程、自然环境旅游资源开发的方案和途径。

此套规划设计方案图虽然简洁，但明快的钢笔速写很好地反映出景观规划设计想要传达的思想。这种绘图方式也被委托设计单位所认可，并且很多设计方案已经逐步付诸实施。

第十四章
CHAPTER 14
城市街道景观的视觉设计

街道的景观就是城市的脸面，城市给人的主要印象和形象就体现在它的街道景观上。城市是庞大复杂的人类生活的场所构成体，一个城市的景观构成也不是由某个单一的因素所能够控制的，往往城市的形象反映的是整个社会现阶段的状态，可以说是城市管理者、设计者、建设者与广大市民的集体无意识共同作用的结果。这正应了欧阳修所说的那句话："虽曰天命，岂非人事哉？"所以，城市街道景观的问题不仅仅是城市规划与景观设计方面的事情，这就如同中医诊病，病人的气色不好，问题肯定不在脸上；城市环境景观出了问题，其根源也可能是环境的运行机制、场所的精神以及社会民众的审美修养等方面存在问题。但是，环境景观专业的一项重要工作就是研究视觉形象的好坏，设计师应该能够敏锐地发现环境的问题，也应该能够找到病因，然后在自己专业能够做到的情况下尽可能去解决问题，这就是景观设计的专业价值。

第一节　街道景观视觉设计概论

一、城市街道景观构成要素

应该说城市街道上所有有形的东西都是构成街道景观的要素，主要包括道路、道旁建筑和绿化、环境附属设施等。环境景观专业可以影响并改变的硬质景观包括以下方面。

1. 道路的设计　环境景观是城市道路设计过程中需要考虑的一个重要因素，以便在实现道路基本的交通功能外，可以有景可观，沿线优美的景观还可以体现城市的精神风貌，反映出城市的文化内涵。通直的大道只有侧向的景观，如果巧妙地规划道路为曲线或者折线，则可以营造路线前方的对景，特别是在我国，打破那种横平竖直的道路框架格局，可以有效地提升城市景观的形象。

如果站在更宏观的角度认识道路的布置，那街道就是城市的视线走廊，在一些中小城市，特别是周围有山的城市，打开视线走廊可以引入四周的自然美景，让城市在视线上形成与城外大环境的交流，在视觉景观上实现人与自然的和谐。

现代城市中随着汽车的增多，道路的交通压力越来越大，过去在道路的交叉口四周建设高楼的做法已经不合时宜。道路的交叉口应该设置大面积的景观绿地来提升城市的品位，同时以绿地作为分割提前设置右转车道以疏解交叉口的交通压力。

道路的其他配套部分也需要体现景观美感，特别是路面铺装、道路绿化、挡墙、护坡、立交桥和人行天桥等对视觉影响比较大的因素，在保证功能科学合理的前提下，创造形式美的景观能够给城市增光添彩。景观的美感意识还应该体现在道路的其他附属设施中，如照明设施、交通安全设施、各种指示牌、公交站点、卫生设施、通信设施、休闲座凳、环境雕塑和小品等。

2.建筑的外部装饰设计 道路两侧的建筑物无疑也是道路景观不可或缺的一部分。如果将建筑孤立地去看，每一栋建筑就是一个完整的作品；如果将建筑放在街道上看，每一栋建筑都是城市街道景观系统的一个组成单元。所以建筑的外部装饰需要担负以上两个责任，即自身要好，放在环境中也要协调。建筑还是城市风格、历史文化的重要载体，可以说，街道两旁的建筑群对城市的人文景观特色具有决定性的作用。

3.街道的店铺形象设计 如果从整个街道面貌来看，街道两旁店铺的形象也对街景产生重要的影响，因此必须有一个宏观的、整体的、系统的设计思想，全面协调与控制这些店铺的形象，才能够保证街道景观的完整统一。当然，简单的整齐划一是极端的、也是违反美学规律的做法，好的设计应该让每一个店铺都各具特色，同时又能够与大的环境协调统一。

目前我国城市街景的问题主要表现在两方面：一是景观形式杂乱无章，缺乏具有整体感的系统景观；二是千城一面，城市缺乏特色。解决景观形式混乱的做法是建立系统性的形式设计语言；城市想要具有特色，就需要注重环境景观文化的积累与传承。另外，景观工程实施的细节也是决定环境品质的关键，需要加强施工监管的意识。

历史给人类留存下的很多古城应该对现在的城市街道景观的建设有所启发，在那些地方有一种人们从古至今自觉遵守的“设计规范”，他们在进行新的建设时，有意识地维护着一种和谐的传统，新的形式不会毫无章法地照搬其他风格，而是在继承传统样式的基础上进行创新，所以那里的街景既协调统一，又富有特色（图14-1-1至图14-1-4）。

图14-1-1 云南丽江古城

图14-1-2 云南香格里拉古镇

图14-1-3　山西平遥古城

图14-1-4　湘西凤凰古城

我国现代有些城市的街道景观也打造得很好，它们或者对老街区进行保护性改造，在传承当地的传统文化上下功夫；或者以高品质的景观塑造来体现现代化城市的生活风貌。不论是成功的经验，还是不够理想的教训，都值得之后的城市街道改造去借鉴（图14-1-5至图14-1-11）。

图14-1-5　成都宽窄巷子

成都的宽窄巷子从清代到现在历经300多年，这里曾经是最能够代表成都市井文化的地方。随着时间的发展，宽窄巷子的环境质量逐渐恶化，原有的生活设施已经不能满足现代生活的需求。2003年，成都市开始启动宽窄巷子的改造工程，改造采用“修旧如旧”的原则，在尊重与继承传统街道文化的同时，注意进一步明确环境的特色，将场所的精神提炼为“闲”“品”“泡”，体现了老成都慢节奏的闲适生活情调，也将这样的精神品味融入现代的新生活之中，形成了集购物街、餐饮街、休闲街、娱乐街、体验街“五街合一”的街道综合体。宽窄巷子也实现了景观文脉化、环境生态化、设施人文化、功能休闲化和管理现代化的“五化合一”。

图14-1-6　上海城隍庙街景

图14-1-7　北京前门大街

2007年前门大街开始改造，2008年5月完工。改造前，前门大街到处立有凌乱的广告牌，景观秩序混乱。改造后，前门大街前门至珠市口段成为一条步行街，并重现了清末民初的建筑风格。景观形象的成功改造，却并没有给街道的商家带来更多的收益。此次改造引入了不少国际品牌连锁店，包括UNIQLO、ZARA、H&M时装店；劳力士、Swatch钟表店；周大福珠宝店，全聚德、Starbucks、KFC及麦当劳快餐店等食肆。改造后的前门大街因市场定位不准，各家商铺的生意都比较惨淡。前门大街的案例充分说明：街道是一个非常复杂的综合体，单一的政府行为有时不尽如人意，各种因素合力作用的结果需由历史给出最终答案。

图14-1-8　成都春熙路

图14-1-9　北京王府井步行街

图14-1-10　上海南京路步行街

图14-1-11　上海外滩景观

二、城市街景设计的一些问题

1. 街道景观的功能与审美问题　我们为什么可以从宇宙中的各种自然景象中看到美，原因就在于这些“美”符合了某种自然机制，而这个机制就是自然“功能”的体现，里面没有一点点自然造物“主观审美”的成分。这可以启发设计师：是不是实现功能的完美就可以创造景观的完美？

街道是复杂的环境综合体，其中蕴含着各种各样的环境功能，如果设计师能够将来自各个方面对环境的要求都给予完美的满足，那么，街道的景观肯定是完美的。完美的状态对于人类来说可能是永远无法实现的梦想，但是，这也给景观设计指出一个方向，那就是尽可能去发现并研究环境的各种功能需要，然后在自己能力范围内处理好这些关系，通过景观的设计让各种功能需要都各得其所。

街道景观的改造设计一定要清楚其中的因果关系——先有街道才有街道的景观，这个先后顺序绝对不能颠倒。街道是城市生活的血管与经脉，在不同历史时期，街道的功能也是不同的，或者说街道环境的主次矛盾是变化着的。在人们采用步行与自行车出行方式的年代，很少有交通堵塞的现象；而现在我国各个城市的街道都存在交通不畅、缺乏停车场地等问题，问题的根源都是汽车过多，这也说明城市的道路存在问题，很多城市滞后的规划往往难以应对日新月异的城市现代化发展。在我国城市现代化的进程中，我们应该学习大禹治水“疏导”的方法，而不能以简单的“禁止”去化解所有的矛盾。

除了交通运输，街道还有很多其他的功能，街道的景观设计必须认真研究这些功能需求。例如，当看到行人垫张报纸坐在路缘石上休息的场景，设计师就需要研究一下是不是需要在街道合适的位置设置座椅以满足行人休息的功能。还有很多功能都是街道环境应该提供的，解决好这些主要的功能问题，使景观井然有序就可以产生美感。所以，创造街道景观的审美效果，首先要处理好环境的各种功能问题，其次才是去展现环境构成的形式美。

2. 关于整体形象的控制 如果不能系统地介入街道景观设计，街道的整体形象控制则无从谈起。对城市街道进行的整体景观设计往往是改造性的设计，需要面对一大堆视觉形象不协调的街景形式。塑造街道的整体形象可以从以下几个方面入手：

（1）建立街道的视觉识别（VI）系统。根据街道的特点建立视觉识别系统，然后将其规定的形式、色彩运用到街道的各种形式要素之上。运用这一方法，首先需要给街道上的各种视觉元素归类，这个归类越全越好，应该囊括所有景观设计可以控制的元素，有些商业步行街甚至可以包括观光电车、活动太阳伞、电线杆等，只要是眼睛能够看到的都可以考虑在内。其次是在各种街道形式上推广视觉识别系统，推广的时候一定要注意在统一中求变化，统一是为了保证对整体景观的有效控制，变化是增加景观的可读性与趣味性。

（2）给街道确立一套符号系统。街道两侧的楼群、牌匾、绿化与照明的形式，甚至是垃圾桶、广告牌等都可以通过符号系统建立起它们之间视觉协调的关系。符号系统包括各种景观主体的重点造型；还可以包括材料使用或组合的习惯方式；还可以将一定区域内的景观构图作为符号化的形式，然后在其他地方重复使用这种形式。建立符号系统是为了能够重复使用这样的造型，但是重复使用绝不应该是没有任何变化的简单拷贝，需要根据表现对象的特性进行适当的调整，可以从材料、大小、色彩等方面进行改变，以保证符号可以被推广，也给视觉审美带来丰富的感受。

环境的符号确立不宜太多，只需精炼出几个就可以通过各种变化创造出丰富的景观效果。虽然确立符号的做法带有强烈的主观色彩，但是很多造型的背后都与功能存在着必然的联系，如果能够从形式上提炼出具有普遍意义的符号，那么这些符号的推广使用就会顺理成章。

（3）让街道成为景观序列。街道是呈线状的视觉廊道，如果将其视为一个整体，那么这个整体的展示可以次第呈现。在一个完整的景观序列中，每一个地方的变化一定是渐变的，如同一部乐章，有一个总的旋律贯穿始末，有高峰也有低谷，各个细节的形式相辅相成，互为衬托。

3. 街道景观的绿化问题 绿地形成的景色与给人的环境感受是其他硬质景观无法取代的，但是，街道的景观要素不仅仅只有绿地，所以无须过分强调绿化的价值，那些“见缝插绿”的做法是狭隘景观思想的表现，也不是生态景观的真正内涵体现。由大树形成的林荫道可以为行人提供庇护，街道上的其他绿化形式则更多地具有美化的作用。不能因为“美化”就牺牲环境的其他实用功能，最佳的方式是让绿化参与到环境功能的构建之中。

绿地可以划分环境空间、形成分车带、围合停车场、组织交通，也可以为街道建筑装点门面。但是当绿地阻挡汽车的停放、有碍其他的环境功能实现的时候，那种等距的、成排成列的僵硬绿化是否需要，景观设计者应该有科学的判断。

4. 街道上的环境家具与雕塑小品 街道上的环境家具一定是从功能的角度有存在的必要，否则就无须设置。街道上的雕塑小品可以体现环境空间的文化和艺术，但是，不是越多越好，也不是放在什么地方都适合。特别是对于雕塑来说，浮雕需要一定的正面视距，如果空间不够，则纯属浪费；圆雕对背景环境的要求很高，即使是一个很好的雕塑，如果放错了地方也会黯然失色。

第二节 设计案例：呼和浩特市东影南路街景改造设计

设计者：白杨

（一）概况

为了迎接内蒙古自治区成立60周年大庆的到来，

2006年呼和浩特市区的几条主要街道进行了整体的景观改造，市里提出东影南路的改造目标为“长乐不夜城”。东影南路为南北走向的街道，总长度超过800m，改造前周围已经是商店酒肆林立，具有很好的商业氛围。街道两侧原有综合大型商城3处，大型酒店3座，大型夜总会1处，临街居民楼2座，其余为较小型的商家店铺。“长乐不夜城”这一词语源于街道北口地标性的建筑“长乐宫”商城的名称。

由于街道两侧的建筑以及周边环境的建设时间各不相同，所以建筑的形象与质量彼此间差距较大，街道的整体景观环境也很难形成较为良好的统一面貌（图14-2-1）。在最初提出的设计建议书上，设计者对这条街道的改造归纳出6条设计主张（参见第一部分图3-1-4），经过多轮汇报与论证，甲方最终肯定了此条街道的“商业”和“娱乐”定位，同时也采纳了给街道设计标志和视觉识别（VI）系统的建议，进而也接受了提高各种店面门头制作工艺水平与改进其形式的主张，更主要的是，明确了工作的重点是对街道两侧的建筑立面进行改造设计。

确定了工作方向之后，设计师通过报告书的形式，给出了整条街道改造的设计方案。此阶段工作确定了街道标志、标志物以及由其派生出的灯箱和挂旗的形式等，还涉及了一部分环境设施的内容，报告书的重点设计内容放在了沿街建筑立面外观的装修和改造上。

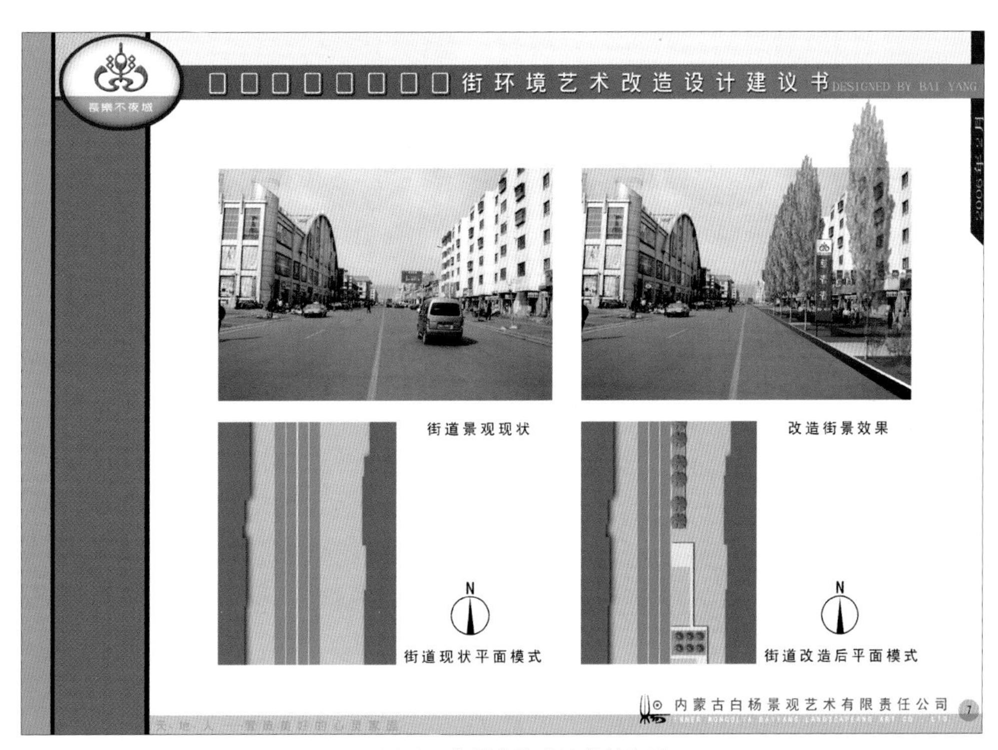

图14-2-1　东影南路改造前的街景

（二）街道景观改造的总体思想

东影南路虽然已经具有很好的商业氛围，但是从街道整体风格来看，众多的商家店铺缺少一个系统的模式，各种视觉要素过去完全是在无序状态中自发形成的。

研究现状后，设计提出此条街道改造的中心工作是建立系统的、和谐的景观秩序。形象地说，就是要“删繁就简”，而不是“锦上添花”。设计对不同地段有针对性地采用了恰当的方式来实现这个目标，贯穿始终的是“减法”的思想，以下是设计采取的主要技术手段：

①确定建筑立面的几种基本做法和构成形式，例如：外加玻璃幕墙、石材干挂、大面积使用瓷砖拼花等。

②将整条街道段落化处理，形成渐变的景观序列，同时要注意同一段落内丰富的细节变化。

③筛选出几种基本的色彩、质感与造型语言，注意在变化之中重复使用这些设计元素。

④改造相邻建筑或门面的外轮廓尺度，使它们在和谐统一的前提下，再去追求各自的特点。

⑤控制商铺门头尺度，在匾额的文字制作上使

用精致的工艺，例如：吸塑热成型、雕刻镶嵌和槽型字等。

（三）部分设计内容

1. 街道标志、标志物设计

给街道设计标志是建立整体视觉识别系统的基础，进一步可以确定环境的色彩识别系统和各种环境标识，如灯箱、挂旗和各种标牌等。

“长乐不夜城”标志设计以“乐”字的古体篆书造型为出发点，紧扣“长乐不夜城”商业、娱乐的主题，同时体现出鲜明的蒙古族地方文化特点。标志总体轮廓犹如“苏鲁锭”，其造型上方包含蒙古族“盘长”和“日月同辉”的图案，造型下方将篆书的笔画变形为一条“哈达”，寓意吉祥如意、友善幸福（图14-2-2、图14-2-3）。

图14-2-2 报告书中街道的标志和标志物的设计

图14-2-3 改造后街道统一视觉形式的小灯箱

“长乐不夜城”的标志物设计借鉴“长乐未央”的瓦当图案，将瓦当形式巧妙地加以转换，给街道设计出了一个起点景作用的标志物。标志物设置在街道北入口的“长乐宫”门前广场东侧，除了具有形象标志的功能外，同时也为停车场的车辆进出起到路线引导的作用（图14-2-4）。

2. “长乐宫”改造设计 “长乐宫”是一个大型综合商城，当年建成时是这条街道北端的地标性建筑。建筑上所用的蓝色琉璃瓦屋檐带有我国传统的韵味，但是在改造前，建筑外观已经破损陈旧，体量上也被周围后来的建筑压了下去，在时间面前，这个曾经是地标性的建筑已经无奈地落伍了。

为了使“长乐宫”再度焕发青春，设计对其邻街的北立面和东立面进行了重新包装；同时为了使改造后的“长乐宫”依然延续原有的风貌，保留了蓝色琉璃瓦等建筑符号，使它们有机地融合到新的建筑形式之中；并且，新设计的建筑形式从色彩到造型元素，又进一步强化了我国传统风格的建筑味道。

改造后的“长乐宫”建筑立面增加了向上的动

图14-2-4 “长乐不夜城”北入口处标志物照片

势，以改善被周围建筑压制的局面；由于建筑的北立面正对着城市的重要街道——新华大街，在其楼顶装饰构架之中设计了一块大型的LED屏幕，以代替目前乱挂的广告条幅；东立面设计将原来一个很长的简单界面形式进行了有节奏感的处理，从而形成此段街道的景观序列情趣（图14-2-5、图14-2-6）。

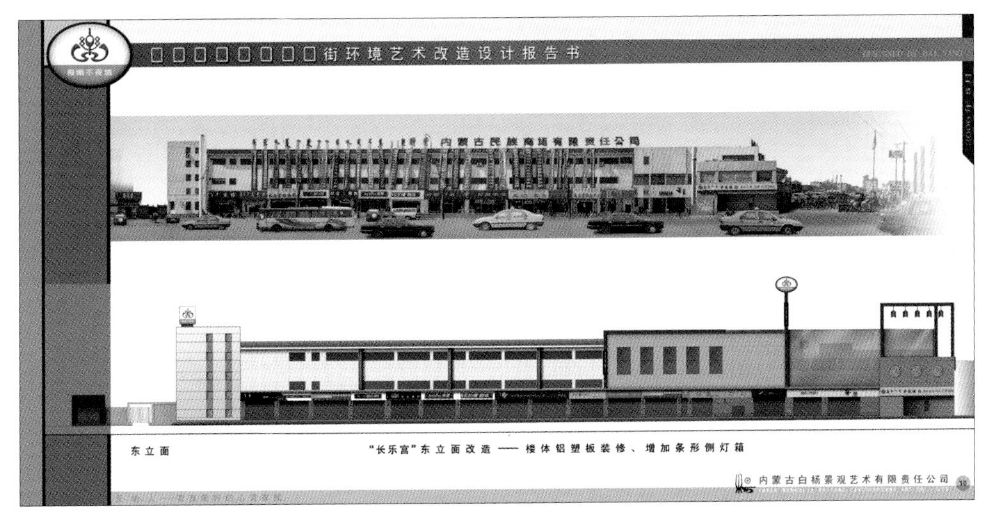

图14-2-5　报告书中“长乐宫”东立面的设计

图14-2-6“长乐宫”改造后的东立面照片

3. 临街住宅楼改造设计　这条街道上有两座临街的住宅楼，与此街道的“商业”和“娱乐”性质显得格格不入，为了使它们融入街道的整体风格，设计采用了“冷抽象绘画”的方式来处理楼房外观。由于现状有两座楼房，所以设计使用了一冷一暖的处理技巧，使得一座楼房呈现绿色调，另一座楼房表现为红色调，两者相得益彰。在这个总体的设计之下，每座楼房上又精细绘制有若干个不同层次的趣味色块，使得新改造的住宅楼具有了与周边环境氛围相协调的鲜明审美特征（图14-2-7、图14-2-8）。

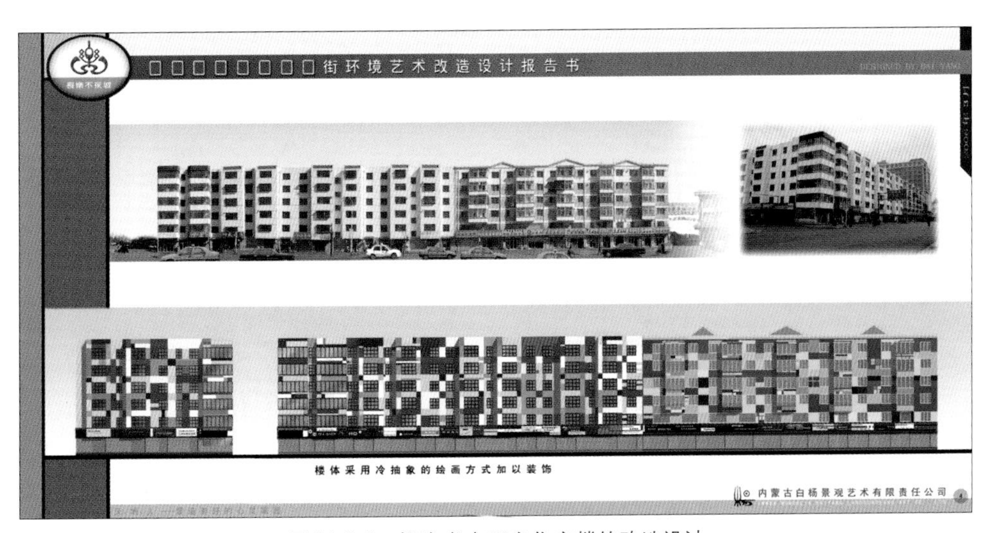

图14-2-7　报告书中两座住宅楼的改造设计

图14-2-8 两座住宅楼改造后的照片

4. 其他建筑改造设计 这条街道两侧绝大部分是商业建筑，在有些地段，一些建筑高低无序，风格杂糅，十分混乱。对于这种情况，设计采用了明确各家店铺风格、安插过渡区域的办法，以此来协调形式上的冲突，同时也彰显了各家特色。为了使这一地段的建筑能够给人留下一个完整的街景印象，设计将它们外轮廓的天际线进行了有节奏的统一（图14-2-9、图14-2-10）。

图14-2-9 报告书中混乱地段的改造设计

图14-2-10 混乱地段改造后的照片

有些地段的建筑仅仅是简单的重复构成，但是其外表破旧不堪，影响很长一段道路的街景。为解决这一问题，设计创造了新的建筑外观形式，新的形式采用简洁的造型语言，将周围的建筑统一加以整合，以形成这段街景的整体效果（图14-2-11、图14-2-12）。

图14-2-11　报告书中呆板破旧建筑的改造设计

图14-2-12　破旧两层楼改造后的照片

这条街道两旁有些建筑风格怪异，外表破旧，商业门面杂乱无章。在这种情况下，设计师从此次街道改造的指导思想出发，以新总结的基本造型语言来对建筑外观进行重新设计，将原来的建筑隐藏到新的外观装修后面。各商家门面统一高度，色彩与式样在强调特色的同时注意彼此间的协调（图14-2-13、图14-2-14）。

图14-2-13　报告书中陈旧过时建筑的改造设计

图14-2-14　用外加玻璃幕墙的方式改造建筑后的照片

5. 商业铺面与街景气氛设计　设计对街道两侧众多的商业铺面的牌匾统一进行了尺度的控制，在不失秩序的基础上也表现了各商铺的特点与形式的变化（图14-2-15）。对于街景整体气氛的把握，设计始终秉承“商业”和“娱乐”的主题，巧妙设置灯具，以保证各种造型物到晚间能够展现出夜色斑斓的效果。

图14-2-15 各商铺牌匾有统一的尺度和形式

（四）总结与反思

1. 造型符号在街道景观上的运用 本次街道景观的改造设计确定了一些基础的造型模式，其中有一个是在平面上穿插立柱的形式，将这种形式作为一种设计语言，在不同的地段或者界面上重复使用，就形成了此街道景观形式构成的共同特征。为了避免简单雷同而产生乏味，根据不同地段的环境，设计者将这种形式语言稍做调整，便产生出种种的变化（图14-2-16）。

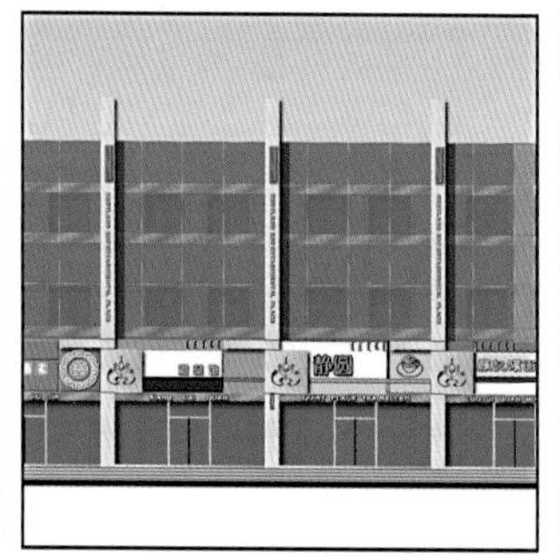
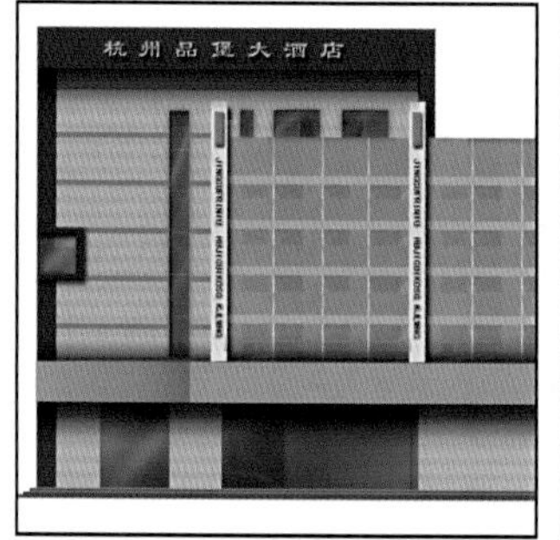

图14-2-16 街道两侧建筑界面设计所运用的统一符号形式

2. 创造和谐的城市景观 通过研究街道景观，发现商家的宣传牌匾与建筑式样具有尖锐的矛盾，原先的建筑设计应该承担责任。商业建筑在设计时就应该考虑到日后的使用，给宣传牌匾提供一个和谐统一的背景便能解决牌匾设置混乱无序的问题。

为什么有些保留至今的古城镇的景观风貌非常和谐？因为古人自觉遵守某些建设法则，例如按照《周礼·考工记》《营造法式》等典籍中记述的各工种规范和制造工艺进行城市建设，使得各种建设从宏观的规制到细节的样式，都有统一的依据，形成和谐的景观。

相比之下，现代的城市建设就少了许多大家共同遵守的形式法则，这样就导致了两个结果——其一是各自为政，城市的景观环境混乱无序，缺乏统一和谐；其二是很多城市千篇一律，没有各自的地方特点。因此，在设计城市景观形象的时候，确立一些大家都去遵守的基本形式规范与构成法则非常重要。这是一个不容易解决的问题，需要政府和社会的共同努力。

3. 工程建设“财富观”的思考 给街道进行整体形象包装，实际只是一个权宜之计，新鲜一时的外表不能解决本质的缺陷。如果在建设时设计师能够考虑未来，使用真材实料，就会减少日后的遗憾，这才是解决重复建设问题的根本出路。

不讲品质的重复建设导致大量人力、财力和资源的浪费，这样的工作自然也不会给后人留下财富。一个不讲“财富积累与资源节约”的国家怎么能够真正富裕、强盛起来？

在进行城市建设的时候，强调品质、投入真材实料，从长远看是最大的“节约”。看看古人留下来的、现在依然还是今人“财富”的那些工程建设，无一不是按照这种原则创造出来的。所以，城市建设不能够以“省钱”自居，要有点“传世”的思想，能够在历史长河中历久弥新的建设，必将成为我们这个民族共同的财富。

主要参考文献

白杨，1998. 十字透视法[J].内蒙古林学院学报（自然科学版）(1)：24-26.

白杨，2005. 笔随心动[J].建筑知识（4）：22-24.

白杨，2005. 天、地、人——呼和浩特市"新天地广场"环境景观设计创意[J].建筑知识（6）：23-24.

白杨，2009. 环境艺术设计效果图的各种立体感表现[J].艺术与设计（11）：140-142.

白杨，2009. 计算机时代的效果图渲染新说[J].艺术与设计（理论版）(12)：150-152.

白杨，2009. 内蒙古乌拉特后旗"天工广场"设计[J].现代园林（8）：42-44.

白杨，2010. 环境艺术系统设计文件课程与教学[J].艺术教育（2）：56-57.

洪亮，楚高利，2009.Photoshop课程的案例教学法探讨[J].印刷世界（8）：53-56.

马桂英，2007. 试析蒙古草原文化中的生态哲学思想[J].科学技术与辩证法（4）：20-23.

徐宗武，李华东，2012. 美国9·11国家纪念园[J].建筑学报（2）：100-107.

俞孔坚，刘东云，刘玉杰，2005. 浙江黄岩永宁公园生态设计[J].中国园林（5）：1-7.

图书在版编目（CIP）数据

环境景观设计：系统设计文件与专类设计案例／白杨主编．—北京：中国农业出版社，2022.3
ISBN 978-7-109-29203-1

Ⅰ.①环… Ⅱ.①白… Ⅲ.①景观设计-环境设计 Ⅳ.①TU-856

中国版本图书馆CIP数据核字（2022）第042513号

HUANJING JINGGUAN SHEJI
XITONG SHEJI WENJIAN YU ZHUANLEI SHEJI ANLI

中国农业出版社出版
地址：北京市朝阳区麦子店街18号楼
邮编：100125
责任编辑：史　敏
版式设计：王　晨　　责任校对：刘丽香　　责任印制：王　宏
印刷：北京通州皇家印刷厂
版次：2022年3月第1版
印次：2022年3月北京第1次印刷
发行：新华书店北京发行所
开本：889mm × 1194mm　1/16
印张：21.5
字数：613千字
定价：168.00元
